Markus Vollmert

Google Analytics 4

Grundlagen, Praxis, Migration

Rheinwerk

Computing

Liebe Leserin, lieber Leser,

mit Google Analytics 4 haben Sie das perfekte Werkzeug zur Datenanalyse an der Hand. Damit analysieren Sie nicht nur, wie gut der neue Warenkorb funktioniert oder welche Kampagne zu vielen Käufen führt. Sie können damit auch Nutzer geräte- und kanalübergreifend betrachten und Vorhersagen sowie Modellierungen machen. Egal, ob Sie bisher mit der alten Universal Analytics-Version gearbeitet haben und jetzt umsteigen oder ob Sie ganz neu einsteigen: Mit diesem Buch haben Sie den perfekten Begleiter an der Seite.

Markus Vollmert zeigt Ihnen in diesem Leitfaden, wie Sie mit Google Analytics 4 arbeiten. Nach der Einrichtung lernen Sie den Aufbau der GA4-Oberfläche sowie die wichtigsten Berichte zu Nutzern und aufgerufenen Inhalten kennen. Weiter geht es mit dem Steuern von Kampagnen, Shop-Analyse und App-Analyse. Wenn Ihnen die bordeigenen Mittel nicht reichen, erfahren Sie, wie Sie die Menüs und die Oberfläche von GA4 selbst ändern und erweitern und mit individuellen Berichten detaillierte Analysen erstellen. Außerdem lernen Sie mit BigQuery und Data Studio (jetzt Looker Studio) zwei Tools kennen, mit denen Sie noch mehr Analyse- bzw. Visualisierungs-möglichkeiten zur Verfügung haben. Zum Schluss widmet sich der Autor der Aministration von Google Analytics 4: wie Sie den Zugriff auf die Daten lenken, Daten löschen und Ihren eigenen Tracking-Server betreiben.

Wenn Sie Fragen oder Anregungen zu diesem Buch haben, können Sie sich gern an mich wenden. Ich freue mich auf Ihre Rückmeldung.

Ihr Stephan Mattescheck
Lektorat Rheinwerk Computing

stephan.mattescheck@rheinwerk-verlag.de
www.rheinwerk-verlag.de
Rheinwerk Verlag · Rheinwerkallee 4 · 53227 Bonn

Auf einen Blick

Wir hoffen, dass Sie Freude an diesem Buch haben und sich Ihre Erwartungen erfüllen. Ihre Anregungen und Kommentare sind uns jederzeit willkommen. Bitte bewerten Sie doch das Buch auf unserer Website unter **www.rheinwerk-verlag.de/feedback**.

An diesem Buch haben viele mitgewirkt, insbesondere:

Lektorat Stephan Mattescheck, Anne Scheibe
Korrektorat Friederike Daenecke, Zülpich
Herstellung Denis Schaal
Typografie und Layout Vera Brauner
Einbandgestaltung Mai Loan Nguyen Duy
Satz SatzPro, Krefeld
Druck Beltz Grafische Betriebe, Bad Langensalza

Dieses Buch wurde gesetzt aus der TheAntiquaB (9,35 pt/13,7 pt) in FrameMaker.

Gedruckt wurde es mit mineralölfreien Farben auf chlorfrei gebleichtem, FSC®-zertifiziertem Offsetpapier (90 g/m²).

Hergestellt in Deutschland.

Bibliografische Information der Deutschen Nationalbibliothek:
Die Deutsche Nationalbibliothek verzeichnet diese Publikation in der Deutschen Nationalbibliografie; detaillierte bibliografische Daten sind im Internet über *http://dnb.dnb.de* abrufbar.

ISBN 978-3-8362-9329-7

1. Auflage 2023
© Rheinwerk Verlag, Bonn 2023

Informationen zu unserem Verlag und Kontaktmöglichkeiten finden Sie auf unserer Verlagswebsite **www.rheinwerk-verlag.de**. Dort können Sie sich auch umfassend über unser aktuelles Programm informieren und unsere Bücher und E-Books bestellen.

Danke Kerstin

Inhalt

3   Websites auswerten

4   Kampagnen steuern

5   Shops bewerten

6   Apps analysieren

7   Eigene Reports anpassen und erstellen

8   BigQuery und Data Studio

9 Fehler analysieren und Qualität sichern 357

10   Administration und Technologie 405

Geleitwort

Daten sind eine zentrale Ressource für alle Unternehmen. Sie sind ein wertvoller Schatz, den es zu heben und zu analysieren gilt. Zu diesen Daten gehören Informationen über unsere Kunden und Kundinnen, die wir an ganz verschiedenen Kontaktpunkten sammeln. Eine der wichtigsten Schnittstellen im digitalen Zeitalter ist unsere Website. Sie ist zentraler Dreh- und Angelpunkt für den Kontakt zu unseren Nutzern und Nutzerinnen und damit potenziellen Kunden und Kundinnen.

Die Daten, die wir hier sammeln, sind die Basis für elementare Entscheidungen: Entscheidungen über die Website und unsere Nutzergemeinde, über die Leistung unserer Digital-Marketing-Kanäle entlang der Customer-Journey oder über unsere Produkte.

Wir können unter Berücksichtigung des Datenschutzes und technischer Einschränkungen durch die Analyse unserer Daten essenzielles Know-how im Unternehmen aufbauen. Aber, wie Erik Brynjolfsson, Direktor am Massachusetts Institute of Technology Center for Digital Business, beschreibt, wird die große Herausforderung die Fähigkeit der Menschen sein, diese Daten zu nutzen, zu analysieren und sinnvoll anzuwenden.

Dafür hat Google mit Google Analytics allen ein Werkzeug zur Verfügung gestellt, das seit 2005 der Standard zur Analyse von Websites ist. Seit Oktober 2020 gibt es mit Google Analytics 4 (GA4) die neueste Version. Google Analytics 4 ist aber kein einfaches Update, sondern ein hochflexibles und effizientes Analyse-Tool für Unternehmen auf Basis einer ganz neuen Technologie. Google hat mit seinem neuen Tool die Art der Datensammlung, das Datenmodell und die Benutzeroberfläche komplett neu gedacht. Es gibt neue Metriken, neue Visualisierungsmöglichkeiten und eine umfangreiche Unterstützung der Analysen durch Machine-Learning-Algorithmen.

Markus Vollmert, den ich persönlich schon lange als einen der Top-Experten in Deutschland zu Google Analytics kenne, hat mit diesem Buch ein umfangreiches Kompendium zu Google Analytics 4 geschaffen. Es hilft Ihnen, wichtige Features und Neuerungen von GA4 zu verstehen und für Ihre tägliche Arbeit nutzbar zu machen. Wenn Sie gerade die Migration von der alten Analytics-Version planen, wenn Sie relevante Administrationsoptionen in GA4 verstehen oder effektiv die Daten von Ihrer Website und/oder App analysieren wollen, dann sollten Sie dieses Buch immer in Griffweite haben.

Viel Spaß beim Lesen und Analysieren wünscht Ihnen

Alexander Holl

Kapitel 1
Google Analytics 4

Die Analyse der Nutzeraktivitäten von Websites, Apps und generell von allen digitalen Auftritten gehört zu den wichtigen Aufgaben jedes Online-Marketeers. Mit Analytics bietet Ihnen Google das Tool, um Inhalte, Kampagnen und Aktivitäten in den Fokus zu nehmen.

Wir alle bewegen uns täglich online. Die Nachrichten des Tages lesen wir auf dem Handy, wir kommunizieren über Messenger und Video-Konferenzen, wir bestellen viele Dinge in Online-Shops und prüfen vor unserer Buchung das Hotel auf einem Bewertungsportal. Und immer werden dabei unsere Daten von den Anbietern erfasst (mal mehr, mal weniger).

Diese Daten helfen den Anbietern, ihre Inhalte zu bewerten und zu verbessern. Wird ein Angebot oft betrachtet oder erzeugt es eher wenig Interesse? Wie gut funktioniert der neue Warenkorb im Vergleich zum alten? Welche Buttons in unserer App werden selten geklickt?

Außerdem möchten Anbieter oder Unternehmen möglichst gut den Erfolg ihrer Marketingmaßnahmen einschätzen. Welche Kampagne führt zu vielen Käufen? Welcher Newsletter bringt besonders viele Klicks?

Für alle diese Fragen gibt es spezialisierte Tools, die aber nur einzelne Aspekte betrachten. Ein Analytics-Tool (wie Google Analytics) versucht, Ihre Online-Präsenz als Ganzes zu betrachten – egal, ob sie aus einer Website besteht oder aus fünf – und dabei die Daten so zu sammeln und zu verknüpfen, dass Sie auch komplexe Zusammenhänge ergründen können, z. B.: »Wie viele Nutzer kamen über unseren Newsletter, haben das Video geschaut und am Ende unser Paket 1 bestellt?«

Google Analytics hat sich als ein Quasi-Standard für die Analyse dieser Aktivitäten etabliert. Es bietet seit Jahren ein umfassendes, stabiles und vor allem kostenloses Tool für Onliner und Unternehmen. Mit *Google Analytics 4* (kurz: *GA4*) schickt Google eine komplette Neuentwicklung ins Rennen.

1.1   Die neue Welt der Messung

Bei der Messung von Nutzeraktivitäten stehen Sie heute vor einer Reihe von Herausforderungen. Das Analytics-Tool soll die bereits genannten Fragen zu Aktionen und Kampagnen beantworten. Daneben soll es aber auch

- ▶ Daten stabil und datenschutzkonform erfassen,
- ▶ Nutzer und Nutzerinnen geräte- und kanalübergreifend betrachten und
- ▶ nicht nur Berichte, sondern auch Vorhersagen und Modellierungen ermöglichen.

Diese Anforderungen haben sich in den letzten Jahren durch verschiedene technologische und gesellschaftliche Entwicklungen ergeben, und es wurde immer schwieriger, sie mit der bisherigen Analytics-Plattform anzugehen.

1.1.1   Datenschutz und Cookies

Seit 2018 kennen Sie die Datenschutz-Grundverordnung (*DSGVO*, engl. *GDPR*), die zu einer Reihe neuer Anforderungen an die Messung von Online-Aktivitäten geführt hat. Wurde die Verordnung zu Beginn vor allem außerhalb Europas noch mit Stirnrunzeln begleitet, hat sich der Trend zu mehr Kontrolle und Schutz der Nutzerdaten inzwischen weltweit verbreitet. Es gibt zwei Gebiete, wie Sie in Abbildung 1.1 sehen.

Abbildung 1.1 Schutz der Nutzerdaten durch Regularien und Technik

Gesetzliche Regularien

Inzwischen gibt es neben der DSGVO weltweit weitere Regularien, die sich mit der Kontrolle der Nutzer über ihre Daten beschäftigen. Ein Beispiel ist der *California Customer Privacy Act* (*CCPA*). Alle diese Regularien fordern bestimmte Standards bei der Datenerfassung ein. Dazu gehört vor allem das Recht, der Erfassung von Daten zur Profilbildung widersprechen zu können.

Die Abfrage zur Erfassung der Nutzerdaten beim erstmaligen Besuch einer Website oder beim Starten einer App dürfte inzwischen jeder Nutzer bzw. jede Nutzerin kennen (siehe Abbildung 1.2).

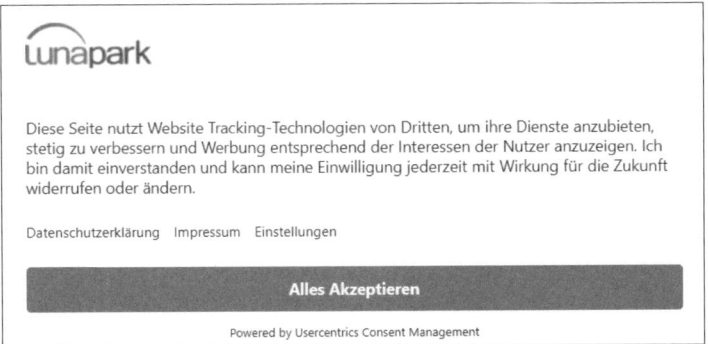

Abbildung 1.2 Abfrage zur Einwilligung in die Datenerfassung

Aus Analyse-Sicht führen die Opt-Outs (also die Verweigerung einer Datenerfassung durch den Nutzer) zu einem unvollständigen Bild, denn es wird nicht mehr jede Nutzeraktion erfasst. Außerdem unterscheiden sich diese Zustimmungsraten mitunter massiv, abhängig vom Angebot der Website und dem Kanal, über den die Nutzerinnen und Nutzer kamen.

Technische Begrenzungen

Der Schutz der persönlichen Daten hat auch in der Öffentlichkeit an Bedeutung gewonnen. Wussten vor einigen Jahren die meisten Menschen nicht, was über sie online gesammelt wurde und wie das geschah, so sind sie heute deutlich stärker sensibilisiert. Vor allem in den USA ist das Interesse an der Kontrolle der eigenen Daten gewachsen.

Auch wenn die Beweggründe zwischen den USA und EU unterschiedlich sind, hat die starke Nachfrage dazu geführt, dass verschiedene Anbieter diesen Bedarf als Mehrwert für ihre Produkte ausgemacht haben.

Apple hat mit dem *ITP*-Protokoll (*Intelligent Tracking Prevention*) in seinem Browser Safari eine Technologie eingeführt, die den Einsatz von Cookies massiv einschränkt bzw. unmöglich macht. Inzwischen haben alle großen Browser Privacy-Funktionen eingeführt, die die Erfassung von Nutzerdaten mehr oder weniger einschränken.

Auch bei Apps schlägt Apple einen restriktiven Kurs ein und untersagt eine Reihe von Datenerfassungen, die vor ein paar Jahren noch gängige Praxis waren. Diese technischen Maßnahmen nehmen primär Ads-Services ins Visier, also das Bespielen von Nutzern und Nutzerinnen mit Werbung, nachdem sie eine bestimmte Seite oder einen bestimmten Inhalt besucht haben. Dennoch sind auch Analytics-Tools davon betroffen, da hier zum Teil die gleiche Technologie zum Einsatz kommt. Im Gegensatz zu den gesetzlichen Regularien ist in diesen Fällen die Datenerfassung nicht vollständig unterbunden, sondern es gibt abhängig vom System des Nutzers Daten in unterschiedlicher Qualität.

Aufgrund der Entwicklungen in den letzten Jahren kann man schon einige Voraussagen für die nächste Zeit mit Blick auf die Analyse der Nutzerdaten treffen:

1. Cookies und vergleichbare technische Kennungen werden weiter an Verbreitung und Bedeutung verlieren. Ihr Einsatz wird rechtlich oder technisch reglementiert.

2. Unternehmen, die Nutzerdaten erfassen, werden stärker mit anonymisierten und aggregierten Daten arbeiten.

3. Die eindeutige (Einzel-)Messung von Aktionen und Conversions wird abnehmen.

Die Regularien und technischen Maßnahmen führen dazu, dass beim Analytics-System Nutzerdaten in unterschiedlichen Qualitätsstufen ankommen oder gleich ganz ausbleiben. Google Analytics wurde aber ursprünglich für eine Welt entwickelt, in der nahezu alle Daten für alle Nutzer bzw. Nutzerinnen erfasst werden konnten. Ein Umgang mit Daten in unterschiedlichen Qualitätsstufen stand nicht zur Debatte.

Mit GA4 will Google dieser Herausforderung mit Modellierung begegnen. *Modellierung* bedeutet, dass auf Grundlage der Daten der gemessenen Nutzer (also der Personen, die ihre Einwilligung dazu gegeben haben) die »fehlenden« Daten hochgerechnet werden.

Mit dem sogenannten *Consent Mode* gibt es eine zusätzliche veränderte Methode der Datenerfassung. Dabei werden die Nutzeraktionen ohne Cookies oder sonstige Nutzerkennungen erfasst und sind nach Einschätzung von Google dadurch datenschutzkonform auch ohne Einwilligung des jeweiligen Nutzers.

Ein weiterer Baustein in der zukünftigen Datenerfassung wird das *Server-Side Tagging* darstellen. Dabei betreiben Sie Ihren eigenen Tracking-Server, der die Daten Ihrer Nutzer und Nutzerinnen annimmt und an verschiedene Marketing-Dienste wie Google Analytics weitergibt. Mehr zu *Consent Mode* und *Server-Side Tagging* finden Sie in Kapitel 10, »Administration und Technologie«.

1.1.2   Der Weg der Nutzer

Es gibt einen weiteren Grund, warum Cookies als Basis für die Nutzererkennung an Bedeutung verlieren, und zwar unabhängig von technischen Protokollen und Regeln: Nutzer verwenden mehrere Geräte, um ein Online-Angebot zu besuchen. Für viele Nutzer ist das Smartphone der erste und immer verfügbare Einstieg. Mit dem Browser des Handys ist jede Website erreichbar.

Ebenfalls mit einem Browser geht es auf einem PC oder Mac zur Website. Beide Browser unterstützen zwar prinzipiell den Einsatz von Cookies, sind aber unabhängige Einheiten. Ein Analytics-Tool kann nicht erkennen, wenn es sich um dieselbe Nutzerin an beiden Geräten handelt.

Noch fragmentierter wird das Problem, wenn es für das Online-Angebot eine App gibt, die ein Nutzer installieren kann. Besonders für Shops, aber auch für Service-angebote ist eine App zusätzlich zum Webangebot verbreitet. Diese Apps verwenden ihrerseits eigene Kennungen, um einen Nutzer zu identifizieren.

So wird es schwierig, die *Customer Journey* einer Nutzerin zu verfolgen. Diese beschreibt den Weg einer Nutzerin über mehrere Kontakte mit einem Angebot. Google Analytics 4 bringt für die Auswertung solcher verteilter Journeys einige Bauteile mit.

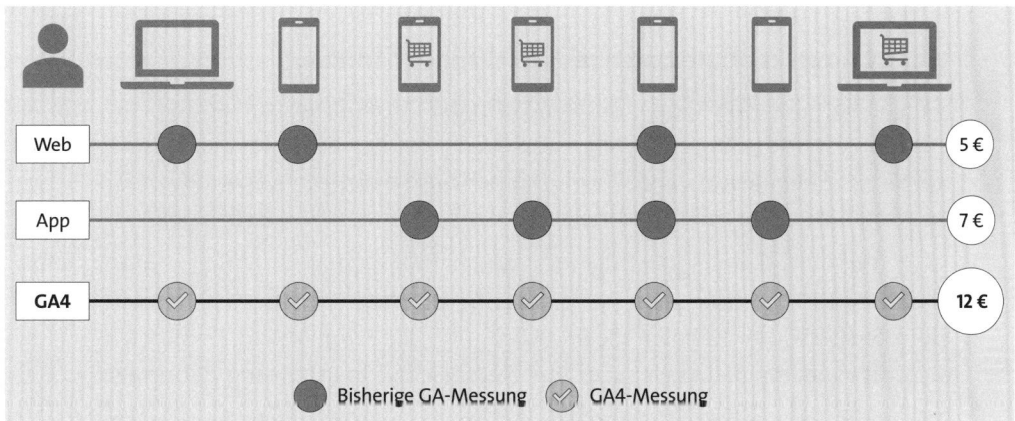

Abbildung 1.3 Den Weg der Nutzer geräteübergreifend verfolgen

GA4 kann Daten von unterschiedlichen Geräten erfassen und in einem Report zusammenführen (siehe Abbildung 1.3). Innerhalb einer GA4-Property lassen sich sowohl Nutzeraktivitäten von einer Website als auch einer App sammeln und unter einer gemeinsamen Oberfläche auswerten, was im Englischen als *cross platform* bezeichnet wird. Dies ist ein wichtiger Meilenstein, denn bisherige Version von Google Analytics konnten diese Datensammlungen nur in getrennten Töpfen vornehmen, aber nicht mischen. GA4 ist bereits im grundlegenden Design geräteunabhängig angelegt: Alle Methoden und Datenstrukturen sind gleich, egal von welcher Plattform die Daten einlaufen.

Um die Nutzer auf unterschiedlichen Geräten zu erkennen, bietet GA4 die Möglichkeit, eigene Nutzerkennungen ins Tracking aufzunehmen. Dabei übergeben Sie in den Tracking-Aufrufen eine eindeutige Nutzerkennung an GA4. Normalerweise generiert GA4 eine solche Kennung automatisch und legt sie bei einem Nutzer z. B. als Cookie ab. Übergeben Sie aber eine Kennung mit, wird diese als Grundlage zur Berechnung verwendet.

Diese Kennung muss natürlich auf allen Geräten bzw. Angeboten gleich sein, damit GA4 die unterschiedlichen Aktivitäten zusammenbringen kann. Dafür eignet sich

z. B. ein Name, eine E-Mail-Adresse oder eine Kundennummer, die Ihre Nutzer bei einer Anmeldung auf Ihrer Seite oder App angeben müssen.

Datenschutz und Nutzererwartungen machen es nötig, dass nicht mehr jedes Marketingsystem alle Daten selbst erheben darf. Für mehr und mehr Aktivitäten werden Sie die unterschiedlichen Systeme ad hoc verbinden, wobei die rechtlichen Anforderungen erfüllt sein müssen (z. B. Verknüpfungen über verschlüsselte Kennungen statt im Klartext).

1.1.3   GA4 als zentrale Datenbasis im Online-Marketing

Google betreibt eine Menge Aufwand, um die Daten Ihrer Nutzer und Nutzerinnen performant und vollumfänglich zu erfassen. Letztlich bedeutet die Umsetzung auch für Sie eine Menge Aufwand. Warum sollten Sie die nötigen Anpassungen und Schritte vornehmen, um möglichst viele Daten ins Analytics-Tool zu bringen?

Mehr Daten sind aussagekräftiger als wenige Daten. Aber Sie haben bereits gesehen, dass eine 100-%-Quote gemessener Zugriffe kaum zu erreichen ist. In Analytics werden Sie also wahrscheinlich nie *alle Klicks* und *alle Käufe* sehen. Dennoch lohnt sich der Aufwand, möglichst viel über Ihre Nutzerschaft in Erfahrung zu bringen.

Die online gesammelten Daten werden immer häufiger nicht händisch analysiert, sondern halb- oder vollautomatisch weiterverarbeitet. So funktionieren einige Kampagnen im Google-Universum nur noch basierend auf Budget und Conversions. Google entscheidet selbst über die Ausspielung von Anzeigen und wo genau wann geworben wird. Das setzt eine saubere Datenerfassung voraus, händisches Korrigieren oder Eingreifen ist nicht mehr möglich.

Gerade im Kampagnen-Service werden die Nutzeraktionen und -daten für automatische Optimierungen verwendet. Die größte Herausforderung ist es nun, dem Service die nötigen Daten zur Verfügung zu stellen – und nicht mehr, händische Anpassungen von Kampagnen auf Basis von Analysen vorzunehmen.

GA4 bietet Schnittstellen zu allen wichtigen Google-Tools aus der Marketing-Welt:

▶ *Google Ads* für Suchkampagnen

▶ *Display & Video 360* (DV360) für programmatische Kampagnen

▶ *Google Search Console* für SEO-Optimierungen

▶ *Google Optimize* für Testings und Personalisierung

▶ *Google Search Ads 360* für das Management von Suchkampagnen

Sie sammeln mit GA4 Daten für alle diese Tools mit, ohne zusätzliche Taggings einbauen zu müssen. Durch die Anreicherung mit weiteren Nutzerinformationen und die Modellierungen steigt die Qualität der Daten.

GA4 betrachtet Ihre Daten kontinuierlich und weist Sie auf ungewöhnliche Entwicklungen hin. Über einen plötzlichen Rückgang der Nutzer eines Kanals oder eine Zunahme des Umsatzes werden Sie in der Oberfläche informiert.

Darüber hinaus berechnet Analytics die Wahrscheinlichkeiten für bestimmte Aktionen. Wie wahrscheinlich ist es, dass Nutzer einen Kauf tätigen oder Ihre App mehrfach nutzen? Sie sehen also nicht nur in der Vergangenheit, was auf Ihren Angeboten geschah, sondern können einen (kleinen) Blick in die Zukunft werfen.

Der Aufbau eines eigenen Datenpools für Ihr Unternehmen und Ihre Angebote ist also von zentraler Bedeutung. Google Analytics 4 kann (und darf) nicht alle Einsatzbereiche komplett abdecken, aber es kann als Grundlage für die Anbindung weiterer Systeme und eigener Daten dienen.

1.2 Was ist neu? – Von Universal Analytics zu GA4

Die vorherige Version von Google Analytics wurde *Universal Analytics* (*UA* oder auch GA3) genannt. Sie ist seit 2012 im Einsatz – also schon seit 10 Jahren. Natürlich mit einigen Updates, im Großen und Ganzen aber mit derselben technologischen Basis. Im März 2022 hat Google verkündet, die Datenerfassung mit Universal Analytics zum Juli 2023 einzustellen. Als Alternative und Nachfolger ging das neu entwickelte Google Analytics 4 ins Rennen (siehe Abbildung 1.4).

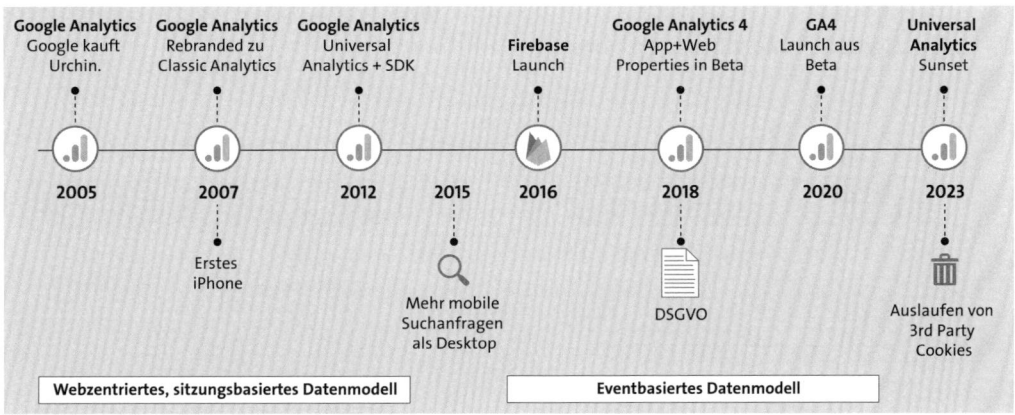

Abbildung 1.4 Entwicklungsschritte von Google Analytics zu GA4

Bei genauerem Hinsehen ist Google Analytics 4 also gar nicht so neu, sondern hat schon eine gewisse Entwicklungsgeschichte hinter sich. Sein Ursprung liegt im Dienst *Firebase*, mit dem Google eine Sammlung unterschiedlicher Tools für die Entwicklung von Smartphone-Apps für iOS und Android startete. Zu diesen Tools zählte neben Online-Speicher und Nachrichtenfunktionen auch ein Analyse-Feature.

Nach einiger Zeit löste Firebase das bis dahin gebräuchliche *Google Analytics SDK* für Apps als technologische Basis zur Erfassung von Nutzeraktionen in Apps ab. Dazu wurden die Firebase-Berichte im Menü von Analytics als neuer Property-Typ integriert.

Im nächsten Schritt wurde das Tracking von Websites in diesen Properties ergänzt und die Oberfläche um neue Reports erweitert. Google nannte die Properties nun *App+Web-Properties*, um die Verbindung von Daten aus beiden Gerätewelten zu betonen, etwas, das mit dem alten GA-SDK nicht möglich war. Mit weiteren Neuerungen und Ergänzungen wurde aus App+Web im Jahr 2020 schließlich GA4.

Google Analytics 4 ist zwar »die neue Version« – gleichzeitig ist es aber auch schon seit einigen Jahren in der Entwicklung bzw. für Apps im Einsatz. Das erklärt auch, warum GA4 kein einfaches Update ist, sondern ein neu entwickeltes Tool. Seine Wurzeln liegen im App-Tracking, wodurch von Anfang an etwa die Nutzerzentrierung oder auch Cross-Plattform-Möglichkeiten berücksichtigt waren.

1.2.1   Die Nutzeraktionen stehen im Mittelpunkt

GA4 stellt beim Tracking die *Ereignisse* in den Mittelpunkt. Ereignisse bilden alle Nutzeraktionen ab, egal ob es um das Laden einer Seite, den Klick auf einen Button oder das Starten eines Videos geht. Seitenaufrufe sind ein Ereignis mit dem Namen *page_view*, E-Commerce-Verkäufe sind ein Event namens *purchase*. Die wichtigste Kenngröße zur Verbindung der Aktionen ist der *Nutzer (User)*, für den es immer eine eindeutige Kennung gibt (siehe Abbildung 1.5).

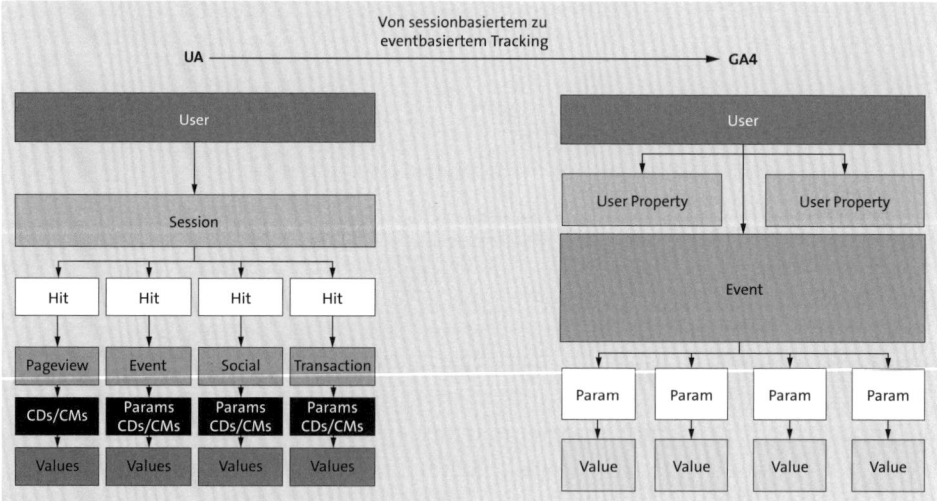

Abbildung 1.5 Von Sessions in Universal Analytics zu Ereignissen in GA4

Die Metriken, die Sie aus den bisherigen Website-Berichten kennen (wie Seitenaufrufe und Sitzungen), sind von diesen Ereignissen und Nutzern abgeleitet – quasi eine Untermenge.

> **Ereignisse in Universal Analytics**
>
> Gab es bei Universal Analytics (UA) noch eigene Befehle für Seitenaufrufe, Ereignisse und Transaktionen, so ist bei GA4 zunächst alles ein Ereignis. In UA war der Seitenaufruf die Basis der Erfassung, alle anderen Typen ergänzten Berichte.
>
> Verwechseln Sie nicht die GA4-Events mit den Ereignissen aus Universal Analytics! Letztere hatten eine starre Vorgabe der erforderlichen Parameter und wurden als separater Bericht ausgewiesen.

Mit Events als Basis wird Analytics unabhängig von Seitenaufrufen (auch wenn es sie weiterhin als Bericht und Messgröße gibt). Gerade wenn Sie Daten einer Website und einer App kombinieren möchten, macht sich diese Unabhängigkeit bezahlt. Sobald ein Event auf einer Website und ein Event in einer App den gleichen Namen haben, werden sie in GA4 als einzelner Eintrag ausgewiesen und z. B. als Umsatzwerte summiert.

Aber die Nutzung von Ereignissen geht noch weiter: So werden bestimmte Eigenschaften der Nutzer als Ereignis gespeichert. Beim erstmaligen Aufruf einer Website oder dem Laden einer App gibt es ein entsprechendes Ereignis, ebenso beim Beginn einer neuen Sitzung. Mehr dazu in Kapitel 2, »Google Analytics 4 einrichten«.

Vor allem sind Ereignisse in GA4 die einzige Grundlage für die Definition von *Conversions*. Mussten Sie in Universal Analytics bei der Definition von *Zielvorhaben* noch zwischen Seitenaufruf oder Ereignis wählen, bietet GA4 nur noch Events für die Festlegung einer Conversion an. Wie Sie damit umgehen und dennoch Zieldefinitionen auf bestimmte Kriterien vornehmen, erfahren Sie ebenfalls in Kapitel 2).

Generell ist GA4 flexibler im Einsatz von Ereignissen und Parametern zur Datenerfassung. Mit dem Fokus auf Ereignissen geht ein neues Datenmodell für die Speicherung der Nutzeraktivitäten einher. Das ist Vor- und Nachteil zugleich:

▶ **Vorteil** – Da alle Nutzereigenschaften und Aktionen als Ereignis gespeichert werden, brauchen Sie – bzw. braucht ein anderer Google-Dienst – lediglich dieses Ereignis abzufragen. Komplizierte Berechnungen einer Anfrage werden reduziert, und die Ergebnisse liegen schneller vor.

▶ **Nachteil** – Weil im Hintergrund ein neues Datenmodell zum Einsatz kommt, ist GA4 nicht mit Universal Analytics kompatibel.

Never change a running system?

Für eine gewisse Zeit sind sowohl Universal Analytics als auch GA4 für Websites verfügbar. Google empfiehlt sogar den gleichzeitigen Einsatz beider Systeme. Warum überhaupt ein Parallelbetrieb? Sie haben bestimmt schon einmal das Sprichwort »Never change a running system« gehört. Wenn Universal Analytics doch seinen Job erledigt, warum nicht darauf aufbauend weiterentwickeln?

Wie Sie bereits gelesen haben, haben sich die Anforderungen an ein Analyse-System gewandelt. Sowohl die technologische Basis hat sich verändert als auch der rechtliche Rahmen. Universal Analytics ist vergleichbar mit der letzten Evolutionsstufe eines Automodells: Es ist getestet, Fehler wurden behoben und das Fahrzeug ist quasi »ausentwickelt«. Die Bedienung ist bekannt, dafür hat es nicht die neueste Technik – und sieht auch nicht mehr ganz modern aus. Aber es läuft.

GA4 ist in diesem Vergleich die erste Generation eines neuen Modells. Es hat eine neue Basis, einige spannende Ideen und Lösungen für Probleme. Dafür muss sich der Fahrer (also Sie) mit der Funktion und Bedienung neu vertraut machen und vielleicht einige gelernte Dinge über Bord werfen. Das macht das System zunächst anspruchsvoller im Einsatz und in der Anwendung, gerade wenn Sie schon Vorerfahrung besitzen.

Die Datenstruktur und der grundlegende Aufbau von GA4 unterscheiden sich so stark von Universal Analytics, dass ein einfaches Update der bestehenden Reports und Properties nicht möglich (und vielleicht auch nicht sinnvoll) ist. Sie implementieren quasi ein neues Analytics-Tool. Auch wenn Google versucht, diesen Umstieg so einfach und reibungslos wie möglich zu machen, seien Sie sich bewusst, dass es Zeit und Beschäftigung mit der Materie erfordert. Dafür erhalten Sie eine neue Grundlage für Ihre Analysen, die sich in der Zukunft noch weiterentwickeln wird.

1.2.2   Die neue Kontostruktur

Mit den GA4- Properties ändert sich der grundlegende Aufbau Ihres Analytics-Kontos, denn GA4 bietet keine Datenansichten mehr. Für Universal Analytics war der strukturelle Aufbau eines Kontos unterteilt in *Properties* und *Datenansichten* (siehe Abbildung 1.6).

Jedes Konto kann mehrere Universal-Properties enthalten und diese wiederum jeweils mehrere Datenansichten. Jede Datenansicht hat eigene Berichte zu Seiten, Verweisen oder Kampagnen. Die Aufrufe der Website werden in der Property gesammelt, und die Datenansicht stellt entweder alle Zugriffe der Property dar oder einen Ausschnitt aus diesem Datentopf.

Abbildung 1.6 Der Universal-Analytics-Aufbau mit Konto, Properties und Datenansichten

Das Analytics-Konto ist nicht gleich dem Google-Konto

Die oberste Ebene bleibt weiterhin das Analytics-Konto – nicht zu verwechseln mit einem Google-Konto (zur besseren Unterscheidung im folgenden *Google-Account* genannt), das einem Login oder einer Person entspricht. Sie loggen sich mit Ihrem Google-Account bei Google Analytics ein. Sie können dann Zugriff auf ein oder auch mehrere Analytics-Konten haben.

In GA4 gibt es keine Datenansichten, was bedeutet, dass Sie keine einfache Möglichkeit mehr haben, eine fest definierte Untermenge der Nutzeraktivitäten zu betrachten. Die unterste Ebene der Unterteilung in GA4-Properties ist der sogenannte *Datenstream*, den Sie innerhalb der Property einrichten. Allerdings sind diese Streams primär dazu gedacht, zwischen Daten von den unterschiedlichen Plattformen Web, Android und iOS zu unterscheiden. Eine Verwendung zur Unterteilung von Websitebereichen ist nicht angedacht.

Es gibt zwar weiterhin die Funktion, *Segmente* zu bilden und anzuwenden. Aber um Segmente zu nutzen, benötigt der jeweilige Anwender volle Leserechte auf die Property. Eine Datenansicht, die etwa Daten für nur ein Verzeichnis enthält, ist nicht möglich.

Das führt zu dem Problem, dass Sie einer Kollegin, einer Abteilung oder einem Dienstleister keinen Zugriff auf nur einen ausgewählten Bereich der Website einräumen können. Als Lösung für diese Aufgabenstellung empfiehlt Google, mehrere GA4-Properties einzurichten und mehrere Tags im *Google Tag Manager* zu nutzen.

Bezahltes GA4

In der bezahlten Variante von GA4 wird es ein den Datenansichten ähnliches Feature geben. Dort können Sie *sub-properties* einrichten. Mehr dazu in Kapitel 10.

1.3   Datenschutzanforderungen berücksichtigen

Das Thema Datenschutz begleitet Google Analytics seit seiner Einführung, und es war seitdem kontinuierlich im Fokus von Behörden und Datenschutzbeauftragten. Die DSGVO regelt allgemein die Verarbeitung von personenbezogenen Daten in der Europäischen Union, sowohl für private als auch für öffentliche Betreiber. Darauf basierend haben die Landesdatenschutzbeauftragten in Deutschland Vorgaben für Universal Analytics erstellt. Für GA4 gibt es noch keine aktualisierte Vorlage, die bereits bekannten Punkte sind aber weiterhin gültig.

GA4 implementiert viele geforderte Einstellungen und Vorgaben von Haus aus – also ohne eine nötige Konfiguration beim Setup oder Betrieb der Property. Schauen Sie zunächst noch mal auf die Anforderungen, die durch Datenschutzvorgaben für den Einsatz von Google Analytics bestehen:

1. Einwilligung einholen
2. Widerspruch ermöglichen
3. Ihre Datenschutzerklärung anpassen
4. die IP-Adresse der Nutzer anonymisieren
5. die Aufbewahrungsdauer der Daten festlegen
6. einen Vertrag zur Auftragsverarbeitung abschließen
7. eine Kontaktperson benennen
8. nicht konform gesammelte Daten löschen

1.3.1   Einwilligung einholen

GA4 erfasst die einzelnen Aktionen der Nutzer auf einer Website oder in einer App. Anschließend verbindet das Tool die Aktionen anhand einer eindeutigen Kennung, die jeder Nutzer bzw. jede Nutzerin vom Tracking erhält. Dafür werden Cookies oder Geräte-IDs genutzt. Durch dieses Zusammenführen bildet Analytics ein Profil des Nutzers. Diese Profilbildung ist ein Grund, warum für das Tracken eines Nutzers eine Einwilligung erforderlich ist.

Die Abfrage dieser Einwilligung (engl. *consent*) können Sie bei beim Aufruf nahezu jeder Website finden. Es erscheint ein Fenster (auch: *Consent-Box*) mittig oder am Rand des Browsers, in dem der Nutzer zwischen zwei oder mehr Einstellungsmöglichkeiten wählen kann (siehe Abbildung 1.7). Das Abfragefenster wird manchmal auch *Cookie-Box* oder *Cookie-Consent* genannt, da Cookies eine wichtige Rolle in der Betrachtung der Datenschützer einnehmen.

Häufig kommt für Darstellung und Verwaltung ein sogenannter Consent-Manager zum Einsatz (etwa *usercentrics* oder *Onetrust*). Dabei handelt es sich um einen Service oder ein Tool, das die Darstellung der Consent-Abfrage, die Speicherung der Auswahl sowie die Weitergabe der Auswahl an andere Dienste übernimmt.

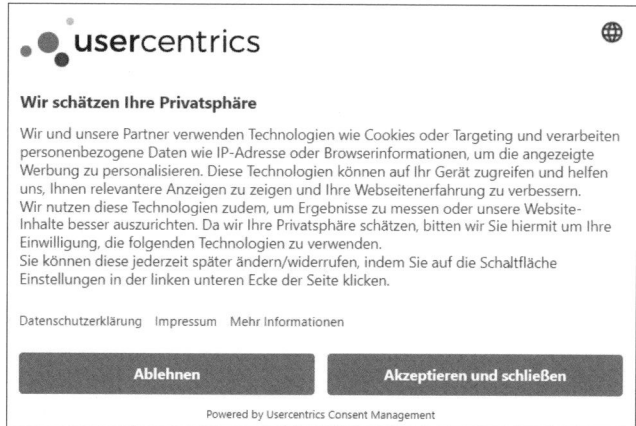

Abbildung 1.7 Abfrage zur Einwilligung zur Datenerfassung

1.3.2   Widerspruch ermöglichen

Eine Consent-Box fragt die Einwilligung zur Verwendung bestimmter Cookies und Trackings ab. Gleichzeitig muss sie dem Nutzer die Möglichkeit zum Widerspruch geben, er muss also bestimmte Dienste und Cookies ablehnen können. Ausgenommen sind solche Cookies, die für den Betrieb des Angebots unerlässlich sind. Diese werden in einer Consent-Box oft als *Notwendig* oder *Erforderlich* aufführt.

Der Consent-Manager allein reicht nicht

Ein Consent-Manager bietet Ihren Nutzerinnen und Nutzern zunächst die Abfrage ihrer Präferenz. Die tatsächliche Umsetzung, damit ein Tracking ausbleibt, müssen Sie in Ihrer Programmierung bzw. dem *Google Tag Manager* vornehmen.

Die Consent Manager bieten meistens Befehle, mit der man überprüfen kann, welche Auswahl ein Nutzer bzw. eine Nutzerin getroffen hat, um dann entweder einen Tracking-Code aufzurufen oder nicht. Da Google Analytics/GA4 weit verbreitet ist, wird hoffentlich »Ihr« Consent-Service ein Beispiel für die korrekte Einrichtung anbieten.

1.3.3   Informieren und Datenschutzerklärung anpassen

Sie müssen alle Personen, die Ihre Website besuchen, darüber informieren, dass Sie Nutzungsdaten mit Google Analytics erfassen. Einige Consent-Manager bieten Ihnen Textbausteine, die Sie lediglich in der Konfiguration auswählen müssen. Anschließend können die Nutzer und Nutzerinnen alle Informationen im Consent-Fenster einsehen (siehe Abbildung 1.8).

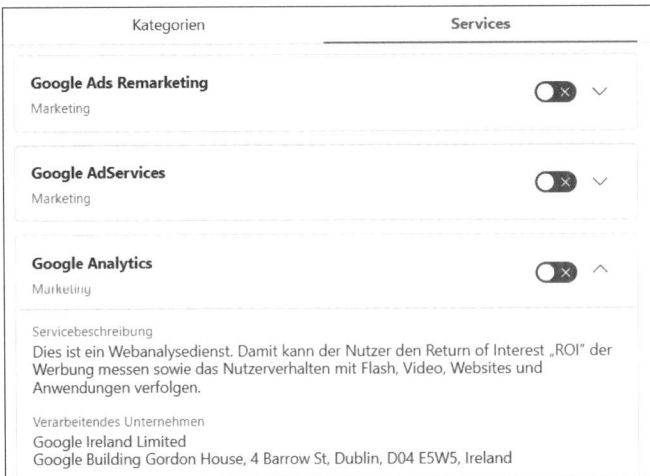

Abbildung 1.8 Beschreibung einzelner Services in der Consent-Box

Außerdem sollten Sie auf einer eigenen Seite zum Datenschutz alle relevanten Dienste aufführen. Diese Seite muss überall in Ihrem Webauftritt möglichst leicht auffindbar und erreichbar sein. Es gibt online eine Vielzahl von Websites, die Ihnen beim Erstellen einer Datenschutzerklärung helfen.

1.3.4 Die IP-Adresse der Nutzer anonymisieren

Die IP-Adresse gilt als personenbezogenes Datum und hat damit eine hohe Relevanz in der Datenschutzbetrachtung. Waren in Universal Analytics noch Anpassungen an Tracking-Codes nötig, um die IP-Adresse zu kürzen und somit zu anonymisieren, werden in GA4 die IP-Adressen grundsätzlich gekürzt. Auf europäischen Servern werden die IP-Adressen der Nutzerinnen und Nutzer dazu verwendet, den Standort bis auf Stadtebene aufzuschlüsseln. Nur diese Standortinformation wird übertragen und gespeichert. Die volle Nutzer-IP-Adresse wird von GA4 nicht gespeichert.

> **Datenverkehr in die USA und Schrems 2**
>
> Mit dem Urteil *Schrems 2* wurde die Vereinbarung zur Datenübertragung zwischen der EU und den USA gekippt. Seitdem gelten die USA aus Datenschutzsicht als nicht sicheres Land. Der Datenverkehr EU–USA unterliegt damit strengeren Auflagen als rein innereuropäischer Transfer.
>
> In einer ähnlichen Konstellation mit *Google Fonts* hat ein Gericht entschieden, dass bereits der Aufruf eines Servers in den USA, bei dem zwangsläufig immer die IP-Adresse übertragen wird, ein Datenschutzproblem darstellt.

1.3.5   Die Aufbewahrungsdauer der Daten festlegen

In der Property-Verwaltung können Sie den Zeitraum einstellen, für den Google Ereignisdaten aufbewahrt, die mit Cookies, der Nutzer-ID oder Werbe-IDs verknüpft sind (siehe Abbildung 1.9). Konkret bedeutet dies, dass nach Ablauf der Zeit die Ereignisdaten aggregiert werden. So verlieren Sie die Möglichkeit, auf einzelne Nutzer und Nutzerinnen zuzugreifen, was z. B. für ein komplexeres Segmentieren erforderlich ist.

Sie können zwischen 2 und maximal 14 Monaten wählen. Sie werden hier und da die Empfehlung für 2 Monate hören, allerdings gibt es aktuell keine bindende Vorgabe, wie lange Sie die Daten verwahren dürfen. Sie können diese Einstellung daher auf 14 Monaten belassen.

Die viel genutzten Berichte wie Seiten, Quellen usw. bleiben auch nach dieser Zeit mit aggregierten Daten wie gewohnt verfügbar und nutzbar. Beim Segmentieren dieser Berichte sind Sie aber eingeschränkt.

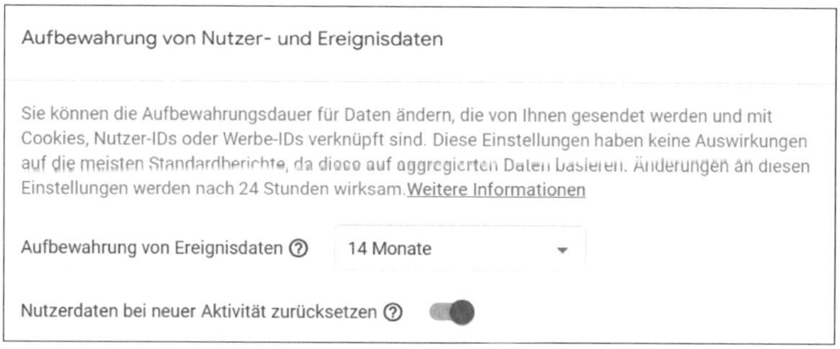

> **Aufbewahrung von Nutzer- und Ereignisdaten**
>
> Sie können die Aufbewahrungsdauer für Daten ändern, die von Ihnen gesendet werden und mit Cookies, Nutzer-IDs oder Werbe-IDs verknüpft sind. Diese Einstellungen haben keine Auswirkungen auf die meisten Standardberichte, da diese auf aggregierten Daten basieren. Änderungen an diesen Einstellungen werden nach 24 Stunden wirksam.Weitere Informationen
>
> Aufbewahrung von Ereignisdaten ⑦   14 Monate   ▼
>
> Nutzerdaten bei neuer Aktivität zurücksetzen ⑦   🔵

Abbildung 1.9 Die Aufbewahrungsdauer in Google Analytics einstellen

Die Aufbewahrungszeit der Nutzerdaten bemisst sich nach der Zeit, die seit den letzten gesammelten Ereignissen vergangen ist, und kann in zwei Arten vergeben werden:

▶ Ist die Einstellung Nutzerdaten bei neuer Aktivität zurücksetzen aktiviert und kommt eine Nutzerin bzw. ein Nutzer innerhalb des eingestellten Zeitraums (also z. B. 14 Monate) erneut auf Ihre Website oder öffnet die App, gilt dieser erneute Besuch als neuer Startpunkt für die Aufbewahrungsdauer. Die Nutzerdaten können also beliebig lange gespeichert werden, solange der Nutzer bzw. die Nutzerin immer wieder innerhalb der Aufbewahrungsdauer auf die Website kommt.

▶ Ist die Einstellung dagegen ausgeschaltet, gilt das erste gemessene Ereignis eines Nutzers als Startpunkt. Nach Ablauf der Aufbewahrungsdauer werden die Daten dieses Nutzers aggregiert, unabhängig davon, wie oft er die Website oder App geöffnet hat.

1.3.6   Einen Vertrag zur Auftragsverarbeitung abschließen

Beim Anlegen eines neuen Analytics-Kontos müssen Sie zunächst den Nutzungsbedingungen und damit auch den Datenverarbeitungsbedingungen zustimmen (siehe Abbildung 1.10).

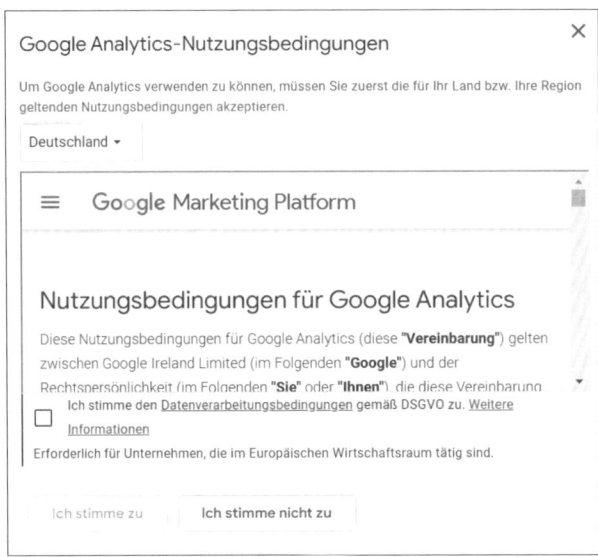

Abbildung 1.10 Die Nutzungsbedingungen von Google Analytics

Anschließend können Sie in den Kontoeinstellungen des Analytics-Kontos die Bestätigung und das Datum der Einwilligung jederzeit einsehen (siehe Abbildung 1.11).

Abbildung 1.11 Bedingungen und Datum der Zustimmung

1.3.7   Eine Kontaktperson benennen

Ebenfalls in den Analytics-Kontoeinstellungen können Sie den primären Kontakt für Datenschutzfragen in Ihrem Unternehmen sowie des Datenschutzbeauftragten hinterlegen. Klicken Sie dazu auf DETAILS ZUM ZUSATZ ZUR DATENVERARBEITUNG VERWALTEN.

Sie gelangen dann zur Verwaltungsseite innerhalb der Marketing-Plattform, wo Sie die Kontaktdaten zentral für eine ganze Reihe von Google-Produkten hinterlegen können (siehe Abbildung 1.12).

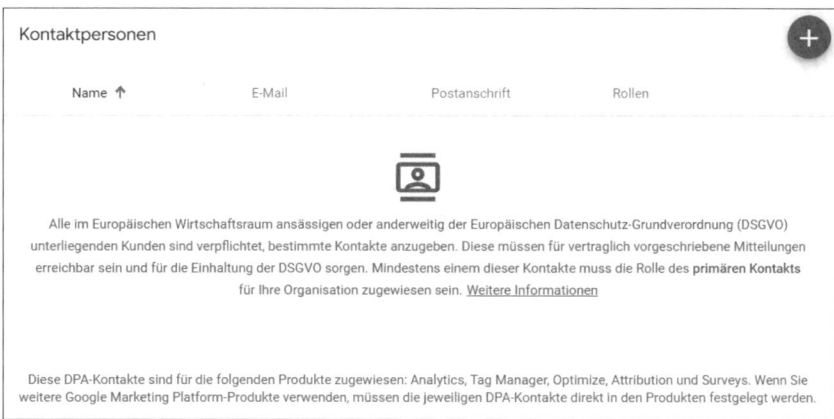

Abbildung 1.12 Kontaktpersonen für Datenschutzmitteilungen eintragen

Sie können Kontakte für unterschiedliche Rollen anlegen:

▶ primärer Kontakt

▶ Datenschutzbeauftragter

▶ Bevollmächtigter für den europäischen Wirtschaftsraum

Sie brauchen mindestens einen primären Kontakt, den Google im Falle von Anfragen oder Problemen anschreiben kann. Sie können mehrere Personen hinterlegen, eine Kontaktperson kann aber auch mehrere Rollen übernehmen.

1.3.8   Nicht konform gesammelte Daten löschen

Wenn Sie Nutzungsdaten erfasst haben, ohne vorher alle Vorgaben umzusetzen, gelten diese Daten als datenschutzrechtlich nicht korrekt erhoben. Diese Daten dürfen nicht genutzt werden und müssen gelöscht werden (siehe Abbildung 1.13).

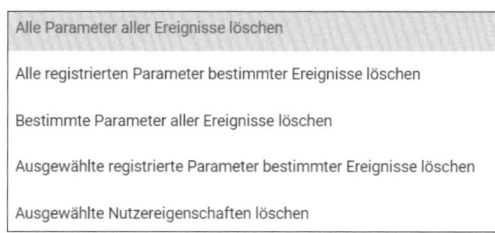

Abbildung 1.13 Möglichkeiten zur Löschung von Nutzerdaten

GA4 bietet mehrere Optionen, um Daten aus dem Bericht zu löschen. Sie können sowohl einzelne Nutzer, ganze Ereignisse einer Nutzerin oder auch nur bestimmte Teile dieser Ereignisse löschen. Außerdem lässt sich der Löschvorgang auf einen Zeitraum eingrenzen (wie Sie eine Löschanfrage stellen, lesen Sie in Kapitel 10, »Administration und Technologie«).

Personenidentifizierbare Daten in GA4

Die Analytics-Nutzungsbedingungen verbieten generell die Speicherung von personenbezogenen Daten, also etwa Namen, E-Mail-Adressen oder Telefonnummern Ihrer Nutzerinnen und Nutzer in Analytics. Technologisch lässt sich die Übermittlung und Speicherung solcher Daten in GA4 nicht von vornherein verhindern. Es kann also – gewollt oder ungewollt – passieren, dass Sie Daten aus der GA4-Property entfernen müssen.

Kapitel 2
Google Analytics 4 einrichten

Um die Nutzeraktivitäten auf Ihrem Angebot analysieren zu können, müssen zuerst einmal die Daten korrekt gesammelt und verarbeitet werden. In diesem Kapitel erfahren Sie, wie Sie Analytics richtig aufsetzen und bestmöglich konfigurieren.

Die Einrichtung von Google Analytics wird gern als 5-Minuten-Aktion beschrieben: »Klicken Sie hier, bestätigen Sie da, und die ersten Daten laufen ein.« Ob dann allerdings schon alles korrekt erfasst wird und Sie alle Features zu Ihrem Vorteil nutzen, bleibt fraglich. Sobald Ihr Angebot ein wenig größer und anspruchsvoller wird, sollten Sie wissen, an welchen Schrauben Sie drehen können.

Gerade in Unternehmen kommt die Einrichtung eines komplett neuen Analytics-Kontos nicht so oft vor. Es gibt in der Regel schon bestehende Konten, und neue Websites oder Apps kommen nicht ständig hinzu. Aber wurde bei der Einrichtung alles beachtet und bestmöglich umgesetzt? Passen die Entscheidungen von damals heute noch? Auch für eine Prüfung und ein Update sollten Sie verstehen, was geht und was nicht.

2.1   Konto, Property und Datenstream anlegen

Ein Analytics-Konto ist die Grundvoraussetzung für alle weiteren Einrichtungen. Für die Erstellung benötigen Sie einen Google-Account. Wenn Sie auf *https://analytics. google.com/* gehen, führt Google Sie entweder zur Loginseite, auf der Sie sich entweder anmelden oder bei Bedarf kostenlos einen Account einrichten. Ist Ihr Google-Account mit keinem Analytics-Konto verknüpft, gelangen Sie zur Startseite der Einrichtung (siehe Abbildung 2.1).

> **Brauche ich ein neues Analytics-Konto für GA4?**
> Das Analytics-Konto enthält die unterschiedlichen Properties, sowohl in Universal Analytics als auch in GA4. Dies ist unabhängig von der Version, die Sie verwenden möchten. Sie müssen also kein neues Konto einrichten, um GA4 zu verwenden. Die Property lässt sich in bereits bestehenden Konten problemlos einrichten.

Abbildung 2.1 Willkommen bei Google Analytics

Ihr Google-Account kann Zugriff auf mehrere Analytics-Konten haben und jederzeit weitere Konten erstellen. Wenn Sie nach dem Login bereits in einem laufenden Analytics-Bericht landen, gehen Sie in die Verwaltung (mit dem Zahnrad im Menü links). Dort können Sie oberhalb der ersten Spalte ein zusätzliches Konto einrichten (siehe Abbildung 2.2). Geben Sie dem neuen Konto einen Namen (siehe Abbildung 2.3).

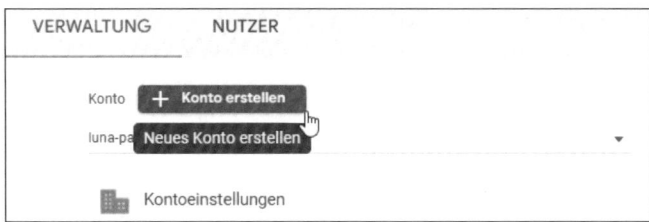

Abbildung 2.2 Ein neues Konto in der Analytics-Verwaltung erstellen

Insgesamt kann Ihr Google-Account auf 100 Analytics-Konten gleichzeitig Zugriff haben – egal, ob Sie die Konten selbst erstellt haben oder ob Ihnen Zugriff gewährt wurde. Beim Anlegen eines neuen Kontos wird Ihnen die aktuelle Zahl angezeigt. Auf ein Analytics-Konto können mehrere Accounts zugreifen. Wie Sie das konfigurieren, lesen Sie in Kapitel 10, »Administration und Technologie«.

Abbildung 2.3 Vergeben Sie einen Kontonamen

Sollte unter dem Eingabefeld ein Textabschnitt mit der Überschrift VERKNÜPFUNG MIT DER ORGANISATION erscheinen, so ist Ihr gerade ausgewähltes Konto mit einer Organisation verbunden und Sie können diese Einstellung übernehmen (siehe Abbildung 2.4). Eine Organisation ist eine dem Konto übergeordnete Verwaltungseinheit, mit der Sie einige Einstellungen für Analytics und weitere Google-Produkte vergeben können. Mehr zu Organisationen erfahren Sie in Kapitel 10.

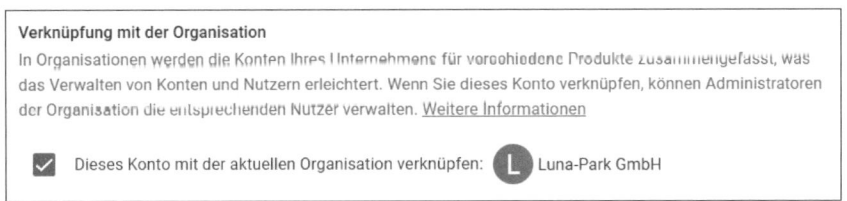

Abbildung 2.4 Eine Organisation fasst Konten zusammen.

Nach dem Kontonamen sehen Sie die Datenfreigabeeinstellungen mit vier Optionen:

▶ GOOGLE-PRODUKTE UND -DIENSTE – Wenn Sie diese Einstellung aktivieren, werden Ihre Daten zur Verbesserung des Analytics-Produkts verwendet. Die Daten fließen sowohl in das Analytics-Radar als auch in die Spam-Erkennung ein, die beide von einer großen Datenmenge profitieren. Die Einstellung hat aber nichts mit dem speziellen Datenaustausch Ihrer Daten mit anderen Produkten wie *Google Ads* zu tun. Diese werden separat und unabhängig konfiguriert. In der Voreinstellung ist die Option ausgeschaltet und kann es auch bleiben.

▶ BENCHMARKING – Mit dieser Einstellung wandern Ihre (aggregierten) Daten in einen großen Vergleichspool. Mit der Freigabe erhalten Sie selbst Zugriff auf diese Daten und können einige Kennzahlen Ihrer Websites mit denen anderer Angebote aus derselben Branche vergleichen. Die Benchmarking-Daten sind für GA4 noch nicht verfügbar, außerdem sind sie (für Universal Analytics) so allgemein, dass Sie auch auf sie verzichten können. Daher sollten Sie die Option ausschalten.

► Technischer Support – Sollten Sie einmal Kontakt mit einem Google-Service-mitarbeiter haben, kann sich dieser bei Zustimmung in Ihr Konto einloggen und Ihnen bei der Einrichtung oder der Fehlersuche helfen. Mit einem Google-Support-Mitarbeiter kommen Sie so schnell allerdings nicht in Kontakt, und Sie können bei Bedarf hier immer noch ein Häkchen setzen. Daher können Sie auch diese Option erst mal deaktivieren.

► Account Manager – Wieder geht es um den Zugriff auf Ihr Konto durch Google-Mitarbeiter, diesmal aber durch Vertriebs- und Marketingexperten. Diese können Ihnen anhand Ihrer Daten Empfehlungen und Optimierungsvorschläge unterbreiten. Auch hier können Sie das Häkchen entfernen. Wie für den Support können Sie diese Einstellung bei Bedarf jederzeit aktivieren.

Sie können also alle Optionen deaktivieren, ohne merkliche Einschränkungen in Ihrem Konto zu bemerken. Für eine Datenschutzprüfung ist es außerdem erfreulich, so wenige Daten wie möglich freigegeben zu haben.

2.1.1   Eine Property anlegen

Die Property ist Ihr Sammelbecken für die Trackingdaten, die Sie auf Ihrem Angebot sammeln. In eine Property können Sie Nutzeraktivitäten von einer oder mehreren Websites sowie einer oder mehreren Apps laufen lassen. Bei der Einrichtung eines neuen Kontos wird automatisch eine neue Property eingerichtet, für die Sie einige Angaben prüfen und bei Bedarf anpassen sollten. Alle Einstellung können Sie später ändern, falls Sie sich etwas anders überlegt haben.

Vergeben Sie zuerst einen Namen, unter dem Sie die Property im Analytics-Menü später finden wollen. Anschließend entscheiden Sie sich für eine Zeitzone und eine Währung (siehe Abbildung 2.5).

Die Zeitzone bestimmt, mit welcher Uhrzeit ein Zugriff protokolliert wird. Für Berichte in Analytics zählt diese Zeitzone als Basis, nicht die Zeitzone des jeweiligen Besuchers. Wenn Sie Deutschland als Zeitzone gewählt haben, werden Zugriffe von Nutzern aus Neuseeland mit der entsprechenden Zeitverschiebung ausgewiesen. Der Aufruf, der um 12 Uhr mittags in Auckland getätigt wird, erscheint in der deutschen Zeitzone als 1 Uhr morgens.

Die Währung ist Ihre Voreinstellung für E-Commerce- sowie für Kampagnen-Kostendaten. Falls Sie in Ihrem Shop mehrere Währungen anbieten: Beim Tracking von Bestellungen können Sie diese im Code optional angeben und damit die Voreinstellung überschreiben.

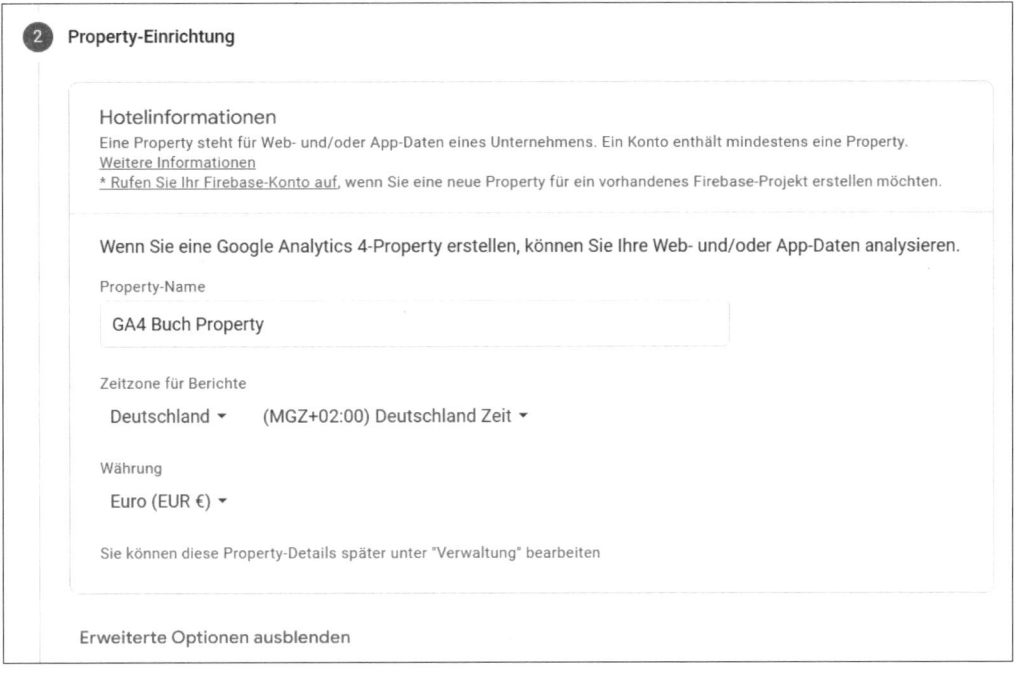

Abbildung 2.5 Definieren Sie die grundlegenden Daten für eine Property.

Eine Universal-Analytics-Property erstellen

Unter ERWEITERTE OPTIONEN können Sie zusätzlich zu GA4 eine Universal-Analytics-Property anlegen, was allerdings durch das Auslaufen von Universal Analytics im Sommer 2023 (*Sunset*) nur noch begrenzten Nutzen bringen dürfte.

Eine zusätzliche Property können Sie in der Verwaltung erstellen. Insgesamt sind pro Konto 100 Properties möglich. Dazu klicken Sie in der Verwaltung über der Spalte auf den Button PROPERTY ERSTELLEN. Sollte der Button ausgegraut sein, verfügt Ihr Google-Account nicht über die nötigen Berechtigungen in diesem Konto und Sie müssen einen Administrator kontaktieren (oder zuerst ein neues Konto erstellen).

Den Überblick behalten, wenn Sie viele Properties haben

Die Property-Einträge werden im Menü alphabetisch sortiert (genauso wie Konten und Datenansichten). Wenn Sie viele Properties in Ihrem Konto ordnen müssen, können Sie mit vorangestellten Ziffern oder Buchstaben die Sortierung beeinflussen. Nutzen Sie also statt WWW.WEBSITE.DE und SHOP.WEBSITE.DE beispielsweise 1 WEBSITE.DE und 2 SHOP.

Ein weiterer Kniff für etwas Farbe und Abwechslung im Menü ist die Verwendung von Emojis als UTF-8-Code im Namen. Unter Windows 10 und 11 rufen Sie die Emoji-Eingabe mit ⊞ + . auf.

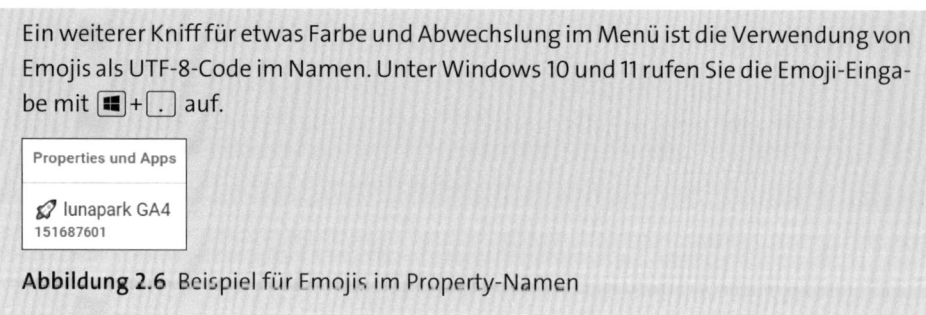

Abbildung 2.6 Beispiel für Emojis im Property-Namen

Nachdem Sie nun eine Property eingerichtet haben, werden noch einige Informationen zu Ihrem Unternehmen abgefragt. Diese Angaben zu Branche und Größe sind freiwillig und dienen Google zur Verbesserung des Angebots. Einen direkten Einfluss auf den GA4-Bericht haben sie nicht. Sie können daher die Eingabe überspringen und mit einem Klick auf ERSTELLEN fortfahren.

Sie müssen nun noch die Nutzungsbedingungen bestätigen, die Ihnen bereits in Kapitel 1, »Google Analytics 4«, begegnet sind.

2.1.2   Beispiel: Einen Datenstream für das Web anlegen

Mit dem Anlegen des Kontos und der Property haben Sie das Gerüst zum Sammeln von Daten erstellt. Im nächsten Schritt benötigen Sie nun mindestens einen *Datenstream*, um GA4 zu sagen, von wo Daten kommen werden.

Im nächsten Bildschirm können Sie zwischen drei Plattformen wählen: WEB, ANDROID-APP und IOS-APP (siehe Abbildung 2.7). Für eine Website erstellen Sie zunächst einen Web-Datenstream (mehr zu den App-Datenstreams lesen Sie in Kapitel 6, »Apps analysieren«).

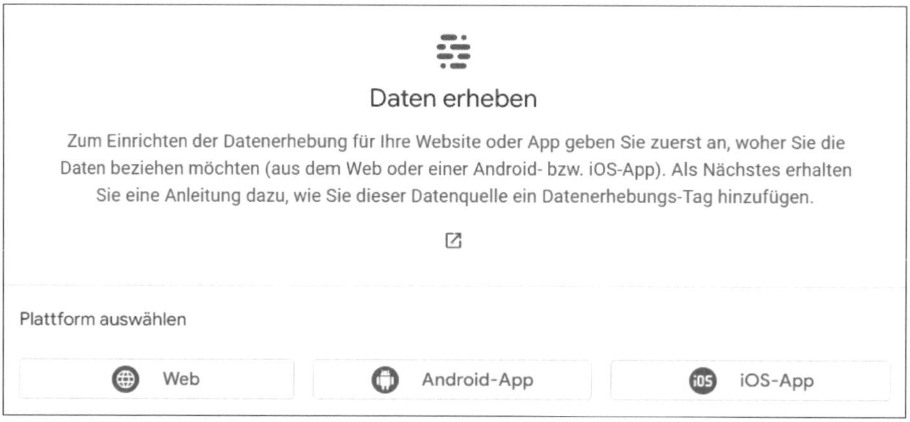

Daten erheben

Zum Einrichten der Datenerhebung für Ihre Website oder App geben Sie zuerst an, woher Sie die Daten beziehen möchten (aus dem Web oder einer Android- bzw. iOS-App). Als Nächstes erhalten Sie eine Anleitung dazu, wie Sie dieser Datenquelle ein Datenerhebungs-Tag hinzufügen.

Plattform auswählen

🌐 Web	🤖 Android-App	iOS iOS-App

Abbildung 2.7 GA4 sammelt Daten von verschiedenen Plattformen.

Geben Sie die URL der Website ein, die Sie tracken möchten, und einen Namen für diesen Stream. Die optimierten Analysen lassen Sie aktiviert, dazu erfahren Sie mehr in Abschnitt 2.3.3. Nach der Bestätigung mit STREAM ERSTELLEN gelangen Sie zur Detailansicht des Webstreams (siehe Abbildung 2.8). Die für den nächsten Schritt wichtigste Information auf diesem Bildschirm ist die *Mess-ID*. Diese ist die eindeutige Kennung, mit der dieser Stream in Tracking-Codes angesprochen wird.

× Details des Webstreams			
⊘ Die Datenerhebung war in den letzten 48 Stunden aktiv.			
Stream-Details			✏
NAME DES STREAMS	STREAM-URL	STREAM-ID	MESS-ID
GA Buch	https://www.ga-buch.de	3856824303	G-Z331914HZ7 ⎘

Abbildung 2.8 Details des Webstreams

Eine Property kann mehrere Datenstreams enthalten, sowohl für Web- als auch für App-Daten. Über die Verwaltung kommen Sie jederzeit wieder zur Übersicht der Datenstreams und können dort weitere Streams hinzufügen. Jeder Stream hat eine eigene Mess-ID und kann sich in einigen Einstellungen unterscheiden. Die gesammelten Nutzerdaten aller Streams werden im Bericht summiert, Sie können sie allerdings nach Streams segmentieren.

Theoretisch können Sie bis zu 20 Streams in einer Property einrichten. Google empfiehlt jedoch, so wenige Streams wie möglich anzulegen. Mehrere Streams sind vor allem negativ für die Performance der Analysen und des gesamten Reports. Sollten Sie z. B. mehrere Websites in einer Property gemeinsam auswerten wollen, richtigen Sie einen Stream ein und bauen denselben Tracking-Code auf allen Websites ein.

Datenstreams sind nicht Datenansichten

Bei *Datenansichten* betrachtet man lediglich den Bereich der Daten, die für die Ansicht konfiguriert sind. Die Datenansicht ist quasi Ihr eigener kleiner Datentopf. Ein *Datenstream* ist eine Untermenge der Property, und Sie können immer nur die gesamten Daten der Property aufrufen und filtern. Für die Bereitstellung eines Datenausschnitts für z. B. eine Abteilung oder Kollegen sind Datenstreams daher nicht geeignet.

2.2   Tags einbinden (für Websites)

Mit der Einrichtung eines Datenstreams sind Sie nun startklar, um Nutzerdaten zu sammeln. Damit Aufrufe in Ihrer Property ankommen, muss nun das *Analytics-Tag* in Ihre Website eingebaut werden. Das Analytics-Tag ist ein JavaScript-Code, der für das Sammeln und das Senden der Nutzerdaten an die Google-Analytics-Server sorgt.

Wie kommen die Nutzerdaten in den Google-Analytics-Bericht?

Eine Nutzerin möchte auf die Seite *www.foo.de* und tippt die URL in die Adresszeile des Browsers ein ❶. Der Browser schickt eine Anfrage an den Webserver, der für die Domain *www.foo.de* zuständig ist, und fordert den HTML-Code der Startseite an ❷. Der Webserver schickt den HTML-Code der Startseite zurück ❸ (ob er dafür eine Datei geladen oder eine Datenbank abgefragt hat, macht für den Browser keinen Unterschied; er bekommt als Ergebnis immer HTML ausgeliefert). Der HTML-Code der Startseite enthält das Analytics-Tag. Sobald der Browser die HTML-Informationen bekommen hat, liest er sie ein startet den JavaScript-Code ❹, der wiederum Daten sammelt. Dann schickt das Skript eine Anfrage an den Google-Analytics-Server inklusive der gesammelten Daten ❺. Der Server erhält die Anfrage, speichert die übertragenen Daten und schickt einen Antwort-Code zurück ❻. Beim Aufruf einer neuen Seite, etwa *www.foo.de/ueberuns*, beginnt der Ablauf von vorne.

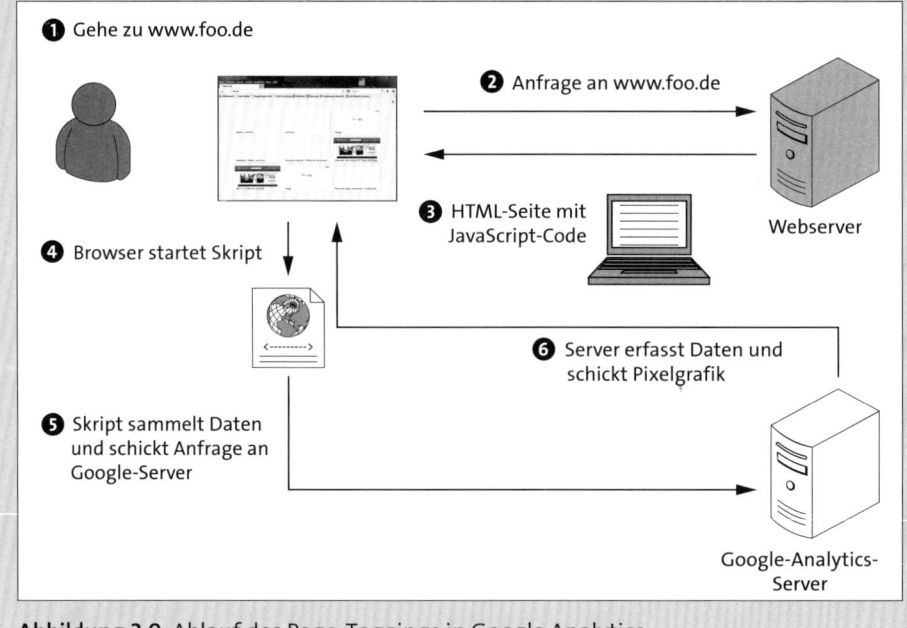

❶ Gehe zu www.foo.de

❷ Anfrage an www.foo.de

❸ HTML-Seite mit JavaScript-Code

Webserver

❹ Browser startet Skript

❻ Server erfasst Daten und schickt Pixelgrafik

❺ Skript sammelt Daten und schickt Anfrage an Google-Server

Google-Analytics-Server

Abbildung 2.9 Ablauf des Page-Taggings in Google Analytics

Um die Datenerfassung für Ihre Website zu starten, haben Sie mit GA4 mehrere Möglichkeiten, die Ihnen im Datenstream angeboten werden:

1. JavaScript-Code direkt in das HTML einbinden
2. über die Administration Ihres CMS oder Shop-Systems, alternativ per Plugin
3. Konfiguration im Google Tag Manager
4. Verknüpfung mit einer bestehenden Universal-Analytics-Property

Jede Variante hat ihre Vor- und Nachteile, über die Sie im Folgenden mehr erfahren werden.

Dual-Tagging

Egal für welche Variante Sie sich bei der Einbindung entscheiden, GA4 startet als unabhängiges Tool und kann somit parallel zu einem bestehenden Universal Analytics laufen. Sie können also beide Versionen gleichzeitig nutzen und müssen nicht den Ein- und Ausbau im selben Schritt vornehmen.

2.2.1   Das Analytics-Tag mit gtag.js einbinden

Das *Global Site Tag* (kurz *gtag*) ist eine JavaScript-Datei, die das Einbinden diverser Google-Tracking-Codes erlaubt (siehe Listing 2.1). Sie ist die Basis für die Einbindung von Analytics, kann aber auch Codes für Google Ads und Google DV360 aufrufen.

```
<!-- Global site tag (gtag.js) - Google Analytics -->
<script async src="https://www.googletagmanager.com/
gtag/js?id=G-Z572914KR7"></script>
<script>
  window.dataLayer = window.dataLayer || [];
  function gtag(){dataLayer.push(arguments);}
  gtag('js', new Date());

  gtag('config', 'G-Z572914KR7');
</script>
```

Listing 2.1 Das Global Site Tag (gtag) unterstützt Analytics, Ads und DV360.

Im Web-Datenstream finden Sie im Bereich TAG-ANLEITUNG ANSEHEN den JavaScript-Code, den Sie kopieren und in Ihre Website einfügen können. Dort ist automatisch die richtige Mess-ID hinterlegt. Sie ist das entscheidende Element im Code, denn sie bestimmt, an welche Property die Aufrufe geschickt werden. Für Analytics-Datenstreams beginnt die ID immer mit einem *G-*. Sie unterscheidet sich damit z. B. von Ads-Conversion-Tags, deren ID mit *AW* beginnt.

GA4 anonymisiert grundsätzlich immer die IP-Adressen der Nutzer. Daher ist kein zusätzlicher Befehl mehr nötig, wie es noch im Universal-Analytics-Code mit anony-mizeIp der Fall war.

Die Position des gtag-Codes im Quellcode einer HTML-Seite

Eine HTML-Seite hat grundsätzlich immer die Elemente <head> und <body>. Codes und weitere Dateien werden vom Browser der Reihe nach geladen, und zwar zuerst aus dem <head>, anschließend vom <body>. Codes im <head> werden also früh geladen. Am besten positionieren Sie den gtag-Code vor dem schließenden </head>-Tag. Der Code kann theoretisch auch später in der Seite stehen, falls Sie z. B. keinen Zugriff auf den <head>-Bereich Ihrer Website haben.

```
<html>
<head>
... << Hier den gtag-Code einfügen
</head>
<body>
... << Hier ist die zweitbeste Stelle für den gtag-Code
</body>
</html>
```

Listing 2.2 Position des gtag-Codes in einem HTML-Gerüst

Der direkte Einbau des Tracking-Codes verspricht optimale Ladezeiten und lässt sich verhältnismäßig leicht umsetzen, wenn Sie Zugriff auf das Backend oder Templates Ihrer Website haben. Möchten Sie allerdings individuelle Trackings erweitern, z. B. für verschiedene Klicks oder E-Commerce, dann benötigen Sie schnell tiefere Programmierkenntnisse.

Wichtig beim direkten Einbau der Codes ist die richtige Verknüpfung mit der Consent-Abfrage vor dem erstmaligen Laden der Seite. Der Consent-Manager und das Analytics-Tag müssen entsprechend konfiguriert werden, was je nach Kombination unterschiedlich umgesetzt wird.

2.2.2   Konfigurieren in einem CMS oder Shop-System

Wenn Sie für Ihre Website ein CMS (*Content Management System*) oder ein Shop-System verwenden, besteht die Möglichkeit, dass diese Systeme in ihrer Administration die Angabe einer Mess-ID erlauben und Sie sich das Einfügen von Codes sparen können. Zu diesen Systemen zählen etwa *Drupal* oder *Wix*. Gehört Ihr System nicht dazu, müssen Sie händisch den JavaScript-Code in eines der Templates oder eine der Seitenvorlagen einfügen. Oft lohnt sich eine Suche nach Plugins von Drittanbietern, die ein System um eine Funktion zum Codeausspielen und zur Konfiguration erweitern. So gibt es z. B. mehrere Lösungen, um das Tag in WordPress auszuspielen.

Bei Shop-Systemen bringt die native Einbindung oder ein Plugin meistens den Vorteil, dass neben dem Analytics-Tag auch die Informationen für das E-Commerce-Tracking korrekt ausgespielt werden (mehr dazu lesen Sie in Kapitel 5, »Shops bewerten«).

Eine Übersicht, welche Systeme bereits von Haus aus GA4-Tags unterstützen und wo Sie den Code direkt einpflegen müssen, finden Sie unter *https://support.google.com/analytics/answer/10447272?hl=de*.

Prüfen Sie auch bei der Verwendung der CMS- und Shop-Administration bzw. von Plugins, ob diese die Consent-Auswahl der Nutzer berücksichtigen. Ohne Zustimmung sollte kein Tracking-Aufruf abgeschickt und kein Cookie gesetzt werden!

2.2.3 GA4 im Google Tag Manager einrichten

Der *Google Tag Manager* (*GTM*) ist Googles Werkzeugkasten für alle Aufgaben rund um Tracking-Codes. Er übernimmt das Konfigurieren der Tags, das Auslesen und Zusammentragen weiterer Daten der Website und das Ausspielen der richtigen Tags im richtigen Moment. Wird Ihr Setup größer mit mehreren Tracking-Systemen und vielen Nutzeraktionen, die Sie messen wollen, ist der GTM ein unverzichtbarer Begleiter. Er ist zwischen Website und Analytics-Server positioniert und macht Ihre Tracking-Codes unabhängig von Website-Sprints und Release-Zyklen (siehe Abbildung 2.10).

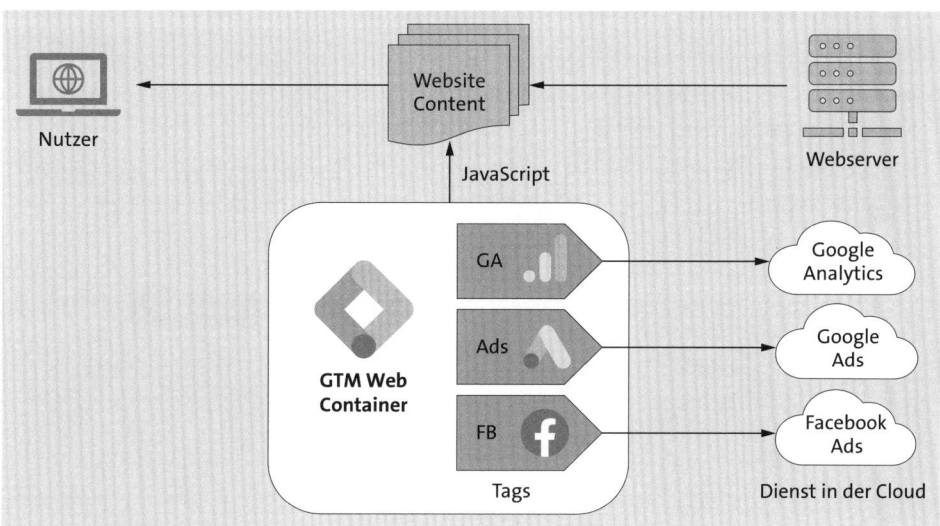

Abbildung 2.10 Tracking mit dem Google Tag Manager

Als Google-Produkt bringt der Tag Manager von Haus aus die nötigen Vorlagen für eine einfache Einbindung von GA4 mit. Für die Einrichtung müssen Sie die Mess-ID des Datenstreams notiert haben.

Wenn Sie bereits über einen laufenden GTM-Container verfügen, wechseln Sie dorthin und erstellen ein neues Tag. In der erscheinenden Auflistung wählen Sie die GA4-KONFIGURATION.

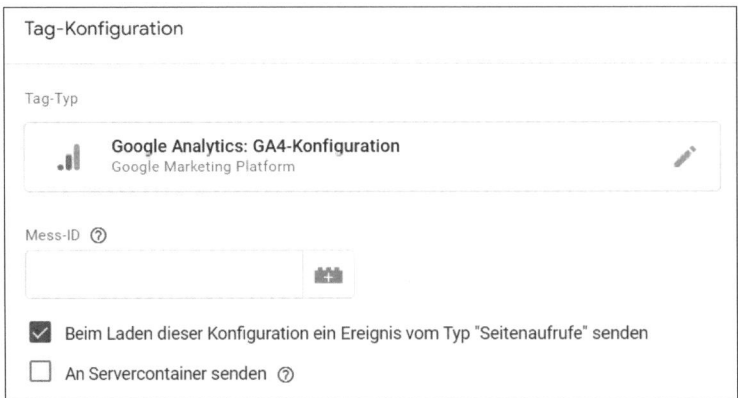

Abbildung 2.11 GA4-Tag als Vorlage im Tag Manager

Im Einstellungsfenster fügen Sie die Mess-ID im entsprechenden Feld ein (siehe Abbildung 2.11). Die weiteren Optionen können Sie zu diesem Zeitpunkt noch ignorieren.

Trigger im Google Tag Manager

Wenn es bereits ein Universal-Analytics-Tracking in Ihrem GTM-Container gibt, können Sie für GA4 dieselben Trigger verwenden. So stellen Sie sicher, dass in beiden Systemen zum selben Zeitpunkt der Nutzerbesuch gezählt wird.

Falls es keinen Trigger von Universal Analytics gibt, den Sie wiederverwenden können, erstellen Sie einen neuen, der auf jeder Seite feuert, sobald das DOM bereit ist (siehe Abbildung 2.12).

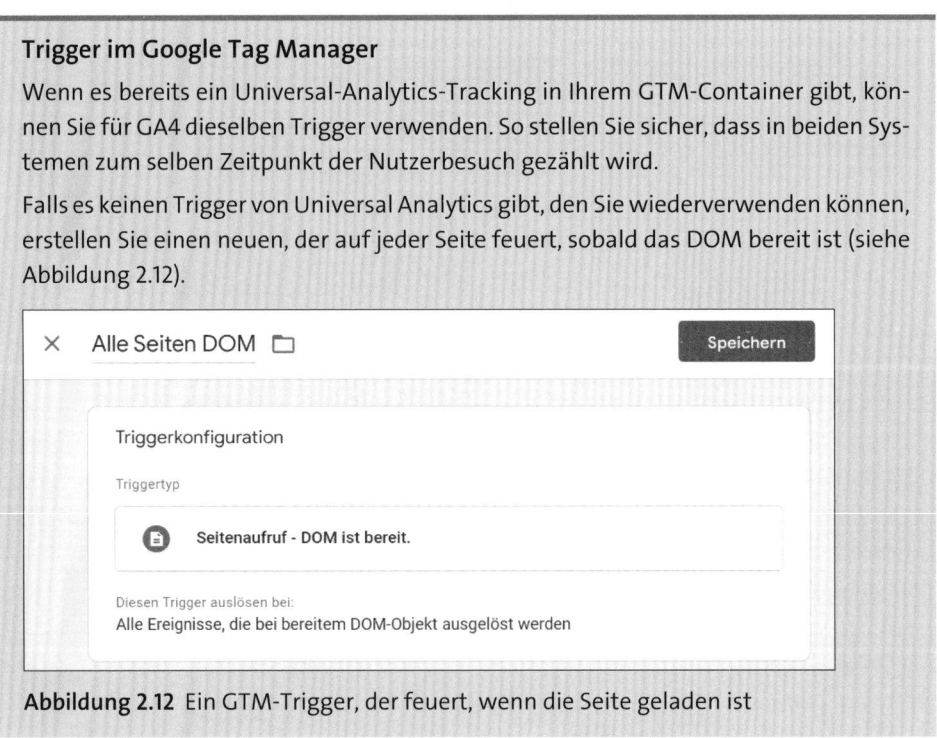

Abbildung 2.12 Ein GTM-Trigger, der feuert, wenn die Seite geladen ist

Das erste GA4-Tag stellt einerseits das Tracken der jeweiligen Seiten Ihres Auftritts sicher. Gleichzeitig dient es als Konfigurationsvorlage für einzelne GA4-Ereignis-Tags.

In einem GA4-Tag für einzelne Ereignis-Aufrufe wählen Sie ein GA4-Konfigurations-Tag aus. Von diesem wird die Mess-ID für den Ereignis-Aufruf übernommen. Sie müssen also nicht ständig die Mess-ID Ihres Datenstreams eintragen.

2.2.4   GA4 über einen bestehenden gtag-Code nachladen

Den gtag-Code gibt es schon länger, und er konnte bereits für Universal Analytics genutzt werden. Ist das auf Ihrer Website der Fall, hat Google eine besonders einfache Methode vorgesehen, wie Sie das Datensammeln für GA4 an den Start bringen: Sie können einen neu eingerichteten GA4 Datenstream mit einer bestehenden Universal-Analytics-Property verknüpfen.

Dazu gibt es in Universal Analytics ein Feld in der Verwaltung unter PROPERTY • TRACKING-INFORMATIONEN • TRACKING-CODE • VERBUNDENE WEBSITE-TAGS. Über diesen Weg gelangen Sie zu einem Eingabefenster für VERBUNDENE TAGS (siehe Abbildung 2.13). Zur gleichen Ansicht gelangen Sie in der GA4-Verwaltung unter DATENSTREAM • VERBUNDENE WEBSITE-TAGS VERWALTEN.

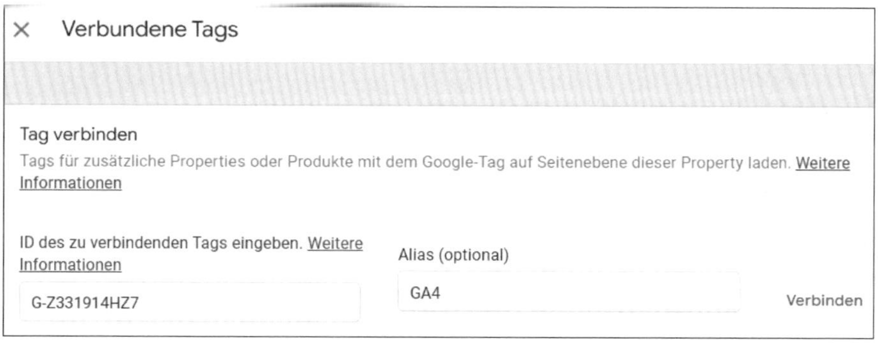

Abbildung 2.13 GA4 mit bestehendem gtag nachladen

Im ersten Feld tragen Sie die Mess-ID Ihres Datenstreams ein, im zweiten Feld können Sie optional einen Namen vergeben (siehe Abbildung 2.13). Dadurch wird der bestehende Universal-gtag-Code auf Ihrer Website um die GA4-Mess-ID ergänzt und feuert somit sowohl zur alten als auch zur neuen Property. Sie brauchen also weder HTML-Dateien noch CMS-Templates bearbeiten, sondern sind bereits startklar.

Diese Methode ist bestechend simpel. Allerdings hat sie auch mindestens ein Problem: Sie können nur die Mess-ID im Tag eintragen. Weitere Konfigurationsbefehle oder Felder sind nicht möglich. Ein Anpassen des Tags an Ihre Bedürfnisse ist also nicht möglich.

Außerdem wird nur der Basis-Code von GA4 mitgeladen. Eine Konvertierung von individuellen Universal-Trackings erfolgt nicht. Gleiches gilt für E-Commerce-Daten.

> **Was ist mit der Datei analytics.js?**
>
> Die Grundlage für das Tracking mit Universal Analytics bildet die Datei *analytics.js*. Für Universal Analytics war der Umstieg auf den gtag-Code optional, auf älteren Angeboten kann Ihnen dieser Code noch begegnen.
>
> Sollten Sie noch so einen Code in Ihrem Angebot finden, ist jetzt der Zeitpunkt für ein Update gekommen: Für GA4 benötigen Sie entweder den gtag-Code oder den Tag Manager. Das Nachladen des GA4-Tags funktioniert ebenfalls nur, wenn Sie den gtag-Code verwenden.

2.2.5   Prüfen, ob Daten ankommen

Sobald Sie das Analytics-Tag der neu angelegten GA4-Property eingebunden haben, sollten erste Aktivitäten im Bericht sichtbar werden. Im Echtzeitbericht der GA4-Property können Sie sehen, ob Aktivitäten gesammelt werden.

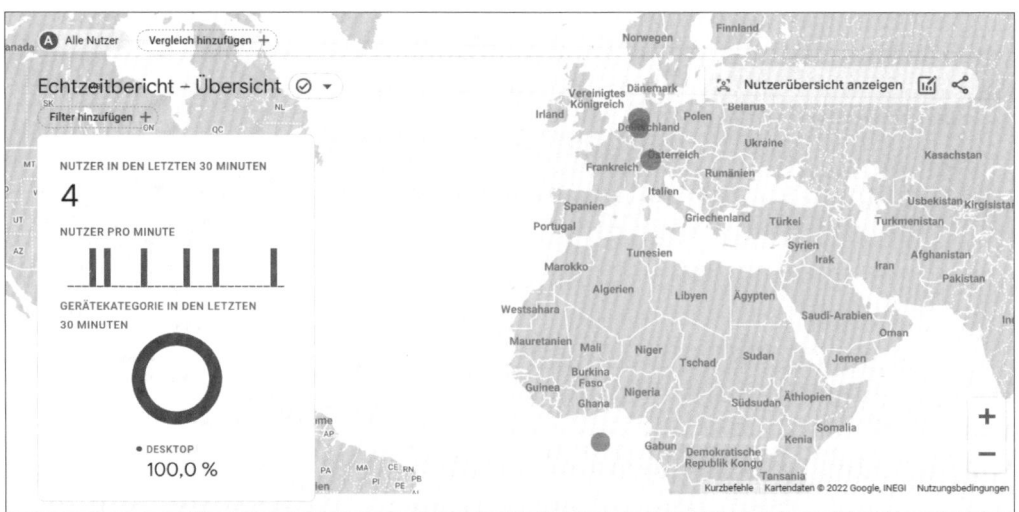

Abbildung 2.14 Einlaufende Daten in der Echtzeitansicht

Sie erreichen diesen Bericht über das GA4-Menü Berichte • Echtzeit. Haben Sie das Analytics-Tag in eine bestehende Website eingebaut, auf der bereits Nutzer unterwegs sind, sollten sofort die ersten Einträge auftauchen (siehe Abbildung 2.14).

Handelt es sich allerdings um ein ganz neues Angebot oder um eine Testumgebung, müssen Sie selbst für erste Datensorgen. Rufen Sie dazu im Browser die Webseite auf, von der Sie Traffic erwarten.

Wichtig ist, dass Sie nun noch die Consent-Abfrage bestätigen, die mit hoher Wahrscheinlichkeit erscheint. Erst dann ist Ihr Besuch zum Tracken freigegeben und sollte in der Echtzeitansicht auftauchen.

Sollte Ihr Echtzeitbericht allerdings leer bleiben, beginnen Sie für die Fehlersuche mit dem Datenaufruf, den das Analytics-Tag auf der Seite abschickt.

Gehen Sie dazu auf Ihre Website, und rufen Sie im Browser Ihrer Wahl die Entwicklertools auf (in Chrome z. B. mit ⌷Strg⌷+⌷I⌷). Wechseln Sie dort zum Bereich NETWORK. Sie werden wahrscheinlich eine lange Liste mit Einträgen sehen. Falls nicht, laden Sie die Seite erneut mit einem Reload.

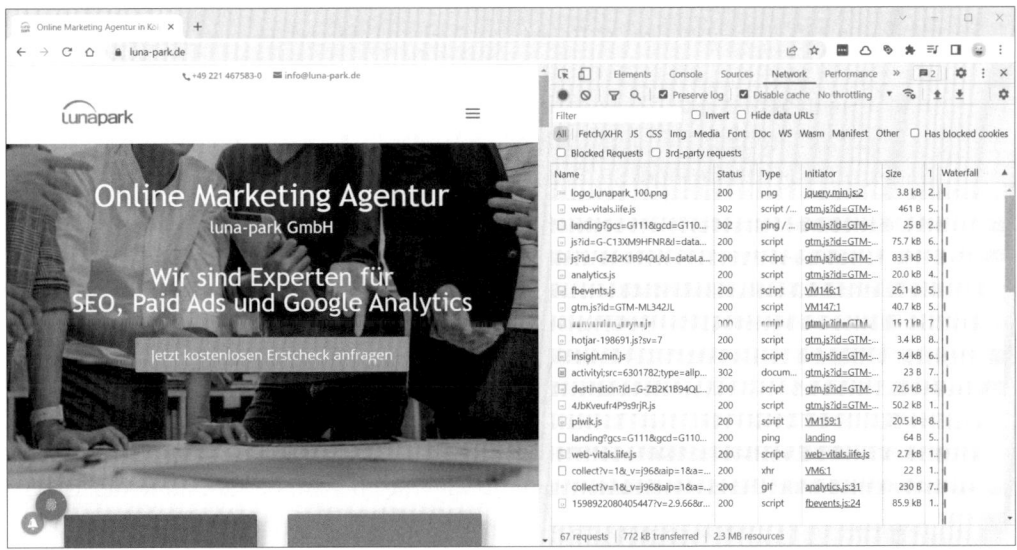

Abbildung 2.15 Alle Aufrufe der Webseite in den Entwicklertools

Im Fenster sehen Sie alle Dateien, die vom Browser beim Aufruf der Seite geladen wurden (siehe Abbildung 2.15), also Texte, Bilder, Schriftarten usw. Suchen Sie nun mit dem Filter-Feld über der Liste nach der Zeichenfolge collect?v=2 (siehe Abbildung 2.16).

Dadurch werden Ihnen alle Aufrufe gezeigt, die Ihr Browser für das Tracking mit GA4 verschickt hat. Wenn Sie Aufrufe sehen, hat zumindest der Datenversand geklappt. Dann sollten eigentlich auch Aktivitäten im Echtzeitbericht zu sehen sein. Bleibt »die Echtzeit« trotz Versand leer, kommen zwei Ursachen infrage:

▶ Die Daten gehen an eine falsche Property. Prüfen Sie die Mess-ID im Tracking-Code der Seite.

▶ Ihre Zugriffe werden gefiltert. Gibt es bereits einen Filter auf IP-Adressen in Ihrer Property?

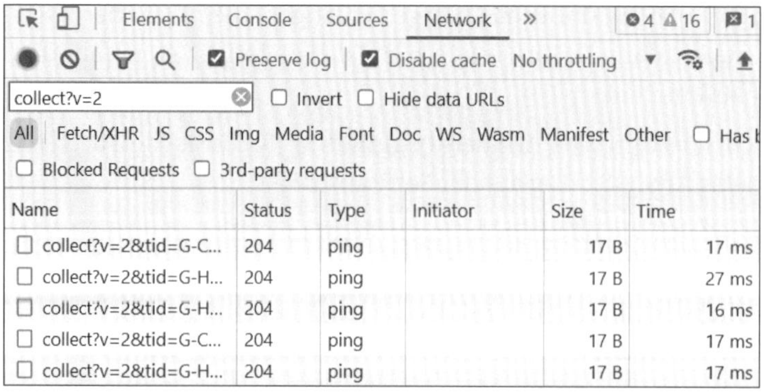

Abbildung 2.16 Mit dieser Zeichenfolge filtern Sie nur GA4-Aufrufe.

Finden Sie in der Liste der Netzwerkaufrufe allerdings keine `collect`-Aufrufe, gibt es entweder ein Problem mit dem Code an sich oder Ihr Browser möchte ihn nicht versenden. Als Nächstes sollten Sie daher Folgendes prüfen:

▶ **Liegt es am Browser?**
Haben Sie vielleicht einen Adblocker oder ein Privacy-Plugin im Browser installiert? Prüfen Sie auch Ihre Zustimmung zum Tracking in Ihrer Consent-Box. Verwenden Sie am besten einen anderen Browser oder zumindest ein anderes Profil in Ihrem Browser. So vermeiden Sie auch Probleme durch Caching der Seite im Zwischenspeicher des Browsers.

▶ **Wird der gtag-Code richtig übernommen?**
Wenn Sie den gtag-Code kopiert und eingefügt haben, der am Ende der Datenstream-Einrichtung gezeigt wird, prüfen Sie im Quelltext des Browsers, ob der Code vollständig in der Seite enthalten ist. Dazu gehen Sie auf Ihre Website und rufen den Quelltext auf (in Chrome z. B. mit Strg+U). Suchen Sie nach »gtag«, und vergleichen Sie den Code-Block noch einmal mit dem Block aus der Property-Verwaltung. Der Block sollte mit einem Kommentar beginnen:

```
<!-- Global site tag (gtag.js) - Google Analytics -->
```

und mit einem Script-Tag abschließen:

```
</script>
```

Sollten Sie z. B. das abschließende Script-Tag vergessen haben, wird der Code nicht ausgeführt.

▶ **Wurde das Tag im Google Tag Manager veröffentlicht?**
Änderungen im Tag Manager müssen zunächst veröffentlicht werden, bevor sie an die Nutzer ausgespielt werden. Wenn Sie das neue Tag über den GTM einbinden, schauen Sie nach, ob Sie am Schluss die neue Version veröffentlicht haben.

Sollten diese Schritte Sie noch nicht weitergebracht haben, lesen Sie in Kapitel 9, »Fehler analysieren und Qualität sichern«, wie Sie Ihre Analytics-Implementierung auf Herz und Nieren prüfen.

2.3   Ereignisse in GA4

In GA4 sind Ereignisse die grundlegende Einheit für alle Trackings. Nahezu jede gemessene Aktion oder Einheit geht im Kern auf ein Ereignis zurück. Es gibt spezielle Ereignisse, die GA4 für bestimmte Berichte weiterverarbeitet; häufig haben diese auch festgelegte Parameter. Eine ganze Reihe von Ereignissen feuert das GA4-Analytics-Tag automatisch ohne Ihr Zutun, wenn bestimmte Aktionen stattfinden. Sie können aber auch individuelle neue Ereignisse kreieren. Um diese geht es im Folgenden.

2.3.1   Aufbau und Anwendung von Ereignissen

Ein GA4-Ereignis besteht immer mindestens aus einem Ereignisnamen und optionalen Parametern. Bestimmte Namen sind mit Berichten in GA4 verknüpft. So haben z. B. page_view-Ereignisse die Parameter page_location und page_referrer, deren Daten in den Seitenbericht und den Quellenbericht einlaufen. Alle Daten laufen in den Bericht EREIGNISSE unter dem Menüpunkt ENGAGEMENT ein.

In GA4 werden Ereignisse in vier Typen unterteilt:

► automatisch erfasste Ereignisse

► Ereignisse für optimierte Analysen

► empfohlene Ereignisse

► benutzerdefinierte Ereignisse

Wir sehen uns diese Typen in den folgenden Abschnitten genauer an.

2.3.2   Automatisch erfasste Ereignisse

Sobald das Analytics-Tag auf einer Website eingebaut ist, sammelt es Daten zu den Nutzern. Sie müssen nichts weiter dafür tun oder konfigurieren, das Laden des Tags genügt. Diese Ereignisse werden allerdings nicht von der Website aus geschickt, sondern innerhalb der GA4-Property anhand der Daten generiert. Im Netzwerk-Tab Ihres Browsers sehen Sie diese Ereignisse daher nicht.

Auf Websites werden automatisch die Ereignisse session_start, first_visit und user_engagement erzeugt (siehe Tabelle 2.1).

Ereignis	Aufgabe
session_start	Markiert den Beginn einer Sitzung. Eine Sitzung bezeichnet die zusammenhängende Nutzung einer Website, also wenn mehrere Seiten nacheinander besucht werden. Findet GA4 keine laufende Sitzung mit der Sitzungs-ID des Ereignisses, wird dieser Eintrag protokolliert.
first_visit	Kennzeichnet den erstmaligen Besuch einer Website durch diesen Nutzer. Neben einer Sitzungs-ID bekommt jeder Nutzer vom Analytics-Tag eine Browser-ID. Empfängt GA4 eine bisher unbekannte ID, wird ein first_visit-Ereignis gefeuert.
user_engagement	Das Ereignis wird erzeugt, wenn ein Nutzer eine Sekunde lang die aufgerufene Seite betrachtet hat.

Tabelle 2.1 Automatisch erzeugte Ereignisse in GA4

Diese drei Ereignisse werden genauso für Apps erzeugt, die Sie mit dem Firebase-SDK tracken können. Darüber hinaus gibt es spezielle Ereignisse, die nur für Apps generiert werden. Eine Übersicht über die automatisch erfassten Ereignisse für Apps finden Sie in Kapitel 6, »Apps analysieren«.

2.3.3   Ereignisse für optimierte Analysen

Neben den automatisch erfassten Ereignissen kann das Analytics-Tag weitere Aktionen auf Ihrer Website selbstständig tracken. Diese können Sie in den Einstellungen des Datenstreams ein- oder ausschalten (siehe Abbildung 2.17). Wahrscheinlich ist das der Grund, warum Google sich den etwas sperrigen Namen *optimierte Analysen* ausgedacht hat, anstatt auch hier von automatischen Ereignissen zu sprechen.

Sie können die Analysen für verschiedene Aufgaben aktivieren. Das Analytics-Tag spielt die nötigen Codes aus und feuert die entsprechenden Ereignisse ohne weitere Anpassungen im Code Ihrer Website. Das funktioniert sowohl für die Einbindung über gtag-Code als auch über den Tag Manager. Sie können die optimierten Analysen auch nachträglich jederzeit in der Verwaltung des Datenstreams ein- oder ausschalten.

Im Gegensatz zu den automatisch erfassten Ereignissen können Sie die optimierten Analysen im Netzwerk-Tab Ihres Browsers sehen und verfolgen, welche Daten geschickt werden.

GA4 bietet sieben automatische Trackings für optimierte Analysen an, die wir uns nun im Einzelnen ansehen.

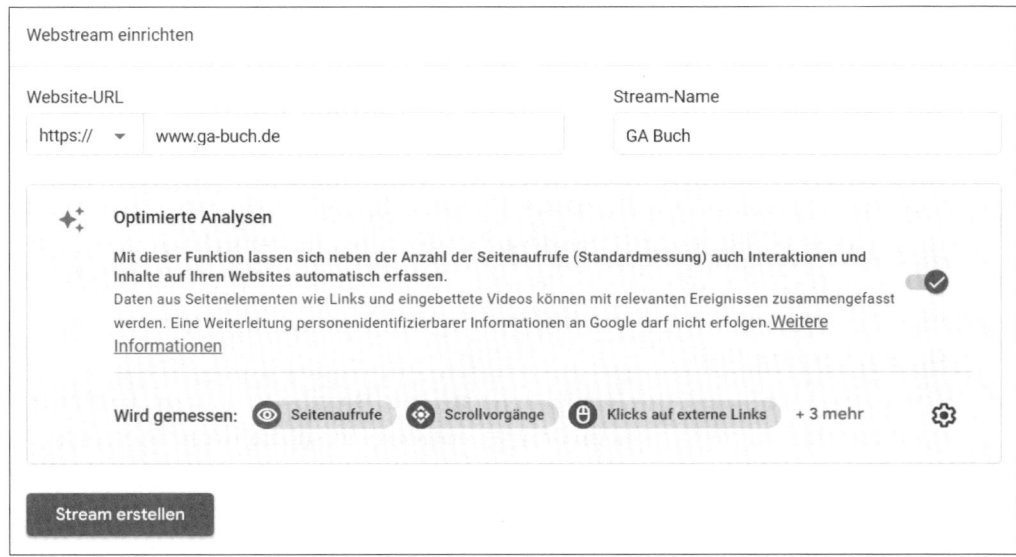

Abbildung 2.17 Optimierte Analysen bei der Einrichtung des Datenstreams

Seitenaufrufe

Beim Laden einer Seite und dem damit verbundenen Laden des Analytics-Tags wird ein Seitenaufruf (engl. *Pageview*) gefeuert. Das geschieht auch beim Reload einer Seite, wenn ein Nutzer auf den entsprechenden Button in seinem Browser klickt. Im Ereignisbericht in GA4 erscheint der Bericht als page_view.

Die SEITENAUFRUFE lassen sich als einzige optimierte Analyse nicht deaktivieren. Sie erlauben nur eine Anpassung des Verhaltens für dynamische Websites (siehe Abbildung 2.18). So werden im Standard auch Wechsel im Browserverlauf (*history change*) protokolliert. Diese Wechsel kommen häufig bei dynamischen und stark codelastigen Websites vor, die das Laden von Inhalten per JavaScript realisieren, ohne die eigentliche Seite zu verlassen. Sie können sie im Browser manchmal an einer Raute # in der URL erkennen.

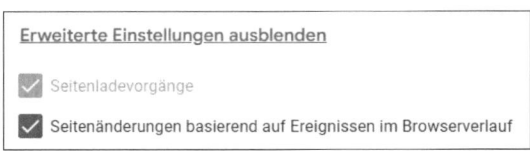

Abbildung 2.18 Seitenänderungen erfassen für dynamische Websites

Dieses Verhalten können Sie unter ERWEITERTE EINSTELLUNGEN deaktivieren – wobei das nur in sehr speziellen Fällen nötig wird. Normalerweise können Sie diese Option ignorieren und so lassen, wie sie ist.

Wie gesagt können Sie den automatischen Seitenaufruf nicht deaktivieren – achten Sie also darauf, das Analytics-Tag erst nach Einwilligung des Nutzers zu laden.

Scrollvorgänge

Ist die aufgerufene Seite zu lang für das Browserfenster des Nutzers, muss dieser scrollen. Mit dieser Analyse erfasst das Analytics-Tag den Moment, wenn ein Nutzer 90 % einer Seite gesehen hat (bzw. diese technisch im Browser sichtbar war). In diesem Fall wird das Ereignis scroll gefeuert und der Wert 90 als Parameter übergeben.

Klicks auf externe Links

Ein *externer Link* ist ein Link, der zu einer anderen Domain führt, also zu einer Domain, die nicht mit der aktuell im Browser aufgerufenen übereinstimmt. Beim Klick wird nicht nur das Ereignis click gefeuert, sondern auch eine Reihe Parameter übergeben, die Sie in GA4 später auswerten können:

▸ die geklickte URL

▸ die Domain, zu der gewechselt wird

▸ die CSS-Klasse des geklickten Links

▸ die HTML-ID des geklickten Links

▸ die Information, ob die Domain für domainübergreifendes Tracking hinterlegt ist

Domains, die Sie für domainübergreifendes Tracking hinterlegt haben, werden nicht als externe Domain betrachtet und somit nicht per Ereignis gezählt.

Website-Suche

Wenn Sie auf Ihrer Website eine Suche anbieten, mit der Nutzer die Inhalte durchforsten können, ist es hier möglich, die Auswertung der eingegebenen Suchanfragen zu konfigurieren.

Dazu müssen Sie zunächst schauen, ob die Suche Ihres Angebots die Suchanfrage mit einem URL-Parameter übergibt. Das überprüfen Sie, indem Sie auf der Website eine Suche starten und dann die URL im Browser betrachten. Zum Beispiel wird bei einer Suche auf Google die Anfrage im Parameter q übergeben:

https://www.google.de/search?q=meinesuchanfrage

Für folgende Parameter ist die Website-Suche bereits vorkonfiguriert:

q, s, search, query, keyword

Taucht Ihre Eingabe in der URL als Wert hinter einem anderen Parameter auf, ergänzen Sie diesen Parameter im dafür vorgesehenen Feld.

Wenn in Ihrer Suche noch weitere Daten übergeben werden, z. B. ein Kategoriefilter, können Sie diese im Eingabefeld für zusätzliche Suchparameter eintragen und später auswerten.

Ruft ein Nutzer eine Seite auf, die in der URL einen der hinterlegten Parameter enthält, feuert das Analytics-Tag das Ereignis `view_search_results` und übergibt die Eingabe und zusätzliche Felder als Parameter zur späteren Auswertung.

Interaktion mit einem Formular

Sind auf der Website Formulare verbaut, so versucht GA4 die Interaktion und das Absenden zu erfassen. Dazu werden die beiden Ereignisse `form_start` und `form_submit` gefeuert.

Für das Absenden werden als Parameter übergeben:

▶ die HTML-ID des Formulars

▶ der HTML-Name des Formulars

▶ die Destination-URL des Formulars

▶ ein Test des Sende-Buttons, soweit vorhanden

Die Erkennung des Formularversands muss nicht in allen Fällen wie gedacht funktionieren. Mehr dazu lesen Sie in Kapitel 3, »Websites auswerten«.

Engagement mit dem Video

Sind auf Ihrer Website Videos eingebunden, so werden die Aktionen der Nutzer mit dem Player erfasst. Voraussetzung ist die Verwendung der JavaScript-API durch den verwendeten Player. Betten Sie beispielsweise den YouTube-Player ein, müssen Sie die API mit einem Parameter aktivieren. (Mehr dazu finden Sie in der YouTube-Dokumentation unter dem Stichwort *enablejsapi*.)

Funktioniert die Kommunikation zwischen Player und Analytics-Tag, werden beim Start, beim Ende und beim Erreichen von 10 %, 25 %, 50 % und 75 % des Videos Ereignisse gefeuert (`video_start`, `video_complete` und `video_progress`).

Bei diesen Ereignissen werden zum Video weitere Informationen als Parameter übergeben:

▶ der Titel des Videos

▶ die URL des Videos

▶ der Anbieter des Videos (z. B. YouTube)

▶ die Gesamtdauer des Videos

▶ die aktuell abgespielte Zeit des Videos

▶ der prozentuale Fortschritt im Video

Dateidownloads

Als Download erkennt das Analytics-Tag einen Klick auf einen Link zu einem bestimmten Dateityp. Das können Dokumente, komprimierte Archive, Videos oder Audio-Dateien sein. Konkret werden folgende Endungen erkannt:

▶ PDF-Dateien

▶ Office-Dateien: docx, xlsx, pptx

▶ Textdateien: txt, rtf, csv

▶ gepackte Archive: 7z, rar, gz, zip, pkg

▶ Videos: mp4, mpg, avi, mov, wmv

▶ Audio-Dateien: mp3, wav, wma

Wird die Endung erkannt, feuert das Analytics-Tag das Ereignis `file_download` mit weiteren Informationen. Für den Klick werden folgende Informationen als Parameter übergeben:

▶ der Dateiname

▶ die Dateiendung

▶ der Text des Links

▶ die URL des Links

▶ die Domain des Links

▶ die CSS-Klasse des Links

▶ die HTML-ID des Links

> **Meine Klicks, Downloads, Videos werden nicht automatisch gezählt**
>
> Für alle Ereignisse der optimierten Analysen gilt, dass Sie Ereignisnamen und Parameter auch für eigene Programmierungen verwenden können. Sollten z. B. Downloads auf Ihrer Seite nicht automatisch erfasst werden, weil die Dateiendung nicht erkannt wird, können Sie das Ereignis durch eigenen Code feuern lassen. Dazu folgt mehr in Kapitel 3, »Websites auswerten«.

2.3.4   Empfohlene Ereignisse

Neben den Ereignissen der optimierten Analysen gibt es eine Menge weiterer Nutzeraktionen, die Sie vielleicht gern für Ihre Website erfassen würden. Aber nicht alle Aktionen lassen sich automatisch protokollieren – dafür sind die technischen Implementierungen zu vielfältig und zu unterschiedlich.

Für solche häufig vorkommenden Aktionen, deren Tracking Sie selbst programmieren (oder per Plugin einbauen) müssen, hat GA4 Empfehlungen für Ereignisnamen erstellt (siehe Tabelle 2.2). So sollte ein abgeschlossener Kauf mit dem Ereignisnamen `purchase` übermittelt werden, eine Registrierung zu einem Service oder Newsletter mit `sign_up`.

Erhält GA4 Ereignisnamen mit der vorgegebenen Benennung, werden diese Tracking-Daten in spezielle Berichte sortiert. Die Parameter eines `purchase`-Aufrufs fließen z. B. in die E-Commerce-Berichte ein. Vor allem für Aktionen in Shops und Spiele-Apps gibt es empfohlene Namen. (Mehr dazu finden Sie in Kapitel 5, »Shops bewerten«, und Kapitel 6, »Apps analysieren«.)

Nicht für alle empfohlenen Ereignisse sind schon eigene Berichte verfügbar. Es ist dennoch mit Blick auf zukünftige Entwicklungen sinnvoll, den Empfehlungen zu folgen. Sollten in einem Update weitere Berichte oder Berichtsvorlagen in GA4 einfließen, haben Sie die Daten bereits im richtigen Format gesammelt.

Ereignis	Beschreibung	Parameter
purchase	Abgeschlossener Kauf	*transaction_id, currency, value, ...*
login	Anmeldung eines Nutzers z. B. im Kundenbereich der Website	*method*
select_content	Auswahl eines Inhalts	*content_type, item_id*
share	Teilen von Inhalten	*method, content_type, item_id*
add_to_wishlist	Einer Wunsch- oder Merkliste hinzufügen	*currency, value, items*

Tabelle 2.2 Auswahl empfohlener Ereignisnamen mit Parametern

2.3.5   Benutzerdefinierte Ereignisse

Einige Nutzeraktionen können automatisch von GA4 erfasst werden. Darüber hinaus gehende Aktionen müssen Sie selbst in der Website erfassen. Dazu sollten Sie so lange wie möglich die empfohlenen Ereignisnamen verwenden, Sie können aber auch eigene Namen und Parameter vergeben.

Wie Sie individuelle Ereignisse innerhalb einer Seite tracken, hängt von Ihrer Einbindung des Analytics-Tags ab:

► Haben Sie den Code über das gtag-Skript eingebunden, können Sie mit einem JavaScript-Befehl ein Ereignis feuern.

► Nutzen Sie den Google Tag Manager, um die GA4-Konfiguration auf einer Website auszuspielen, legen Sie im Container GA4-Ereignisse an.

Ereignisse mit gtag

Der JavaScript-Befehl, um ein GA4-Ereignis innerhalb einer Seite zu feuern, ist folgendermaßen aufgebaut:

```
gtag('event', '<event_name>', {
  <event_params>
});
```

Listing 2.3 Aufbau eines Ereignisaufrufs mit »gtag« für GA4

Für einen echten Aufruf ersetzen Sie natürlich die beiden Felder in Klammern:

▶ <event_name>: Unter diesem Namen wird das Ereignis im Bericht auftauchen.

▶ <event_params>: Parameter, die Sie als Name-Wert-Paar mitübergeben. Die Übergabe von Parametern ist optional; Sie können auch nur ein Ereignis mit Namen feuern.

Ein neu erdachtes Ereignis könnte z. B. so aussehen:

```
gtag('event', 'ga4buch', {
  'kapitel': '2',
  'seite': '43'
});
```

Listing 2.4 Individuelles Ereignis mit Parametern

Der Name des Ereignisses sowie der Parameter können aus der Liste der vorgegebenen oder empfohlenen Namen stammen oder von Ihnen (neu) erdacht worden sein. Ein Ereignis kann bis zu 10 Parameter erhalten.

Bei der Verwendung der vorgegebenen Namen fließen die Kombinationen direkt in vorkonfigurierte Berichte. So können Sie Downloads für eigene Dateien wie folgt schicken:

```
gtag('event', 'file_download', {
  'file_name': 'fahrradtour.gpx',
  'file_extension': 'gpx',
  'link_text': 'Fahrradtour Download GPX',
  'link_url': '/downloads/fahrradtour.gpx'
});
```

Listing 2.5 »gtag«-Ereignis für einen Dateidownload

Im Beispiel aus Listing 2.5 geht es um den Download einer GPX-Datei, die nicht automatisch vom Analytics-Tag erfasst wird. Die Aufrufe werden zusammen mit den bereits automatisch gesammelten Aufrufen in derselben Liste dargestellt.

Sie können diese Ereignisnamen in Kombination mit automatischen Benennungen verwenden, um die Funktionen zu erweitern. Oder Sie nutzen die Namen und Felder für Ihre eigene Lösung, um z. B. ein Tracking externer Links zu realisieren.

Ereignis-Limits

Es gibt noch einen weiteren Vorteil, wenn Sie die empfohlenen Namen nutzen. Für diese Ereignisse hat GA4 in seiner internen Datenbank bereits Speicherplätze reserviert. Erstellen Sie Ereignisse mit neuen Namen und Parametern, erhalten diese Ereignisse Speicher aus einem eigenen limitierten Bereich.

So können Sie pro Property 500 verschiedene Ereignisnamen erfassen. Die automatischen und empfohlenen Ereignisnamen zählen aber nicht zu diesen 500 unterschiedlichen Benennungen. Wenn Sie den Empfehlungen für GA4 folgen, haben Sie also mehr Freiraum für eigene Ergänzungen.

Auch für Parameter gibt es solche Limitierungen: Eine GA4-Property kann insgesamt 50 unterschiedliche Parameternamen haben – über alle Ereignisse hinweg. Diese Maximalzahl gilt wiederum nicht für automatische und empfohlene Parameternamen.

Ereignisse mit GTM-Tags

Wenn Sie das GA4-Tag mit dem Google Tag Manager auf Ihre Website bringen, legen Sie zusätzliche Ereignisse in Ihrem Container an. Dabei gelten die gleichen Überlegungen zur Verwendung von Namen und Parametern sowie von Limits wie mit dem gtag-Code.

Erstellen Sie dazu im Container ein neues Tag vom Typ GOOGLE ANALYTICS: GA4-EREIGNIS. Die Mess-ID können Sie im folgenden Fenster nicht eingeben. Stattdessen wählen Sie Ihr bereits früher angelegtes GA4-Konfigurationstag (siehe dazu Abschnitt 2.2.3).

Im Feld EREIGNISNAME geben Sie Ihren Ereignisnamen ein (egal ob neu oder empfohlen). Im Beispiel wird wieder der `file_download` verwendet. Unter EREIGNISPARAMETER geben Sie die Name-Wert-Paare an (siehe Abbildung 2.19).

Das Feuern des Tags passiert erst mit dem richtigen Trigger im GTM, den Sie für Ihre Website anlegen und anpassen müssen.

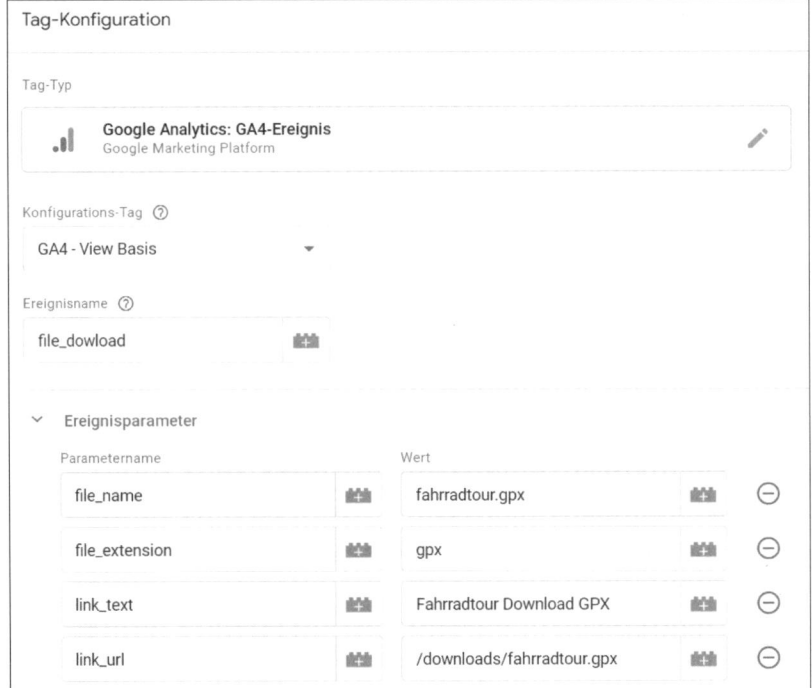

Abbildung 2.19 GTM-Ereignis für den Download spezieller Dateien

2.3.6   Ereignisse bearbeiten

Sie können sowohl Ereignisnamen als auch die einlaufenden Parameter innerhalb von GA4 bearbeiten und verändern. In jedem Web-Datenstream finden Sie im Menü den Eintrag EREIGNISSE ÄNDERN. Hier können Sie mehrere Regeln definieren, um einlaufende Ereignisse zu ändern.

Abbildung 2.20 Ein Ereignis erstellen, wenn dieser Ereignisname einläuft

Jede Regel beginnt mit einer *Abgleichbedingung*. Diese vergleicht einen oder mehrere von Ihnen bestimmte Parameter aller einlaufenden Ereignisse. Parameter können z. B. der Ereignisname, der Dateiname eines Downloads oder ein von Ihnen eingeführter Wert sein (siehe Abbildung 2.20). Sie können bis zu 10 Parameter in einer Abgleichbedingung prüfen.

Parameter ändern ⊘

Parameter hinzufügen, entfernen oder bearbeiten, darunter „event_name"

Parameter | Neuer Wert
event_name | newsletter_anmeldung

Änderung hinzufügen

Abbildung 2.21 So ändern Sie den Ereignisnamen in »newsletter_anmeldung«.

Trifft der Vergleich zu, wird der Teil PARAMETER ÄNDERN ausgeführt (siehe Abbildung 2.21). Mit der Änderung können Sie einen Parameter des Ereignisses überschreiben, hinzufügen oder löschen.

Ändern und überschreiben

Um einen Parameter zu überschreiben, wählen Sie den Eintrag aus dem Menü und tragen in das zweite Feld den neuen Wert ein. Sie können auch Änderungen an Parametern vornehmen, die in der Abgleichbedingung vorkommen. In der gezeigten Regel (siehe Abbildung 2.20) wird die Änderung ausgeführt, wenn das einlaufende Ereignis den Namen `newsletter_submit` hat. Der Ereignisname wird dann in `newsletter_anmeldung` geändert (siehe Abbildung 2.21). Im Ereignisbericht in GA4 werden Sie später nur noch das zweite Ereignis `newsletter_anmeldung` sehen.

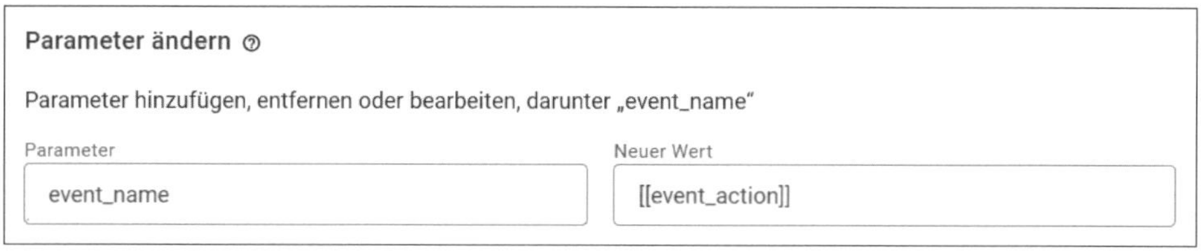

Parameter ändern ⊘

Parameter hinzufügen, entfernen oder bearbeiten, darunter „event_name"

Parameter | Neuer Wert
event_name | [[event_action]]

Abbildung 2.22 Einen Parameterwert durch einen anderen Parameter ersetzen

Anstelle eines festen Werts können Sie aber auch einen anderen Parameter als Wert einfügen. Dazu setzen Sie den Parameternamen in eckige Klammern. Im Beispiel aus Abbildung 2.22 wird der Ereignisname mit dem Wert des Parameters `event_action` überschrieben. Sie müssen natürlich sicherstellen, dass dieser Parameter mit dem Ereignis zusammen übergeben wurde.

Um einen Parameter zu löschen, lassen Sie das Feld NEUER WERT leer (siehe Abbildung 2.23).

Parameter ändern ⊙	
Parameter hinzufügen, entfernen oder bearbeiten, darunter „event_name"	
Parameter	Neuer Wert
price	Beispiel: [[source_parameter_name]] oder 1234

Abbildung 2.23 Löschen eines Parameterwerts

Verändern von Parameterwerten

Anders als in Universal Analytics mit seinen Filtern gibt es in GA4 keine Funktion, um den Wert eines Parameters zu bearbeiten und z. B. nur einen Teiltext zu löschen oder zu verändern. Für eine solche Funktion müssen Sie (bislang) auf den Google Tag Manager oder auf Skripte innerhalb Ihrer Website ausweichen.

Sie können bis zu 10 Abgleichbedingungen in einer Regel angeben. So wie Sie mehrere Bedingungen für den Abgleich hinzufügen können, lassen sich in einer Regel auch mehrere Änderungen auslösen.

Parameter hinzufügen

Auch wenn der Menüpunkt EREIGNIS BEARBEITEN heißt, lassen sich nicht nur vorhandene Parameter bearbeiten. Sie können auch bisher nicht vorhandene Parameter an ein Ereignis anhängen. Dazu gehen Sie genauso vor wie beim Bearbeiten: Sie geben den Parameter und einen Wert an.

Weitere Parameter für ein Ereignis zu setzen, bietet Ihnen die Möglichkeit, innerhalb von GA4 die Daten weiter zu organisieren. So lassen sich mit dieser Option Content-Gruppen für Seiten bilden oder Kampagnen bestimmten Kanälen zuordnen.

Im Beispiel aus Abbildung 2.24 werden die Seitenaufrufe (page_view) daraufhin überprüft, ob sie von einer Seite im Verzeichnis */blog/* stammen. Falls ja, wird die content_group auf den Wert Blog gesetzt.

Parameter löschen

Sie können bestehende Parameter löschen, indem Sie das Feld für den Wert leer lassen.

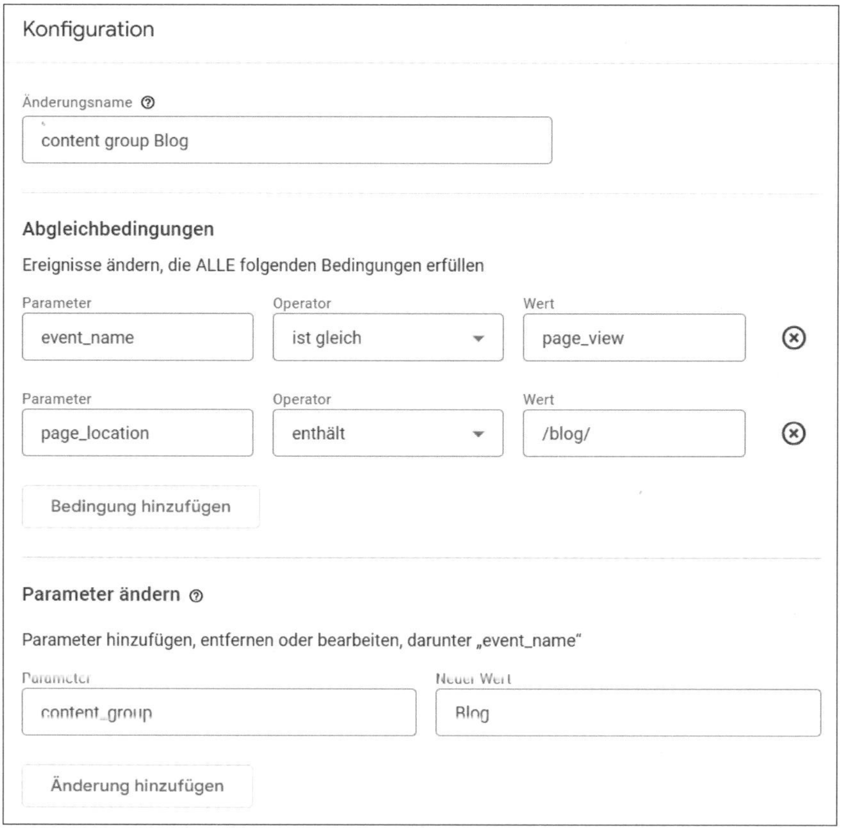

Abbildung 2.24 Eine Contentgroup zu einem Ereignis hinzufügen

2.3.7   Ereignisse erstellen

Unter dem Menüpunkt BENUTZERDEFINIERTE EREIGNISSE ERSTELLEN können Sie neue zusätzliche Ereignisse definieren. Diese unterscheiden sich für GA4 nicht von anderen Ereignissen, etwa aus dem Tag Manager.

Die Eingabemaske sieht ähnlich aus wie bei EREIGNISSE ÄNDERN. Bei einer Erstellen-Regel werden bei erfolgreichen Abgleichbedingungen allerdings nicht nur Parameter verändert oder ergänzt, sondern es wird ein komplett neues Ereignis erzeugt. Das neue Ereignis wird unter dem vergebenen Namen im Ereignisbericht erscheinen, und zwar *zusätzlich* zum auslösenden Ereignis. Für dieses neue Ereignis können Sie im selben Schritt Parameter bearbeiten und verändern.

Im Beispiel aus Abbildung 2.25 wird das Ereignis kontakt_danke gefeuert, sobald ein Ereignis vom Typ page_view mit dem page_location-Wert */kontakt/danke/* einläuft (also einem Seitenaufruf mit */kontakt/danke/* in der URL).

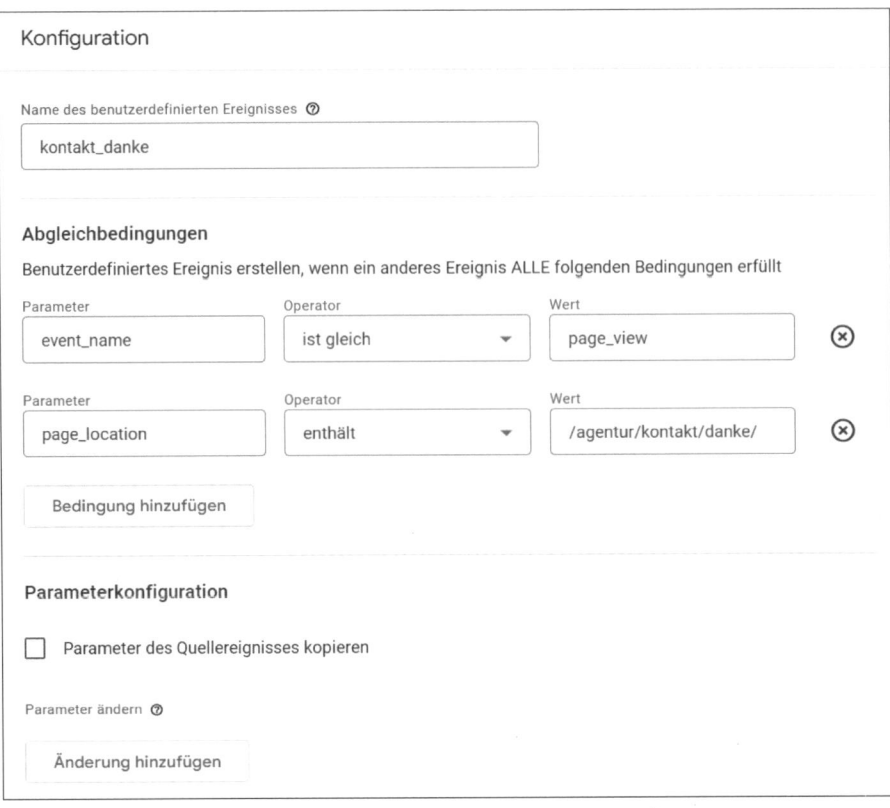

Abbildung 2.25 Neues Ereignis feuern, wenn die Danke-Seite aufgerufen wird

Mit *erstellten Ereignissen* können Sie eindeutige Ereignisse erzeugen, wenn mehrere Bedingungen (bis zu 10) für ein Ereignis erfüllt sind. Damit haben Sie ein wichtiges Werkzeug für die Einrichtung von Conversions kennengelernt.

Sie können bis zu 50 Regeln jeweils für geänderte und erstellte Ereignisse anlegen.

2.4   Conversions definieren

Eine Website oder App sollte bestimmte Ziele haben, also Aktionen, die Nutzer ausführen sollen. Das kann ein abgeschlossener Kaufvorgang oder das Absenden eines Kontaktformulars sein. Um Analytics anzuzeigen, dass diese Aktionen besonders bedeutsam sind, definieren Sie diese als *Conversions* (in bisherigen Analytics-Versionen hießen sie *Zielvorhaben*).

2.4.1   Wofür brauchen Sie Conversions in GA4?

Conversions einzurichten, ermöglicht es Ihnen, alle wichtigen Aktionen Ihrer Website auf einen Blick zu erkennen. Im Conversion-Bericht sehen Sie nur die Ereignisse, die Sie entsprechend markiert haben. Gerade bei großen Analytics-Setups, für die Sie Dutzende unterschiedliche Ereignisse für Nutzeraktionen erfassen, wird die Suche einzelner Einträge in Berichten schnell mühsam. Conversions bringen einen fokussierten Blick.

Außerdem erleichtern sie Ihnen die Bewertung bestimmter Daten, z. B. in den Kampagnenberichten. Für jeden Kanal und jede Kampagne haben Sie neben der quantitativen Zahl der Nutzer eine qualitative Bewertung, etwa wie viele dieser Nutzer und Nutzerinnen eine Buchung vorgenommen haben (siehe Abbildung 2.26).

Erste Nutzerinteraktion – ▾ + Standard-Channelgruppierung	Ereignisanzahl Alle Ereignisse ▾	Conversions kontakt_danke ▾
Gesamt	49.994 100 % der Gesamtsumme	31,00 0,32 % der Gesamtsumme
1 Organic Search	38.997	19,00
2 Direct	7.503	6,00
3 Paid Search	2.314	3,00
4 Referral	826	3,00

Abbildung 2.26 Übersicht der Kanäle mit Conversions

Conversions sind die Voraussetzung für die Nutzung der Berichte im Menü WERBUNG zu Kampagnen und Attribution. Dabei wird für Nutzer, die bestimmte Conversions erreicht haben, der komplette Weg über alle erfassten Kanäle und Kampagnen analysiert, den diese Nutzer genommen haben. Diese Auswertung der Pfade führt GA4 nicht pauschal für alle Nutzer durch, sondern eben mit Blick auf eine Conversion. Mehr zu Kampagnen und Attribution lesen Sie in Kapitel 4, »Kampagnen steuern«.

Eine weitere wichtige Funktion von Conversions in GA4 ist der Export in andere (Google-)Tools. Sie können die GA Conversions in Google Ads nutzen und haben so die gleiche Grundlage zur Bewertung im Kampagnen- und Analytics-Tool.

2.4.2   Conversions definieren

In GA4 gibt es nur eine Voraussetzung, um eine Conversion einzurichten: Sie brauchen ein Ereignis im Ereignisbericht. Dieses Ereignis muss für sich stehen, Sie können in der Definition keine zusätzlichen Parameter oder Eigenschaften angeben. Darin unterscheidet sich die Definition von früheren Analytics-Versionen, in denen es mehrere Conversion-Typen gab. (Wie Sie Conversions für mehrere Kriterien realisieren, lesen Sie am Ende von Abschnitt 2.4.3).

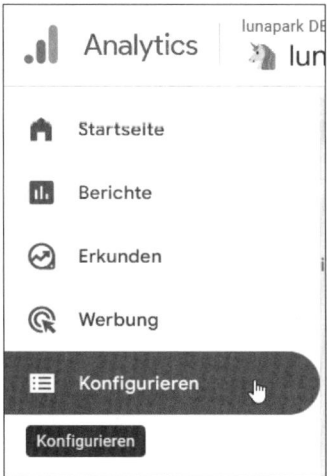

Abbildung 2.27 Conversions definieren Sie im Menü »Konfigurieren«.

Conversions können Sie in GA4 an mehreren Stellen anlegen (allerdings nicht mehr in der Verwaltung wie unter Universal Analytics). Im Menü finden Sie den Punkt KONFIGURIEREN (siehe Abbildung 2.27). Wählen Sie dort den ersten Eintrag: EREIGNISSE.

Sie bekommen eine Auflistung aller Ereignisse gezeigt, die bisher in Ihre GA4-Property eingelaufen sind. In der Tabelle werden neben den Namen der Ereignisse die Anzahl und Nutzer sowie die Änderungen in einem gewissen Zeitraum ausgegeben (siehe Abbildung 2.28). Den Zeitraum können Sie oberhalb der Tabelle mit einem Kalenderelement auswählen.

> **Ihre Tabelle ist leer?**
> Sollte Ihre Tabelle noch keine Einträge aufweisen, so sind noch keine Nutzeraktionen in der GA4-Property protokolliert worden. Legen Sie zunächst einen Datenstream an, und binden Sie das Analytics-Tag in Ihre Website oder App ein.

Am Ende jeder Zeile gibt es einen Schieberegler, der dieses Ereignis als Conversion markiert. Ziehen Sie den Regler nach rechts, und die Definition ist hinterlegt. Die Zählung der Conversions läuft ab diesem Zeitpunkt. Das heißt, Ereignisse, die bereits vorher erfasst wurden, werden nicht rückwirkend als Conversion betrachtet.

Vorhandene Ereignisse						Q	⬇
Ereignisname ↑	Anzahl	Änderung in %	Nutzer	Änderung in %	Als Conversion markieren ⑦		
click	403	↓ 2,2 %	276	↓ 2,8 %	⚪		
content_cta_navigation	97	↓ 3,0 %	50	↓ 12,3 %	🔘	⋮	
file_download	5	↑ 150,0 %	5	↑ 150,0 %	⚪		
first_visit	6.272	↓ 0,4 %	6.325	↓ 0,6 %	⚪		

Abbildung 2.28 Conversions markieren Sie in der Ereignisliste.

Unter dem nächsten Menüeintrag, CONVERSIONS, finden Sie die bereits definierten Einträge. Auch in dieser Tabelle gibt es einige Spalten mit Werten. Es werden die AN-ZAHL und der WERT ausgegeben sowie der Trend zum Vergleichszeitraum (siehe Abbildung 2.29).

Im Unterschied zur vorherigen Tabelle unter EREIGNISSE sehen Sie hier nicht die Gesamtzahl der Ereignisse, sondern die gemessenen Conversions seit Einrichtung der Definition. Das Ereignis content_cta_navigation in Abbildung 2.28 hat in der EREIGNISSE Tabelle noch 97 Aufrufe, in der CONVERSIONS-Tabelle aus Abbildung 2.29 beginnt die Zählung hingegen bei 0.

Conversion-Ereignisse	Werbenetzwerkeinstellungen				⬇	Neues Conversion-Ereignis
Conversion-Name ↑	Anzahl	Änderung in %	Wert	Änderung in %	Als Conversion markieren ⑦	
content_cta_navigation	0	0%	0	0%	🔘	
page_view_buch_angesehen	13	↓ 7,1 %	-		🔘	
purchase	0	0%	0	0%		
Scoll_90	0	0%	0	0%	🔘	
webinar_anmeldung_interes...	6	-	-		🔘	
webinar_aufzeichnung_inter...	4	-	-		🔘	

Abbildung 2.29 Conversion-Liste mit Aufrufen und Werten

Selbst in einer gerade erst angelegten Property werden Sie hier bereits einen Eintrag entdecken: *purchase*. Bei diesem ist im Gegensatz zu anderen Einträgen der Schieber zur Markierung ausgegraut.

Bei *purchase* handelt es sich um eine fest definierte Conversion. Sobald GA4 ein Ereignis mit diesem Namen erhält, wird es auch als Conversion gezählt. Hinter diesem Verhalten steht die Annahme, dass ein abgeschlossener Kauf in jedem Fall relevant für ein Angebot ist. Durch die Automatik kann ein GA4-Anwender das Einrichten der Definition gar nicht erst vergessen.

Automatische Conversions werden nicht auf das Limit von maximal 30 Conversions pro Property angerechnet. GA4 kennt einige fest definierten Conversions. Neben *purchase* gibt es weitere für Apps. Sobald Sie in einer Property einen App-Datenstream anlegen, erscheinen diese Conversion in der Liste (siehe Abbildung 2.30). Ebenfalls auf Apps bezieht sich der Reiter WERBENETZWERKEINSTELLUNGEN. Mehr zu den App-Conversions lesen Sie in Kapitel 6, »Apps analysieren«.

Conversion-Ereignisse	Werbenetzwerkeinstellungen			📥		Neues Conversion-Ereignis
Conversion-Name ↑	Anzahl	Änderung in %	Wert	Änderung in %	Als Conversion markieren ⑦
app_store_subscription_con…	0	0%	0	0%	
app_store_subscription_rene…	0	0%	0	0%	
first_open	0	0%	0	0%	
in_app_purchase	0	0%	0	0%	
purchase	0	0%	0	0%	

Abbildung 2.30 Automatische Conversion-Ereignisse für Apps

Sie haben bereits gelesen, wie Sie ein vorhandenes Ereignis als Conversion hinterlegen. Dafür muss dieses Ereignis zuerst aufgerufen worden sein, um es zu markieren. Dabei gehen Ihnen diese ersten Aufrufe als Conversion verloren, denn GA4 zählt die einlaufenden Ereignisse erst ab der Einrichtung.

Für diesen Fall gibt es den Button NEUES CONVERSION-EREIGNIS in der Conversion-Konfiguration. Nach einem Klick erscheint ein Eingabefenster, in dem Sie einen Ereignisnamen eintragen (siehe Abbildung 2.31).

Abbildung 2.31 Eine Conversion einrichten, bevor der erste Aufruf kommt

Wird dieses Ereignis in der Folge von GA4 protokolliert, ist es bereits vom ersten Aufruf an eine Conversion. (Sie können das Formular auch für bereits vorhandene Ereignisse verwenden, aber beim Schieberegler gibt es keine Gefahr eines Schreibfehlers.)

Conversion-Werte geben

Um einem Ereignis einen Wert mitzugeben, müssen Sie beim Aufruf einen Parameter value für den Wert sowie einen Parameter currency für die zugrunde liegende Währung zuweisen. Bei E-Commerce-Ereignissen wie *purchase* ist das bereits in den Vorgaben für das Tagging der Fall. Haben Sie *purchase* inklusive Bestellwert und -währung als Tracking-Code eingebunden, werden die Umsatzwerte automatisch zum Wert der Conversion hinzugerechnet.

Sie können die Parameter aber jedem beliebigen Ereignis mitgeben. Anders als in Universal Analytics können Sie einen Wert nicht mehr in der Conversion-Definition eintragen.

Möchten Sie einem Ereignis nachträglich innerhalb der Konfiguration von GA4 einen Wert und eine Währung mitgeben, können Sie dies mit EREIGNIS BEARBEITEN tun, wie Sie es bereits in Abschnitt 2.3.6 gelesen haben.

Eine dritte Möglichkeit, Ereignisse als Conversions zu definieren, gibt Ihnen GA4 im Ereignis-Bericht. Am Ende jeder Zeile ist ein kleines Menü zu sehen, in dem Sie ein Ereignis als Conversion registrieren können (siehe Abbildung 2.32).

	Ereignisname +	insgesamt	Ereignisanzahl pro Nutzer	Gesamteinnahmen
		6.851 Gesamtsumme	7,41 Durchschn. 0 %	0,00 €
1	scroll	4.704	3,17	0,00 €
2	page_view	6.786	1,53	0,00 €
3	session_start	6.821	1,41	0,00 €
4	user_engagement	5.789	1,44	Als Conversion markieren
5	first_visit	6.325	0,99	

Abbildung 2.32 Im Ereignis-Bericht können Sie per Menü eine Conversion markieren.

2.4.3   Ereignisse für Conversions planen

In GA4 brauchen Sie für jede Conversion-Definition ein eindeutiges Ereignis. Der Ereignisname ist bereits eindeutig, weitere Parameterwerte zur Unterscheidung sind also nicht nötig. Sie können nachträglich Ereignisse auf der Basis bereits vorhandener Einträge und Parameter erstellen, einfacher ist es jedoch, wenn Sie ein paar Vorüberlegungen zur Benennung Ihrer Ereignisse berücksichtigen.

Bauen Sie benutzerdefinierte Ereignisse für bestimmte Aktionen, müssen Sie sicherstellen, dass die erfolgreiche Aktion bereits an ihrem Ereignisnamen erkennbar ist. Ein Beispiel: Ihre Website enthält ein Formular zur Kontaktaufnahme. Beim Absenden des Formulars wird ein Ereignis gefeuert, das als Conversion definiert werden soll.

In Universal Analytics hat ein Ereignis die Parameter *Ereigniskategorie* und *Ereignisaktion* erfordert, und die Zieldefinition erlaubte die Berücksichtigung von Werten in beiden. Eine übliche Aufteilung sah so aus wie in Tabelle 2.3.

Ereigniskategorie	Ereignisaktion	Ereignislabel
Kontaktformular	Erfolgreich abgeschickt	<leer>
Kontaktformular	Fehlerhafte Eingabe	<Fehlermeldung>

Tabelle 2.3 Ereignisparameter in Universal Analytics

In GA4 können Sie mit dieser Aufteilung nicht direkt eine Conversion auf das erfolgreiche Absenden definieren. Besser wäre daher als Ereignis der Name `kontakt_erfolgreich` oder die Empfehlung von Google: `generate_lead`.

Wie verfahren Sie aber mit den fehlerhaften Eingaben? Hat das Formular z. B. 12 mögliche Fehlermeldungen, dann wären einzelne Ereignisse für jeden Fall schnell unübersichtlich. Die fehlerhafte Eingabe möchten Sie nicht als Conversion definieren, daher können Sie hier auf Parameter zurückgreifen. In GA4 könnte eine mögliche Aufteilung so aussehen wie in Tabelle 2.4.

Ereignisname	Parameter Fehler
kontakt_erfolgreich	<leer>
kontakt_fehlerhaft	Name eingeben
kontakt_fehlerhaft	Einwilligung bestätigen

Tabelle 2.4 Ereignisname und Parameter in GA4

So halten Sie den Ereignisbericht kompakt und laufen nicht Gefahr, an das Limit von 500 unterschiedlichen Ereignissen pro Property zu stoßen.

Vermeiden Sie Parameter im Ereignisnamen!

Grundsätzlich sollten Sie im Ereignisnamen keine variablen Elemente verwenden, also Parameter, von denen Sie nicht genau vorhersagen können, wie viele unter-

schiedliche Werte diese annehmen können. Ein Ereignisname wie `kontakt_fehler_`
`<Fehlermeldung>`, wobei Sie die aktuelle Fehlermeldung dynamisch beim Aufruf einfließen lassen, kann zu unvorgesehenen Problemen führen.

Wenn Sie eine Conversion auf unterschiedliche Werte in mehreren Parametern definieren möchten, müssen Sie den Umweg über eine *Ereignis erstellen*-Regel nehmen.
Erstellen Sie zuerst ein Ereignis, wie Sie es in Abschnitt 2.3.7 gelernt haben. Die Conversion richten Sie anschließend auf dieses neue Ereignis ein.

2.5   Benutzerdefinierte Definitionen verwenden

Viele Ereignisse haben festgelegte Parameter, die automatisch oder durch Sie beim
Aufruf befüllt werden können. Beim Ereignis *file_download* gibt es beispielsweise
vorgegebene Parameter für den Namen und die Endung der Datei, die heruntergeladen wird. Reichen diese Parameter nicht für Ihre Anwendungsfälle, können Sie eigene Parameter in Analytics-Tags verwenden und diese mit einer *benutzerdefinierten
Definition* auswerten.

Was sind Dimensionen und Messwerte?

Die benutzerdefinierten Definitionen unterteilen sich in *benutzerdefinierte Dimensionen* und in *Messwerte*. In Dimensionen werden unterschiedlich benannte Einträge gesammelt, bereits in GA4 enthaltene Dimensionen sind z. B. Ereignisnamen, Seiten,
Browser oder das Land. *Messwerte* enthalten Werte wie Nutzeranzahl, Klicks, Umsatz
etc. Mit Messwerten kann GA 4 rechnen, also eine Summe bilden, einen Durchschnitt
errechnen oder Größer-als- und Kleiner-als-Vergleiche durchführen.

Mit benutzerdefinierten Dimensionen und Messwerten können Sie das vorgegebene
Datenset von Analytics um Ihre eigenen Parameter erweitern. Diese zusätzlichen Dimensionen oder Messwerte können Sie in den unterschiedlichen Berichten von Analytics hinzufügen oder eigene Berichte mit diesen Daten anlegen.

2.5.1   Parameter an GA4 senden

Um eigene Parameter an GA4 zu schicken, übergeben Sie diese im Tracking-Code. Dafür genügt es, diese mit Namen und Wert einzufügen. Bei den benutzerdefinierten
Ereignissen haben Sie bereits dieses Beispiel gesehen:

```
gtag('event', 'ga4buch', {
  'kapitel': '2',
  'seite': '43'
});
```

Listing 2.6 »gtag«-Aufruf für ein Ereignis mit Parametern

Der Ereignisname ist hier ga4buch, die Parameter sind kapitel mit dem Wert 2 und seite mit dem Wert 43. Mit diesem Aufruf schicken Sie diese Parameter zunächst an GA4, das sie annimmt und prüft.

> **Unterschied zu benutzerdefinierten Definitionen in Universal Analytics**
>
> Anders als in UA gibt es in GA4 keine Indexnummer mehr für eine Dimension oder einen Messwert. Sie verwenden den Parameternamen im Code und in der Berichtskonfiguration.

Im Echtzeitbericht können Sie die ankommenden Werte sofort sehen (vergleiche Abbildung 2.33). Aber nur, wenn Sie eine benutzerdefinierte Dimension für kapitel und seite angelegt haben, wird der eingegangene Wert auch gespeichert. Diese selbst definierte Dimension können Sie wie andere Dimensionen in Berichten als Zusatz oder in eigenen Berichten verwenden.

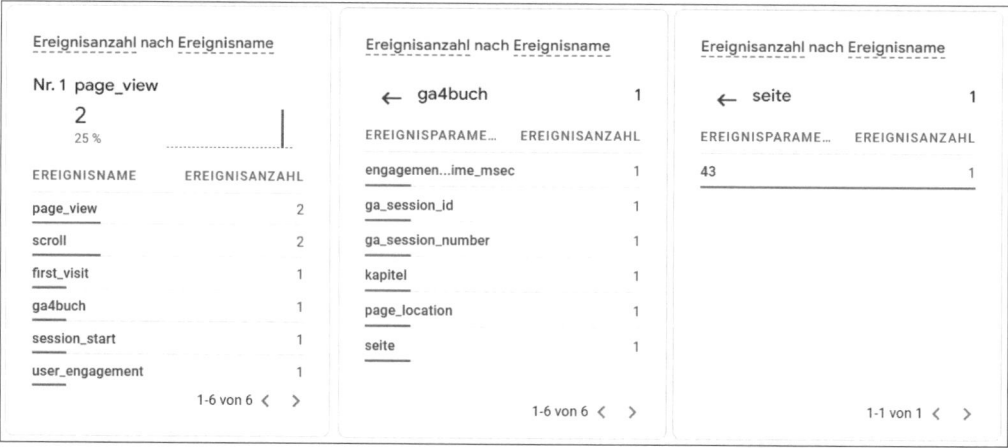

Abbildung 2.33 Einlaufende Werte in der Echtzeitansicht eines Ereignisses

2.5.2   Erstellen von eigenen benutzerdefinierten Definitionen

Um eigene Definitionen anzulegen, wechseln Sie in den Bereich KONFIGURIEREN der GA4-Property und dort zum Eintrag BENUTZERDEFINIERTE DEFINITIONEN. Mit einem Klick auf den Button erstellen Sie eine eigene Dimension oder einen Messwert. Bei der Einrichtung vergeben Sie einen aussagekräftigen Namen sowie eine Beschreibung, um den Inhalt zu erläutern (siehe Abbildung 2.34). Der DIMENSIONSNAME erscheint später in den GA4-Berichten zur Auswahl.

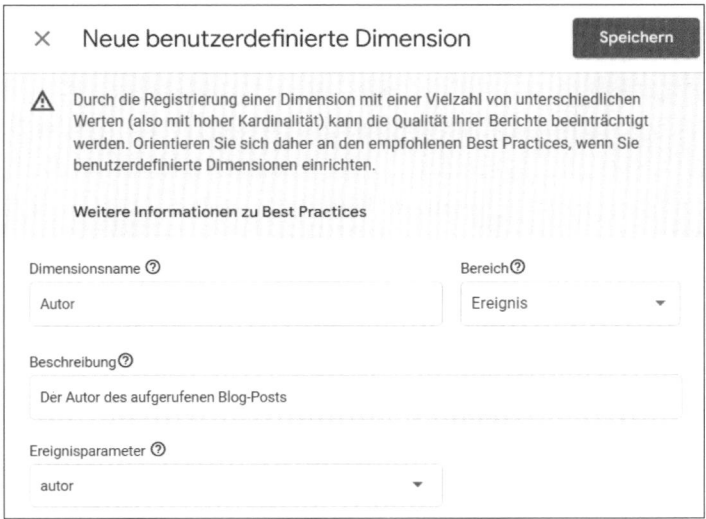

Abbildung 2.34 Eine eigene Dimension definieren

Eine wichtige Angabe ist der BEREICH (engl. *scope*), der den Geltungsumfang Ihrer Dimension bezeichnet. GA4 hat unterschiedliche Varianten, wie es die Parameter speichert und mit den anderen Daten verknüpft. Steht der BEREICH auf EREIGNIS, so werden die Parameter und Werte nur zu dem Ereignis gespeichert, mit dem sie übertragen wurden.

Dagegen werden bei der alternativen Einstellung NUTZER die Werte für das übertragene und alle weiteren Ereignisse dieses Nutzers verknüpft. Der Wert muss nur mit einem Ereignis übertragen werden, aber Sie können dennoch später verfolgen, was dieser Nutzer noch gemacht hat. Ein typischer Anwendungsfall ist die Registrierung für einen Dienst oder Angebot: Der Nutzer registriert sich nur einmal und diese Information braucht nur einmal an GA4 übertragen zu werden. Mit einem Filter auf diese Dimension können Sie alle weiteren Aktionen verfolgen, die für diesen Nutzer protokolliert wurden.

In Universal Analytics gab es zwei weitere Geltungsbereiche, *Sitzung* und *Produkt*, die (bisher) noch kein Äquivalent in GA4 haben.

Den Geltungsbereich können Sie später nicht mehr ändern. Überlegen Sie also vor dem Anlegen, ob und wie Sie die Daten der Parameter weiterverwenden wollen.

Als letzten Punkt im Einrichtungsbildschirm der Dimension wählen Sie entweder den EREIGNISPARAMETER, der die neue Dimension befüllen soll, aus der Liste aus oder Sie geben den Parameternamen an. Die Eingabe muss so erfolgen, wie der Parametername im gtag-Code übergeben wird (siehe Abbildung 2.34).

Kardinalität

Ihre GA4-Property kann unter Umständen Probleme bekommen, wenn Ihre neue Dimension eine hohe Kardinalität aufweist. Das bedeutet, dass der Parameter sehr viele unterschiedliche Werte übermittelt bekommt. Bei mehr als 500 verschiedenen Einträgen kann GA4 beginnen, Einträge zusammenzufassen und nicht mehr einzeln aufzuschlüsseln, um so die Verarbeitungsgeschwindigkeit der Berichte sicherzustellen.

Das Erstellen eines *benutzerdefinierten Messwerts* läuft ähnlich ab, bis auf ein paar kleinere Änderungen:

▶ Messwerte können als Geltungsbereich nur EREIGNIS haben.

▶ Sie können zusätzlich eine optionale Maßeinheit definieren und dabei aus Einheiten für Entfernungen und Zeiten wählen. Alternativ können Sie den Messwert als Währungsfeld definieren und dabei angeben, ob es sich bei dem Wert um *Umsatzdaten* oder *Kostendaten* handelt.

2.5.3   Limits von Dimensionen und Messwerten

Sie können pro Property 50 eigene Dimensionen und 50 Messwerte mit dem Geltungsbereich EREIGNIS definieren sowie 25 Dimensionen auf Nutzerebene. Ihren aktuellen Verbrauch können Sie in der Übersicht über den Button KONTINGENTINFORMATIONEN einsehen. Das erspart Ihnen bei einer größeren Liste das Auszählen von Dimensionen auf Ereignis- oder Nutzerebene (siehe Abbildung 2.35).

Kontingentinformationen

Benutzerdefinierte Dimension

Auf Nutzerebene

0 von 25 erstellt

Auf Ereignisebene

7 von 50 erstellt

Benutzerdefinierter Messwert

Auf Ereignisebene

0 von 50 erstellt

Abbildung 2.35 Unter »Kontingentinformationen« sehen Sie die Anzahl der erstellten Dimensionen und Messwerte Ihrer Property.

Sollten Sie in einer Property weitere Definitionen benötigen, aber keinen Platz mehr frei haben, können Sie eine nicht mehr gebrauchte Dimension oder einen Messwert archivieren. Dazu öffnen Sie in der Übersicht der Definitionen am Ende eines Eintrags das Menü und klicken dort auf Archivieren (siehe Abbildung 2.36).

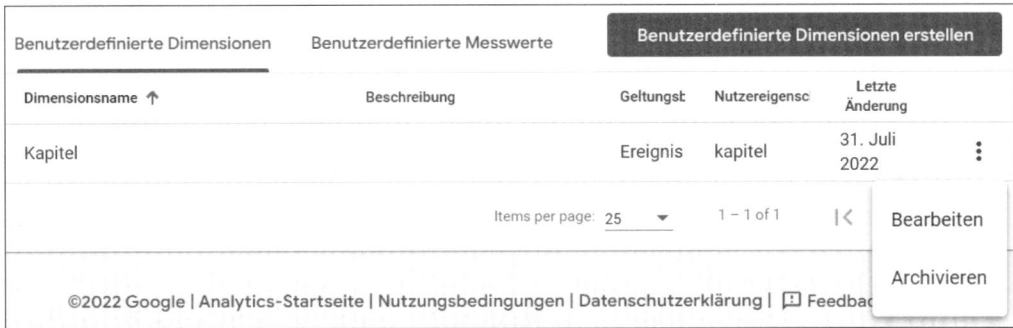

Abbildung 2.36 Dimensionen und Messwerte können Sie nicht löschen, aber archivieren.

Das Archivieren gibt einen Platz für eine neue Definition frei, wirkt sich aber auf Berichte, Segmente und Zielgruppen aus. Diese können eine archivierte Dimension nicht mehr als Element im Bericht oder als Kriterium für eine Nutzergruppe heranziehen. Das archivierte Element verschwindet aus der Definitionsliste.

2.6   Tag-Einstellungen bearbeiten

In der Detailansicht des Datenstreams haben Sie bereits einige Informationen und Einstellungsmöglichkeiten kennengelernt. Am Ende der Seite sehen Sie den Eintrag Tag-Einstellungen bearbeiten. Nach einem Klick gelangen Sie zu einer weiteren Seite. Klicken Sie in der Zeile Einstellungen am Ende der Zeile auf den Link Alle anzeigen. Hier sind einige Konfigurationen gruppiert, die Sie nicht in jedem Setup brauchen werden, aber Sie sollten wissen, was GA4 kann und anbietet.

2.6.1   Domainübergreifende Messung

Manchmal besteht Ihr Angebot nicht nur aus einer Website, sondern aus mehreren Websites. Die Websites liegen auf unterschiedlichen Domains, z. B. *firma.de* und *firma-shop.de*. Viele Nutzer starten zuerst auf *firma.de* und wechseln dann zu *firma-shop.de*. Sie möchten die Nutzer der beiden Websites zusammenhängend analysieren. So können Sie z. B. sehen, über welche Kampagnen eine Nutzerin zur Firmen-Website kam, um dann im Shop eine Bestellung aufzugeben. Dafür konfigurieren Sie das *domainübergreifende Tracking* (engl. *cross-domain tracking*).

Domaingrenzen und First-Party-Cookies

Für Google Analytics sind Nutzer auf unterschiedlichen Domains bei der Erfassung voneinander getrennte Einheiten, denn für die Bestimmung von Nutzern und Sitzungen werden standardmäßig *First-Party-Cookies* verwendet. Diese Cookies lassen sich immer nur von der Domain auslesen, von der sie gesetzt wurden. Ein Analytics-Tag erkennt also immer nur die Nutzer »seiner« Domain und kann nicht sehen, wo diese vorher waren.

GA4 erlaubt die Verwendung von Alternativen zum First-Party-Cookie (z. B. Logins), wodurch die Erkennung selbst über Gerätegrenzen hinweg funktioniert. Der Standard im Analytics-Tag ist aber weiterhin der First-Party-Cookie.

Voraussetzung für das Cross-Domain Tracking ist, dass Sie auf beiden Websites im Analytics-Tag dieselbe Mess-ID verwenden. Die Daten der unterschiedlichen Websites müssen also in dieselbe Property und denselben Datenstream einlaufen.

Unter dem Menüpunkt DOMAINS KONFIGURIEREN tragen Sie alle Domains ein, für die Nutzer als zusammenhängend betrachtet werden sollen (siehe Abbildung 2.37), also sowohl die Domain, für die Sie ursprünglich die Property eingerichtet haben, als auch die zusätzlichen Domains.

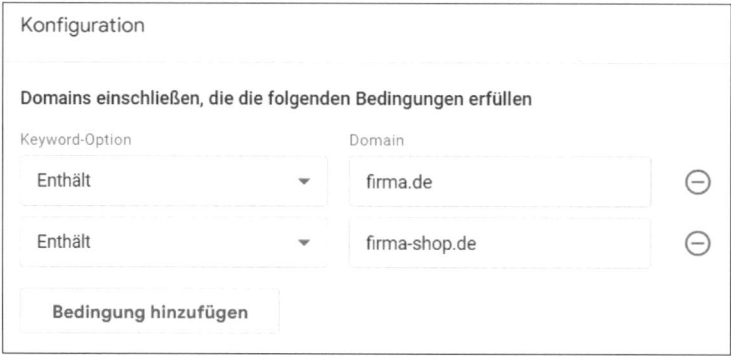

Abbildung 2.37 Diese Domains gelten nicht als Verweis.

Bei Nutzern auf diesen beiden Domains versucht GA4 eine Verbindung herzustellen. Da ein übergreifender Zugriff auf die Cookies der Domains nicht funktioniert, benötigt GA4 ein anderes Erkennungsmerkmal: Das Analytics-Tag hängt an alle Links von *firma.de* zu *firma-shop.de* und umgekehrt die ID des jeweiligen Nutzers bzw. der Sitzung als Parameter an die URL an. Beim Klick auf einen Link zwischen den beiden Domains landet ein Nutzer auf der URL *https://www.firma-shop.de/?_gl=1*adgucvs5**. Der Parameter `_gl` wird vom Analytics-Tag auf der zweiten Domain erkannt und verarbeitet, und die Verbindung wird hergestellt.

Die nötigen Parameter werden an die Links zwischen den Domains angehängt. Im Umkehrschluss bedeutet dies, dass GA4 keine Chance hat, Nutzer wiederzuerkennen, die *ohne* Link zwischen den Domains wechseln. Ein Nutzer, der etwa von einer Google-Suche aus zuerst die Hauptdomain besucht, dann zur Google-Ergebnisseite zurückkehrt und von dort zur Shop-Domain wechselt, wird von GA4 nicht als derselbe Nutzer erkannt.

Müssen Sie Sub-Domains für die domainübergreifende Messung angeben?

Nutzer auf Sub-Domains verwenden denselben Cookie wie auf der Hauptdomain. Die Domains *www.firma.de* und *shop.firma.de* müssen Sie also nicht für das Cross-Domain Tracking konfigurieren, GA4 erkennt den Zusammenhang bereits so.

Als Nebeneffekt betrachtet GA4 Links zwischen diesen beiden Domains nicht mehr als externe Links. Das bedeutet, diese Links werden nicht länger von der optimierten Analyse KLICKS AUF EXTERNE LINKS als gesonderte Ereignisse gezählt (wie in Abschnitt 2.3.3 beschrieben).

Die nötigen Einstellungen für das automatische domainübergreifende Tracking können Sie auch dem gtag-Code oder GTM übergeben. Weitere Informationen zur Einrichtung im Code finden Sie unter *https://developers.google.com/tag-platform/dev-guides/cross-domain*.

2.6.2   Internen Traffic markieren

Als internen Traffic bezeichnet man den Zugriff der eigenen Mitarbeiterinnen und Entwickler auf einer (Unternehmens-)Website. Für gewöhnlich wollen Sie diese Zugriffe nicht in den eigenen Nutzeranalysen haben, da sich die eigenen Mitarbeiter und Kolleginnen anders auf der Website verhalten als sonstige Besucher, da sie die Website, Produkte und Inhalte besser kennen. Das Gleiche gilt für die Zugriffe von Agenturen oder Dienstleistern, die sich um z. B. um Kampagnen und Ihre Website kümmern.

Um den Filter einzurichten, benötigen Sie zunächst die IP-Adressen, die Sie ausfiltern wollen. Dazu fragen Sie intern, bei Dienstleistern sowie bei externen Mitarbeitern nach, wie deren IP-Adressen lauten.

Um die eigene IP-Adresse herauszufinden, können Sie die Google-Suche nutzen und nach *what is my ip* suchen (siehe Abbildung 2.38). In der Regelerstellung verlinkt GA4 praktischerweise direkt auf diese Google-Suche.

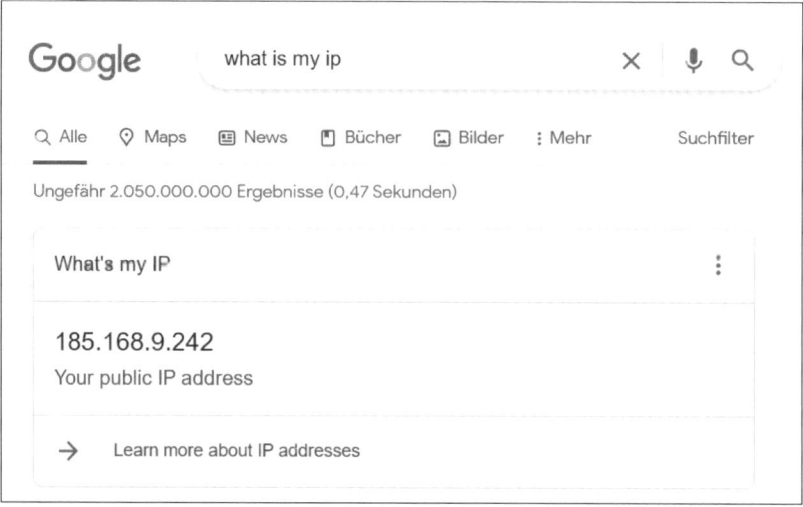

Abbildung 2.38 Finden Sie Ihre IP-Adresse mit Google heraus.

Exkurs: Was ist eine IP?

IP-Adressen geben Geräten in Netzwerken eine Kennung und ermöglichen es so, sie zu erreichen. Damit mehrere Geräte miteinander kommunizieren können, müssen sie eine eindeutige Adresse besitzen. IP-Adressen identifizieren Geräte und machen es auf diese Weise möglich, Datenpakete an den richtigen Empfänger zu liefern.

IP-Adressen werden entweder in der Ipv4- oder in der Ipv6-Notation übergeben. Ipv4 (*Internet Protocol Version 4*) ist die am häufigsten genutzte Notation. Die so generierten Adressen bestehen aus vier Ziffern zwischen 1 und 255, die durch Punkte getrennt werden, z. B.:

192.8.126.167

Jede IP-Adresse darf es nur einmal pro Netzwerk geben. Das Internet ist z. B. ein riesiges Netzwerk, in dem trotzdem jede IP-Adresse nur von einem Gerät genutzt werden darf. Die Adressierung mit Ipv4 stößt mittlerweile allerdings an ihre Grenzen, da mehr IP-Adressen benötigt werden, als durch IPv4 abgebildet werden können. Daher vergeben Provider wie die Telekom oder Vodafone diese Adressen dynamisch aus einem Pool, sobald sich ein Nutzer mit dem Computer oder dem Smartphone ins Internet wählt. Diese Nutzer haben also über einen längeren Zeitraum unterschiedliche IP-Adressen. Auch für jeden PC in großen Firmen würden die IP-Adressen nicht reichen. Daher bilden Firmen ihr eigenes privates Netzwerk. Im Internet sind aber alle unter derselben IP-Adresse sichtbar.

Mit der Version IPv6 lassen sich diese Probleme teilweise lösen. Durch die neue Notation können mehr Adressen generiert werden. Die neuen IP-Adressen sind deutlich umfangreicher, theoretisch kann also jedes Gerät weltweit eine eindeutige IP-Adresse erhalten. Dazu werden jeweils zwei Oktetts zusammengefasst und durch einen Doppelpunkt getrennt, z. B.:

5614:0gs8:87b5:0000:0000:7z5t1:0908:7654

Blöcke von Nullen können weggelassen werden, an ihre Stelle tritt dann ein ::, was zu folgender Schreibweise führt:

5614:0gs8:87b5::7z5t1:0908:7654

Bei IP-Adressen müssen Sie zwischen statischen und dynamischen IP-Adressen unterscheiden. Statische Adressen bleiben immer gleich, sodass ein Gerät jedes Mal die gleiche IP-Adresse zugeordnet bekommt. Bei dynamischen Adressen wird einem Gerät bei jeder Einwahl ins Netz eine neue Adresse zugeteilt. Hier ist es deutlich schwerer, ja sogar unmöglich, die IP-Adresse eines Nutzers auszuschließen, da sie ja bei jeder Sitzung anders sein kann.

Ein weiterer Punkt, der häufig bei großen Unternehmen zu berücksichtigen ist, sind die sogenannten *IP-Ranges*. Sobald ein großes Unternehmen mit all seinen Mitarbeitern und Mitarbeiterinnen nicht über eine IP-Adresse surft, sondern über mehrere, benötigt es verschiedene IP-Adressen, die sich in einer IP-Range befinden. Es kann also sein, dass Sie von Ihrer internen IT-Abteilung folgende Angabe erhalten: 176.154.1.1–25. Das bedeutet, dass Ihre Firma unter den IP-Adressen 176.154.1.1, 176.154.1.2, 176.154.1.3 usw. surft.

In den WEITEREN TAGGING-EINSTELLUNGEN können Sie internen Traffic definieren und somit aus den Analysen ausschließen. Dazu erstellen Sie eine neue Regel und vergeben einen Namen. Anschließend tragen Sie im Bereich IP-ADRESSEN die zu filternden Adressen ein (siehe Abbildung 2.39).

Konfiguration

Regelname ⓘ

Office

traffic_type-Wert ⓘ

internal

IP-Adressen ⓘ   Welche IP-Adresse habe ich?

Übereinstimmungstyp   Wert

IP-Adresse ist im Bereich (CIDR-Notation) ▼   195.14.229.0/24   ⊖

Bedingung hinzufügen

Abbildung 2.39 Das Filtern von IP-Adressen bereinigt den GA4-Traffic.

In Abbildung 2.39 ist die IP-Adresse in der sogenannten CIDR-Notation angegeben. Sie können aber auch ganze Adressen oder Teile angeben. Da GA4 die letzte Stelle der IP-Adresse automatisch anonymisiert (also quasi löscht), genügt ein Filter auf die ersten drei Stellen der IP-Adresse (siehe Abbildung 2.40).

Abbildung 2.40 Einen Filter für eine einzelne IP-Adresse angeben

Damit der Filter seine Arbeit aufnimmt, müssen Sie ihn anschließend noch aktivieren. Dazu gehen Sie in der Verwaltung unter Dateneinstellungen • Datenfilter.

Abbildung 2.41 Die Filterung von IP-Daten muss noch aktiviert werden.

Für den Traffic-Typ *internal* steht als Aktueller Status *Test*. Im Menü des Eintrags klicken Sie auf Filter aktivieren (oder Sie bearbeiten den Eintrag und stellen den Status dort auf Aktiv). Erst danach werden die Zugriffe tatsächlich aus Ihren Berichten ausgeschlossen (siehe Abbildung 2.41).

2.6.3 Unerwünschte Verweise

In der Liste unerwünschter Verweise hinterlegen Sie Domains, die zukünftig nicht mehr als Verweis von einer externen Quelle betrachtet werden sollen. Normalerweise wird für Nutzer, die von einer anderen Domain kommen (also nicht von der Domain, die jetzt gerade beim Laden des Analytics-Tags im Browser als Adresse steht), eine neue Sitzung begonnen. In Universal Analytics hieß dieser Punkte *Verweis-ausschlussliste*.

Dieses Verhalten (neue Sitzung beginnen) möchten Sie nicht haben, wenn die Nutzerin Ihr Angebot nur kurzzeitig verlassen hat, z. B. um eine Bezahlung mit einem Anbieter wie Paypal, Sofort.com oder klarna vorzunehmen. Für diese Zahlung verlässt die Nutzerin die Website im Bestellprozess, kommt aber nach wenigen Momenten wieder (durch Weiterleitung oder Link) und setzt ihren Weg fort.

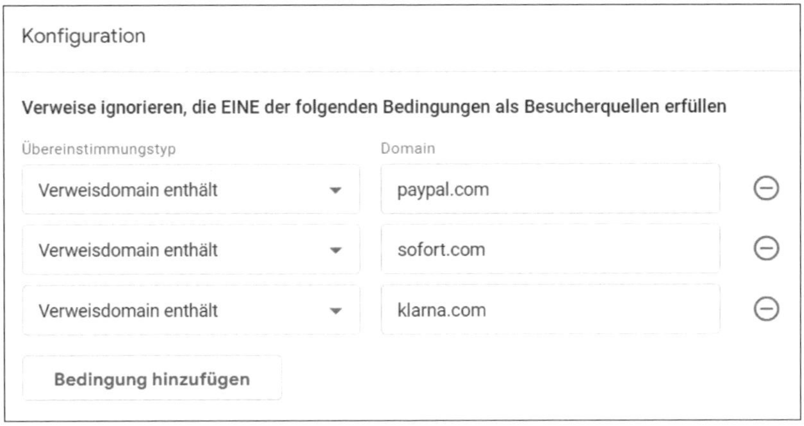

Konfiguration

Verweise ignorieren, die EINE der folgenden Bedingungen als Besucherquellen erfüllen

Übereinstimmungstyp | Domain
Verweisdomain enthält ▼ | paypal.com ⊖
Verweisdomain enthält ▼ | sofort.com ⊖
Verweisdomain enthält ▼ | klarna.com ⊖

Bedingung hinzufügen

Abbildung 2.42 Bezahldienste sollten nicht als Verweise betrachtet werden.

Stehen die Bezahldienste nicht auf dieser Liste, beginnt eine neue Sitzung mit der Quelle *paypal.com* (siehe Abbildung 2.42). Vor allem wird die Zuordnung zwischen der tatsächlichen Herkunftsquelle der Nutzerin und der erfolgten Bestellung bzw. Conversion unterbrochen.

Dieser Zusammenhang wäre zwar immer noch anhand der Nutzerkennung auszuwerten. Aber erstens ist das umständlich und zweitens ist es etwa für automatische smarte Kampagnen nicht zu erkennen.

2.6.4   Die Dauer von Sitzungen definieren

Unter dem Punkt ZEITÜBERSCHREITUNG FÜR SITZUNGEN ANPASSEN verbirgt sich die Laufzeit von Sitzungen. Als Grundeinstellung wird in Analytics eine Sitzung beendet, wenn 30 Minuten lang kein weiterer Aufruf mehr erfolgt ist (siehe Abbildung 2.43). Wird für denselben Nutzer nach den 30 Minuten ein weiterer Aufruf protokolliert, beginnt GA4 eine neue Sitzung. Das passiert auch, wenn ein Nutzer die ganzen 30 Minuten auf einer Seite Ihres Angebots verblieben ist, aber keine Aufrufe produziert hat.

Für manche Angebote kann es erforderlich sein, diesen Wert zu erhöhen. Haben Sie z. B. Seiten mit besonders langen Texten, die eine entsprechende Lesezeit erfordern? Oder Videos, die länger als 30 Minuten laufen können? Auch bei komplexen Bestellprozessen oder Konfiguratoren können Nutzer eine lange Zeit verweilen. Daher können Sie diese Zeitspanne auf bis zu 8 Stunden erhöhen.

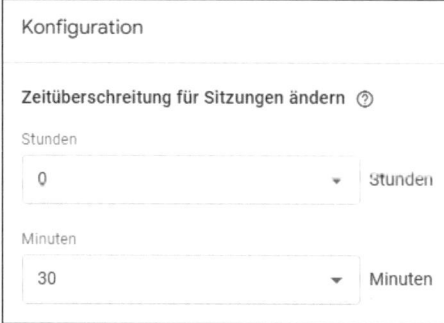

Abbildung 2.43 Wann endet eine Sitzung?

Die zweite Einstellung auf der Seite, nämlich TIMER FÜR SITZUNGEN MIT INTERAKTION EINSTELLEN, erlaubt es Ihnen, die Zeit anzugeben, ab der ein Nutzer als *engaged* gewertet wird (siehe Abbildung 2.44).

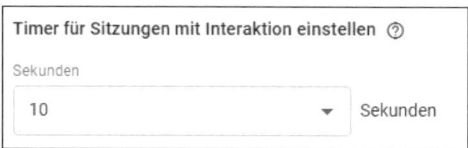

Abbildung 2.44 Ab wann gilt eine Sitzung als »engaged«?

Verweilt ein Nutzer für diese Zeitspanne auf Ihrem Angebot, wird von GA4 automatisch ein weiteres Ereignis gefeuert. So können Sie Nutzer, die sich Ihren Inhalt mindestens kurz angeschaut haben, von solchen Nutzern unterscheiden, die nach erstem Aufruf sofort wieder gegangen sind.

Die Standardeinstellung ist 10 SEKUNDEN, Sie können diese bis auf 60 Sekunden erhöhen. Je größer der Wert ist, umso länger müssen sich Nutzer auf Ihrem Angebot aufhalten, bevor für Sie eine Interaktion erfasst wird.

2.6.5 Die Lebensdauer von Analytics-Cookies

Analytics verwendet Cookies, um Nutzer wiederzuerkennen und so mehrere Sitzungen eines Nutzers zu verbinden. Unter dem Menüpunkt COOKIE-EINSTELLUNGEN ÜBERSCHREIBEN können Sie die Laufzeit und das generelle Verhalten dieses Cookies verändern (siehe Abbildung 2.45).

In der Standardeinstellung setzt das Analytics-Tag einen Cookie mit der Laufzeit von 24 Monaten. Kommt ein Nutzer innerhalb dieser Zeit erneut auf das Angebot, erkennt GA4 anhand des Cookies den erneuten Besuch. Nach dieser Zeit verliert der

Cookie automatisch seine Gültigkeit. Ab diesem Zeitpunkt wird ein Nutzer wieder als *Neuer Nutzer* gewertet.

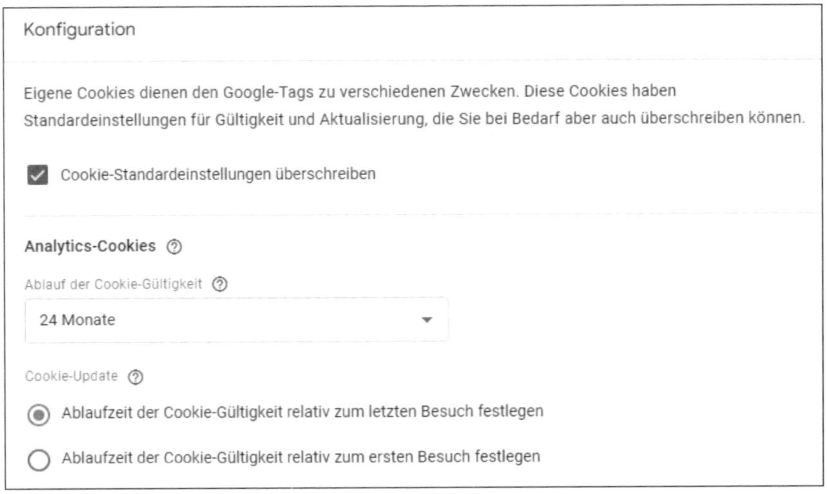

Abbildung 2.45 Wie lange soll ein Nutzercookie gültig bleiben?

Der Einfluss der Cookie-Laufzeit

Die Laufzeit beeinflusst die Zuordnung von Kampagnen und Conversions. Je länger die Gültigkeit ist, umso länger kann Google Analytics die Verbindung zwischen Marketingquellen und Verkäufen oder Bestellungen herstellen.

Wenn Sie die Option zum Überschreiben der Standardeinstellung aktivieren, können Sie für die Gültigkeit maximal 25 Monate einstellen. Die weitere Option Cookie-Update kann die Laufzeit aber noch mal drastisch verlängern: Mit der Vorgabe Ablaufzeit der Cookie-Gültigkeit relativ zum letzten Besuch festlegen wird der Cookie eines Nutzers bei seinem wiederholten Besuch erneut geschrieben. Damit wird die Gültigkeit immer wieder verlängert.

Ist die Ablaufzeit relativ zum ersten Besuch gesetzt, wird dieser Nutzer nach spätestens 25 Monaten wieder als neuer Nutzer gewertet.

2.7 Von Universal Analytics zu GA4 migrieren

Die grundlegenden Optionen und die Funktionsweise aller Codes ähneln bei GA4 immer noch denen von Universal Analytics, dennoch lassen sich so gut wie keine Einstellungen eins-zu-eins übernehmen. Im Folgenden finden Sie eine Checkliste mit den wichtigsten Punkten und Fragen, um Ihre GA4-Property möglichst »baugleich« aufzusetzen.

> **Effiziente Übernahme**
>
> Eine Reihe von Einstellungen werden Sie aus Ihrer Universal-Analytics-Property oder -Datenansicht übernehmen. Sie können dazu die alte und die neue Property in zwei Browserfenstern öffnen. Bei vielen Einstellungen oder mehreren Properties ist es schnell sinnvoll, zuerst eine Word- oder Excel-Datei mit den Einstellungen anzulegen. So haben Sie außerdem direkt die wichtigsten Konfigurationen Ihres GA4-Trackings dokumentiert.

1. Richten Sie die GA4-Property ein, legen Sie einen Webdatenstream an, und notieren Sie die Mess-ID.

2. Suchen Sie nach IP-Adressfiltern in Ihrer Datenansicht. Adressen, die Sie dort finden, tragen Sie im Datenstream unter TAG-EINSTELLUNGEN • INTERNEN TRAFFIC DEFINIEREN ein (siehe Abbildung 2.46).

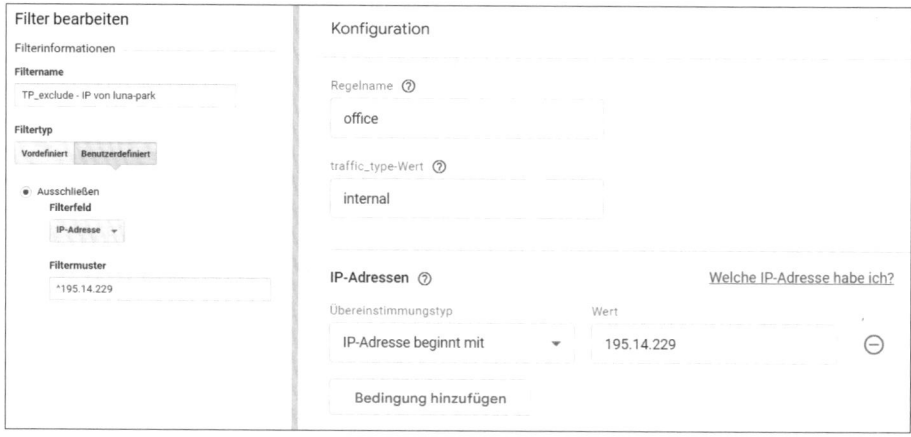

Abbildung 2.46 Den IP-Filter von Universal Analytics (links) in GA4 (rechts) übernehmen

Wenn Sie alle Adressen hinterlegt haben, müssen Sie den Filter noch aktivieren. Dazu wählen Sie unter DATENEINSTELLUNGEN • DATENFILTER den Eintrag für INTERNAL TRAFFIC im Menü FILTER AKTIVIEREN.

3. Gleichen Sie für Google-Signale die vorgenommenen Einstellungen unter DATENEINSTELLUNGEN • DATENERHEBUNG mit dem Punkt TRACKING-INFORMATIONEN • DATENERHEBUNG ab.

4. Vergleichen Sie Angaben aus dem Universal-Analytics-Punkt TRACKING-INFORMATIONEN • DATENAUFBEWAHRUNG mit den DATENEINSTELLUNGEN • DATENAUFBEWAHRUNG in GA4. In GA4 gilt als maximale Zeitspanne 14 Monate. In Universal Analytics konnten Nutzerdaten noch unbegrenzt aufbewahrt werden (siehe Abbildung 2.47).

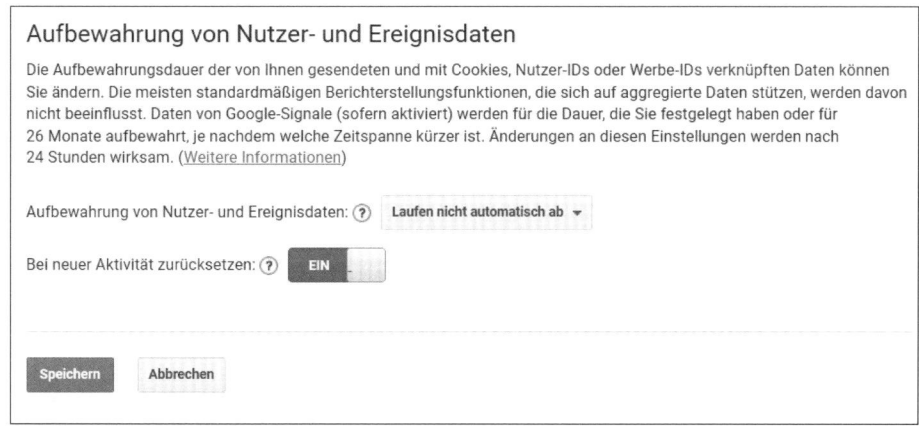

Abbildung 2.47 Die Aufbewahrungsdauer in Universal Analytics

5. Die Einträge aus der Universal-Analytics-Einstellung Tracking-Informationen • Verweis-Ausschlussliste übernehmen Sie nach GA4 • Webdatenstream • Tag-Einstellungen • Liste unerwünschter Verweise.

6. Gehen Sie in Universal Analytics in die Liste der *Zielvorhaben* (siehe Abbildung 2.48). Es kann vier unterschiedliche Typen geben: Ziel, Ereignis, Dauer und Seiten/Besuch. Für Einträge der ersten beiden Typen können Sie unter GA4 Einträge einrichten.

Zielvorhaben ↓	ID	Typ
Buttonklick	Zielvorhaben-ID 11/Zielvorhabengruppe 3	Ereignis
Dankeseite	Zielvorhaben-ID 8/Zielvorhabengruppe 2	Ziel
Dmexco Kontaktformular	Zielvorhaben-ID 12/Zielvorhabengruppe 3	Ziel
Kontakt via Mail	Zielvorhaben-ID 3/Zielvorhabengruppe 1	Ereignis
Kontakt via Telefon	Zielvorhaben-ID 19/Zielvorhabengruppe 4	Ereignis
Kundenanfrage abgeschickt	Zielvorhaben-ID 1/Zielvorhabengruppe 1	Ereignis

Abbildung 2.48 Zielvorhaben in Universal als eigene Einstellung

Für Zielvorhaben vom Typ Ziel legen Sie im GA4-Datenstream unter Benutzerdefinierte Ereignisse erstellen einen Eintrag an (siehe Abbildung 2.49). Filtern Sie auf »event_name ist gleich page_view« und »page_location enthält (oder ist gleich) <Ziel-URL>«.

85

Abbildung 2.49 Ereignis erstellen beim Aufruf einer Seite zur Markierung als Conversion

In Zielen vom Typ Ereignis kann in Universal Analytics nach mehreren Parametern (Kategorie, Aktion, Label) gefiltert werden. In GA4 brauchen Sie ein eindeutiges Ereignis, um die Conversion zu definieren. Am besten versuchen Sie, im Tagging (per Skript oder GTM) ein eindeutiges Ereignis feuern zu lassen, anstatt einen Aufruf mit unterschiedlichen Parametern zu definieren.

7. Prüfen Sie in Universal Analytics die einlaufenden Ereignisse im Ereignisbericht (siehe Abbildung 2.50). Diese Einträge wurden entweder durch Anpassungen in Ihrem Tracking-Code oder im GTM erstellt oder sind von einem Tool oder Plugin automatisch gefeuert worden.

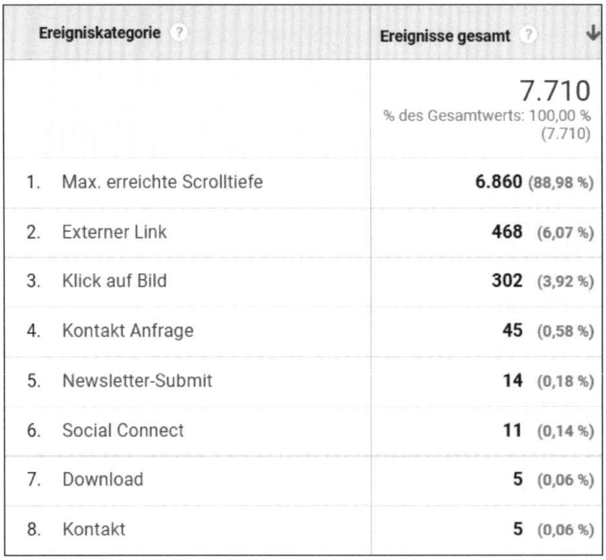

Ereigniskategorie ⑦	Ereignisse gesamt ⑦ ↓
	7.710 % des Gesamtwerts: 100,00 % (7.710)
1. Max. erreichte Scrolltiefe	**6.860** (88,98 %)
2. Externer Link	**468** (6,07 %)
3. Klick auf Bild	**302** (3,92 %)
4. Kontakt Anfrage	**45** (0,58 %)
5. Newsletter-Submit	**14** (0,18 %)
6. Social Connect	**11** (0,14 %)
7. Download	**5** (0,06 %)
8. Kontakt	**5** (0,06 %)

Abbildung 2.50 Ereigniskategorien in Universal Analytics

Für jedes Ereignis sollten Sie überlegen, ob Sie es in GA4 übernehmen möchten. Werden diese Daten durch eine optimierte Analyse aus GA4 bereitgestellt, müssen Sie nichts weiter tun. Für andere Ereignisse werden Sie eine Anpassung in Skripten oder im GTM vornehmen müssen.

8. Finden Sie in Universal Analytics unter *Benutzerdefinierte Definitionen* in der Property-Verwaltung Einträge (siehe Abbildung 2.51), sollten Sie diese auch in GA4 unter KONFIGURIEREN • BENUTZERDEFINIERTE DEFINITIONEN einrichten. Beachten Sie bei einem Nachbau der Tags im GTM oder in einem Skript, dass in GA4 die Parameter mit ihren Namen und nicht mehr mit einer Indexnummer übergeben werden (wie in Universal Analytics).

Name der benutzerdefinierten Dimension	Index ↓	Umfang
Nutzer eingeloggt?	1	Sitzung
Premium Kunde	2	Nutzer
Autor	3	Treffer
VollVerweis	4	Sitzung

Abbildung 2.51 Benutzerdefinierte Dimensionen in Universal Analytics

Sie können in GA4 derzeit keine Definitionen mit dem Umfang SITZUNG anlegen. Wählen Sie stattdessen NUTZER.

9. Die Zielgruppen unter ZIELGRUPPENDEFINITIONEN in Universal Analytics sollten Sie in GA4 nachbilden. Mehr zum Anlegen von Zielgruppen lesen Sie in Kapitel 4, »Kampagnen steuern«.

10. Wenn Sie Vorgaben unter GRUPPIERUNG NACH CONTENT gemacht haben, können Sie diese abbilden, indem Sie Ereignisse bearbeiten und Parameter hinzufügen. Mehr dazu erfahren Sie in Kapitel 3, »Websites auswerten«.

11. Unter EINSTELLUNGEN DER DATENANSICHT in Universal Analytics suchen Sie die Eingabefelder SUCHPARAMETER und KATEGORIEPARAMETER (siehe Abbildung 2.52). Sollten Sie dort einen anderen Eintrag finden als q, s, search, query oder keyword, tragen Sie diese im Datenstream in der Konfiguration der OPTIMIERTEN ANALYSEN • WEBSITE-SUCHE ein.

Abbildung 2.52 Konfiguration der Suche in Universal Analytics

12. Verknüpfen Sie dieselben Google-Ads- und Google-Search-Console-Konten, die Sie unter Produktverknüpfungen • Alle Produkte in Universal Analytics entdecken.

Damit haben Sie die wichtigsten Schritte der Migration von Universal Analytics zu GA4 durchgeführt. Die Erfassung der Nutzeraktivitäten auf Ihrem Angebot wird so in einer vergleichbaren Form sichergestellt. Wie Sie Ihre Property konfigurieren und dabei die Features von GA4 nutzen, lesen Sie in den folgenden Kapiteln.

Kapitel 3
Websites auswerten

*Die Auswertung von Nutzeraktivitäten auf Websites ist der funda-
mentale Bestandteil von Google Analytics. In diesem Kapitel lernen Sie
den Aufbau der GA4-Oberfläche sowie die wichtigsten Berichte zu
Nutzern und aufgerufenen Inhalten kennen.*

Bei der Analyse von Websites werden Ihnen einige Fragen immer wieder begegnen,
egal ob es sich um eine Unternehmenswebsite, einen Blog oder einen Shop handelt:
Welche Inhalte werden aufgerufen und welche Aktionen werden ausgeführt? Wann
und woher kommen meine Nutzer? Und ganz allgemein: Wer sind die Nutzer meines
Angebots?

3.1 Die GA4-Startseite

Sie haben Ihre Analytics-Property eingerichtet, Datenstreams angelegt und es laufen
erfolgreich Daten ein. Beim Aufruf der Startseite werden Ihnen die wichtigsten generellen Kennzahlen gezeigt und Ihnen wird der Einstieg in Themenbereiche und de-
tailliertere Berichte ermöglicht (siehe Abbildung 3.1).

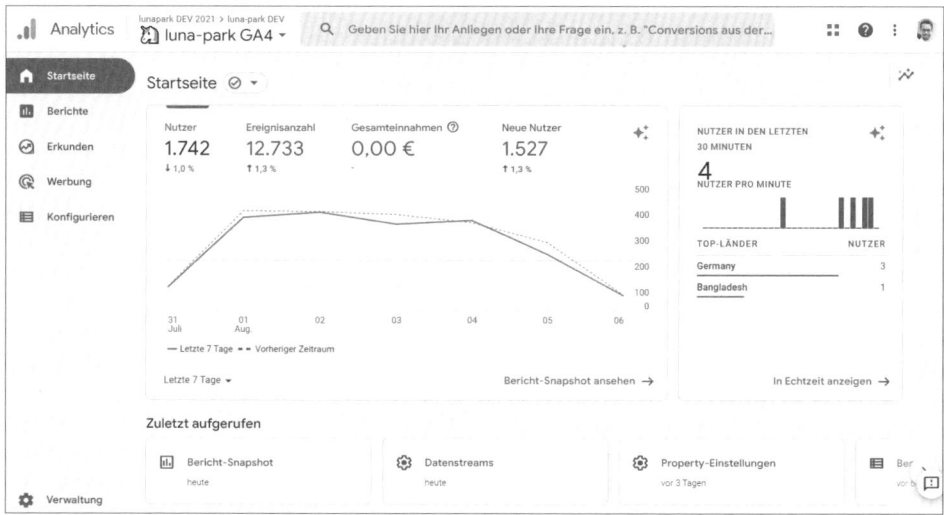

Abbildung 3.1 Die Startseite Ihrer GA4-Property

Die Inhalte der Startseite sind zum Teil vorgegeben, zum Teil ergeben sie sich aber auch aus der Konfiguration Ihrer GA4-Property und zum Teil aus Ihrer Nutzung der Berichte. Wundern Sie sich daher nicht, wenn bei Ihnen Kacheln oder Kennzahlen nicht immer mit den Beispielen in den Abbildungen übereinstimmen.

Das Menü enthält neben der Startseite einige weitere Links:

- **Berichte** – Die Berichte enthalten die Auswertungen der Nutzeraktivitäten zu Inhalten, Nutzern usw.

- **Erkunden** – Hier erstellen Sie Ihre eigenen individuellen Berichte und Analysen.

- **Werbung** – Diese Seite enthält Auswertungen zu Kampagnen, Nutzerquellen allgemein und vor allem die Attribution, d. h. die Verfolgung von Nutzern über mehrere Besuche Ihres Angebots.

- **Konfigurieren** – Hier definieren Sie Conversion, Zielgruppen, benutzerdefinierte Ereignisse, Dimensionen und Metriken. Außerdem finden Sie hier den Debug-View, der eine Art Live-Verfolgung einzelner Nutzer zur Fehleranalyse erlaubt.

- **Verwaltung** – Der unterste Punkt ist Ihnen bereits in den letzten Kapiteln begegnet. Hier nehmen Sie die Konfiguration und Einrichtungen für die Datenerfassung vor.

3.1.1   Snapshots für die erste Übersicht

Im rechten Bereich sehen Sie zwei Kacheln, die einen Trendüberblick geben sowie die Echtzeitdaten zeigen. Im Trend sehen Sie die Werte für vier wichtige Kennzahlen wie *Nutzer, Gesamteinnahmen, Ereignisanzahl, Conversions* oder *Neue Nutzer* für die letzten 7 Tage sowie den Vergleich zum vorherigen Zeitraum (siehe Abbildung 3.2). So erkennen Sie auf einen Blick, wie die Entwicklungen der letzten Tage waren. Welche vier Werte angeboten werden, entscheidet Google Analytics für Sie.

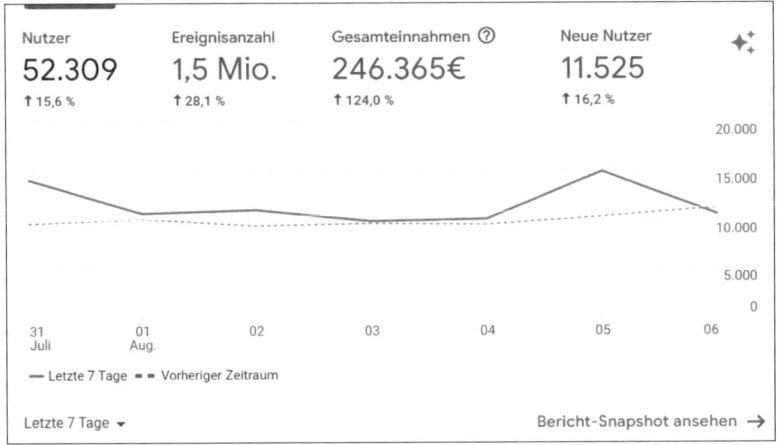

Abbildung 3.2 Trendüberblick der wichtigsten Kennzahlen

Beim ersten Aufruf wird die Trendlinie der Nutzer gezeigt, und durch einen Klick auf die Zahlen über der Trendlinie schalten Sie das Diagramm auf einen der anderen Datensätze um. Unter dem Diagramm können Sie den Zeitraum verändern. Die LETZTEN 7 TAGE sind die Voreinstellung, mit einem Klick erreichen Sie weitere Zeiträume wie 14 oder 30 TAGE, aber auch LETZTE 12 MONATE oder LETZTES JAHR. Natürlich können Sie den Zeitraum auch komplett frei definieren. Der Link unten rechts führt Sie zur Übersichtsseite der Berichte.

> **Zeitraum »Heute«**
>
> Unter den Zeiträumen finden Sie den Eintrag HEUTE. Damit werden die Werte ausgegeben, die Analytics bis zum jetzigen Zeitpunkt bereits verarbeitet hat. Das ist aber nicht die tatsächliche Uhrzeit, zu der Sie den Bericht aufrufen, denn GA braucht eine gewisse Zeit, um die Daten abzulegen und den Berichten zur Verfügung zu stellen. Es gibt also einen gewissen Abstand, bis wohin bereits Daten verarbeitet wurden. Dieser Abstand ist nicht fest und hängt von unterschiedlichen Faktoren ab, wodurch ein Bericht mit dem Zeitraum HEUTE immer mit Vorsicht zu genießen ist und nur einen ersten Hinweis auf die Tagesperformance geben kann.
>
> Die Daten der Echtzeitansicht dagegen stellen dar, was gerade wirklich auf der Website passiert, allerdings nur für die letzten 30 Minuten.

In der Echtzeit-Kachel neben dem Trendüberblick werden die Nutzerdaten der letzten 30 Minuten Ihrer Website gezeigt (siehe Abbildung 3.3). Analytics verarbeitet die einkommenden Daten zunächst für die Echtzeitanalysen, in denen Daten nahezu sofort auftauchen. Dafür bieten die Echtzeitberichte nicht die gleiche Tiefe für Auswertungen wie die verarbeiteten Berichte im Menü. Eine genauere Betrachtung der Echtzeitberichte finden Sie in Abschnitt 3.2.3

Abbildung 3.3 Daten der letzten 30 Minuten

3.1.2 Die Historie Ihrer Aktivitäten in »Zuletzt aufgerufen«

Unter den beiden eben vorgestellten Kacheln finden Sie eine Auflistung der zuletzt aufgerufenen Seiten in der Analytics-Property (siehe Abbildung 3.4). Das können sowohl Berichte als auch z. B. Einstellungen in der Verwaltung gewesen sein.

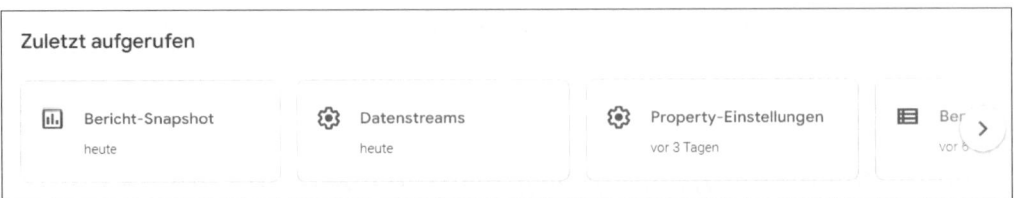

Abbildung 3.4 Die Historie Ihrer zuletzt genutzten Berichte und Einstellungen

Unterhalb dieser Liste finden Sie unter Umständen den Abschnitt WEIL SIE DIESE KARTEN HÄUFIG AUFRUFEN, in dem direkt die wichtigsten Kacheln aus unterschiedlichen Berichten gezeigt werden, die Sie sich häufig ansehen.

3.1.3 Statistiken: Antworten zu häufig gestellten Fragen

Mit dem Bereich STATISTIKEN bietet Ihnen Google Analytics einen alternativen Zugang zu den Nutzerdaten. Anstatt sich im Menü zum richtigen Bericht durchzuklicken, können Sie hier aus einer Liste von Fragen auswählen. Es gibt Fragen zur generellen Entwicklung des Angebots, aber auch speziellere Themen wie etwa die Verteilung von Betriebssystemen.

Sie blenden die Seitenleiste für Statistiken mit einem Klick auf das Icon oben rechts der Startseite ein (siehe Abbildung 3.5). Das Icon finden Sie auf der Startseite und in allen weiteren Berichten von GA4.

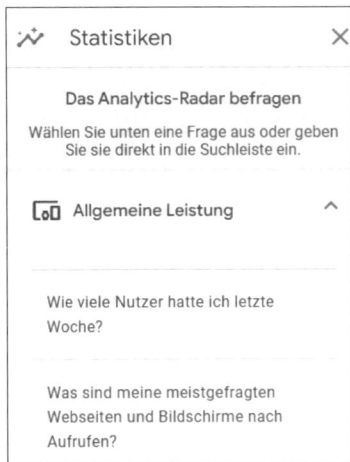

Abbildung 3.5 Das Analytics-Radar zu Statistiken befragen

Nach einem Klick auf die Frage wird Ihnen eine kurze Tabelle mit den Daten der letzten Tage gezeigt, die Sie bewerten und als Link oder Bericht teilen können. Unterhalb dieses ersten Einblicks verweist GA4 auf weitere Statistiken zum gewählten Thema.

Am Ende der Startseite befindet sich ein weiterer Bereich mit Ergebnissen aus den Statistiken. Hier zeigt Analytics Ihnen auf einzelnen Kacheln bestimmte Ergebnisse und Entwicklungen aus den Nutzerdaten (siehe Abbildung 3.6).

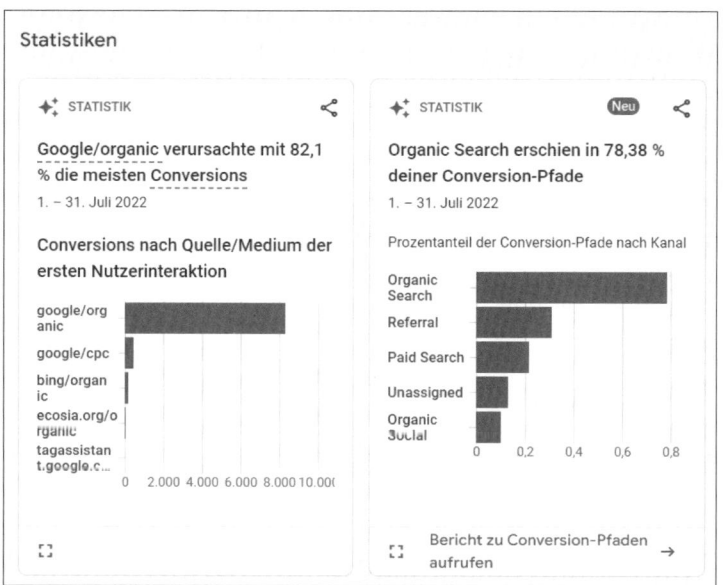

Abbildung 3.6 Statistik-Kacheln zeigen Auffälligkeiten Ihrer Nutzerdaten.

Mithilfe der Icons unter den Kacheln und Links können Sie weiter in die Datenanalyse springen. Der Link neben den Kacheln ALLE STATISTIKEN ANSEHEN führt Sie zur Verwaltung des *Analytics-Radars*, das die Analysen für die Statistiken liefert. Dort können Sie auch eigene Bedingungen und Prüfungen hinterlegen, die dann in den Statistiken ausgegeben werden. Mehr dazu, wie Sie eigene Benachrichtigungen anlegen, finden Sie in Kapitel 9, »Fehler analysieren und Qualität sichern«.

3.1.4 Die Suche in GA4

Oberhalb der Berichte sehen Sie ein großes Feld zur Suche. Analytics wird Menüs, Berichte, Nutzerdaten, Verwaltung und Dokumentationen nach Ihrer Eingabe durchforsten – ähnlich wie Sie es von der Suche auf *google.de* kennen.

Die Suche nach *conversions* liefert z. B. Vorschläge für Suchanfragen, die den Begriff enthalten, Links zu Berichten mit diesen Daten, zur Konfiguration sowie zu Hilfeartikeln. Außerdem wird Ihnen die Zahl der Conversions in der letzten Woche ausgegeben (siehe Abbildung 3.7).

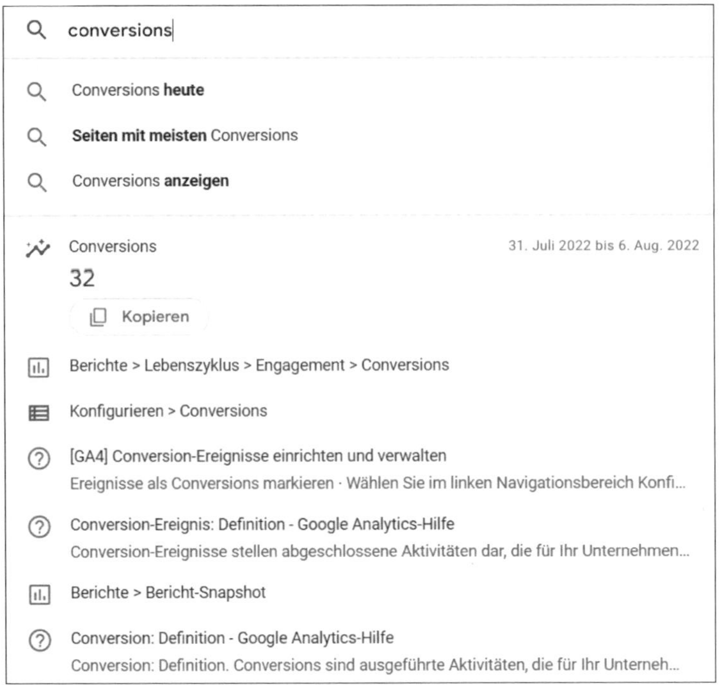

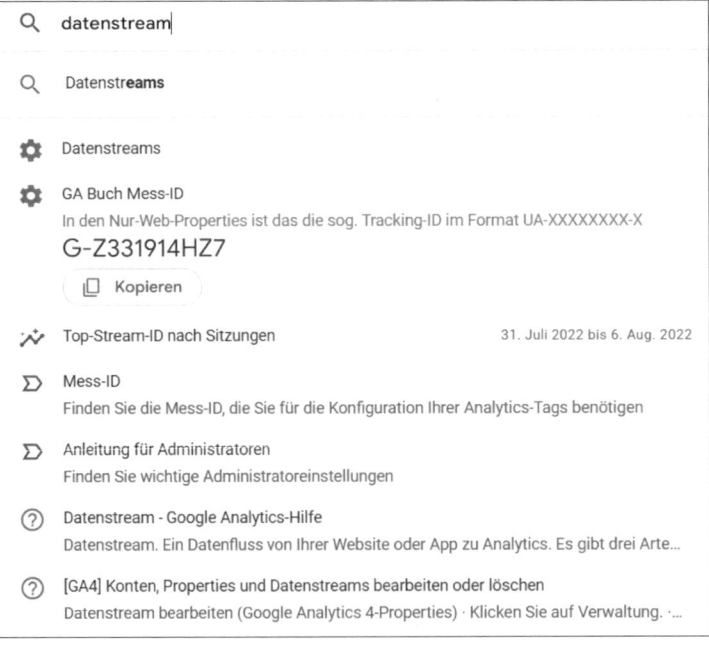

Abbildung 3.7 Die Suche sucht nicht nur in Berichten.

Abbildung 3.8 Eine Suche nach »datenstreams« zeigt auch die Mess-ID an.

Eine Suche nach *datenstream* liefert Ihnen direkt die Mess-ID inklusive der Möglichkeit, diese in die Zwischenablage zu kopieren (siehe Abbildung 3.8). Sie sparen sich so den Weg über die Verwaltung und die entsprechenden Klicks.

Mit Suchergebnissen und vorgeschlagenen Statistiken versucht Analytics, Sie einfacher und schneller an die nötigen Konfigurationen und Nutzerdaten heranzuführen. Dadurch wird die Arbeit mit Analytics sicherlich nicht zu einem Selbstläufer, aber Sie finden hoffentlich für manche Frage den richtigen Bericht etwas schneller.

3.2   Berichte: Nutzer analysieren

Wenn Sie zu den Berichten wechseln, erreichen Sie zunächst wieder eine Übersichtsseite mit einem zusätzlichen Menü und mehreren Kacheln, ähnlich wie die Startseite. Das Menü, das Sie in Abbildung 3.9 sehen, enthält Links zu verschiedenen Berichten und zeigt Ihnen zwei Gruppen: Lebenszyklus und Nutzer.

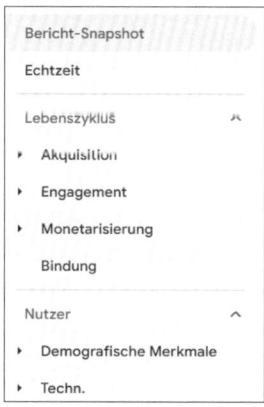

Abbildung 3.9 Navigation in GA4

In der ersten Gruppe sind Auswertungen zur Nutzung und zu Aktionen gesammelt, die Besucher auf Ihrem Angebot vornehmen:

▶ Unter Akquisition dreht sich alles um die Quelle der Besuche: Von welcher Website, Kampagne oder welchem Link kamen die Nutzer?

▶ Engagement zeigt die aufgerufenen Inhalte und gemessenen Ereignisse Ihrer Nutzer.

▶ In Monetarisierung sind Berichte zu allen Umsatzquellen auf Ihrer Seite zu finden. Das können E-Commerce- oder In-App-Käufe sein oder Einnahmen über Werbeanzeigen, die auf Ihrem Angebot ausgespielt werden.

▶ Der Bericht zur Bindung steht schließlich einzeln im Menü und zeigt die Anzahl neuer und wiederkehrender Nutzer.

Darunter folgt die Gruppe NUTZER, die Berichte zu DEMOGRAFISCHEN MERKMALEN (Alter, Geschlecht etc.) sowie zu TECHNISCHEN DATEN wie dem Browser und Betriebssystem enthält.

Wo sind die ganzen Berichte?

Im Vergleich zu einer Universal-Analytics-Datenansicht ist das Menü in GA4 geradezu winzig: Gab es in Universal Analytics noch an die 100 Einträge, sind es nun beim ersten Durchzählen knapp 20. Das bedeutet aber nicht, dass GA4 weniger Daten aufbereitet und zur Verfügung stellt.

Manche Auswertungen erreichen Sie über die Kacheln in den diversen Übersichtsseiten. Unter diesen wird oft ein Link zur detaillierten Analyse angeboten, der sich aber nicht noch mal im Menü wiederfindet.

Einige Berichte können Sie nachträglich hinzufügen oder sie erscheinen erst mit bestimmten Konfigurationen. Das Menü lässt sich aber – anders als in Universal Analytics – anpassen und erweitern. Manche Berichte nehmen Sie also nur ins Menü auf, wenn Sie diese auch regelmäßig benutzen wollen. Mehr zur Individualisierung der Menüs lesen in Kapitel 7, »Eigene Reports anpassen und erstellen«.

3.2.1   Wichtige Grundbegriffe

Auf Seite BERICHT-SNAPSHOT sind neben dem Trendüberblick und der Echtzeitansicht eine Reihe weiterer Kacheln zu entdecken, die Ihnen Informationen zu Quelle, Herkunft und aufgerufenen Inhalten Ihrer Nutzer zeigen. Oft führt ein Link zu einem detaillierten Bericht zum gezeigten Thema. Einige Dimensionen und Messwerte kommen immer wieder in den unterschiedlichen Aufstellungen vor. Die wichtigsten finden Sie daher in Tabelle 3.1 erklärt.

Begriff	Bedeutung
Nutzer	Bezeichnet einen Besucher Ihrer Website. Der Nutzer wird anhand einer Client-ID erkannt, die in einem Browser-Cookie gespeichert wird.
Sitzung	Bezeichnet einen zusammenhängenden Besuch eines Nutzers mit mindestens einem Ereignis. Die Sitzung endet, wenn mindestens 30 Minuten kein Ereignis des Nutzers erfasst wurde.
Aufruf	Wird für jedes gezählte Ereignis oder jede Seite protokolliert. Eine Seite kann mehrfach während einer Sitzung aufgerufen werden, was jedes Mal gezählt wird.

Tabelle 3.1 Wichtige wiederkehrende Grundbegriffe in GA4-Berichten

Begriff	Bedeutung
Interaktion	Eine Sitzung mit Interaktion dauert entweder länger als 10 Sekunden, enthält ein Conversion-Ereignis oder mindestens zwei Seitenaufrufe.
Ereignis	Das Ereignis ist der Grundbaustein des Trackings in GA4. Jede Nutzeraktion und Nutzerinformation wird als Eintrag im Ereignisbericht erfasst.

Tabelle 3.1 Wichtige wiederkehrende Grundbegriffe in GA4-Berichten (Forts.)

Die Startseite gibt Ihnen bereits einen ersten Einblick in die Aktivitäten auf Ihrem Angebot. Mit den Kacheln und den dahinterliegenden Berichten erfahren Sie bereits einiges über Ihre Nutzer.

3.2.2   Allgemeine Nutzerdaten

Den Trend der Gesamtnutzer (siehe Abbildung 3.10) kennen Sie bereits von der Startseite. In dieser Kachel sehen Sie zusätzlich den Anteil neuer Nutzer, für die Aktivitäten gemessen wurden. *Neue Nutzer* beschreiben solche Besucher, die Analytics zufolge vorher noch nicht auf Ihrem Angebot waren. Technisch beschrieben sind dies Nutzer, die noch keinen Analytics-Cookie von einem früheren Besuch in ihrem Browser gespeichert haben. Hat ein Nutzer nach einem früheren Besuch seine Cookies gelöscht, verwendet er einen anderen Browser oder Rechner, wird er erneut als neuer Nutzer betrachtet. Um den Nutzer zu markieren, wird in GA4 das Ereignis `first_visit` gespeichert.

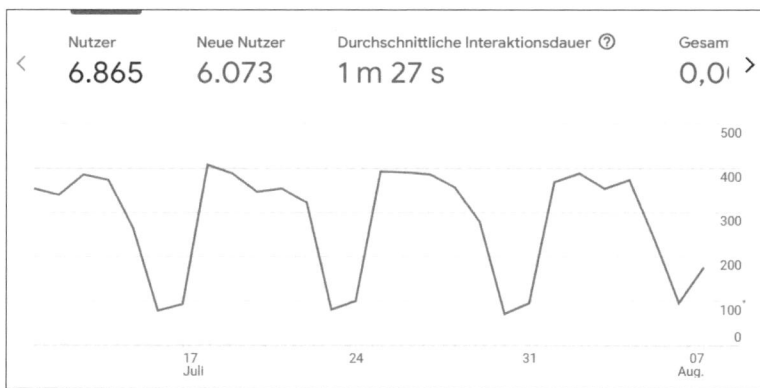

Abbildung 3.10 Trends der allgemeinen Nutzerdaten

Das Gegenstück zu den neuen Nutzern sind *Wiederkehrende Nutzer* – also Nutzer, die schon einmal auf Ihrer Website waren und einen entsprechenden Cookie haben.

Nutzer werden nur mit Einwilligung erfasst

Als Betreiber einer Website sind Sie dazu verpflichtet, vor einem Tracking die Einwilligung des Nutzers einzuholen. In der entsprechenden Consent-Abfrage können Nutzer dem Tracking sowohl zustimmen als auch widersprechen. Diejenigen Nutzer, die das Tracking ablehnen, tauchen nicht in Ihren Berichten auf.

Nutzer, die beim ersten Aufruf Ihrer Website die Consent-Abfrage präsentiert bekommen und daraufhin die Seite wieder verlassen (oder den Browser schließen), werden ebenfalls nicht gezählt.

Einwilligungsraten variieren je nach Zielgruppe, Thema der Website oder auch Gestaltung der Consent-Abfrage. Die meisten Consent-Manager führen eine Statistik über Zu- und Abstimmung, die Sie kennen sollten, um die Gesamtmenge Ihrer Nutzer wenigstens überschlagen zu können (siehe Abbildung 3.11).

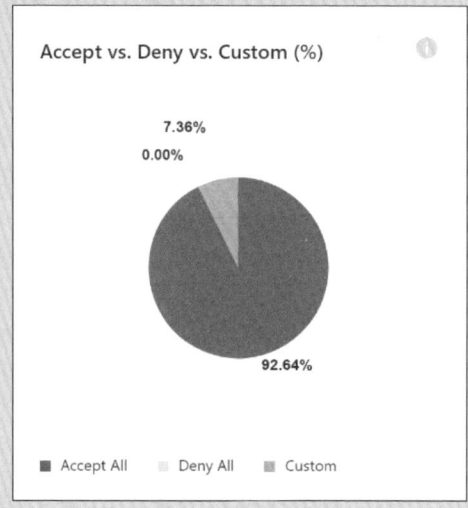

Abbildung 3.11 Beispiel für das Einwilligen und Ablehnen aus UserCentrics

Die Auswahl zur Einwilligung oder Ablehnung können einige Consent-Manager direkt an das Analytics-Tag weitergeben. Der Tag kann im Einwilligungsmodus auf die Nutzerentscheidung reagieren und das Tracking anpassen. Mehr dazu finden Sie in Abschnitt 10.6.3, »Verhaltensmodellierung von Nutzern ohne Einwilligung«.

Die *durchschnittliche Interaktionsdauer* bezeichnet die Zeit zwischen der ersten und der letzten gemessenen Aktion eines Nutzers auf Ihrem Angebot. Die erste Interaktion ist meistens ein erster Seitenaufruf, die letzte Interaktion kann sowohl ein Seitenaufruf als auch ein anderes Ereignis sein.

Hält sich ein Nutzer noch weiter auf Ihrem Angebot auf, ohne weitere (gezählte) Aktionen mehr auszuführen, so wird er für Analytics »unsichtbar«. Es kann also sein, dass ein Nutzer noch auf einem Angebot verweilte, um z. B. einen längeren Text zu lesen. Ohne Aktion wird diese Zeit nicht mehr erfasst. Allerdings versucht GA4 durch automatische Ereignisse, etwa für Scrolling oder Klicks, diesen Anteil nicht erfasster Zeit zu minimieren.

> **Hinweis**
>
> In Universal Analytics bezeichnete die *durchschnittliche Sitzungsdauer* den Zeitraum zwischen erster und letzter Aktion.

Sitzungen, für die mehrere Aktionen auf dem Angebot gezählt werden, summiert GA4 als *Sitzungen mit Interaktionen*. Während einer solchen Sitzung wurden entweder zwei Seitenaufrufe getätigt oder sie dauerte mindestens 10 Sekunden und umfasste ein Conversion-Ereignis. Sitzungen mit Interaktionen können Sie als Gegenstück zu den bisher in Analytics üblichen *Absprüngen* betrachten. Diese waren definiert als Sitzungen, bei denen nach dem ersten Seitenaufruf keine weitere Seite oder kein Ereignis mehr erfasst wurde.

Die *Interaktionsrate* ist der Anteil der Sitzung mit Interaktionen von allen Sitzungen. Sie ist der Kehrwert der Absprungrate, sagt also aus, welcher Anteil der Nutzer nicht nur die erste Landingpage gesehen hat.

Ruft ein Nutzer nur eine einzelne Seite eines Angebots auf, wird nur eine einzelne Aktion für ihn gemessen. In diesem Fall ist die Interaktionsdauer für die gesamte Sitzung des Nutzers 0 Sekunden. Wird für Ihr Angebot eine hohe Zahl solcher Sitzungen ohne Interaktion gemessen, fällt die durchschnittliche Interaktionsdauer entsprechend niedrig aus.

GA4 fokussiert stärker auf das Thema Interaktionen im Vergleich zu den Absprüngen (engl. *bounces*) in Universal Analytics. In nahezu allen Berichten werden Sie mindestens eine Spalte mit Interaktionswerten sehen. Die Absprungrate ist allerdings weiterhin als Dimension für benutzerdefinierte Reports verfügbar.

3.2.3   Nutzeraktivitäten in Echtzeit verfolgen

Hinter dem Menüpunkt ECHTZEIT verbirgt sich ein besonderer Bericht von GA4. Hier werden einige Nutzerdaten dargestellt, die in den letzten 30 Minuten gesammelt wurden (siehe Abbildung 3.12). Eine gemessene Aktion auf der Website sollte wenige Sekunden später im Bericht auftauchen. In den sonstigen Analytics-Berichten dauert es hingegen eine gewisse Zeit, bis die Daten verarbeitet und dargestellt werden.

Der Bericht zeigt die Gesamtzahl der aktuellen Nutzer und ihre Verteilung nach Gerätekategorie. Prominent ist die Weltkarte, auf der gerade aktive Sitzungen aufleuchten.

Abbildung 3.12 Verfolgen Sie Nutzer live auf Ihrem Angebot.

Unterhalb der Karte finden Sie einige Kacheln, die die aktiven Nutzer detaillierter darstellen. Sie finden

▶ Nutzer nach Quelle (oder auch Kampagne, Kanal usw.)

▶ Nutzer nach Zielgruppe

▶ Aufrufe nach Seitentitel und Bildschirm

▶ Ereignisanzahl nach Ereignisname

▶ Conversion nach Ereignisname

▶ Nutzer nach Nutzereigenschaft

Leider sind die Kacheln in ihrer Aussagekraft etwas eingeschränkt. Sie sehen immer nur 6 Zeilen und müssen, um weitere Ergebnisse zu erhalten, umblättern. Außerdem lassen sich die Kacheln nicht anpassen. Die aktuellen Seitentitel sind nicht immer aussagekräftig.

Zwei Kacheln bieten einen Mehrwert für eine schnelle Analyse Ihrer Nutzer: ZIEL-GRUPPE und CONVERSIONS. Denn die Einordnung von Nutzern in eine bestimmte Gruppe können Sie selbst definieren (mehr dazu lesen Sie in Kapitel 4, »Kampagnen steuern«) genauso wie Sie bestimmte Ereignisse als Conversion markieren können (sehen Sie dazu Kapitel 2, »Google Analytics 4 einrichten«). So sehen Sie in den Kacheln nur das, was Sie selbst als interessant festgelegt haben. Für den gesamten Bericht können Sie wie für jeden Bericht Filter und Vergleiche hinzufügen, Sie können sich also für Ihre Betrachtung auf bestimmte Bereiche oder Gruppen konzentrieren.

Mit einem Klick auf einen Standortpunkt auf der Karte erstellen Sie einen Vergleich dieser Nutzer zu allen Nutzern des Angebots. Dadurch wird für jede Kachel der Wert dieser beiden Gruppen gezeigt (siehe Abbildung 3.13). Gibt es wenige oder sogar nur einen Nutzer aus einer bestimmten Region, können Sie auf diese Weise diesem Nutzer genauer über die Schulter schauen.

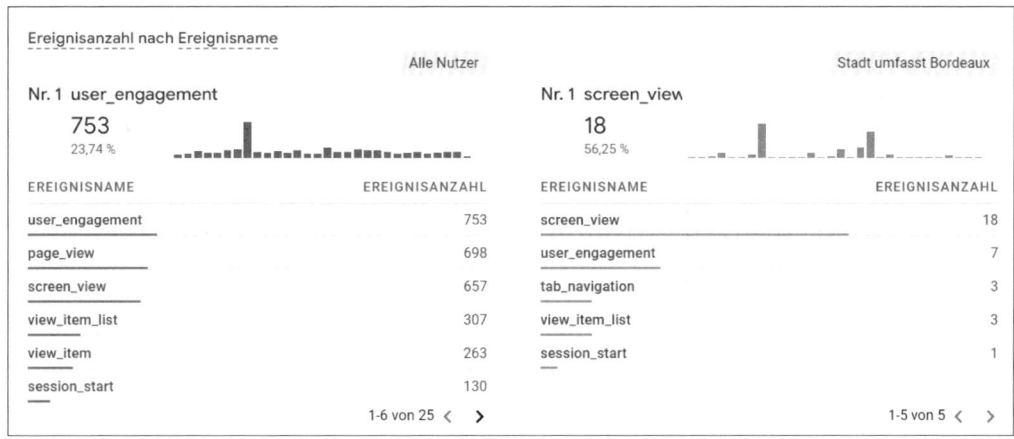

Abbildung 3.13 Die Aktionen einzelner Nutzer oder Gruppen im Vergleich

Mit einem Button können Sie die NUTZERÜBERSICHT ANZEIGEN. Darin werden Ihnen ausgewählte laufende Sitzungen von Nutzern gezeigt (siehe Abbildung 3.14).

Abbildung 3.14 Verfolgen Sie die Aktionen eines Nutzers.

Sie sehen, welche Ereignisse von einem Nutzer wann gefeuert wurden, welche Nutzer-eigenschaften dieser hatte usw. Das Problem an dieser Ansicht ist die Auswahl der ge-zeigten Sitzungen: Sie können diese nicht vorbestimmen, etwa durch Filter auf der Übersichtskarte, sondern es werden immer einige zufällig ausgewählte Nutzer gezeigt. Dadurch ist diese Ansicht eine nette Visualisierung, aber eine explizite Analyse von bestimmten Nutzern ist nicht vorgesehen.

Der Aufbau und die Funktionsweise der Nutzerübersicht sind ähnlich zum *Debug-View*, mit dem Sie eine von Ihnen gestartete und markierte Sitzung verfolgen kön-nen. So lassen sich die Ereignisse und Eigenschaften des Trackings live innerhalb von GA4 testen. Mehr dazu finden Sie in Kapitel 9, »Fehler analysieren und Qualität si-chern«.

3.2.4   Demografische Merkmale

Im Abschnitt NUTZER des Menüs befinden sich Berichte zu *Demografischen Merkma-len* und *Technologien* der Besucher Ihres Angebots. Im Menü gibt es für beide Berei-che jeweils zwei Einträge: eine Übersicht mit Kacheln zu verschiedenen Daten (wie Sie sie bereits von der Startseite kennen) und einen Detailbericht, in dem Sie zwi-schen den verschiedenen Dimensionen umschalten können. Wie Sie bereits gelesen haben, gibt es nicht mehr für jede Dimension einen eigenen Menüeintrag; in GA4 führt der Weg stattdessen über die jeweilige Übersichtsseite.

Standort

Ein demografisches Merkmal, das Sie genauer auswerten können, ist der Standort der Nutzer. Es wird zwischen Land, Region und Stadt unterschieden; für LAND finden Sie eine eigene Kachel in der Übersicht (siehe Abbildung 3.15).

Abbildung 3.15 Standortdaten Ihrer Nutzer nach Ländern

Der Standort wird anhand der IP-Adresse der Nutzer ermittelt. Google verfügt für Analytics über Datenbanken, in denen die zugeordneten Länder und – wenn möglich – Städte gelistet sind. Diese Aufschlüsselung erfolgt nach Aussage von Google bereits innerhalb der EU, sodass Datenschutzanforderungen an die Verarbeitung von IP-Adressen Genüge getan wird. Für alle weiteren Analysen werden IP-Adressen entweder gar nicht oder nur gekürzt verwendet.

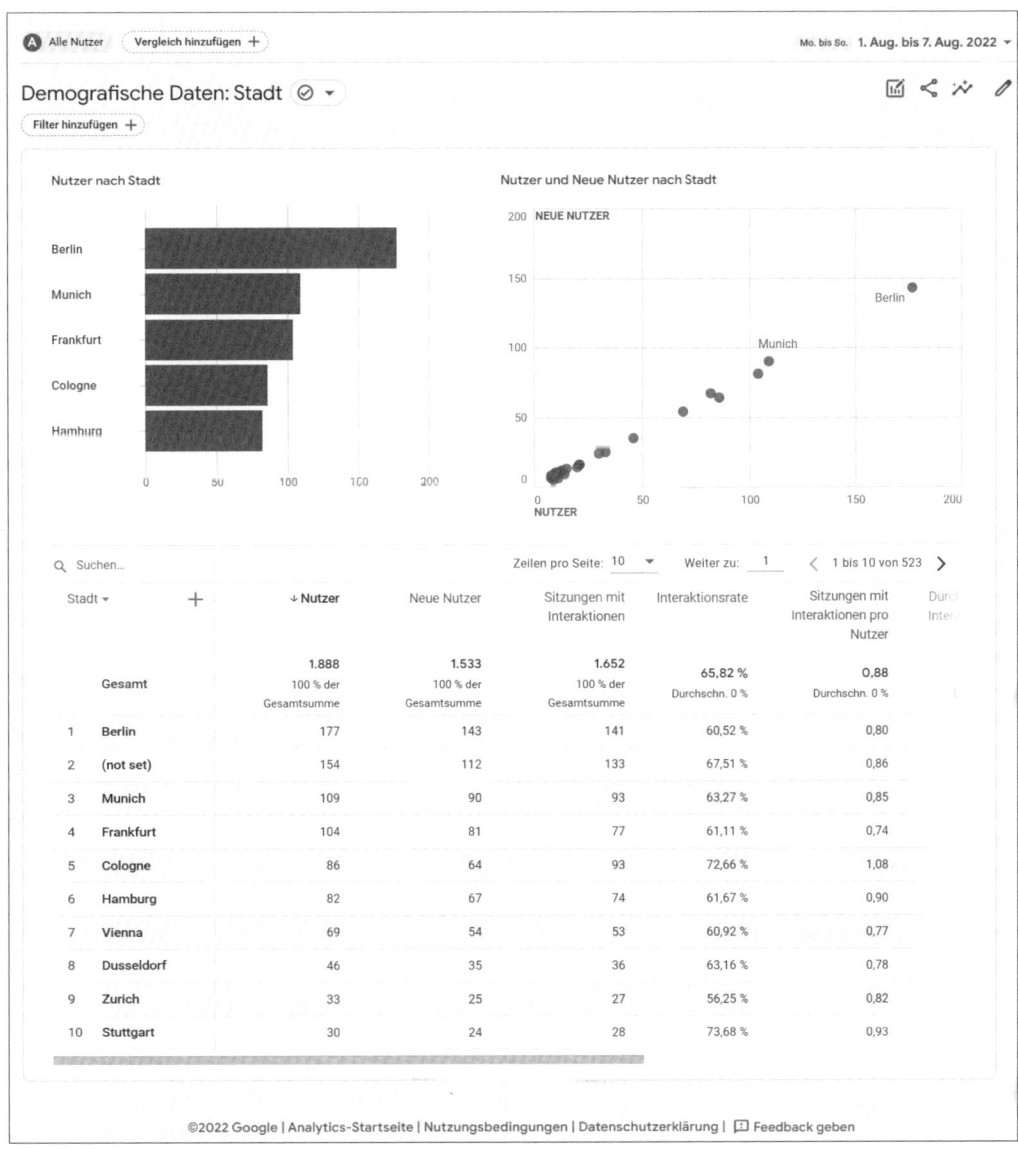

Abbildung 3.16 Detailansicht der demografischen Daten

Im Bericht Demografische Daten können Sie die Nutzer nach unterschiedlichen Dimensionen auswerten (siehe Abbildung 3.16). Am Beginn der Tabelle, unterhalb des Suchfeldes, können Sie zwischen verschiedenen Dimensionen umschalten (siehe Abbildung 3.17). Die Messwerte in der Tabelle bleiben beim Umschalten immer dieselben. Dieses Menü finden Sie in nahezu jedem Bericht mit einer Datentabelle. Die enthaltenen Dimensionen hängen vom ausgewählten Bericht ab.

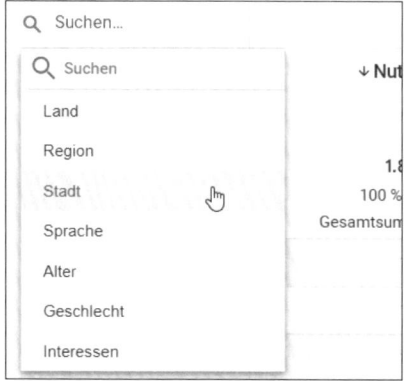

Abbildung 3.17 Wechseln Sie zwischen Dimensionen in der Tabelle.

Die ersten Dimensionen, Land, Region und Stadt, leiten sich alle aus der Position des Nutzers ab. Bei Regionen handelt es sich um kleinere Einheiten innerhalb eines Landes, also etwa um Bundesländer, Bundesstaaten oder Verwaltungsbereiche.

Genauigkeit von Geo-Daten

Auf der Ebene Region und Stadt kann die Aussagekraft der Daten je nach Zielgruppe Ihres Angebots variieren. Wenn Sie etwa Services oder Informationen für Unternehmen anbieten, werden Sie verstärkt Business-Nutzer auf Ihren Inhalten haben, die aus ihrem Büro und somit ihrem Unternehmensnetzwerk ins Internet gehen. Als Ort wird dann eher der Unternehmensstandort ausgegeben. Bei großen Unternehmen mit mehreren Niederlassungen kann dieser »Netzwerk-Ort« vom tatsächlichen Bürostandort abweichen.

Bei Privatnutzern kann je nach Internetanbindung schon mal die nächstgrößere Stadt als Standort ausgegeben werden. Überlegen Sie daher bei einer kleinteiligen Analyse der Standortdaten, wie verlässlich die Daten für Ihre Zielgruppe sind.

Sprache

Die Auflösung nach Sprachen nimmt Analytics anhand der Einstellungen im Browser vor. Jeder Browser übermittelt die primäre Sprache, die er darstellt, an Websites. Der Standort hat hierauf keine Auswirkung.

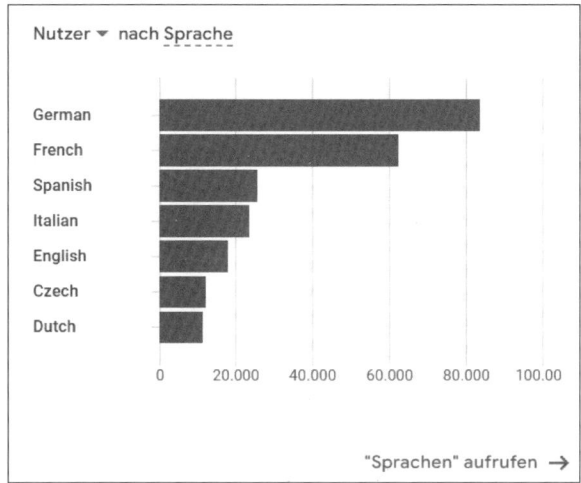

Abbildung 3.18 Im Browser Ihrer Nutzer eingestellte Sprachen

Für Sprachen finden Sie in der Übersicht eine Kachel (siehe Abbildung 3.18) und eine tabellarische Aufstellung in der Datenansicht. Wie gesagt ist die Spracheinstellung unabhängig vom Land des Nutzers. So können also Kombinationen entstehen, die gerade bei mehrsprachigen Ländern wie der Schweiz interessant sind.

Innerhalb eines Berichts können Sie einfach und schnell zwei Dimensionen kombinieren: Klicken Sie dazu auf das Plus-Zeichen neben der Dimensionsauswahl (siehe Abbildung 3.19).

Sprache ▾   +

Abbildung 3.19 Mit dem Plus-Icon fügen Sie eine zweite Dimension hinzu.

Daraufhin erscheint ein Menü mit einer Liste von Dimensionen, die Sie für eine weitere Aufschlüsselung dieses Berichts verwenden können. Im Bericht zum Land können Sie aus dem Menü unter PLATTFORM/GERÄT den Eintrag SPRACHE wählen. Dadurch wird der Tabelle eine zweite Dimensionsspalte hinzugefügt und die Daten werden nach diesem weiteren Feld aufgeschlüsselt.

Im Beispiel aus Abbildung 3.20 ist für die Länder *Germany*, *Austria* und *Swiss* jeweils *German* die meistgenutzte Sprache. Aber in allen Ländern gibt es auch Nutzer, die *English* als primäre Browsersprache eingestellt haben. Allerdings verfügt die Website im Beispiel gar nicht über englische Inhalte – diese Nutzer müssen also nicht zwangsläufig rein englischsprachig sein, vielleicht haben sie einfach einen englischsprachigen Browser als Unternehmensvorgabe installiert.

Land ▾		Sprache ▾	✕	↓ Nutzer
	Gesamt			**8.074** 100 % der Gesamtsumme
1	Germany	German		6.113
2	Austria	German		597
3	Switzerland	German		519
4	Germany	English		352
5	Switzerland	English		72
6	Austria	English		63
7	Italy	German		27

Abbildung 3.20 Primäre und sekundäre Dimension in einer Tabelle

Land ▾		Sprache ▾	✕	↓ Nutzer
	Gesamt			**3.564** 1,21 % der Gesamtsumme
1	Switzerland	German		2.484
2	Switzerland	French		884
3	Switzerland	Italian		100
4	Switzerland	English		52
5	Switzerland	Portuguese		15

Abbildung 3.21 Verschiedene Browsersprachen in der Schweiz

Im zweiten Beispiel (siehe Abbildung 3.21) sind die Nutzer für die Schweiz unterteilt. Mit dieser Auswertung können Sie für die Website abschätzen, für welche Sprachen sich eventuell eigene Inhalte lohnen könnten.

Demografische Nutzerdaten

Ist Ihre GA4-Property mit einem Google-Ads-Konto verknüpft, sehen Sie in der Übersicht der demografischen Daten Kacheln zum *Alter*, *Geschlecht* und zu *Interessen* der Nutzer. Diese Daten stammen aus dem Google-Werbenetzwerk, in dem diese Informationen für die mögliche Aussteuerung von Kampagnen gesammelt werden. Bleiben die Kacheln leer und geben sie lediglich die Meldung *Keine Daten verfügbar* aus, ist wahrscheinlich derzeit kein Google-Ads-Konto mit Ihrer Property verbunden. Wie Sie die Verknüpfung mit einem Ads-Konto herstellen, lesen Sie in Kapitel 4, »Kampagnen steuern«.

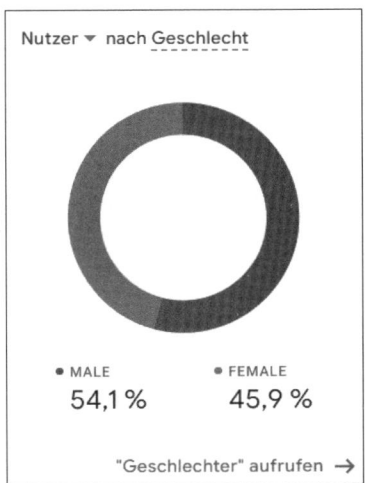

Abbildung 3.22 Nutzer nach Geschlecht aufgeteilt

Das Geschlecht Ihrer Nutzer wird in *männlich* (MALE) und *weiblich* (FEMALE) unterteilt (siehe Abbildung 3.22). Bedenken Sie, dass sich die beiden Gruppen und die daraus entstehende prozentuale Verteilung nur auf Nutzer beziehen, für die Daten im Werbenetzwerk vorliegen! Dazu lesen Sie mehr im folgenden Kasten »Belastbarkeit von Alter, Geschlecht und Interessen«.

Die Altersverteilung Ihrer Nutzer erfolgt grob in Gruppen von je 10 Jahren, beginnend ab 18. Bei den Interessen wird zwischen mehreren Dutzend Kategorien unterschieden. Dazu zählen beispielsweise *Movie Lovers* (Filmliebhaber) oder *Frequently Eats Dinner Out* (Isst oft außer Haus). Beides kann Ihnen in z. B. Kombination mit den aufgerufenen Inhalten dabei helfen, festzustellen, ob die Website die richtigen Angebote für Ihre Nutzer bereitstellt.

Belastbarkeit von Alter, Geschlecht und Interessen

Die Informationen zu den Nutzern kommen aus einem Google-Ads-Konto. Ist die Verbindung zwischen Google Analytics und Google Ads korrekt eingerichtet, werden Nutzerdaten von Ihrer Website mit denen im Werbenetzwerk abgeglichen. Das funktioniert natürlich nur, wenn es im Werbenetzwerk überhaupt Daten zu Ihren Nutzern gibt. Auf den Übersichtskacheln wird die Verteilung der einzelnen Kategorien in Balken dargestellt (siehe Abbildung 3.23).

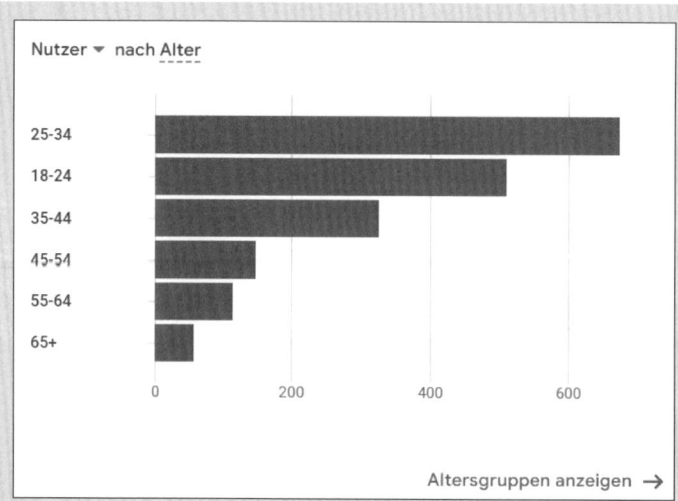

Abbildung 3.23 Die Altersverteilung Ihrer Nutzer

Klicken Sie in die zugehörige Datentabelle, sehen die Daten aber etwas anders aus:

Alter ▾	＋	↓ Nutzer
Gesamt		8.074
		100 % der Gesamtsumme
1 unknown		6.441
2 25-34		675
3 18-24		510
4 35-44		326
5 45-54		148
6 55-64		114
7 65+		58

Abbildung 3.24 Die Altersverteilung als Tabelle

In diesem Ausschnitt ist die mit Abstand größte Gruppe diejenige mit dem Namen *unknown* (Abbildung 3.24). Sie bezeichnet die Nutzer, für die im Werbenetzwerk keine Daten gefunden wurden – was nahezu 80 % aller Nutzer sind. Das bedeutet, das Diagramm im Bericht und in der Übersicht repräsentiert nur 20 % Ihrer Nutzer! Bei den Berichten zu Geschlecht und Interessen werden Sie die gleiche Verteilung sehen. Die Aussagekraft dieser Daten ist also mit Vorsicht zu genießen.

Die Quote der Erkennung Ihrer Nutzer variiert von Website zu Website. Sie kann sowohl höher als auch niedriger sein. Seien Sie sich im Klaren darüber, dass nur ein Teil Ihrer Nutzer repräsentiert wird. Leider ist die Bestimmung dieser Quote in GA4 komplizierter als in Universal Analytics (dort wurde eine Prozentzahl angezeigt).

3.2.5   Technische Daten einsehen

Ebenfalls im Bereich NUTZER befinden sich die Berichte zur *Technologie* (im Menü als TECHN. abgekürzt). Hier erhalten Sie einen Einblick, mit welchen Geräten und Software-Systemen die Nutzer auf Ihrem Angebot unterwegs sind. Wie schon bei den demografischen Merkmalen sind zwei Einträge gelistet: eine Übersichtsseite und eine Detailansicht für die unterschiedlichen Dimensionen und Messwerte.

Ein Hinweis zu Beginn: Die Karten und Berichte zu Apps, App-Realeses etc. füllen sich nur, wenn Sie Datenstreams für Apps eingerichtet haben. Diese Berichte werden im Einzelnen in Kapitel 6, »Apps analysieren«, vorgestellt.

Plattformen und Geräte

Die PLATTFORM beschreibt in GA4, auf welcher Datenstream-Art die Nutzer gemessen wurden. Datenstreams können Sie für die Messung von Web-Angeboten sowie von iOS- und Android-Apps anlegen.

Wenn Sie für Ihre Angebote eine übergreifende Nutzererkennung mittels *Google-Signale* oder *User-ID* implementiert haben, sehen Sie anhand der Schnittmengen in der Grafik, welche Nutzer mehrere Plattformen besuchen (siehe Abbildung 3.25).

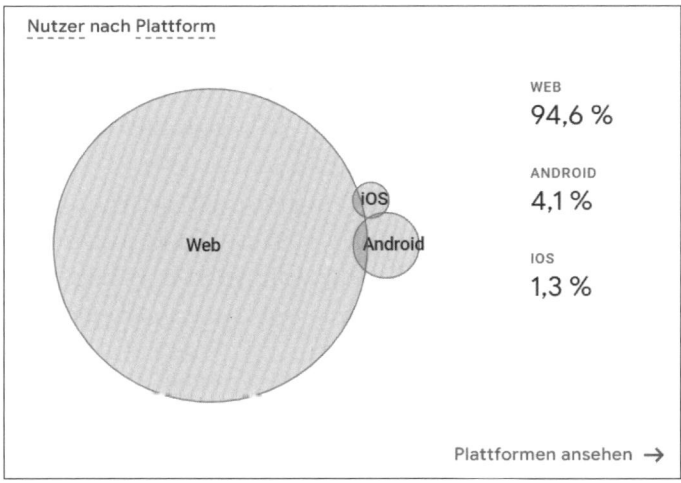

Abbildung 3.25 Verteilung und Überschneidung von Web- und Apps-Nutzern

Mehr zur Verwendung von Nutzerkennungen finden Sie in Kapitel 10, »Administration und Technologie«.

In der Berichtsübersicht sehen Sie die Verteilung der Plattformen außerdem für die Echtzeitnutzer, die in den letzten 30 Minuten auf Ihrem Angebot gemessen wurden.

Wirklich interessant werden diese Daten erst bei der Betrachtung einer App (um iOS und Android zu unterscheiden) oder wenn Sie Daten einer App und einer Website in der Property kombinieren. Kommen die Daten ausschließlich von einer Website, werden die Diagramme stets 100 % Webnutzer ausweisen.

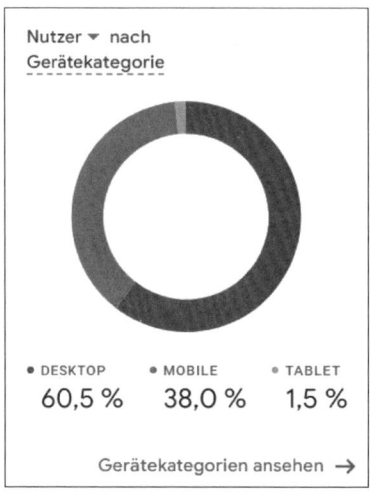

Abbildung 3.26 Die meistverwendete Gerätekategorien Ihrer Nutzer

In diesem Fall ist Unterteilung der Nutzer in die GERÄTEKATEGORIE aufschlussreicher. Hier wird zwischen DESKTOP, MOBILE und TABLET unterschieden (siehe Abbildung 3.26). So sehen Sie die Verteilung zwischen Nutzern, die am großen Bildschirm arbeiten (DESKTOP), und jenen, die ein mobiles Endgerät verwenden. Apps werden in dieser Ansicht immer als MOBILE gezählt.

Die Kombination der beiden Dimensionen stellt die PLATTFORM-/GERÄTEKATEGORIE dar (siehe Abbildung 3.27). Auch hier wird nach WEB, iOS und ANDROID getrennt, diesmal verbunden mit den Gerätekategorien DESKTOP, MOBILE, TABLET und SMART TV. Verwenden Sie Web- und App-Daten, ergeben sich so eine Reihe an Kombinationen.

Plattform-/Gerätekategorie ▼ +	↓Nutzer	Neue Nutzer
Gesamt	253.470 100 % der Gesamtsumme	120.571 100 % der Gesamtsumme
1 web / desktop	154.056	57.981
2 web / mobile	84.040	58.700
3 Android / mobile	10.320	1.250
4 web / tablet	3.424	2.250
5 iOS / mobile	2.984	307
6 iOS / tablet	233	28
7 Android / tablet	231	47
8 web / smart tv	9	7

Abbildung 3.27 Plattform- und Gerätekategorie kombiniert

Browser und Betriebssystem

Mit den Dimensionen BROWSER und BETRIEBSSYSTEM erfahren Sie mehr über die installierte Software auf den Geräten Ihrer Nutzer (siehe Abbildung 3.28). Für die Browseranalyse werden alle gängigen Modelle unterschieden, also Chrome, Firefox, Safari usw. Auch die Verwendung eines Browser-Moduls innerhalb einer App wird erkannt und als WEBVIEW aufgelistet (mehr dazu lesen Sie in Kapitel 6, »Apps analysieren«).

Browser ▼ +	↓Nutzer	Neue Nutzer	Sitzungen mit Interaktionen	Interaktionsrate
Gesamt	7.920 100 % der Gesamtsumme	6.693 100 % der Gesamtsumme	6.857 100 % der Gesamtsumme	61,35 % Durchschn. 0 %
1 Chrome	4.885	3.987	4.473	63,34 %
2 Firefox	1.154	955	808	52,91 %
3 Safari	1.052	1.025	739	54,3 %
4 Edge	668	565	622	69,27 %
5 Android Webview	131	120	78	56,93 %
6 Opera	48	41	45	75 %

Abbildung 3.28 Welche Browser verwenden Ihre Nutzer?

Wo ist die Browserversion?

Im Gegensatz zu Universal Analytics gehört die Browserversion nicht mehr zu den Standarddimensionen im Bericht und Sie können nicht den Browser mit seiner Version zusammen betrachten. Die Browserversion wird allerdings weiterhin als eigene Dimension erfasst, sodass Sie diese entweder im Erkunden-Bereich analysieren oder in einen eigenen Bericht aufnehmen können. Bei Betriebssystemen bietet GA4 die Kombination mit der Version interessanterweise als Auswahl mit an.

Die Unterteilung nach Betriebssystemen erlaubt Ihnen Rückschlüsse auf die System- und Hardwarefähigkeiten des Endgeräts. Ähnlich verhält es sich mit den Daten der Bildschirmauflösung, die Sie bei der Entwicklung neuer Inhalte oder Websitedesigns berücksichtigen sollten. Gerade für mobile Websites kann etwa die Bildschirmauflösung noch einen merklichen Unterschied ausmachen.

Am Desktop sind die Unterschiede inzwischen eher in den Kategorien »sehr hohe« oder »ultrahohe Auflösung« angekommen, d. h., die meisten Nutzer merken keine Unterschiede in der Darstellung. Ihre Website sollte so gebaut sein, dass sie auf allen Endgeräten und Systemen vernünftig dargestellt wird und verwendbar ist.

Gerätekategorie ▾ ╋		↓ Nutzer	Neue Nutzer	Sitzungen mit Interaktionen	Interaktionsrate	Sitzungen mit Interaktionen pro Nutzer	Durchschnittliche Interaktionsdauer
	Gesamt	6.745 100 % der Gesamtsumme	6.232 100 % der Gesamtsumme	5.986 100 % der Gesamtsumme	62,08 % Durchschn. 0 %	0,89 Durchschn. 0 %	1 m 28 s Durchschn. 0 %
1	desktop	5.997	5.464	5.466	62,86 %	0,91	1 m 29 s
2	mobile	734	728	486	57,45 %	0,66	1 m 12 s

Abbildung 3.29 Unterschiede in der Interaktion per »desktop« und »mobile«

Die Detailansicht mit den Gesamtzahlen sowie die Messwerte zu Interaktionen und Ereignissen können Ihnen beim Betrachten der unterschiedlichen Dimensionen Hinweise auf Probleme mit der Website geben (siehe Abbildung 3.29).

Auch wenn die Verteilung der Browser und Systeme unterschiedlich ist (Chrome ist oft der meistgenutzte Browser, aber in bestimmten Umfeldern können Sie auch hohe Anteile von Safari finden), sollten die Nutzungsdaten ähnlich sein. Das heißt, ein Chrome-Nutzer sollte sich normalerweise ähnlich über Ihre Website bewegen wie ein Firefox-Nutzer. Gibt es stattdessen große Unterschiede in Dauer, Interaktionsrate usw., lohnt es sich vielleicht, diesen auf den Grund zu gehen.

Ausreißer bzw. besonders abweichende Zahlen können auf Probleme hinweisen, beispielsweise auf Links, die nicht richtig dargestellt werden. So eine Analyse müssen Sie nicht täglich durchführen, aber gerade nach größeren Neuerungen an der Website und in regelmäßigen Abständen lohnt sich ein Blick in diese Berichte.

Denken Sie allerdings daran, bei diesen Analysen zwischen Desktop- und mobilen Nutzern zu unterscheiden, denn bei diesen Kategorien sind unterschiedliche Interaktionen zu erwarten.

3.3   Inhalte: Ereignisse und Seiten

Im Menüpunkt ENGAGEMENT sind in Google Analytics alle Berichte zu von Nutzern aufgerufenen Inhalten und gemessenen Aktionen der Website gesammelt. Hier ist Ihr Startpunkt, wenn Sie wissen möchten, was auf Ihrem Angebot passiert.

3.3.1   Die Engagement-Übersicht

Die erste Seite von *Engagement* ist eine Übersicht der Daten, so wie Sie es von anderen Bereichen bereits kennen. Sie finden Kacheln zum Trend der *Interaktionen* und *Interaktionsdauer* sowie zur generellen Entwicklung von *Aufrufen* und *Ereignissen* (siehe Abbildung 3.30).

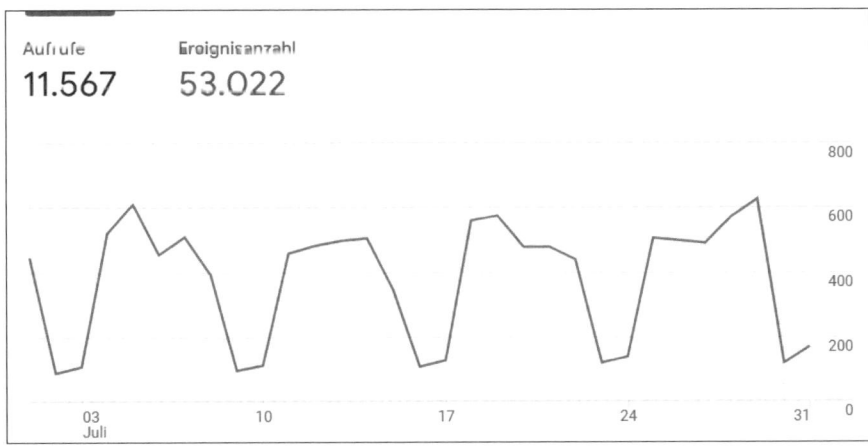

Abbildung 3.30 Trendüberblick zu Aufrufen und Ereignissen

Die EREIGNISANZAHL zeigt die Gesamtmenge aller gemessenen Ereignisse im Zeitraum, die AUFRUFE bezeichnen nur spezielle Ereignisse zum Messen von *Seiten* einer Website (Ereignis page_view) oder *Screens* in einer App (Ereignis screen_view) und werden in einem eigenen Bericht detaillierter ausgewertet. Sowohl für die Ereignisse als auch für aufgerufene Seiten bzw. Bildschirme gibt es eine zusätzliche Kachel mit den Top-Einträgen.

Wie bereits auf der Startseite und dem Bericht-Snapshot gibt es eine Kachel für die Echtzeitdaten mit den gemessenen Nutzern der letzten 30 Minuten. Für diese Nutzer werden die aufgerufenen Seiten gezeigt.

3.3.2   Der Bericht »Ereignisse« zeigt Aktionen der Nutzer

Über die Kachel in der Übersicht oder den Eintrag im Menü gelangen Sie zur Tabelle der EREIGNISSE. Der Bericht listet alle Ereignisse auf, die GA4 für Ihr Angebot gemessen hat. Dazu gehören die Einträge für automatisch erfasste Ereignisse, optimierte Analysen, benutzerdefinierte Ereignisse sowie innerhalb von GA4 vom System oder über eine Konfiguration erstellte Ereignisse.

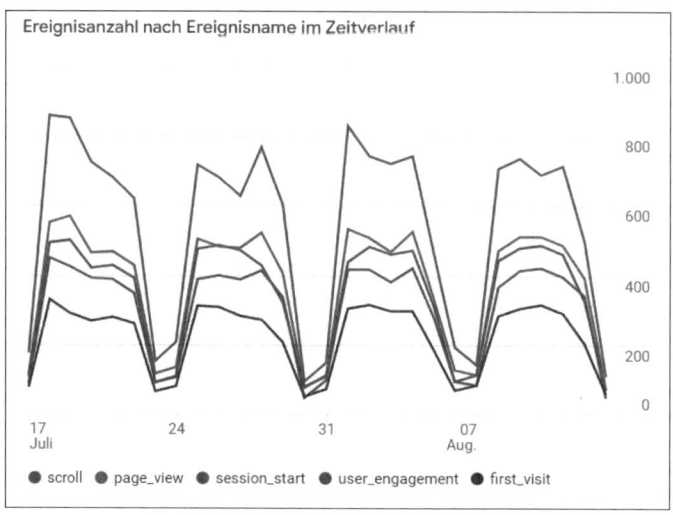

Abbildung 3.31 Entwicklung verschiedener Ereignisse im Zeitverlauf

Oberhalb der Tabelle sehen Sie links ein *Liniendiagramm*, das die tägliche Anzahl der Top-Ereignisse zeigt (siehe Abbildung 3.31). Um einzelne Linien deutlicher zu sehen, fahren Sie mit der Maus über die Einträge der Legende. Ausgegeben werden immer die Top-5-Ereignisse, was sich leider nicht anpassen lässt. Dadurch wird das Diagramm auf Ihrem Bildschirm wahrscheinlich ähnlich aussehen wie in Abbildung 3.31, zumindest wenn Sie die Daten einer Website betrachten. Denn die automatischen Ereignisse und Ereignisse für optimierte Analysen werden für nahezu jeden Nutzer erfasst, was sich auch am nahezu parallelen Verlauf der Linien sehen lässt. Nutzen Sie das Diagramm als schnellen Überblick und zur Kontrolle für unvorhergesehene Entwicklungen.

Neben dem Liniendiagramm (oder darunter, je nach Größe Ihres Browserfensters) wird ein *Streudiagramm* gezeigt (siehe Abbildung 3.32). Dieses zeigt die Anzahl der gemessenen Ereignisse im Verhältnis zur Zahl der Nutzer. Je weiter rechts ein Ereignis steht, umso häufiger wurde es absolut gemessen (siehe Tabelle 3.2). Die Höhe zeigt, für wie viele Nutzer ein Ereignis gemessen wurde. Wenn Sie mit der Maus über einen Punkt im Diagramm fahren, sehen Sie die gemessenen Werte für Anzahl und Nutzer.

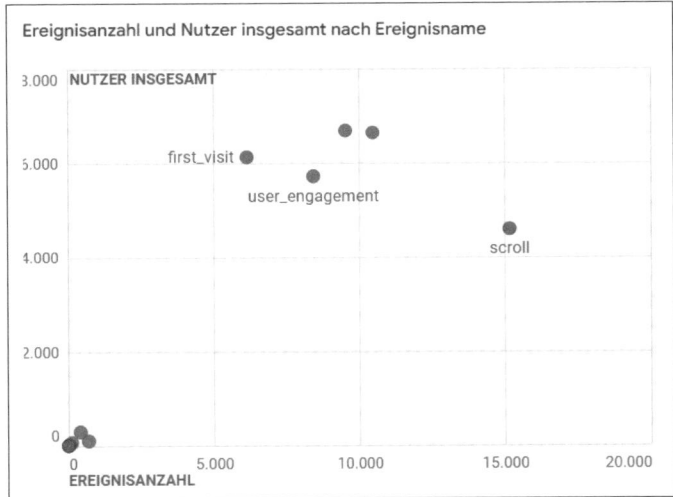

Abbildung 3.32 Mehr Messwerte für eine Dimension sehen Sie im Streudiagramm.

Position im Diagramm	Bedeutung
Oben rechts	Viele Nutzer feuern dieses Ereignis mehrere Male. Je weiter rechts es erscheint, umso häufiger ist das geschehen (2×, 5×, 10× usw.).
Unten rechts	Wenige Nutzer feuern das Ereignis häufig.
Oben links	Viele Nutzer feuern das Ereignis nur einmal.
Unten links	Wenige Nutzer feuern das Ereignis selten.

Tabelle 3.2 Bedeutung der Position im Streudiagramm

Das Diagramm hilft Ihnen vor allem dann, wenn es bestimmte Ereignisse auf Ihrem Angebot gibt, die möglichst oft gemessen werden sollen. Ein paar Beispiele:

▶ Die Position des `page_view`-Ereignisses verrät, ob Nutzer viele oder wenige Seiten des Angebots aufrufen. Steht es weiter rechts, rufen Nutzer mehrere Seiten auf. Ist es eher links zu finden, rufen Nutzer nur eine Seite auf und verlassen das Angebot wieder.

▶ Die Höhe des `user_engagement`-Ereignisses sagt Ihnen, wie viele Nutzer mit dem Angebot interagieren. Bei einem niedrigen Wert verlassen die Nutzer Ihre Website schnell.

▶ Möchten Sie, dass viele Nutzer möglichst viele Videos auf Ihrem Angebot anschauen, sollte das entsprechende Ereignis möglichst weit rechts oben erscheinen. Eine linke Position zeigt, dass Nutzer nur einzelne Videos schauen. Eine niedrige Position bedeutet, dass nur wenige Nutzer überhaupt ein Video starten.

Unterhalb der Steuerelemente folgt die Tabelle der Ereignisse (siehe Abbildung 3.33). Neben dem EREIGNISNAMEN folgen Spalten für die EREIGNISANZAHL, die NUTZER INSGESAMT, die EREIGNISANZAHL PRO NUTZER und die GESAMTEINNAHMEN.

	Ereignisname +	↓ Ereignisanzahl	Nutzer insgesamt	Ereignisanzahl pro Nutzer	Gesamteinnahmen
		51.158	6.745	7,63	0,00 €
		100 % der Gesamtsumme	100 % der Gesamtsumme	Durchschn. 0 %	
1	scroll	15.182	4.592	3,31	0,00 €
2	page_view	10.480	6.640	1,59	0,00 €
3	session_start	9.541	6.685	1,44	0,00 €
4	user_engagement	8.440	5.716	1,51	0,00 €
5	first_visit	6.155	6.124	1,01	0,00 €
6	potentielle Bewerber	705	101	6,98	0,00 €
7	click	421	294	1,43	0,00 €
8	content_cta_navigation	125	67	1,87	0,00 €
9	webinar_interesse	45	22	2,05	0,00 €
10	webinar_aufzeichnung_interesse	25	17	1,47	0,00 €

Abbildung 3.33 Ereignistabelle mit Gesamteinnahmen

Die Anzahl zeigt die tatsächlichen Aufrufe dieses Ereignisses, egal ob es ein- oder mehrfach von Nutzern gefeuert wurde. Dagegen zeigt der Wert für Nutzer, wie oft dieses Ereignis mindestens einmal von Nutzern gefeuert wurde. Da für jeden Nutzer mindestens einmal das Ereignis protokolliert werden muss, ist die Anzahl der Ereignisse immer höher als oder gleich wie die Zahl der Nutzer.

Die Spalte EREIGNISANZAHL pro Nutzer sagt Ihnen, wie oft durchschnittlich ein Ereignis pro Nutzer gefeuert wurde. Der Wert muss nach der obigen Definition mindestens 1 sein, und je höher er ist, umso häufiger wurde das Ereignis von Nutzern gefeuert.

Berechnung des Durchschnitts

Bei *Ereignisanzahl pro Nutzer* (EpN) handelt es sich um einen gewöhnlichen Durchschnitt; Sie können also nicht unterscheiden, ob alle Nutzer ein Ereignis einige Male gefeuert haben oder ob wenige Nutzer ein Ereignis sehr oft gefeuert haben.

Ein Wert von 5 EpN kann sich ergeben aus:

▸ 10 Nutzern, die ein Ereignis jeweils 5-mal feuern

▸ 2 Nutzern, die ein Ereignis 25-mal feuern

Im Streudiagramm können Sie anhand der Position genau diesen Unterschied erkennen.

Die GESAMTEINNAHMEN errechnen sich aus den Ereignissen, für die Umsatzwerte mitgegeben werden. Das sind E-Commerce-Verkäufe, Werbeeinnahmen und Umsätze aus Abos. Diese Werte geben Ihnen einen Blick auf die Bedeutung dieser Ereignisse für Ihr Angebot und helfen bei der Bewertung. Eine hohe Ereignisanzahl bedeutet nicht automatisch hohe Umsätze.

Ereignisdetails

Viele Ereignisnamen kennen Sie bereits aus Kapitel 2, »Google Analytics 4 einrichten«. Die Ereignisse page_view, session_start, user_engagement und first_visit werden automatisch mit Einbau des Analytics-Tags auf Ihrer Website erfasst. Sie dienen als Grundlage für andere Berichte und Messwerte. So entsprechen z. B. die Aufrufe von first_visit dem Messwert NEUE NUTZER der Startseite.

Die Ereignisse scroll und click wurden von *optimierten Analysen* gefeuert und übergeben die jeweilige Scrolltiefe bzw. den Klick auf einen abgehenden Link. Die weiteren Einträge potentielle_Bewerber, content_cta_navigation, webinar_interesse und webinar_aufzeichnung_interesse sind individuell im Tag Manager bzw. in der Website eingebaute Trackings.

Mit einem Klick auf ein Ereignis gelangen Sie zur Detailansicht der Daten. Hier sehen Sie den Nutzungsverlauf für das ausgewählte Ereignis mit eigener Trendgrafik und den Messwerten aus der Übersicht sowie einige Kacheln mit weiteren demografischen Daten der Nutzer, die das Ereignis gefeuert haben.

Abbildung 3.34 In der Echtzeitansicht sind auch Parameter sichtbar.

Eine praktische Besonderheit hält die Kachel zu den Echtzeitdaten der letzten 30 Minuten bereit (siehe Abbildung 3.34). Sie können aus einem Menü alle Parameter der Ereignisse auswählen, für die in den letzten Minuten Daten gesammelt wurden (siehe Abbildung 3.35). Das können Parameter sein, die anschließend in einem eigenen

Bericht ausgewertet werden (z. B. page_location, woraus der Seitenbericht erstellt wird). In Abbildung 3.34 sehen Sie beispielsweise den Wert für die erreichte Scrolltiefe, der mit dem scroll-Ereignis übertragen wurde.

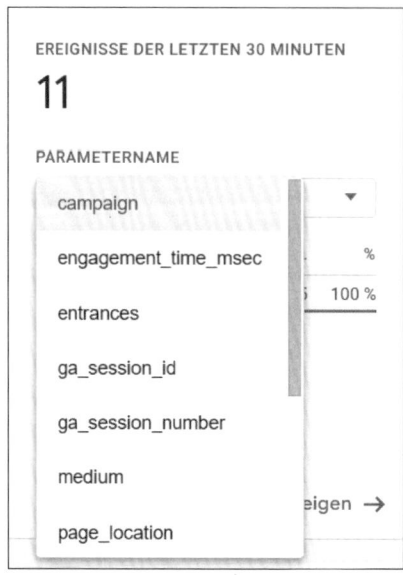

Abbildung 3.35 Sie finden alle übermittelten Parameter in der Echtzeitansicht.

Sie sehen aber auch Parameter in der Echtzeitansicht, die zwar übertragen, aber nicht weiter abgespeichert werden, weil keine Dimension oder kein Messwert dafür vorgesehen sind. 30 Minuten nach dem einlaufenden Ereignis verfallen diese Daten. Um sie für eine spätere Auswertung zu sichern, müssen Sie eine benutzerdefinierte Dimension oder einen Messwert in der Konfiguration einrichten (schlagen Sie dazu in Kapitel 2, »Google Analytics 4 einrichten«, nach).

3.3.3   Der Bericht »Seiten« zeigt die genutzten Inhalte

Aufrufe von Seiten in Ihrem Angebot werden mit dem Ereignis page_view protokolliert. Zur Auswertung der genutzten Inhalte bietet GA4 den Bericht SEITEN UND BILD-SCHIRME (siehe Abbildung 3.36). Der Begriff *Bildschirme* bezeichnet die unterschiedlichen Ansichten in einer App. (Mehr zu den App-Features von GA4 lesen Sie in Kapitel 6, »Apps analysieren«.)

Beim Aufruf des Berichts sehen Sie den inzwischen bekannten Aufbau: Zu Beginn der Seite stehen zwei Diagramme, ein Balken- und ein Streudiagramm. Darunter folgt die Tabelle mit den Einträgen für jede Seite.

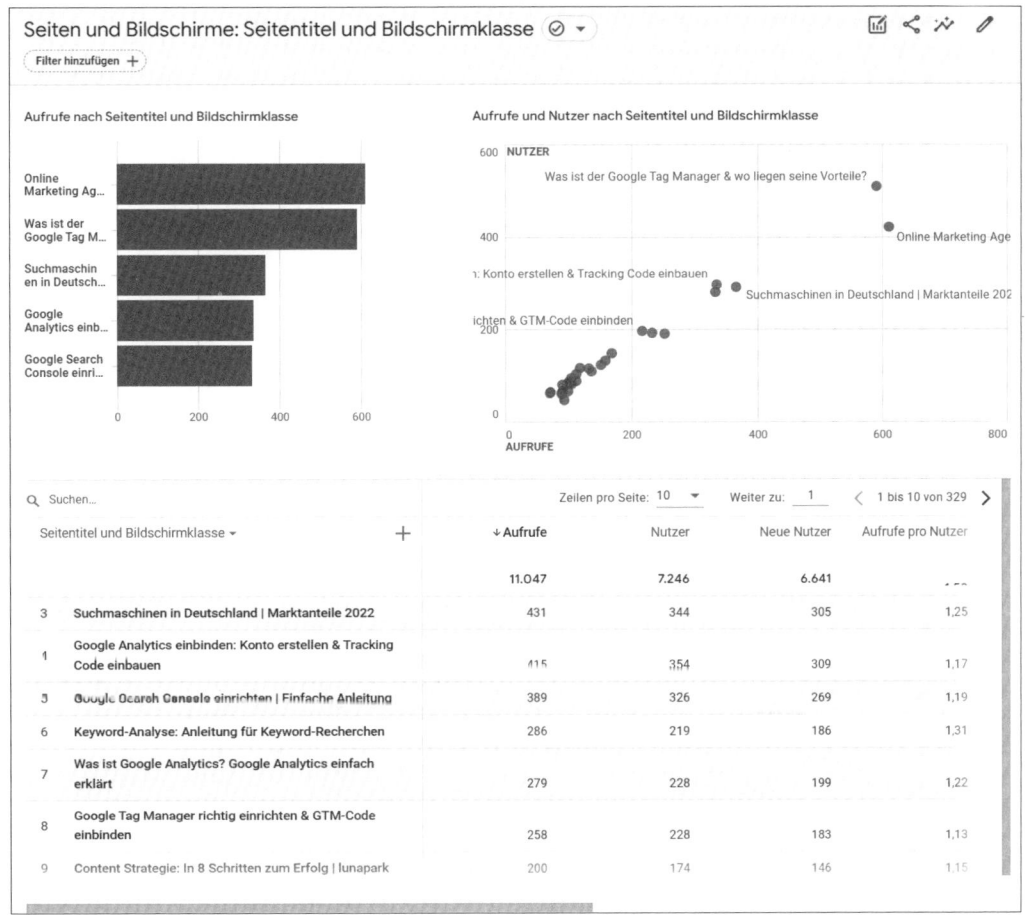

Abbildung 3.36 Der Seitenbericht zeigt, welche Inhalte gefragt waren.

Seitentitel oder Seitenpfad?

Auffällig sind die einzelnen Einträge der Tabelle: Standardmäßig wird der Titel der jeweiligen Seite verwendet, nicht die URL. Die Idee von GA4 ist, dass so die Inhalte der Seiten leichter zu identifizieren sind (was in manchen Fällen zutreffen mag). Der *Seitentitel* entspricht dem HTML-Titel einer Seite, also dem Text, der im Quelltext der Seite zu finden ist (siehe Abbildung 3.37).

```
<title>Google Analytics Buch | 4. aktualisierte Auflage | lunapark Agentur</title>
<meta name="description" content="Das Google Analytics Buch von Markus Vollmert &am
<link rel="canonical" href="https://www.luna-park.de/marketing/analytics/google-ana
```

Abbildung 3.37 Ein Seitentitel im HTML-Quelltext

Seitentitel und Bildschirmklasse ▾	+	↓ Aufrufe
		13
Gesamt		0,12 % der Gesamtsumme
1 Google Analytics Buch | 4. aktualisierte Auflage | lunapark Agentur		13

Abbildung 3.38 Ein HTML-Titel im Seitenbericht als Dimension

Erfahrungsgemäß ist die eindeutige Kennung einer Seite jedoch ihre URL, da diese z. B. für Kampagnen und in der SEO-Optimierung genutzt wird und neben dem Inhalt einer Seite auch eine gewisse Inhaltshierarchie der Website abbilden kann. Mit dem Dimensionsmenü oberhalb der ersten Spalte in der Tabelle können Sie die Darstellungen anpassen. Wechseln Sie zu SEITENPFAD UND BILDSCHIRMKLASSE, wodurch die bekannten Seiten-URLs in der Tabelle gezeigt werden (siehe Abbildung 3.39).

Seitenpfad und Bildschirmklasse ▾	+	↓ Aufrufe
		11.047
Gesamt		100 % der Gesamtsumme
1 /		735
2 /blog/29148-google-tag-manager/		667
3 /ressourcen/seo-ratgeber/suchmaschinen-in-deutschl...		431

Abbildung 3.39 Die Auswahl »Seitenpfad« zeigt die URLs der Seiten ohne Parameter.

Wenn Sie bisher mit Universal Analytics gearbeitet haben, müssen Sie in GA4 auf Folgendes achten: In UA war der Standardwert für den Seitenbericht die Dimension SEITENPFAD UND ABFRAGESTRING. Unterschiedliche Parameter an einer URL haben dabei mehrere Einträge in der Auflistung erzeugt. In GA4 ist der Standard der *Seitenpfad* – ohne URL-Parameter!

Wie betrachtet Google Analytics eine URL?

Der *Seitenpfad* entspricht dem Teil der URL zwischen dem Domainnamen und eventuell vorhandenen URL-Parametern. Eine URL kann in mehrere Bestandteile aufgespalten werden, die Sie in Abbildung 3.40 sehen. Die Teile *Hostname*, *Seitenpfad* sowie *Seitenpfad und Abfragestring* erfasst GA4 als eigene Dimensionen für seine Berichte. Das *Protocol*, der alleinstehende *Abfragestring* sowie *Fragmente* werden von GA4 nicht automatisch gespeichert.

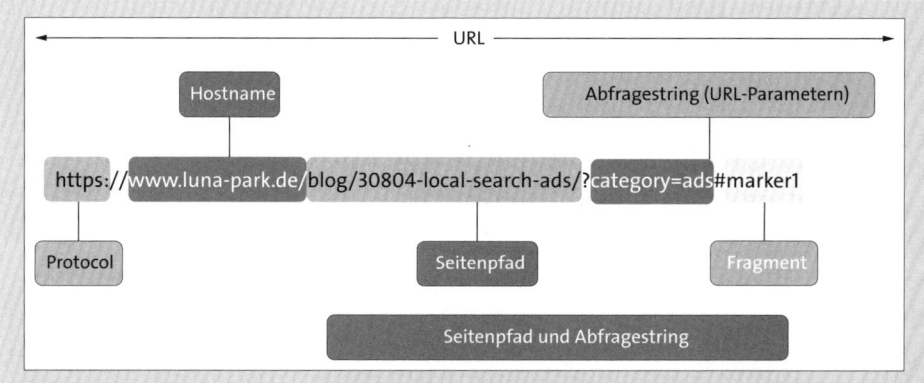

Abbildung 3.40 Eine URL und ihre Bestandteile

Wenn die Erfassung von Fragmenten bedeutend für Ihre Website ist, können Sie das Tracking über den Tag Manager oder durch JavaScript-Programmierung »nachrüsten«.

Auf den ersten Blick mag es keinen großen Unterschied machen, ob Sie den Seitentitel oder den Pfad betrachten. Jede Seite hat einen Titel und jede Seite hat eine URL – aber diese beiden Dinge müssen nicht deckungsgleich sein. Kommt der Abfragestring hinzu, werden die Unterschiede noch wahrscheinlicher. Betrachten Sie folgendes Experiment.

Über der Tabelle des Seitenberichts finden Sie die Anzeige, wie viele Einträge in der Liste insgesamt enthalten sind. Schalten Sie nun zwischen SEITENTITEL und SEITENPFAD um. Für die Website aus den bisherigen Beispielen ergeben sich:

Seitentitel	325
Seitenpfad	285

Die Anzahl der Einträge zeigt, dass diese Website mehr unterschiedliche Seitentitel als Pfade hat (325 > 285). Für einige Pfade muss es also mehrere Titel geben – wie kann das passieren? Bei genauerer Untersuchung der Seitentitel kommen Sprachvarianten zum Vorschein, die es auf dem Angebot nicht gibt: einerseits Englisch, aber auch andere Sprachen sind dabei (siehe Abbildung 3.41).

300	Agencija za online marketing u Kölnu	lunapark

Abbildung 3.41 Eine Sprache, die es auf dem Angebot nicht gibt?

Diese Einträge kommen bei der Verwendung von *Google Translate* zustande. Nehmen wir an, ein Nutzer übersetzt die Seite mit diesem Google-Service innerhalb des

Chrome-Browsers. Dabei wird auch der HTML-Titel im Quelltext übersetzt. Da das Analytics-Tag immer den aktuellen Titel der gerade betrachteten Seite überträgt, ist es hier die »neue« Sprachvariante.

Das Beispiel zeigt eine weitere Eigenschaft von Seitentiteln in GA4: Der Titel wird bei jedem Aufruf neu erfasst. Ändert sich der Titel einer Seite, erzeugt er einen neuen Eintrag und wird wie eine neue Seite betrachtet. Wenn Sie also oft die Titel Ihrer Seiten verändern, etwa zur SEO-Optimierung, erzeugen Sie jedes Mal einen neuen Eintrag in der SEITENTITEL-Liste.

Wie oben bereits erwähnt, ist der *Seitenpfad* erfahrungsgemäß die dauerhaftere Dimension zur Betrachtung. Wenn Ihre Website mit vielen URL-Parametern arbeitet, sollten Sie überlegen, auf den *Seitenpfad und Abfragestring* zu wechseln.

Kennzahlen der Datentabelle

Die Datentabelle des Seitenberichts verfügt über neun Spalten mit Messwerten, die Ihnen zum Teil schon in anderen Berichten begegnet sind (siehe Abbildung 3.42). Die jeweiligen Werte sind nach der primären Dimension summiert, die Sie ausgewählt haben, also etwa SEITENTITEL oder SEITENPFAD.

Seitentitel und Bildschirmklasse ▼	+	↓ Aufrufe	Nutzer	Neue Nutzer	Aufrufe pro Nutzer	Durchschnittliche Interaktionsdauer	Scrollvorgänge (einzelne Nutzer)	Ereignisanzahl Alle Ereignisse ▼	Conversions Alle Ereignisse ▼	Gesamteinnahm...
Gesamt		11.047 100 % der Gesamtsumme	7.246 100 % der Gesamtsumme	6.641 100 % der Gesamtsumme	1,52 Durchschn. 0 %	1 m 26 s Durchschn. 0 %	4.965 100 % der Gesamtsumme	53.795 100 % der Gesamtsumme	23,00 100 % der Gesamtsumme	0,00 €
1 Online Marketing Agentur in Köln | lunapark		705	497	397	1,42	0 m 20 s	292	3.188	0,00	0,00 €

Abbildung 3.42 Messwerte im Seitenbericht

In der ersten Zeile der Tabelle sehen Sie die Gesamtsumme für den jeweiligen Messwert. So haben Sie immer eine Vergleichsmöglichkeit der einzelnen Einträge. Unter der Summe wird der prozentuale Anteil am Gesamtwert angezeigt. Bei einem gefilterten Bericht gibt dieser Wert aus, wie groß der Anteil der gefundenen Einträge am Gesamten ist.

Die AUFRUFE messen jedes Laden einer Seite im Browser des Nutzers. Ein mehrfaches Laden einer Seite – z. B. durch ein Klicken des Nutzers auf RELOAD im Browser – produziert mehrere Aufrufe. Bedenken Sie, dass auch ein automatisches Neuladen einer Seite durch Skripte als weiterer Aufruf gemessen wird. Das kann, abhängig von der Programmierung Ihrer Seite, beispielsweise beim Ändern der Fenstergröße eines Browsers passieren. Auch auf mobilen Websites kann es durch Schließen und späteres Wiederöffnen des Handy-Browsers zum Nachladen einer Seite kommen.

Die ANZAHL DER NUTZER zeigt, von wie vielen Nutzern diese Seite einmal oder mehrmals geladen wurde. Für die meisten Seiten lässt sich dieser Wert besser vergleichen, da die Nutzerführung Ihrer Website nicht so sehr ins Gewicht fällt. Die Nutzerzahl für die Gesamtsumme bezieht sich auf alle Nutzer Ihrer Website. Die Einträge in der Tabelle sind dagegen exklusiv, d. h., jede Seite wird einzeln gezählt. Ein Nutzer, der auf

Seite A war, aber auch Seite B und C aufruft, wird in jeder Zeile der Tabelle einmal ausgewiesen. Die Summe der Nutzerzahl aller Zeilen zusammen ist darum höher als die
Gesamtsumme im Spaltenkopf.

Als Neue Nutzer werden jene Besucher gezählt, die beim erstmaligen Besuch Ihrer
Website diese Seite aufgerufen haben.

Die Aufrufe pro Nutzer zeigen, wie viele Seiten von Nutzern aufgerufen wurden,
die diese Seite besucht haben. Je höher der Wert ist, umso mehr haben sich diese Nutzer mit Ihrem Angebot beschäftigt.

Die Durchschnittliche Interaktionsdauer haben Sie weiter oben bereits kennengelernt. Sie zeigt an, wie lange Nutzer dieser Seite insgesamt auf Ihrem Angebot
verbracht haben.

In der Spalte Scrollvorgänge finden Sie Werte, wenn Sie das Scrolltracking in den
optimierten Analysen aktiviert haben (oder es entsprechend im GTM nachbilden). Mit
diesem Wert sehen Sie, welche Nutzer auf einer Seite bis zum Ende gescrollt haben
und sich mehr mit den Inhalten beschäftigt haben. In der Standardvorgabe müssen
Nutzer 90 % der Seite in ihrem Browser sichtbar gehabt haben, damit der Vorgang als
Scrollvorgang gezählt wird. Gerade bei längeren Produktseiten oder Blogartikeln ermöglicht Ihnen dieser Wert ein besseres Verstandnis der Nutzung.

Die Ereignisanzahl zählt, wie viele Ereignisse auf dieser Seite gemessen wurden.
Mehr Ereignisse bedeuten mehr Interaktion der Nutzer mit Ihrem Angebot. Unter
dem Spaltennamen befindet sich ein Menü Alle Ereignisse, mit dem Sie aus allen
gemessenen Ereignissen den Wert für ein Ereignis auswählen können (siehe Abbildung 3.43). Haben Sie beispielsweise ein Ereignis für ein Kontaktformular eingerichtet, können Sie so feststellen, auf welchen Seiten es ausgelöst wurde.

Abbildung 3.43 Sie können einzelne Ereignisse für Seiten auswählen.

Nach der Auswahl eines Ereignisses sortieren Sie am besten die Tabelle durch einen
Klick auf den Spaltennamen nach diesem Wert. So erscheinen die Seiten mit Einträgen an oberster Stelle.

Die Spalte Conversions funktioniert ähnlich wie die Ereignisanzahl, allerdings
werden hier nur Ereignisse berücksichtigt, die Sie als Conversion markiert haben (siehe Abbildung 3.44). Wie bei der Spalte Ereignisanzahl finden Sie unter dem Spaltenkopf ein Menü zur Auswahl bestimmter Conversions.

Abbildung 3.44 Im Seitenbericht können Sie jede Conversion aufrufen.

Schließlich folgen die GESAMTEINNAHMEN, die zeigen, auf welchen Seiten Sie Einnahmen aus E-Commerce, App-Verkäufen oder Werbung generiert haben.

Contentgruppen

Wenn Ihre Website viele Seiten umfasst, ist eine Betrachtung einzelner Bereiche nicht immer ganz einfach. Mit *Contentgruppen* können Sie mehrere Seiten Ihres Angebots zusammenfassen und so eine Gesamtsumme der Aufrufe und Nutzer für die einzelnen Bereiche erhalten. Die Dimension CONTENTGRUPPE können Sie im Menü über dem Seitenbericht auswählen (siehe Abbildung 3.45).

Contentgruppe ▾ ＋	↓Aufrufe	Nutzer
Gesamt	11.567 100 % der Gesamtsumme	7.307 100 % der Gesamtsumme
1 Blog	7.966	5.543
2 (not set)	2.379	7.305
3 Agentur	608	261
4 Home	520	316

Abbildung 3.45 »Contentgruppe« ist als Dimension im Seitenbericht vorhanden.

So lassen sich auch Inhaltsbereiche vergleichen, die einen unterschiedlichen Seitenumfang haben. Sie sehen für jeden Bereich die Anzahl der Nutzer über alle Seiten hinweg, egal ob es 5 oder 500 Seiten sind. Einen solch direkten Vergleich müssten Sie sonst mit einigem Aufwand über Segmente realisieren.

Für Contentgruppen-Einträge wertet GA4 das Feld content_group eines page_view-Ereignisses aus. Dieses Feld können Sie in der GA4-Konfiguration des Datenstreams befüllen. Erstellen Sie dazu einen neuen Eintrag unter dem Punkt EREIGNISSE ÄNDERN. Wie das geht, lesen Sie in Kapitel 2, »Google Analytics 4 einrichten«.

Bei den Abgleichbedingungen verwenden Sie für page_location die ganze URL oder einen Teil der URL, der den Bereich beschreibt. In Abbildung 3.46 nutzen wir:

▶ `event_name` ist gleich `page_view`

▶ `page_location` enthält `/blog/`

Passen die Bedingungen, setzen Sie den Parameter `content_group` auf einen beschrei-benden Namen. Dieser erscheint später als Eintrag im Bericht der Contentgruppen. Für jede Contentgruppe brauchen Sie einen Eintrag in der Liste der Änderungen.

Für die Anwendung einer Regel müssen immer alle Bedingungen erfüllt sein, die Be-dingungen sind also mit einem logischen UND verknüpft. Wenn Sie unterschiedliche Bedingungen für die Definition einer Contentgruppe geltend machen wollen (also »wenn Seite X oder Seite Y, dann Gruppe B«), so müssen Sie mehrere Regeleinträge erstellen (siehe Abbildung 3.46). Die Abgleichbedingungen sind bei diesen Regeln un-terschiedlich, der geänderte Parameter ist aber gleich.

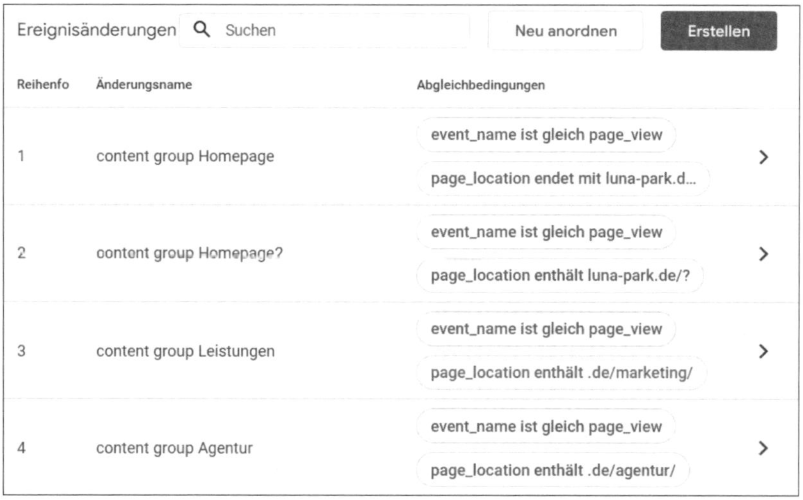

Abbildung 3.46 Mehrere Ereignisänderungen für Contentgruppen

Contentgruppen in Universal Analytics

In Universal Analytics war die Gruppierung nach Content ein Feature, das Sie in der Verwaltung angegeben haben. In GA4 gibt es dafür (bisher) keine eigene Konfigurati-onsmöglichkeit. Stattdessen müssen Sie mit Ereignisänderungen arbeiten.

Die Abgleichbedingungen sind leider noch nicht so mächtig wie unter Universal Ana-lytics, so gibt es beispielsweise keine regulären Ausdrücke zum Vergleich. Außerdem erlauben sie keine Übernahme von URL-Teilen als Name für eine Contentgruppe.

Momentan werden für Contentgruppen nur die Messwerte AUFRUFE, NUTZER, AUF-RUFE PRO NUTZER sowie die SCROLLVORGÄNGE, EREIGNISSE und CONVERSIONS be-rechnet. NEUE NUTZER und die DURCHSCHNITTLICHE INTERAKTIONSDAUER bleiben auf 0.

3.3.4   Weitere Ereignisse auswerten

Durch die optimierten Analysen sammelt GA4 bereits eine Menge Nutzeraktionen auf der Website, für die allerdings keine Berichte im Menü zu sehen sind. Um diese Daten auszuwerten, müssen Sie auf benutzerdefinierte Berichte zurückgreifen. Wie Sie solche Berichte erstellen und verwenden, lesen Sie in Kapitel 7, »Eigene Reports anpassen und erstellen«. Im Folgenden erfahren Sie, welche Berichte möglich sind und welche Werte Sie dafür benötigen.

Scrolling

Im Seitenbericht werden die Daten des automatischen Scrolltrackings in die Tabelle des Berichts integriert. Sie können also sehen, auf welchen Seiten die Nutzer bis zu 90 % gescrollt haben.

Sie können diese Ausgabe im Seitenbericht nutzen und mit eigenen Trackings erweitern. Dazu feuern Sie ein Ereignis mit dem Namen scroll und dem Parameter percent_scrolled. Dem Parameter geben Sie den gewünschten Wert mit. Für den gtag-Code würde ein Aufruf z. B. bei 50 % Scrolling auf einer Seite so aussehen:

```
gtag('event', 'scroll', { 'scroll': '50' });
```

Scrolling im GTM

Im Google Tag Manager (GTM) gibt es einen eigenen Trigger, den Sie verwenden können. In Abbildung 3.47 sehen Sie eine entsprechende Konfiguration. Im Trigger SCROLLING sind die Stellen hinterlegt, bei denen ausgelöst werden soll: 25 %, 50 % und 75 %. Der Wert des Parameters SCROLL DEPTH THRESHOLD wird an diesen Stellen automatisch mit den Werten befüllt, die Sie im zugehörigen Trigger vorgegeben haben.

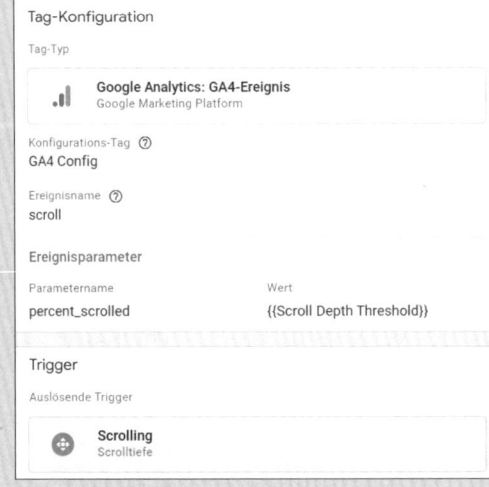

Abbildung 3.47 Scrollereignis im GTM

Der Wert, der für das Ereignis übergeben wurde, wird in GA4 in der Dimension SEITE GESCROLLT (%) gespeichert. Diese können Sie im Bereich EXPL. DATENANALYSE in einem benutzerdefinierten Bericht auswerten (siehe Abbildung 3.48).

Seite gescrollt (%)	25	50	75	90	Gesamt
Seitenpfad und Bildschirmklasse	Nutzer insgesamt	Nutzer insgesamt	Nutzer insgesamt	Nutzer insgesamt	↓ Nutzer insgesamt
Gesamt	4.717 68,04 % der Gesamtsumme	3.231 46,6 % der Gesamtsumme	2.113 30,48 % der Gesamtsumme	1.078 15,55 % der Gesamtsumme	6.933 100 % der Gesamtsumme
1 /	294	202	147	117	477
2 /blog/29148-google-tag-manager/	272	177	104	24	570
3 /blog/29231-google-analytics-einbinden/	250	127	64	16	326
4 /blog/30734-google-tag-manager-konto-einrichten/	200	155	99	50	239
5 /blog/29464-google-search-console-einrichten/	176	91	43	14	319
6 /ressourcen/seo-ratgeber/suchmaschinen-in-deutsc...	105	60	37	21	327
7 /ressourcen/content-strategie/	157	119	74	16	177
8 /blog/36826-google-analytics/	136	91	54	14	220
9 /blog/29329-keywordanalyse/	115	73	46	20	213
10 /blog/40422-event-tracking-mit-gtm/	93	70	49	33	123

Abbildung 3.48 Scrollereignisse wurden mit einer Datenanalyse ausgewertet.

Ausgehende Links

Links, die von der aktuellen Domain Ihrer Website wegführen, bezeichnet GA4 als *ausgehende Links*. Ist die entsprechende optimierte Analyse aktiviert, wird für jeden geklickten Link ein Ereignis `click` gefeuert, mit dem die URL, die Domain sowie CSS-Informationen übergeben werden.

Link-URL	↓ Nutzer insgesamt
Gesamt	313 100 % der Gesamtsumme
1 https://neilpatel.com/de/ubersuggest/	19
2 https://search.google.com/search-console/about?hl=de	17
3 https://kwfinder.com/	16
4 https://www.hypersuggest.com/	15
5 https://gs.statcounter.com/search-engine-market-share/all/ge...	13
6 https://seorch.eu/html/google-suggest-checker.html	13
7 https://www.google.com/	12
8 https://attendee.gotowebinar.com/register/5756972938710...	11
9 https://keywordshitter.com/	11
10 https://analytics.google.com/analytics/web/	10

Abbildung 3.49 Geklickte Links von Ihrem Angebot zu anderen Websites

Ein benutzerdefinierter Bericht mit der Dimension LINK-URL und der Anzahl der NUTZER zeigt Ihnen, wohin Ihre Besucher geklickt haben (siehe Abbildung 3.49).

In GA4 ist die Definition, was ein ausgehender Link ist, sehr umfangreich. So gelten nicht nur Links zu anderen Websites als ausgehend, sondern auch Links zu Dateien auf anderen Websites sowie `mailto`- und `tel`-Links zu E-Mail-Adressen bzw. Telefonnummern. Es wird so ziemlich alles gezählt, was nicht auf dieselbe Domain verweist wie die aktuelle Seite oder was nicht in der Konfiguration des Datenstreams für domainübergreifende Messung hinterlegt ist.

Auch das `click`-Ereignis können Sie per Skript oder GTM feuern. Allerdings deckt es viele Fälle bereits in der Grundeinstellung ab.

Downloads

Haben Sie Dateien auf Ihrem Angebot verlinkt, so wird ein Klick auf einen solchen Link mit dem Ereignis `file_download` erfasst. Für die Auswertung gibt es keinen vorgefertigten Bericht, Sie müssen eine eigene Analyse anlegen (siehe Abbildung 3.50). Dazu finden Sie mehr in Kapitel 7, »Eigene Reports anpassen und erstellen«.

	Dateiname	↓ Nutzer insgesamt
	Gesamt	**3.355** 100 % der Gesamtsumme
1	/External/Documents/44124...	30
2	/External/Documents/53501...	30
3	/External/Documents/40065...	26
4	/External/Documents/11373...	24
5	/External/Documents/46923...	22

Abbildung 3.50 Heruntergeladene Dateien

Mögliche Dimensionen sind DATEINAME und DATEIENDUNG sowie die LINK-URL und der LINK-TEXT. Die optimierte Analyse bestimmt anhand der Dateiendung im Link, ob es sich um einen Download handelt. (Eine Liste der erkannten Dateitypen finden Sie in Abschnitt 2.3.3, »Ereignisse für optimierte Analysen«.)

Auf welcher Domain diese Datei liegt, ist für die Zählung nicht relevant. Der Klick wird auch dann gezählt, wenn er von der Website wegführt. In diesem Fall wird zusätzlich ein `click`-Ereignis für einen ausgehenden Link gefeuert.

Der Download wird nicht automatisch gezählt

Individuelle Tags per Skript oder GTM brauchen Sie, wenn die Dateiendung nicht automatisch erkannt wird oder in der verlinkten URL noch nicht auftaucht. Download-Portale wie etwa *chip.de* verlinken zunächst auf eine kodierte URL wie:

https://x.chip.de/intern/dl/?url=https%3A%2F%2Fchip-cluster.de%2Fapi%2Fdown-loader...

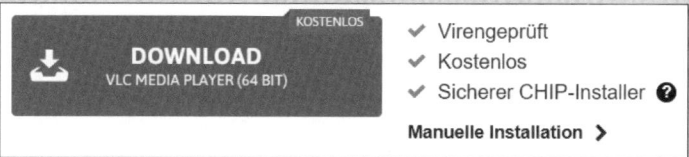

Abbildung 3.51 Der Download startet nicht direkt, sondern leitet zunächst um.

Von dort wird der Nutzer weitergeleitet und der eigentliche Download per Skript gestartet. In einem solchen Fall feuern Sie selbst das `file_download`-Ereignis und befüllen die Parameter mit den Werten der finalen Datei.

Interne Suche

Die optimierte Analyse zur Website-Suche erfasst die Eingaben in der Dimension SUCHBEGRIFF. Erkannt werden die Suchbegriffe, wenn sie als Parameter in der URL der Suchergebnisseite angehängt sind (siehe Abbildung 3.52).

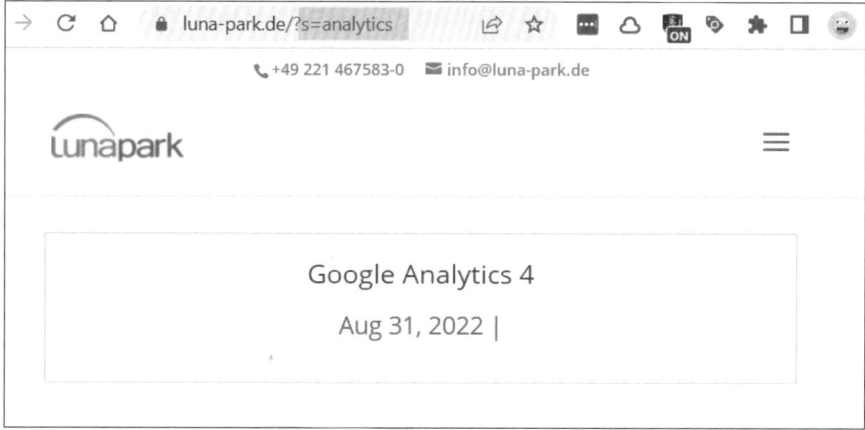

Abbildung 3.52 Ein Suchbegriff wird in der URL als Parameter übergeben.

Was aber, wenn Ihre Suche keine URL-Parameter für die Übergabe der Eingaben verwendet? Oder was tun Sie, wenn Sie auf Ihrem Angebot eine dynamischere Suche nutzen, die z. B. die Ergebnisse bereits als Vorschlag im Suchfeld angibt? In Abbildung 3.53

sehen Sie ein Beispiel von *apple.de*. Ein Nutzer kann schon vor dem Abschicken durch Quicklinks zur Zielseite springen, ohne den Umweg über eine Ergebnisseite zu gehen.

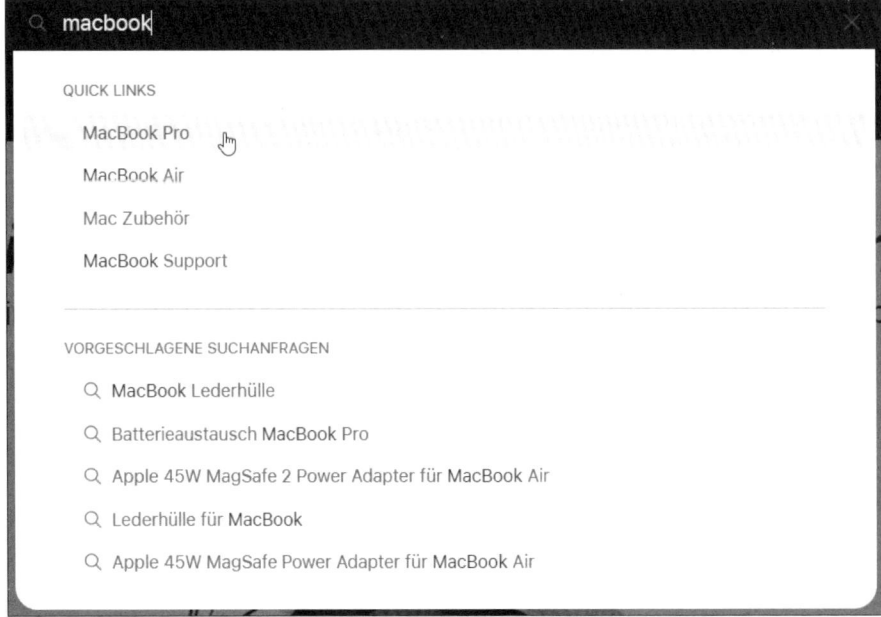

Abbildung 3.53 Typeahead-Suche auf apple.de

In diesen Fällen können Sie das Ereignis für die Sucheingaben selbst an GA4 senden. Feuern Sie dazu ein Ereignis, sobald die Suchergebnisse als Vorauswahl erscheinen:

```
gtag('event', 'search', { 'searchterm': 'macbook' });
```

Listing 3.1 Suchen mit Eingabe erfassen

Der Parameter `searchterm` bekommt als Wert die Eingabe der Suche. Sie können zusätzlich bis zu 10 Parameter übergeben, die als Kategorien der Suche gespeichert werden:

```
gtag('event', 'search', {
  'searchterm': 'iphone',
    'q_cat1': 'mobile',
    'q_cat2': 'ios'
});
```

Listing 3.2 Suchanfrage mit Eingabe und benutzerdefinierten Kategorien

Das können Sie über JavaScript im Browser mit dem `gtag` wie oben gezeigt lösen oder Sie nutzen den Google Tag Manager.

Absenden von Formularen

Auf vielen Websites kommen Formulare zum Einsatz. Mit einem Formular nehmen Nutzer Kontakt auf (siehe Abbildung 3.54), melden sich für einen Newsletter an oder registrieren sich für einen Account. Das sind oft wichtige Aktionen, die viel über den Erfolg einer Website aussagen und deshalb in Google Analytics erfasst werden sollten. Sie möchten für ein erfolgreiches abgeschicktes Formular ein eigenes Ereignis in GA4 sehen.

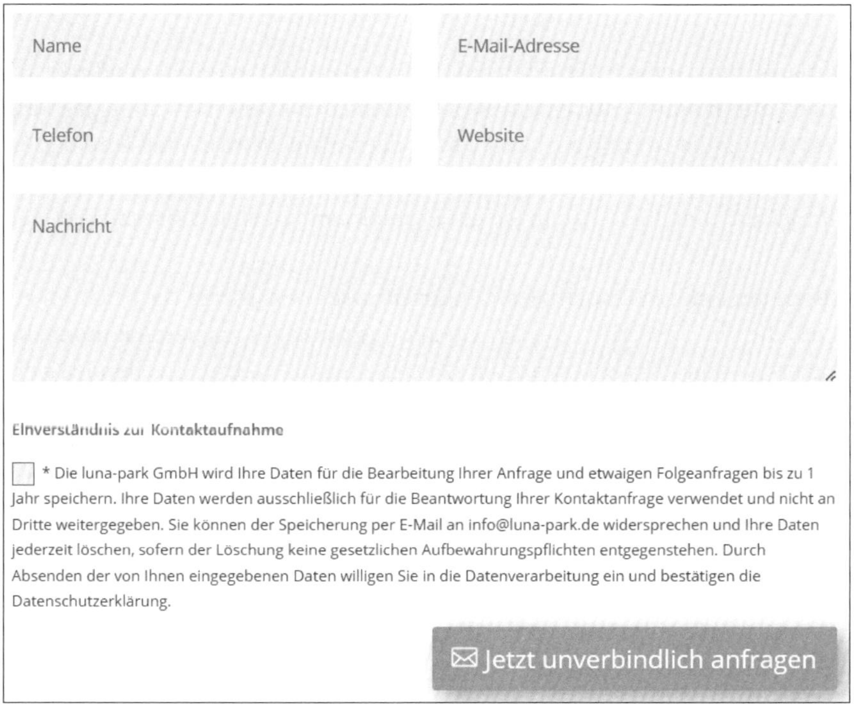

| Name | E-Mail-Adresse |

| Telefon | Website |

Nachricht

Einverständnis zur Kontaktaufnahme

☐ * Die luna-park GmbH wird Ihre Daten für die Bearbeitung Ihrer Anfrage und etwaigen Folgeanfragen bis zu 1 Jahr speichern. Ihre Daten werden ausschließlich für die Beantwortung Ihrer Kontaktanfrage verwendet und nicht an Dritte weitergegeben. Sie können der Speicherung per E-Mail an info@luna-park.de widersprechen und Ihre Daten jederzeit löschen, sofern der Löschung keine gesetzlichen Aufbewahrungspflichten entgegenstehen. Durch Absenden der von Ihnen eingegebenen Daten willigen Sie in die Datenverarbeitung ein und bestätigen die Datenschutzerklärung.

✉ Jetzt unverbindlich anfragen

Abbildung 3.54 Typisches Kontaktformular auf einer Website

Mit der optimierten Analyse zur Interaktion mit Formularen erfasst Google Analytics, wie Nutzer Ihre Formulare verwenden. Dazu werden die Ereignisse `form_start` und `form_submit` verwendet. Je nach Programmierung des Formulars funktioniert dieses automatische Tracking nicht verlässlich oder gar nicht und Sie müssen selbst eine Lösung programmieren oder im Tag Manager konfigurieren.

Für die Erkennung können folgende Ansätze unterschieden werden:

1. Sie nutzen die Formularerkennung der optimierten Analyse und die Programmierung erlaubt das verlässliche Zählen.

2. Nach erfolgreichem Absenden leitet das Formular auf eine Bestätigungs- oder Danke-Seite weiter. Diese Seite wird automatisch erfasst, da sie das Analytics-Tag enthält. In diesem Fall feuern Sie mit der Funktion Ereignis erstellen im Da-

tenstream ein zusätzliches Ereignis (siehe Abbildung 3.55). Wie Sie eine solche Regel erstellen, haben Sie in Kapitel 2, »Google Analytics 4 einrichten«, gesehen.

Name des benutzerdefinierten Ereignisses	Abgleichbedingungen
kontakt_danke	event_name ist gleich page_view
	page_location enthält /agentur/kontakt/danke/

Abbildung 3.55 Wenn die Danke-Seite aufgerufen wird, feuert »kontakt_danke«.

Diese Variante funktioniert natürlich nur dann verlässlich, wenn Nutzer direkt auf der Danke-Seite landen. Gibt es ein Problem mit der Ladegeschwindigkeit und bricht der Nutzer die Sitzung ab, bevor er auf der finalen Seite landet, wird das Ereignis nicht feuern. Wenn die Danke-Seite nicht explizit ist oder sich nachträglich noch einmal aufrufen lässt, haben Sie ein Problem mit zu vielen statt zu wenigen Aufrufen.

3. Beim Absenden eines Formulars werden im Browser bestimmte Nachrichten generiert, auf die ein JavaScript oder der Google Tag Manager reagieren können. Im GTM nutzen Sie den Trigger FORMULAR SENDEN, um auf die entsprechende Nachricht zu warten (siehe Abbildung 3.56). Der GTM erfasst noch weitere Informationen zu dem verschickten Formular, sodass Sie beispielsweise zwischen einem Kontakt- und einem Newsletter-Formular unterscheiden können. Mit dem Trigger lassen Sie ein GA4-Ereignis feuern und geben einen sprechenden Namen.

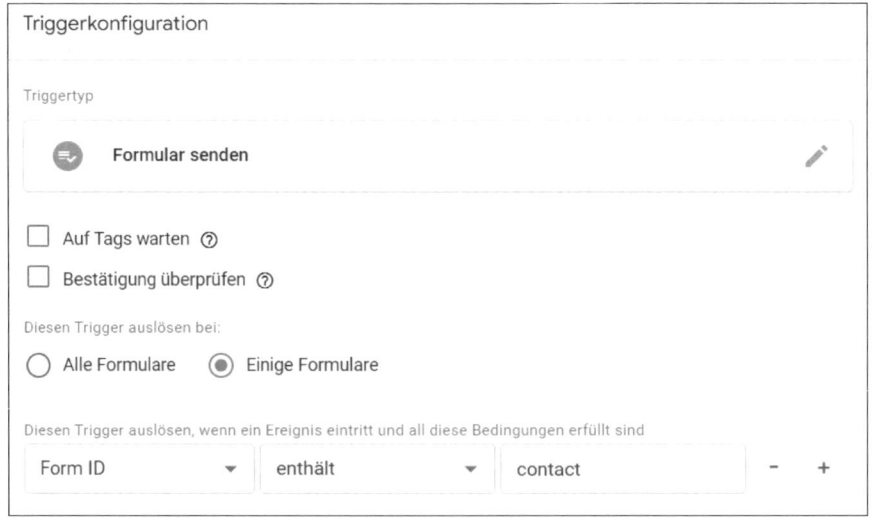

Abbildung 3.56 Mit dem GTM zählen, wenn ein Formular abgeschickt wird

Problematisch wird diese Variante der Erfassung, wenn das Formular den Nutzer auf eine andere Seite weiterleitet, denn dann entsteht im Browser ein Timingproblem. Der Nutzer soll so schnell wie möglich weitergeleitet werden, aber die Trackingdaten müssen vorher verschickt sein, da dieser Vorgang unterbrochen wird, sobald eine neue Seite geladen wird. Für diesen Fall gibt es die Option AUF TAGS WARTEN, die versucht, den Browser so lange »anzuhalten«, bis alle Analytics-Tags gefeuert wurden.

Hinweis für die Programmierung von Formularen

Moderne Website-Frameworks verschicken Formularinhalte in Form von Skripten. Das führt dazu, dass diese Formulare keine eindeutige Ziel-URL als Eigenschaft haben, an der Sie ein bestimmtes Formular erkennen können. Gerade bei mehreren Formularen auf einer Seite oder einem Formular auf mehreren Seiten macht das die Unterscheidung ohne zusätzlichen Marker schwierig.

Damit Sie im GTM mehrere Instanzen sauber unterscheiden können, sollte jedes Formular eine eindeutige HTML-ID oder CSS-Klasse erhalten. Diese kann der GTM abfragen und entsprechend reagieren.

---

4. Sind die ersten beiden Varianten für Ihr Angebot problematisch, können Sie den direkten Klick auf den ABSENDEBUTTON des Formulars erfassen. Hierfür kommt im GTM der Klick-Trigger zum Einsatz. Allerdings hat dieser Ansatz das gleiche Timing-Problem wie in Punkt 2, wenn das Formular auf eine andere Seite leitet.

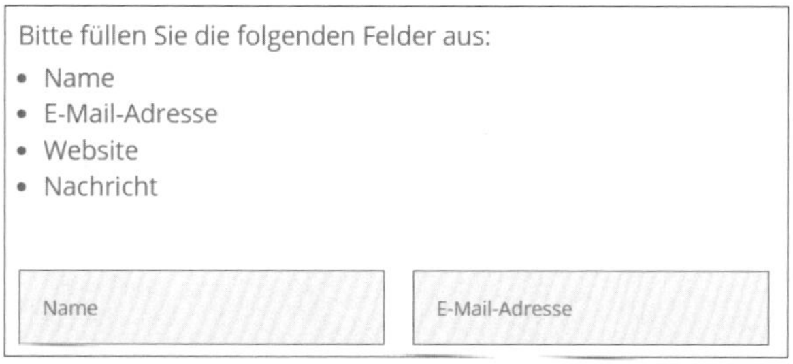

Bitte füllen Sie die folgenden Felder aus:
- Name
- E-Mail-Adresse
- Website
- Nachricht

Name

E-Mail-Adresse

Abbildung 3.57 Eingabeprüfung nach dem Klick auf »Absenden«

Bedenken Sie außerdem, dass manche Formulare eine Eingabeprüfung nach dem Klick, aber vor dem eigentlichen Absenden durchführen, um z. B. sicherzustellen, dass alle nötigen Felder ausgefüllt sind. Das bedeutet, dass dieser Trigger schon feuert, bevor die Prüfung der Eingabe abgeschlossen ist. Dann zählen Sie auch einen Klick bei fehlerhaften Eingaben, was noch gar nicht zu einem Absenden geführt hat. Läuft die Prüfung bereits während der Eingabe, also vor dem Klick, ist dies kein Problem.

5. Schickt das Formular die Nutzer nicht auf eine Zielseite weiter, so ist das Einprogrammieren eines expliziten Aufrufs eine sicherere Variante als Variante 2 und 3. Beim Einsatz des GTM empfiehlt sich ein `dataLayer`-Aufruf, auf den der GTM-Container reagieren kann.

Verwenden Sie den gtag-Code direkt, feuern Sie nach erfolgreichem Abschicken des Formulars einen Aufruf:

```
gtag("event", "generate_lead", {
  currency: "EUR",
  value: 10
});
```

Mit dieser Variante haben Sie selbst die Kontrolle darüber, wann genau das Formular als erfolgreich ausgefüllt angesehen wird. Allerdings erfordert sie ein Anpassen der Programmierung, was aus Kosten- und/oder Zeitgründen nicht immer möglich ist.

Für die Ereignisnamen hat Google Analytics zwei Empfehlungen:

- `generate_lead`: ein Kundenkontakt
- `sign_up`: Registrierung für einen Dienst oder eine Website

Der Vorteil bei der Verwendung dieser Namen ist, dass sie automatisch in Ihrer GA4-Property als Conversion markiert werden. Sie können aber auch einen eigenen Ereignisnamen verwenden, den Sie aussagekräftig finden und der Ihnen später die Auswertung einfach macht.

Unabhängig vom Namen können Sie zwei Parameter verwenden:

- `value`: Wird als Wert einer Conversion registriert und fließt in die Umsatzzahlen ein. Sie können diesen Wert sowohl im Ereignis direkt mitgeben als auch über die Funktion EREIGNIS BEARBEITEN im Datenstream nachträglich einem Ereignis zuweisen.
- `currency`: Muss zusammen mit `value` übergeben werden, damit GA4 weiß, wie der Wert zu verrechnen ist.

Der Einsatz dieser Parameter ist optional. Ereignisse und Conversions zählen auch ohne diese.

Videos

GA4 kann das Abspielen und die generellen Interaktionen mit einem Videoplayer erfassen, den Sie auf Ihrer Website eingebunden haben. Dafür muss der Player die dafür nötigen JavaScript-Nachrichten an den Browser und somit das Analytics-Tag schicken.

Binden Sie den YouTube-Player auf Ihrer Website ein, so aktivieren Sie die nötige Konfiguration, indem Sie den Parameter `enablejsapi=1` an die URL des Videos anhängen:

```
https://www.youtube.com/embed/iuYlGRnC7J8?enablejsapi=1
```

Dadurch kann Analytics die Interaktionen des Nutzers mit dem Player erfassen. Es werden der Start, der Fortschritt und das Ende eines Videos erkannt und als eigene Ereignisse zusammen mit dem Titel des Videos, der URL, dem Fortschritt und dem Videoanbieter (im Beispiel YouTube) übertragen (siehe Abbildung 3.58). Außerdem wird mit dem Ereignis die Seite festgehalten, auf der der Videoplayer eingebunden ist.

Ereignisname +	↓ Ereignisanzahl	Nutzer insgesamt
	9 7,32 % der Gesamtsumme	3 75 % der Gesamtsumme
video_start	6	3
video_complete	2	2
video_progress	1	1

Abbildung 3.58 Automatisch gefeuerte Video-Player Ereignisse

Für die Auswertung der Videoaufrufe müssen Sie in GA4 wieder unter EXPL. DATEN-ANALYSE einen eigenen Bericht erstellen (siehe Abbildung 3.59).

Ereignisname		video_start	video_comp...	video_progr...	Gesamt
Videotitel		Nutzer insgesamt	Nutzer insgesamt	Nutzer insgesamt	↓ Nutzer insgesamt
	Gesamt	3 100,0 % der Gesamtsumme	2 66,7 % der Gesamtsumme	1 33,3 % der Gesamtsumme	3 100,0 % der Gesamtsumme
1	A Plan Is Not a Strategy	1	1	1	1
2	How to think about building a marketing measurement plan	2	1	0	2

Abbildung 3.59 Die Datenanalyse zeigt die Videoaktionen für jeden Titel.

Selbst YouTube-Videos funktionieren nicht immer

Die optimierte Analyse in GA4 ist eine gute Ausgangsbasis im Analytics-Tag und schafft ein Gerüst für das Reporting. Sie hat aber einige Einschränkungen. So ist es auf die Verwendung der JS-API im Player angewiesen und feuert nur an bestimmten Stellen eines Videos.

Im Google Tag Manager finden Sie ebenfalls einen Trigger für YouTube-Videos, der einige zusätzliche Optionen bereithält (siehe Abbildung 3.60). So erweitert der Trigger automatisch bereits eingebundene Videos um den nötigen Parameter und lässt Sie Prozent- und Zeitwerte für den Fortschritt definieren. Außerdem können Sie das Tag auf bestimmte Seiten, Videos oder andere Kriterien eingrenzen.

Abbildung 3.60 Video-Tracking im Google Tag Manager

Verwenden Sie im GA4-Tag, das vom Trigger ausgelöst wird, die gleichen Namen und Parameter wie die optimierte Analyse in GA4: `video_start`, `video_progress` und `video_complete`. So laufen die Nutzerdaten in die bereits angelegten Dimensionen und Messwerte ein und Sie müssen keine benutzerdefinierten Einträge erstellen.

Kapitel 4
Kampagnen steuern

Irgendwie haben die Nutzer zu Ihrem Angebot gefunden. Ob über eine Google-Suche, eine bezahlte Werbung oder einfach einen Link – diese Besucherquellen geben Ihnen wertvolle Informationen über Ziele und Erwartungen der Nutzer.

Google Analytics bietet Ihnen eine ganze Palette an Berichten und Möglichkeiten, um die Herkunft Ihrer Nutzer zu untersuchen und ihre Aktivitäten auf der Website zu analysieren. Dabei kann es sich um organische Quellen handeln, die auf Ihre Website verweisen. Oder es geht um bezahlte Kanäle und Kampagnen, also Werbung.

4.1 Kanäle, Quellen und Kampagnenparameter

Die wichtigsten Berichte zur Herkunft der Nutzer bietet GA4 im Bereich AKQUSITION des Menüs LEBENSZYKLUS. Auf der AKQUISITIONSÜBERSICHT finden Sie wieder einen Trend und erhalten einen ersten Einblick in die unterschiedlichen Berichte (siehe Abbildung 4.1).

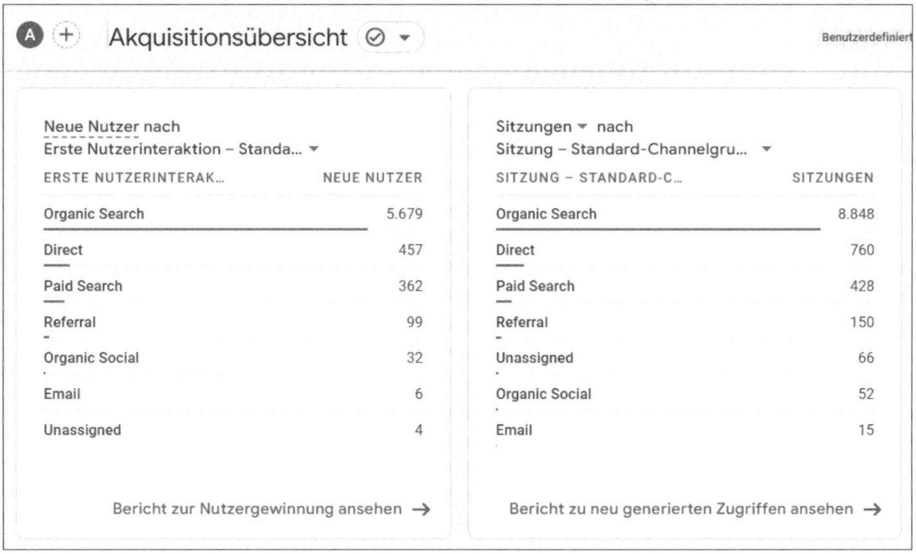

Abbildung 4.1 Neue Nutzer und begonnene Sitzungen

Unter dem generellen Trend zu den Nutzern Ihrer Website folgen Daten zur Nutzergewinnung und zu neu generierten Zugriffen. Die beiden Kacheln sehen auf den ersten Blick recht ähnlich aus, und je nach Website unterscheiden sie sich auch nicht besonders stark in der Verteilung der einzelnen Einträge. Die Aussage, auf die die beiden Bericht abzielen, ist allerdings unterschiedlich. GA4 unterscheidet für die Betrachtung von Quellen zwischen *Neuen Nutzern* und *Sitzungen*:

▶ Im BERICHT ZUR NUTZERGEWINNUNG wird ausgewiesen, woher die Nutzer zum allerersten Mal auf Ihr Angebot gekommen sind. Dabei ist es unabhängig, über welche Kanäle diese Nutzer im Anschluss wiederkehrten.

Für viele Website-Betreiber ist es wichtig, eine Art Stammkundschaft aufzubauen, die entweder immer wieder für neue Inhalte, Produkte oder Services den Weg zu ihrem Angebot findet. In der Detailansicht können Sie erkennen, welche Quellen im betrachteten Zeitraum zu solchen Stammkunden führten und welche nicht. Da in diesem Bericht nur neue Nutzer betrachtet werden, sehen Sie nur einen Teil der Besucher und Aktionen auf Ihrer Website.

▶ Im Bericht NEU GENERIERTE ZUGRIFFE werden weniger die Nutzer als vielmehr die Sitzungen betrachtet. Eine Sitzung beschreibt einen zusammenhängenden Nutzungsvorgang, also das Aufrufen von Seiten und Interaktionen in einem gewissen Zeitfenster. Ein Nutzer kann nur eine, aber auch mehrere Sitzungen in einem gewissen Zeitrahmen auf Ihrer Website starten. Jede Sitzung verfügt über eine eigene Quelle, die in diesem Bericht aufgelistet wird.

Sitzungen zeigen, woher die Aufrufe Ihres Angebots konkret kamen, nehmen aber keine weitere Unterteilung der Nutzer vor. Ein erstmaliger, neuer Besucher wird genauso gezählt wie ein »alter Bekannter«. Sie betrachten in dieser Ansicht eher das Ergebnis an Conversions und Ereignissen für einzelne Quellen.

Zur Betrachtung dieser beiden Messwerte finden Sie außerdem zwei Detailberichte im Menü.

4.1.1   Quelle und Medium

In den Kacheln und den Detailberichten werden Sie beim ersten Aufruf wahrscheinlich Einträge wie in Abbildung 4.2 sehen: DIRECT, REFERRAL, ORGANIC SEARCH etc. Bei diesen handelt es sich um *Channels* (auf Deutsch *Kanäle*), in die GA4 die Herkunft der Nutzer bzw. Sitzungen sortiert. Channels fassen Nutzerquellen mit ähnlichen Eigenschaften zusammen, damit Sie einen einfachen Gesamtüberblick über alle Nutzerdaten bekommen.

Um zu verstehen, wie GA4 entscheidet, was in welchen Channel einsortiert wird, müssen Sie den Zusammenhang zwischen Quelle, Medium und Kampagnen sehen.

Sitzung – Standard-Channelgruppierung ▾ +	Nutzer	↓ Sitzungen
Gesamt	7.246 100 % der Gesamtsumme	10.334 100 % der Gesamtsumme
1 Organic Search	6.213	8.848
2 Direct	498	760
3 Paid Search	380	428
4 Referral	114	150
5 Unassigned	51	66

Abbildung 4.2 Kanäle strukturieren die Websites, die auf Ihr Angebot verweisen.

Wenn ein Nutzer zu Ihrer Website kommt, indem er auf einen Link klickt, überträgt der Browser automatisch die URL derjenigen Seite an Google Analytics, auf der der Link geklickt wurde. Im Englischen wird diese Information *Referrer* genannt, was auf Deutsch oft mit *Verweis* übersetzt wird. Diese Information speichert GA4 in der Dimension *Seitenverweis*, die Sie im Bereich EXPL. DATENANALYSE auswerten können. Der Seitenverweis enthält alle Herkunfts-URLs, also auch solche auf Ihrer eigenen Website (siehe Abbildung 4.3). Die leere zweite Zeile entspricht einem leeren Referrer-Feld. Daraus wird im Bericht ein *(direct)*.

Seitenverweis	↓ Nutzer insgesamt
Gesamt	7.376 100 % der Gesamtsumme
1 https://www.google.com/	5.682
2	699
3 https://www.google.de/	631
4 https://www.luna-park.de/	331
5 https://www.bing.com/	145
6 https://www.google.com	84
7 https://www.luna-park.de/agentur/jobs/	56
8 https://www.google.at/	53
9 https://www.ecosia.org/	47

Abbildung 4.3 Die Dimension »Seitenverweis« mit externen und eigenen Websites

Die Seitenverweise trennt GA4 in zwei Dimensionen: *Quelle* und *Medium*. Die Quelle enthält im Normalfall (also wenn Sie nichts anderes vorgeben) die Domain, von der aus der Nutzer kam. Für das Medium nimmt Analytics eine erste Zuordnung vor und prüft dafür die Quelldomain.

Sitzung – Quelle/Medium ▾ +	Nutzer	↓ Sitzungen
Gesamt	**7.246** 100 % der Gesamtsumme	**10.334** 100 % der Gesamtsumme
1 google / organic	5.944	8.451
2 (direct) / (none)	498	760
3 google / cpc	380	428
4 bing / organic	140	192
5 ecosia.org / organic	46	61
6 (not set) / (not set)	43	43
7 duckduckgo / organic	22	29
8 121watt.de / referral	20	23

Abbildung 4.4 Quelle und Medium zeigen die Herkunft Ihrer Nutzer an.

Quelle und Medium können Sie in der Dimensionsliste über den Detailtabellen unter AKQUISE auswählen, sowohl einzeln als auch kombiniert. In Abbildung 4.4 sehen Sie eine Auflistung von QUELLE/MEDIUM mit unterschiedlichen Einträgen. Häufige und wichtige Einträge sind in Tabelle 4.1 erläutert.

Quelle/Medium	Erläuterung
(direct)/(none)	Diese Nutzer kamen wahrscheinlich direkt zu Ihrer Website, d. h., sie haben entweder die URL im Browser eingegeben oder auf ein Bookmark geklickt. Sitzungen, die durch einen Link z. B. in einer App oder einer Mail in einem E-Mail-Programm starten, werden ebenfalls als *direct* erfasst, da der Browser hier keine weiteren Informationen zum Klick bekommt.

Tabelle 4.1 Typische Quelle/Medium-Kombinationen

Quelle/Medium	Erläuterung
google/organic	Der Nutzer kam von Google, und GA4 hat für das Medium eine Erkennung durchgeführt: *organic* bezeichnet Suchmaschinen, in diesem Fall eben die organische, also unbezahlte Suche. Die Länderkennung hat GA4 entfernt, Sie können also nicht direkt sehen, ob der Zugriff beispielsweise von *google.de* oder *google.ch* erfolgte. Bei *bing/organic* oder *duckduckgo/organic* handelt es sich ebenfalls um Treffer aus den jeweiligen Suchmaschinen.
google/cpc	CPC steht für *Cost-Per-Click*, in diesem Fall eine Abkürzung für bezahlte Suchtreffer in Google. Wie Sie Ihr Google-Ads-Konto mit Analytics verknüpfen, lesen Sie in Abschnitt 4.4.
121watt.de/referral	Als *Referral* bezeichnet GA4 alle Links, die nicht explizit einem anderen Medium zugeordnet werden können. Die Quelle enthält die Domain, von der der Link ausging, in diesem Fall *121watt.de*.
(not set)/(not set)	Hier wurden Sitzungen nicht mit einem Seitenaufruf (page_view-Ereignis) begonnen, sondern mit einem anderen Ereignis. Für diese wird kein Parameter zur Quelle übergeben und GA4 verbucht ein *not set* – also ein *undefiniert*. Bei *(direct)/(none)* wird als Quelle hingegen ein leerer Parameter übergeben, wodurch die beiden Fälle unterschieden werden können.

Tabelle 4.1 Typische Quelle/Medium-Kombinationen (Forts.)

4.1.2   Kampagnen und UTM-Parameter

Für Quell-Websites, die Google Analytics nicht kennt und denen es kein Medium zuordnet, wird ein *Referral* protokolliert. Wenn Sie Geld für Werbemittel oder Links bezahlen, möchten Sie diese wahrscheinlich kleinteiliger und detaillierter auswerten können. Dazu können Sie für eine eingehende Sitzung die Werte für Quelle und Medium sowie einige weitere Dimensionen überschreiben. Für diesen Zweck bietet Analytics *Kampagnenparameter* an, die sogenannten *UTM-Parameter*.

Dabei handelt es sich um Parameter-Wert-Paare, die Sie an den Link anhängen, den ein Nutzer klickt, um zu Ihrer Seite zu gelangen. Das Analytics-Tag auf Ihrer Seite bzw. Google Analytics erkennt diese Parameter und schreibt die Werte direkt in die jeweilige Dimension. Dabei haben die Parameter-Werte Vorrang vor den automatisch gesammelten Referrer-Daten. Für die spätere Analyse ist es wichtig, dass die Parameter erst vom Analytics-Tag erfasst und ausgewertet werden – und nicht beim Klick auf ein Werbemittel oder Suchergebnis. Dazu später mehr.

Google Ads und UTM-Parameter

Für Anzeigen, die Sie über Google Ads schalten, gibt es die Funktion *Autotagging*. Dabei markiert Google automatisch die Anzeigen mit einem URL-Parameter, und mithilfe einer Verknüpfung werden die Daten ausgetauscht. Sie brauchen dann keine UTM-Parameter für Ads-Anzeigen. Mehr dazu lesen Sie in Abschnitt 4.4.

Wenn Sie UTM-Parameter an einen Link hängen, sollten Sie immer Werte für *Quelle*, *Medium* und *Kampagne* übergeben. Zwei weitere Parameter für *Suchbegriff* und *Inhalt* können Sie in bestimmten Fällen optional einsetzen.

Parameter	Beschreibung
utm_source	Wird als *Quelle* für die Sitzung verwendet.
utm_medium	das *Medium* für die Sitzung
utm_campaign	der Wert für die Dimension *Kampagne*
utm_term	gedacht für einen Suchbegriff oder eine Sucheingabe
utm_content	Verwenden Sie diesen Parameter, um *Anzeigeninhalte* zu unterscheiden.

Tabelle 4.2 UTM-Parameter für Universal Analytics und GA4

Die UTM-Parameter aus Tabelle 4.2 sind bereits für Universal Analytics im Einsatz gewesen. Das bedeutet, Sie müssen bestehende Werbemittel oder Mailings für GA4 nicht anpassen. GA4 führt aber noch einige zusätzliche neue Parameter ein (siehe Tabelle 4.3).

Parameter	Beschreibung
utm_source_platform	*Quellplattform*. Der Standardwert ist *Manual*, für Ads-Kampagnen wird der Wert *Google Ads* in Berichten ausgegeben. Sie können eigene Werte hinzufügen.
utm_creative_format	Das Format eines Werbemittels, z. B. HTML5
utm_marketing_tactic	Sie können Informationen zu Ihrer *Marketingtaktik* übergeben.

Tabelle 4.3 Neue UTM-Parameter in GA4

Wann sollten Sie UTM-Parameter verwenden?

Sehen wir uns an, wann sich der Einsatz von UTM-Parametern empfiehlt:

▶ für Links, deren Klicks Sie möglichst genau verfolgen wollen: Der Referrer, den Sie weiter oben kennengelernt haben, ist ein optionales Angebot des Browsers und kann von Skripten und Servern verändert oder schlicht gelöscht werden. UTM-Parameter sind da robuster.

▶ für Links, die Sie in Werbemitteln verwenden: Solche Links leiten den Nutzer nach dem Klick meistens über diverse Zwischensysteme, bevor er auf Ihrem Angebot ankommt. Dabei gehen die Informationen zur ursprünglichen Quelle verloren.

▶ wenn Sie nur eine Landingpage für viele unterschiedliche Kanäle nutzen (z. B. die Homepage in Bannern, Mailings usw.)

▶ für Links in E-Mails, PDFs, Apps oder generell in Programmen, die die Nutzer erst in den Browser schicken: Denn über diese vorgelagerten Programme erhält das Analytics-Tag keine Daten und betrachtet die Sitzung daher als *(direct)/(none)*.

Wie verwenden Sie die Parameter?

Die Parameter werden nach der Seiten-URL als URL-Parameter angehängt. Für die Seite *https://www.luna-park.de/blog/* hängen Sie die Parameter wie folgt an:

```
https://www.luna-park.de/blog/?utm_source=gabuch&utm_medium=print&utm_
campaign=ga4
```

Kommt ein Nutzer über diesen Link auf die Seite, werden für die Sitzung folgende Dimensionen erfasst:

Dimension	Parameter
Quelle	gabuch
Medium	print
Kampagne	ga4

Tabelle 4.4 Dimensionen und ihre Parameter in einer URL

Weitere Parameter hängen Sie entsprechend mit & an die URL an.

Hash-Parameter

Verwendet Ihre Website Hash-Parameter in der URL, also etwas wie #start oder #service, müssen Sie darauf achten, die UTM-Parameter vor dem Hash-Wert einzufügen. Das Beispiel von oben muss also wie folgt lauten:

```
.../?utm_source=gabuch&utm_medium=print&utm_campaign=ga4#service
```

In Universal Analytics gab es die Option, die UTM-Parameter als Hash-Werte anzuhängen, also durch eine Raute (#utm_source=...) statt durch ein Fragezeichen getrennt. Diese Möglichkeit besteht in GA4 so nicht mehr.

Möchten Sie bei der Ergänzung einer URL mit Parametern sicher sein, sich nicht zu
vertippen, verwenden Sie für einzelne URLs den *Google Campaign URL Builder*. Unter
der Adresse *https://ga-dev-tools.web.app/ga4/campaign-url-builder/* finden Sie ein
Formular, in das Sie die URL der Zielseite sowie die gewünschten Kampagnenparameter eintragen (siehe Abbildung 4.5).

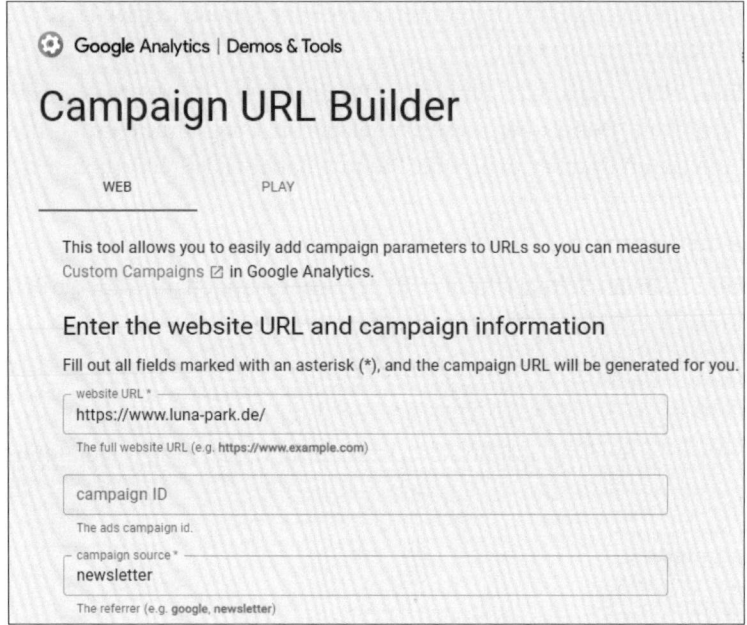

Abbildung 4.5 Der »Campaign URL Builder« erzeugt Kampagnenparameter.

Sind alle notwendigen Felder ausgefüllt, gibt Ihnen das Formular die komplette URL
inklusive aller Parameter aus. Sie brauchen diese nur noch kopieren und dort einfügen, wo Sie möchten.

Um mehrere URLs zu erstellen oder zu dokumentieren, bieten sich Excel-Tabellen
oder Google-Sheets an. Mit einigen einfachen Formeln lässt sich eine solche Tabelle
leicht erstellen – oder Sie googeln nach »*sheet utm parameters*«. So finden Sie Dutzende Vorlagen.

Wie benennen Sie die Werte?

Die Namen der UTM-Parameter sind fest definiert, die Werte definieren aber Sie. Dabei sind Sie zwar recht frei in der Benennung, einige Punkte sollten Sie aber beachten:

▶ Verwenden Sie keine Sonder- oder Leerzeichen in den Werten für die Parameter. URLs können unterschiedlich kodiert werden und dann können solche Zeichen Probleme verursachen. Verwenden Sie also lieber *newsletter_mai* als Namen statt *Newsletter Mai.*

▶ Schreiben Sie alle Werte nur mit Kleinbuchstaben. Für Analytics sind kleine und große Buchstaben ein Unterschied und Sie enden im schlimmsten Fall mit zwei Einträgen für eine Kampagen statt mit einem.

▶ Die bereits erwähnten *Channels* erkennen anhand bestimmter Werte der Dimensionen Quelle, Medium oder Kampagne die passenden Einträge. Mehr dazu lesen Sie in Abschnitt 4.1.4.

▶ Nutzen Sie die unterschiedlichen Parameter einheitlich über verschiedene Kampagnen. Legen Sie eine Nomenklatur fest, um sie mit Kollegen und Dienstleistern einheitlich zu verwenden.

▶ Nutzen Sie individuelle Links für unterschiedliche Quellen. Wie bereits erwähnt, überschreiben UTM-Parameter die Werte, die Analytics sonst automatisch für eine Sitzung erkennt. Wenn Sie für alle externen Links die Quelle extern vergeben, werden Sie später nicht mehr zwischen verschiedenen Quell-Websites unterscheiden können.

Wie prüfen Sie, dass die Parameter funktionieren?

Haben Sie für ein Banner, ein Mailing oder ein sonstiges Werbemittel eine URL mit UTM-Parametern erzeugt, sollten Sie zunächst testen, dass sich die URL aufrufen lässt. Also rufen Sie die Seite inklusive aller Parameter in einem Browser auf (siehe Abbildung 4.6).

🔒 luna-park.de/?utm_source=beispiel&utm_medium=buch&utm_campaign=ga4

Abbildung 4.6 URL mit Kampagnenparametern

Sie sollten auf der korrekten Seite landen und nicht auf eine Fehlermeldung stoßen. Das zeigt, dass die Parameter in der richtigen Notation anhängen und Sie generell keinen Tippfehler in der URL haben.

Wenn Sie die fertige URL in einem anderen Tool weiterverwenden (Ad-Server, Newslettersystem usw.), sollten Sie außerdem prüfen, ob Sie auch beim Klick auf das Werbemittel oder Link immer noch auf der richtigen Seite landen und vor allem ob die UTM-Parameter immer noch anhängen!

Je mehr Systeme in der ganzen Kette involviert sind, die Nutzer zur finalen Seite führen, umso wichtiger ist der Test. Eine falsche Weiterleitung, ein Schreibfehler in der URL oder ein vergessener Parameter können ausreichen, um die eindeutige Zählung zu verhindern.

Wie prüfen Sie die Kampagnenparameter in GA4?

Damit die Werte der UTM-Parameter in den Berichten landen, müssen sie an Google Analytics übertragen werden. Das passiert automatisch wenn sie an die URL der aufgerufenen Seite angehängt wurden.

Ob alles in GA4 ankommt, können Sie live im ECHTZEIT-Bericht sehen bzw. testen (siehe Abbildung 4.7). Entweder klicken Sie in der Ereignisübersicht auf den *page_view*-Eintrag und suchen den *campaign-*, *source-* oder *medium*-Eintrag der neuen Kampagne.

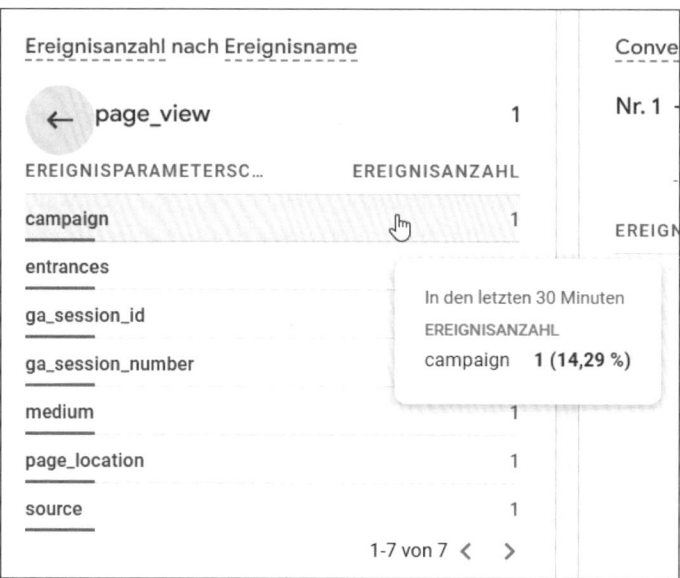

Abbildung 4.7 Kampagnenparameter im Echtzeitbericht

Oder Sie finden die Nutzersessions des Tests in der Einzelübersicht (siehe Abbildung 4.8). Dort werden die einzelnen Parameter der ersten Aufrufe ausgewiesen. Finden Sie dabei die genannten Parameter *campaign, source* und *medium* mit den entsprechenden Daten, ist alles korrekt angekommen.

Leider sind beide Testvarianten etwas umständlich, sodass man vielleicht nicht jeden Link vorab testen muss. Bei größeren Aktionen, bei denen man einen Fehler nicht so einfach korrigieren kann, ist die Zeit dennoch gut investiert. Denn ein Mailing an 10.000 potenzielle Kunden, die Sie später nicht messen können, weil die UTM-Parameter nicht auf der Zielseite ankommen, ist mehr als ärgerlich.

Also investieren Sie ein wenig Zeit in das Durchspielen der Linkstrecke, an der Sie die Nutzer entlangschicken wollen. Mehr zum Testen von Seiten und Links in Echtzeit lesen Sie in Kapitel 9, »Fehler analysieren und Qualität sichern«.

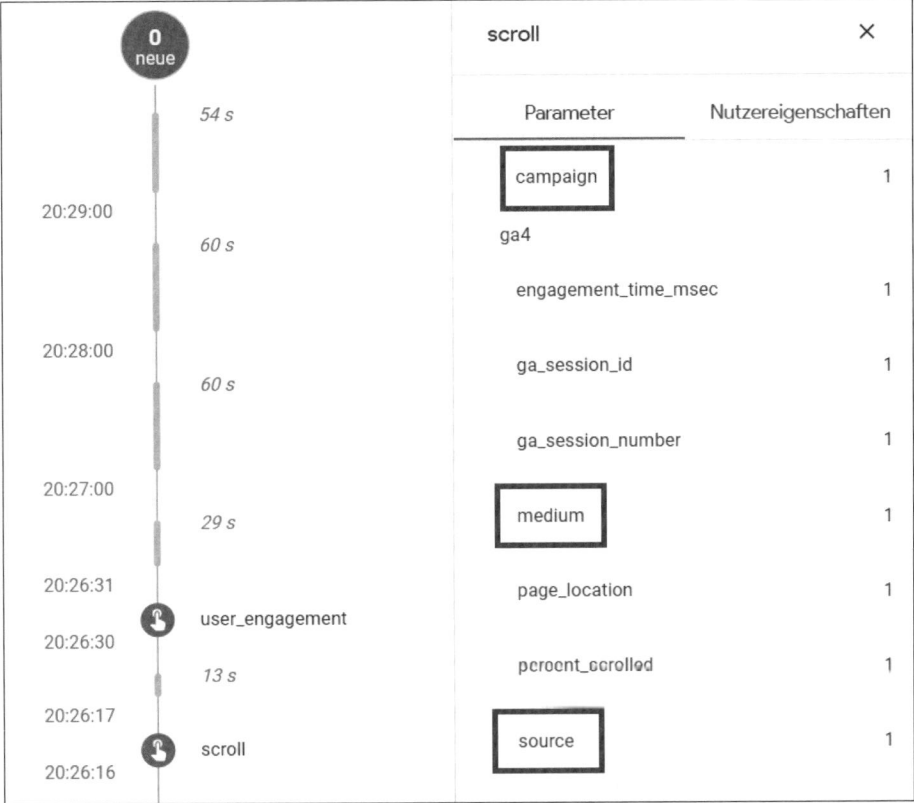

Abbildung 4.8 Kampagneninformationen in der Einzelübersicht

4.1.3   Beispiele für die Verwendung von UTM-Parametern

Es gibt verschiedene Anwendungsfälle für UTM-Parameter. Dabei muss es sich nicht immer um eine bezahlte Kampagne handeln.

Newsletter und Mailings

Newsletter und Mailingsysteme wie *MailChimp*, *Hubspot* oder *rapidmail* leiten Klicks in den Mails über ihre eigenen Server, um Öffnungsraten und Nutzerzahlen zu messen. Anschließend leiten sie diese Nutzer weiter zum angegebenen Ziel; meistens ist das eine Website mit weiteren Informationen.

Um diese Nutzer auf der Website verlässlich zu identifizieren, sind UTM-Parameter die richtige Wahl. Sie können innerhalb der Mails Ziel-URLs verwenden, die Sie vorher mit Parametern versehen (siehe Abbildung 4.9). Sobald Sie eine URL angeben, auf die ein Button oder Link verweisen soll, können Sie UTM-Parameter anfügen.

Button
Content
Style
Button text
Mehr GA4 Infos
Link to
Web address
Web address (URL)
https://www.luna-park.de/?utm_source=mailchimp&utm_medium=mail&utm_campaign=ga4

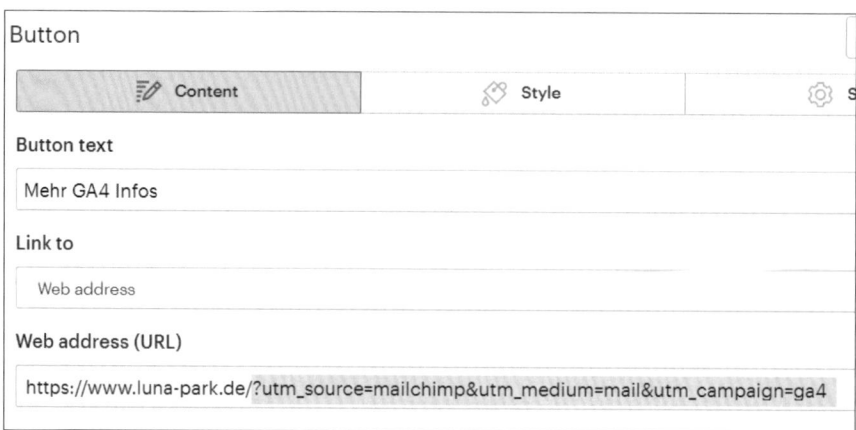

Abbildung 4.9 Eine URL mit Parametern im Mailing-Tool hinterlegen

Die meisten Systeme bieten als Option an, automatisch UTM-Parameter an Links anzuhängen. In diesem Fall müssen Sie nichts weiter tun, als die Option zu aktivieren. Das System setzt die UTM-Werte dann so, dass Sie unterschiedliche Kampagnen und Varianten auf der Website erkennen können. In keinem Fall werden personenbezogene Daten an GA übergeben, Sie können also einzelne Personen aus dem Newsletter-Verteiler nicht erkennen.

Damit Newsletter und Mailings automatisch dem Channel *E-Mail* zugeordnet werden, verwenden Sie als Medium *email* oder *e-mail*.

Ads, Banner und Werbemittel

Auch in Werbemitteln (siehe Abbildung 4.10) werden meistens Links hinterlegt, die zu einer Website oder Landingpage führen. An diese Links können Sie wieder UTM-Parameter anhängen (siehe Abbildung 4.11).

MITTWALD
ZUM PROFI-HOSTING
BITTE HIER

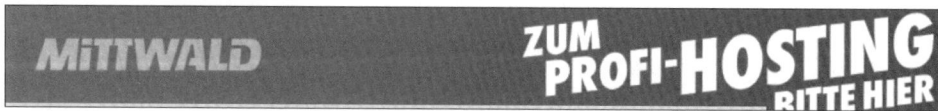

Abbildung 4.10 Ein Banner, das als Werbung ausgespielt wird ...

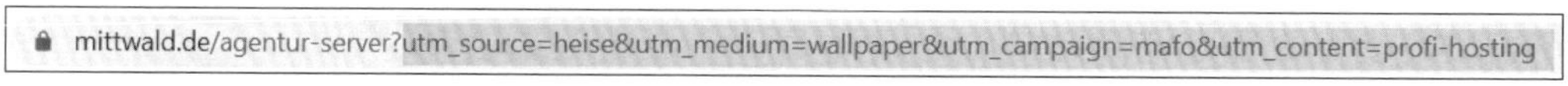

mittwald.de/agentur-server?utm_source=heise&utm_medium=wallpaper&utm_campaign=mafo&utm_content=profi-hosting

Abbildung 4.11 ... und die zugehörige URL mit Kampagnenparametern

Wie schon bei Newslettern übernehmen viele Ads-Systeme das Anhängen von Parametern automatisch. Besonders wenn Sie Google-Ads-Systeme verwenden, können Sie das Thema Parameter dem Google-System überlassen (dazu lesen Sie mehr in Abschnitt 4.4, »Verknüpfung mit Google Ads einrichten«).

Google Ads

Google Ads bietet eine eigene Option, um Daten über Klicks und Nutzer an Analytics weiterzureichen: das *Automatisches Tagging*. Wenn Sie dieses aktivieren und Ihr Ads-Konto und die Analytics-Property verknüpft haben, werden automatisch Parameter angehängt und Kampagnendaten ausgetauscht. Google Ads verwendet dafür einen eigenen Parameter *gclid* und nicht die UTM-Parameter von Analytics.

Sie können allerdings wie beschrieben auch mit UTM-Parametern arbeiten, falls Sie diese z. B. noch für weitere Systeme oder Analysen benötigen.

Mehr dazu folgt wie erwähnt in Abschnitt 4.4.

Microsoft Ads/Bing

Die Suchmaschine von Microsoft bietet als Option die automatische Vergabe von UTM-Parametern an alle Links in Ihren Anzeigen an.

Social Postings

Wenn Sie Beiträge mit Links zu Ihrer Website in sozialen Netzwerken wie Facebook oder LinkedIn erstellen, können Sie UTM-Parameter verwenden. Nutzen Sie als UTM-Medium *social* oder *social-media*.

Abbildung 4.12 Social Posting mit UTM-Link zur Website

Der Post in Abbildung 4.12 verlinkt auf die URL inklusive UTM-Parametern:

https://www.luna-park.de/blog/27156-seo-fehler-bei-internationalen-websites/?utm_source=linkedin&utm_medium=social &utm_campaign=Blog

Alle festen Links

Generell können Sie alle Links mit UTM-Parametern ausstatten, die zu Ihrer Website führen:

▶ Links aus einer App heraus

▶ Links aus PDF- oder anderen Dokumenten

▶ Links in QR-Codes

▶ Links in URL-Shortenern wie *bit.ly*

Solange auf der Zielseite Ihr Tracking-Code verbaut ist, werden eintreffende Nutzer in Google Analytics erfasst und einer Kampagne oder Quelle zugeordnet.

4.1.4   Quellen und Verweise mit Kanälen bündeln

Den Channels sind Sie bereits am Anfang des Kapitels kurz begegnet. Im Gegensatz zu *Quelle* und *Medium* können Sie diese nicht selbst definieren, sondern Google ordnet eingehende Links zu. Dazu analysiert Google die einlaufenden Daten.

Handelt es sich um Kampagnen aus Google Ads, Google SA360 oder Google DV360, ordnet GA4 die Einstiege Kanälen wie *Paid Search*, *Display*, *Paid Video* und *Paid Social* zu.

Für Einstiege mit UTM-Parametern wird die Kombination von Quelle und Medium sowie manchmal der Kampagnenname betrachtet.

Channel	Definition
Direct	*Quelle* ist direct und *Medium* ist (not set) oder (none).
Paid Search	*Quelle* ist auf einer GA4-internen Liste von Suchmaschinen zu finden, und als *Medium* wird cpc, cpm, ppc oder paid übergeben.
Organic Search	*Quelle* auf interner Liste von Suchmaschinen und nicht als *Paid Search* erkannt. Außerdem wenn als *Medium* = organic übergeben wird.
Display	*Medium* lautet display, banner, cpm, expandable oder interstitial.
E-Mail	*Quelle* oder *Medium* sind email, e-mail oder e_mail.
Affiliates	*Medium* ist affiliate.

Tabelle 4.5 Vordefinierte Channels in GA4

Channel	Definition
Organic Shopping	*Quelle* auf interner Liste von bekannten Shoppingwebsites und Shoppingsuchmaschinen, oder der *Kampagnenname* enthält shop oder shopping.
Paid Shopping	Wie *Organic Shopping*, aber Medium ist cpc, ppc oder paid.
Organic Video	Quelle ist auf interner Liste von Video-Websites.
Paid Video	Quelle ist auf interner Liste von Video-Websites, Medium ist cpc, ppc oder paid.
Organic Social	Quelle ist auf interner Liste von Social-Websites.
Paid Social	wie *Organic Social*, aber *Medium* ist cpc, ppc oder paid.

Tabelle 4.5 Vordefinierte Channels in GA4 (Forts.)

Nicht erkannte Verweise werden im Kanal *unassigned* gesammelt. Eine vollständige Liste der Websites, die GA4 für die interne Zuordnung verwendet, können Sie von *https://support.google.com/analytics/answer/9756891?hl=de* herunterladen

Benutzerdefinierte Channelgruppierungen

In Universal Analytics hatten Sie die Möglichkeit, die Channel-Definitionen anzupassen sowie mehrere Channel-Sets dieser Definitionen anzulegen. Beide Optionen gibt es in GA4 derzeit nicht. Die Channels lassen sich weder in der Verwaltung anpassen noch über die Funktionen EREIGNISSE ÄNDERN bearbeiten.

4.1.5   Nutzergewinnung und generierte Zugriffe

Die gesammelten Daten zu Kampagnen und Quellen Ihrer Nutzer werten Sie in den beiden Berichten zur *Nutzergewinnung* und zu *neu generierten Zugriffen* aus.

Zu Beginn des Kapitels haben Sie bereits gelesen, dass der Bericht NEU GENERIERTE ZUGRIFFE zeigt, woher alle Nutzer bzw. Sitzungen in einem Zeitraum kamen (siehe Abbildung 4.13).

In der Datentabelle können Sie zwischen den unterschiedlichen Dimensionen zu Verweisen und Kampagnen umschalten, wobei die Spalten im Bericht gleichbleiben:

▶ Standard-Channelgruppierung

▶ Quelle/Medium

▶ Medium

- ▶ Quelle
- ▶ Quellplattform
- ▶ Kampagne

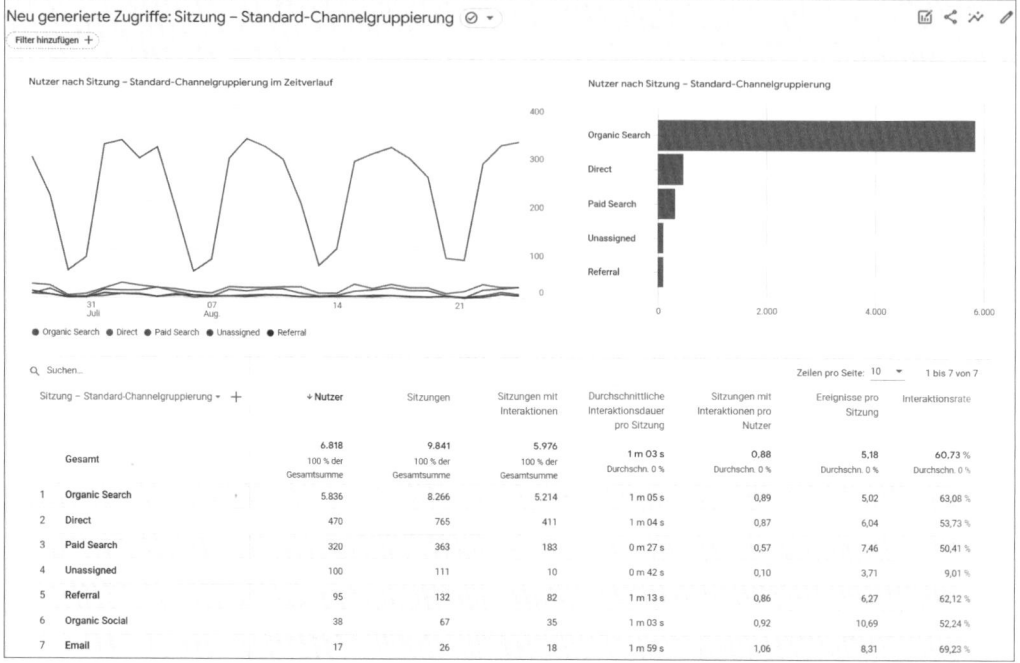

Abbildung 4.13 »Neu generierte Zugriffe« zeigt die Herkunft Ihrer Nutzer.

Neben der Anzahl der Nutzer und Sitzungen pro Kanal sehen Sie die Interaktions-messwerte:

- ▶ Wie viele Sitzungen hatten Interaktionen?
- ▶ Wie lange dauerte die Sitzung im Durchschnitt?
- ▶ Wie viele Ereignisse oder Conversions wurden in Sitzungen über diesen Kanal gemessen?

Diese Werte erlauben Ihnen eine Bewertung der Kanäle daraufhin, ob sie wertvolle Nutzer zur Seite gebracht haben.

Schauen Sie in Abbildung 4.13 auf die Werte der Sitzungen mit Interaktionen und Interaktionsdauer. Höhere Werte bedeuten, dass sich Nutzer über diese Kanäle länger und umfassender mit Ihrem Angebot beschäftigt haben. Als Interaktion gilt bereits das Verweilen von 10 Sekunden auf einer Seite.

Vergleichen Sie die Zeilen 1 und 3, also die Kanäle Organic Search und Paid Search. Sowohl die Interaktionen als auch die Zeit auf der Seite sind für den Paid-Kanal deutlich geringer. Für etwa 50 % der Sitzungen über PAID SEARCH wurde keine Interaktion gemessen (Spalte INTERAKTIONSRATE) – diese Nutzer haben die Seite also innerhalb der ersten 10 Sekunden wieder verlassen.

Allerdings unterscheiden sich die beiden Kanäle nicht so sehr bei den Conversions: Im Verhältnis hat der Paid-Kanal sogar mehr Conversions pro Sitzungen als der organische Kanal (siehe Abbildung 4.14).

Sitzung – Standard-Channelgruppierung ▾ ╋	Interaktionsrate	Ereignisanzahl Alle Ereignisse ▾	Conversions Alle Ereignisse ▾
Gesamt	60,73 % Durchschn. 0 %	50.986 100 % der Gesamtsumme	130,00 100 % der Gesamtsumme
1 Organic Search	63,08 %	41.491	44,00
2 Direct	53,73 %	4.617	47,00
3 Paid Search	50,41 %	2.707	32,00

Abbildung 4.14 Vergleich der Conversions verschiedener Kanäle

Eine weitere Aussage erlaubt Zeile 7 EMAIL. Es kamen zwar nicht viele Nutzer über den Newsletter zur Website. Die Nutzer, die kamen, blieben dafür aber überdurchschnittlich lange, beinahe doppelt so lange wie der Durchschnitt (1:59 Minuten im Vergleich zu 1:03 Minuten). In unserem Beispiel ist das nicht ganz überraschend, da der Newsletter auf umfangreiche Blog-Artikel verweist und Newsletter-Abonnenten die Website bereits kennen. Sie haben daher eine gewisse Erwartungshaltung beim Klick auf den Link.

Nach dem Umschalten auf die Dimension QUELLE/MEDIUM erhalten Sie Details zu einzelnen Websites, von denen Nutzer zu Ihrem Angebot gelangt sind, etwa *ecosia.org* (siehe Abbildung 4.15).

Sitzung – Quelle/Medium ▾ ╋	↓ Nutzer	Sitzungen	Sitzungen mit Interaktionen	Durchschnittliche Interaktionsdauer pro Sitzung
Gesamt	6.818 100 % der Gesamtsumme	9.841 100 % der Gesamtsumme	5.976 100 % der Gesamtsumme	1 m 03 s Durchschn. 0 %
1 google / organic	5.597	7.880	4.935	1 m 05 s
2 (direct) / (none)	470	765	411	1 m 04 s
3 google / cpc	320	363	183	0 m 27 s
4 bing / organic	156	207	143	1 m 21 s
5 (not set) / (not set)	99	102	3	0 m 43 s
6 ecosia.org / organic	34	64	38	1 m 09 s
7 duckduckgo / organic	20	23	19	1 m 32 s

Abbildung 4.15 Von welchen Quellen kommen Nutzer zu Ihrem Angebot?

Spannend ist hier z. B. der Vergleich der Suchmaschinen GOOGLE und BING in Zeile 1 und 4. Bing liefert zwar klar weniger Nutzer, diese bleiben aber insgesamt etwas länger auf dem Angebot.

Neben der Auswahl der Dimensionen über der ersten Spalte können Sie mit dem Plus-Zeichen eine zweite Dimension zur Auswertung hinzufügen. Wählen Sie zum Beispiel unter SEITE/BILDSCHIRM die LANDINGPAGE aus (siehe Abbildung 4.16).

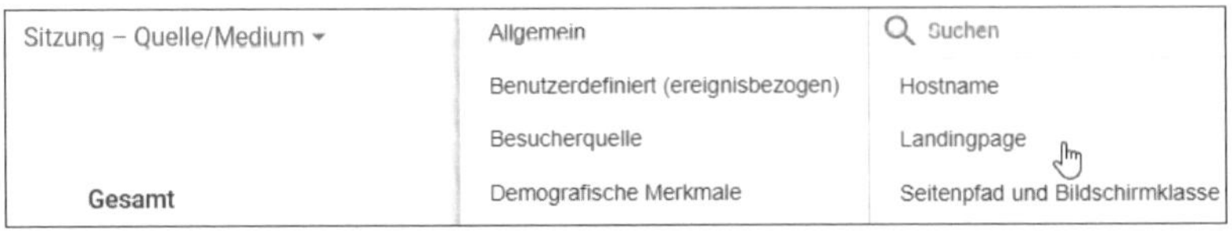

Sitzung – Quelle/Medium ▾	Allgemein	Q Suchen
	Benutzerdefiniert (ereignisbezogen)	Hostname
	Besucherquelle	Landingpage
Gesamt	Demografische Merkmale	Seitenpfad und Bildschirmklasse

Abbildung 4.16 Weitere Dimension zu »Quelle/Medium« hinzufügen

Sie sehen dann zu jeder Quelle, auf welcher Seite im Angebot die Sitzung begonnen hat (siehe Abbildung 4.17). Leider bietet GA4 keinen eigenen Landingpage-Bericht im Menü an. Wie Sie diesen selbst bauen und im Menü verankern, lesen Sie in Kapitel 7, »Eigene Reports anpassen und erstellen«.

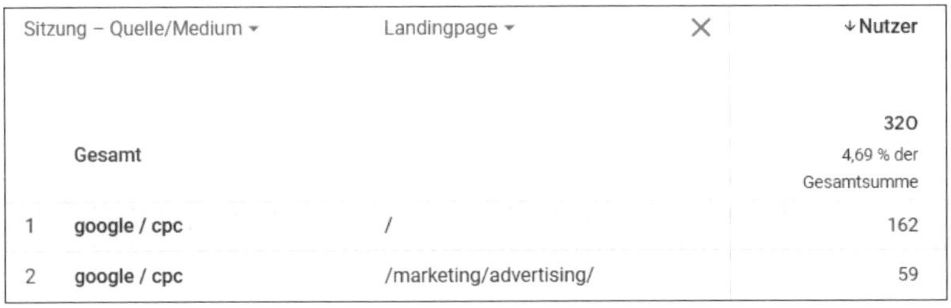

Sitzung – Quelle/Medium ▾	Landingpage ▾	✕	↓Nutzer
			320
Gesamt			4,69 % der Gesamtsumme
1 google / cpc	/		162
2 google / cpc	/marketing/advertising/		59

Abbildung 4.17 Quelle und Landingpage in einer Ansicht

Ebenfalls interessant ist die Kombination aus Channel und Gerätekategorie. Damit sehen Sie, wie das Verhältnis von Desktop- zu Mobilnutzern über die einzelnen Kanäle ist. In den weiteren Spalten können Sie anschließend erkennen, wie diese Nutzer weiter im Angebot surfen. Im Beispiel aus Abbildung 4.18 sind die Nutzer über die organische Suche auf Mobilgeräten länger auf dem Angebot, während es für *Paid Search*-Nutzer umgekehrt gemessen wurde.

Haben Sie einen Shop und das entsprechende E-Commerce-Tracking eingebunden oder übergeben Sie Werte mit den Conversion-Ereignissen, so werden diese in den Einnahmen addiert. In Abbildung 4.19 ist als Conversion der PURCHASE, also der Kaufabschluss, ausgewählt und Sie sehen die Gesamteinnahmen im Zeitraum.

Über Google-Ads-Kampagnen kamen zwar insgesamt mehr Verkäufe zustande als über organische Treffer (220 zu 146), die Einnahmen waren für organische Abschlüsse aber deutlich höher.

Sitzung – Standard-Channelgruppierung	Gerätekategorie ▾ ✕	Nutzer	↓ Sitzungen	Sitzungen mit Interaktionen	Durchschnittliche Interaktionsdauer pro Sitzung
Gesamt		6.140 90,06 % der Gesamtsumme	8.651 87,91 % der Gesamtsumme	5.406 90,46 % der Gesamtsumme	1 m 03 s Durchschn. + 0,76 %
1 Organic Search	desktop	5.254	7.571	4.740	1 m 04 s
2 Organic Search	mobile	544	619	391	1 m 22 s
3 Paid Search	desktop	152	185	111	0 m 33 s
4 Paid Search	mobile	166	176	71	0 m 20 s

Abbildung 4.18 Die Kombination zeigt Unterschiede in der Nutzung

Sitzung – Quelle/Medium ▾ ＋	Ereignisanzahl Alle Ereignisse ▾	Conversions purchase ▾	Gesamteinnahmen
Gesamt	300.563 100 % der Gesamtsumme	1.019,00 1,5 % der Gesamtsumme	4.234.310,93 € 100 % der Gesamtsumme
1 (direct) / (none)	145.006	399,00	1.156.377,55 €
2 google / cpc	57.874	220,00	609.942,87 €
3 google / organic	39.504	146,00	2.180.167,35 €
4 newsletter / email	10.831	34,00	117.106,61 €

Abbildung 4.19 Conversions und Einnahmen je Quelle

Der Bericht zur Nutzergewinnung ähnelt dem zuletzt gezeigten Bericht sehr. Hier werden als Messwert aber nur *Neue Nutzer* angezeigt, also Nutzer, die das Angebot zum ersten Mal besuchen. Entsprechend beziehen sich alle weiteren Messwerte zu Interaktion und Conversion ebenfalls nur auf neue Nutzer.

Beim genauen Hinsehen werden Sie den Unterschied im Dimensionsmenü bemerken: In diesem Bericht beginnen alle Dimensionen mit dem Text Erste Nutzerinteraktion, im Bericht über neu generierte Zugriffe findet sich dort Sitzung (siehe Abbildung 4.20).

Erste Nutzerinteraktion – Standard-Channelgruppierung	Sitzung – Standard-Channelgruppierung
Erste Nutzerinteraktion – Medium	Sitzung – Quelle/Medium
Erste Nutzerinteraktion – Quelle	Sitzung – Medium
Erste Nutzerinteraktion – Quelle/Medium	Sitzung – Quelle
Erste Nutzerinteraktion – Quellplattform	Sitzung – Quellplattform
Erste Nutzerinteraktion – Kampagne	Sitzung – Kampagne
Erste Nutzerinteraktion – Google Ads-Werbenetzwerktyp	
Erste Nutzerinteraktion – Google Ads-Anzeigengruppenname	

Abbildung 4.20 Ähnliche Benennung, aber unterschiedlicher Inhalt

4.1.6 Klicks und Sitzungen sind unterschiedlich

Für manche Kanäle, über die Nutzer zu Ihrem Angebot kommen, werden Sie weitere Daten bekommen, und dabei sind eigentlich immer *Klicks* zu finden. Der Klick beschreibt, wie oft auf einen Button im Newsletter, einen Link in der Anzeige oder das Werbemittel insgesamt geklickt wurde.

Haben Sie UTM-Parameter an den hinterlegten Link angehängt, sollten Sie in GA4 verfolgen können, was diese Nutzer anschließend auf der Website gemacht haben. Oder?

Meistens stimmen die Klick-Zahlen nicht mit den Sitzungszahlen überein (siehe Abbildung 4.21). Die Abweichung kann so groß sein, dass Sie es für einen Fehler halten. Wenn angeblich nur 10 % der Klicks als Sitzungen auf Ihrem Angebot ankommen, muss doch ein Fehler vorliegen, oder?

Sitzung – Google Ads-Werbenetzwerktyp ▾ ＋	↓ Google Ads-Klicks	Sitzungen
Gesamt	684 100 % der Gesamtsumme	363 100 % der Gesamtsumme
1 Google search	387	233
2 Search partners	297	130

Abbildung 4.21 Klicks und Sitzungen sind nicht dasselbe.

In so einem Fall müssen Sie bedenken, wie vor allem neue Nutzer den ersten Aufruf der Website erleben: Bevor ein Nutzer Ihr Angebot besuchen kann, muss er zuerst eine Einwilligung für das Tracken seiner Aktivitäten geben (vgl. Kapitel 2, »Google Analytics 4 einrichten«). Diese Consent-Abfrage fungiert als eine Art zusätzliche Barriere, die ein Nutzer überwinden muss. Erst nach seiner Einwilligung werden dem Nutzer Analytics-Tags ausgespielt und Tracking-Aufrufe gesendet.

Nutzer, die nicht unbedingt zu Ihrer Website wollten und nur aus Neugierde z. B. auf eine Anzeige geklickt haben, landen auf der Consent-Abfrage (siehe Abbildung 4.22). Brechen sie an dieser Stelle den Besuch ab, etwa durch Schließen des Browsers, so wird kein Seitenaufruf gefeuert und es werden keine UTM-Parameter von GA4 erfasst. Diese Nutzer und der zugehörige Kanal erscheinen somit nicht im Bericht.

Die Zustimmungsrate zum Consent tritt also an die Stelle dessen, was eigentlich die *Absprungrate* (bzw. die *Interaktionsrate*) ausgedrückt hat: Nutzer, die auf das Angebot kommen, aber ohne eine weitere Aktion wieder gehen. Gerade für Banner-Kampagnen können die Absprungraten sehr hoch werden, aber auch bei Mailings kann es dazu kommen.

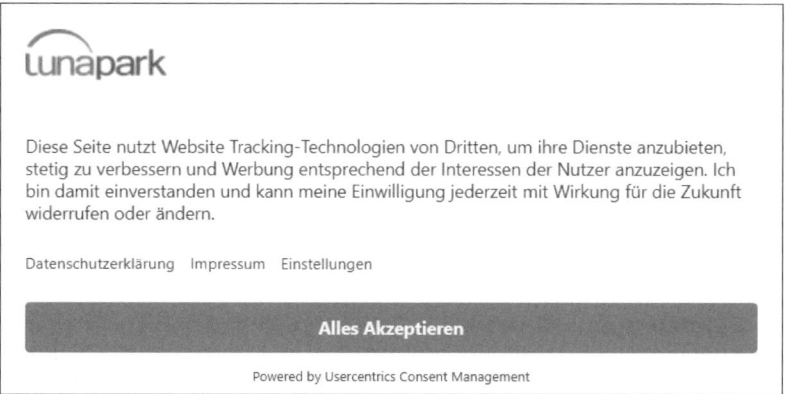

Abbildung 4.22 Consent-Abfrage als Blocker zwischen Klick und Sitzung

Eine gewisse Diskrepanz zwischen Klicks und Sitzungen ist durch die Consent-Abfrage und die damit verbundene Ablehnung einiger Nutzer normal und zu erwarten. Vergleichen Sie die Quellen untereinander: Ist der Unterschied nur bei einer Quelle auffallend, ist die Kampagne auf dieser Quelle optimierungsfähig. Haben Sie eine große Diskrepanz über alle Kanäle hinweg, sollten Sie Ihre Tags und Auslöseregeln prüfen.

4.1.7   Merkwürdige Quellen im »Neue Zugriffe«-Bericht

Beim Durchsehen des Quelle/Medium-Berichts entdecken Sie Einträge für *paypal.com* oder *sofort.com* wie in Abbildung 4.23? Handelt es sich bei Ihrer Website um einen Shop, entstehen diese Quellen wahrscheinlich durch den Bezahlvorgang.

	Sitzung – Quelle/Medium ▾ +	Nutzer	Sitzungen
	Gesamt	50.293 100 % der Gesamtsumme	54.795 100 % der Gesamtsumme
1	paydirekt.de / referral	4	9
2	spg.evopayments.eu / referral	10	67
3	sofort.com / referral	11	54
4	paypal.com / referral	31	196

Abbildung 4.23 Bezahldienste sind keine sinnvolle Quelle in der Analyse.

In einem solchen Bezahlablauf wird der Nutzer zur Website des jeweiligen Dienstes geleitet. Dort führt er die Bezahlung per Login und Bestätigung durch. Anschließend schickt der Bezahldienst den Nutzer wieder zurück zu Ihrer Website. Erst jetzt ist der Kauf komplett durchgeführt, also wird erst nach dieser Rückkehr auf der Bestätigungsseite die Bestellung von GA4 erfasst.

Bei diesem letzten Schritt wird der Hostname des Dienstes als *Referrer* (als Verweis) mitgegeben und vom Analytics-Tag erfasst. Für GA4 sieht es so aus, als steige ein Nutzer neu auf dem Angebot ein, denn er kommt ja von einer anderen Website. Daher beginnt GA4 eine neue Sitzung mit dem Bezahldienst als Quelle/Medium. Sie haben also zwei Sitzungen im Bericht, wo eine ausreichen würde.

Aus Ihrer Sicht (und auch aus der Sicht des Nutzers) befindet sich der Nutzer aber in einem zusammenhängenden Nutzungsvorgang, also auf Ihrer **Website**: dann bei **Bezahlung**, dann bei **Bestätigung**.

Viel schlimmer ist, dass der Bezahldienst alle Käufe und Conversions zugeordnet bekommt. Sie sehen nicht mehr, über welchen Kanal der Nutzer denn eigentlich zu Ihrer Website kam (Ads, Search usw.). So ist eine Bewertung der Kanäle nicht möglich.

Die Lösung liegt in der Verwaltung: Unter den Einstellungen des Datenstreams fügen Sie diese Domains hinzu, sodass GA4 sie zukünftig ignoriert. Wie das geht, lesen Sie in Kapitel 2, »Google Analytics 4 einrichten«.

Derselbe Effekt kann Ihnen begegnen, wenn Ihre Seite einen Login-Bereich anbietet und Nutzer für die Anmeldung externe Dienste wie Google oder Facebook verwenden dürfen. Prüfen Sie also den Quelle/Medium-Bericht daraufhin, ob dort Domains auftauchen, die Ihnen merkwürdig vorkommen.

4.2   Zielgruppen anlegen

Mit *Zielgruppen* können Sie die Menge Ihrer Nutzer anhand bestimmter Eigenschaften unterteilen und einzeln betrachten. Als Eigenschaften kommen nahezu alle Daten infrage, die GA4 für Nutzer sammelt: aufgerufene Inhalte, durchgeführte Aktionen, Herkunft, Sprache etc. Angelegte Zielgruppen können Sie als Filter auf Berichte in GA4 legen und so die Aktivitäten und Eigenschaften der Nutzergruppe auswerten.

> **Zielgruppen in Analytics und Google Ads**
>
> In Universal Analytics gab es *Segmente*, mit denen Nutzergruppen definiert und in Berichten betrachtet werden konnten. Diese Funktionalität gibt es in GA4 grundsätzlich noch als Vergleich. Allerdings lassen sich die Einstellungen eines Vergleichs nicht mehr global speichern. Zielgruppen sind daher die einfachste Methode, um Nutzergruppen zu definieren und für eine spätere oder wiederholte Analyse anzuwenden. Segmente als Feature gibt es noch, allerdings nur im Bereich Expl. Datenanalyse pro einzelnem Bericht.

Für Werbetreibende interessant wird die Funktion dadurch, dass Sie erstellte und befüllte Zielgruppen nach *Google Ads* oder *Google DV360* exportieren können. Dort können Sie diese zur Aussteuerung von Kampagnen und erneuter Ansprache von Nutzern einsetzen.

4

Zielgruppen werden unter dem Menüpunkt KONFIGURIEREN • ZIELGRUPPEN angelegt und verwaltet (siehe Abbildung 4.24). Beim ersten Aufruf werden Sie bereits zwei Gruppen vorfinden:

▶ ALL USERS umfasst alle Nutzer der Seite.

▶ PURCHASERS enthält Nutzer, für die ein Kauf-Ereignis erfasst wurde.

Diese beiden Gruppen legt GA4 automatisch mit jeder neuen Property an; Sie können sie nicht bearbeiten, lediglich archivieren.

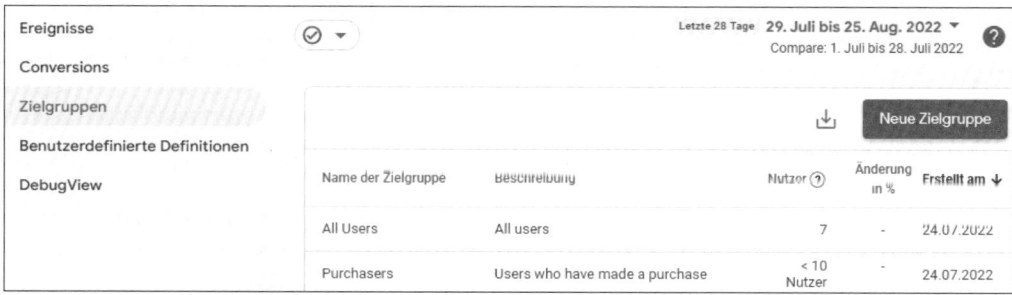

Abbildung 4.24 Zwei Zielgruppen definiert GA4 automatisch.

Durch das *Archivieren* wird die Zielgruppe aus der Liste entfernt und steht nicht mehr zur Verfügung. Ein entsprechender Hinweis warnt Sie vor dem endgültigen Entfernen. Aus Analytics-Sicht entspricht das Archivieren daher einem Löschen, da Sie keine Zugriffsmöglichkeit mehr auf die Daten haben.

Sie können bis zu 100 Zielgruppen anlegen und gleichzeitig pflegen. Ist dieses Kontingent ausgeschöpft, müssen Sie zunächst Einträge archivieren. Es gibt keine Möglichkeit, Zielgruppen zu löschen.

4.2.1   Eine neue Zielgruppe erstellen

Eine neue Zielgruppe erstellen Sie mit dem Button oben rechts. Im folgenden Bildschirm können Sie eine neue leere Zielgruppe definieren oder aus Vorschlägen auswählen (siehe Abbildung 4.25). Die meisten Vorschläge und Vorlagen beziehen sich auf E-Commerce-Aktivitäten.

Abbildung 4.25 Neue Zielgruppe anlegen oder eine Vorlage nutzen

Mit Benutzerdefinierte Zielgruppe erstellen gelangen Sie zum eigentlichen Konfigurator. Dort können Sie Ihrer Zielgruppe zunächst einen Namen und eine Beschreibung geben, die beide in der Übersichtsliste gezeigt werden.

Darunter wählen Sie die Kriterien aus. Nach einem Klick auf das Menü Neue Bedingung erscheint ein Auswahlfenster, in dem alle Dimensionen und Messwerte aufgelistet sind, die für eine Definition herangezogen werden können. Als Beispiel wählen Sie unter Seite/Bildschirm die Dimension Seitenpfad und Bildschirmklasse (siehe Abbildung 4.26).

Q Nach Elementen suchen		
Plattform/Gerät	▶	Auf Ereignisebene ∧
Publisher	▶	Content-ID
Region	▶	Contenttyp
Seite/Bildschirm	▶	Hostname
Sitzung	▶	Seitenpfad und Abfragestring
Video	▶	Seitenpfad und Bildschirmklasse
Zeit	▶	Seitenpfad + Abfragestring und Bildschirmklasse
Messwerte	∧	Seitenposition
Nutzer-Lifetime	▶	Seitentitel
Prognose ✨	▶	Seitentitel und Bildschirmklasse

Abbildung 4.26 Eine Zielgruppe für Nutzer, die bestimmte Seiten aufrufen

Mit dem Button FILTER HINZUFÜGEN tragen Sie als Nächstes die gewünschte Seite ein, auf die gefiltert werden soll: Als Bedingung tragen Sie *enthält /blog/* ein. Damit werden alle Nutzer in diese Gruppe genommen, die auf einer Seite im Verzeichnis */blog/* waren. Nach dem Bestätigen zeigt Ihnen GA4 in der Kachel rechts eine erste Hochrechnung für Nutzer und Sitzungen (siehe Abbildung 4.27). Dafür werden die Daten der letzten 30 Tage betrachtet. Dank der Zusammenfassung können Sie direkt Ihre Einstellungen prüfen und bei Bedarf anpassen.

Abbildung 4.27 Vorschau der Zielgruppenmesswerte

Um die Zielgruppe zu verfeinern, können Sie weitere Kriterien hinzufügen. Das können zusätzliche Seiten sein, die Nutzer aufgerufen haben, oder eine Kampagne, über die Nutzer zu Ihrem Angebot kamen. Was im Menü fehlt, ist eine Auswahlmöglichkeit für definierte *Conversions*, um Nutzer zu betrachten, die ein Conversion-Ereignis ausgelöst haben. Allerdings benötigen Sie diese Auswahl auch gar nicht, denn Sie können alle Ereignisse als Kriterium für die Zielgruppe verwenden. Ob dieses Ereignis auch als Conversion definiert ist, ist dabei unerheblich.

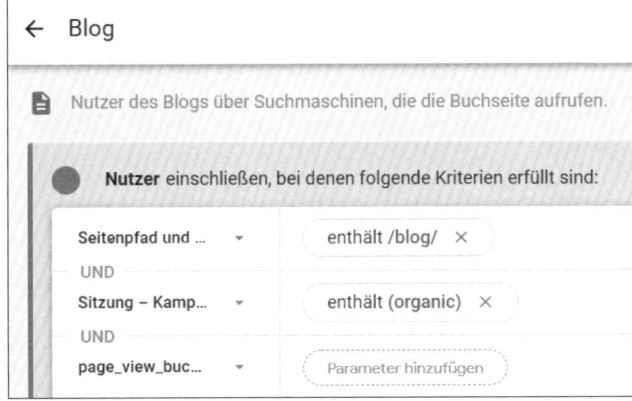

Abbildung 4.28 Eine Zielgruppe für Blog-Nutzer über organische Einstiege

In Abbildung 4.28 erfasst die Gruppe Nutzer, die über eine Suchmaschine auf einen Blog-Post kamen und irgendwann das Ereignis *page_view_buch* gefeuert haben. Dieses Ereignis wird durch eine *Ereignis erstellen*-Regel gefeuert, sobald die URL der Seite zum GA-Buch aufgerufen wird.

Die Auswahl der Ereignisse für die Zielgruppe bringt noch einen Vorteil: Anders als bei Conversion-Definitionen können Sie hier die Parameter eines Ereignisses mit abfragen und einschränken. Alle Parameter, die mit dem Ereignis erfasst wurden, lassen sich als Auswahl verwenden. Beispielsweise lässt sich ein Mindestwert für den *Value* vorgeben. Sie können aber genauso auf benutzerdefinierte Parameter filtern, wodurch die Zielgruppen sehr individuell auf Ihr Angebot ausgerichtet werden können.

Mit *Bedingungsgruppen* lassen sich mehrere unterschiedliche Definitionen in einer Zielgruppe kombinieren. Nutzer müssen die Kriterien für alle Bedingungsgruppen erfüllen, um zur Zielgruppe insgesamt gezählt zu werden.

Mit *auszuschließenden Gruppen* können Sie Nutzer aus einer Gesamtmenge explizit herausnehmen. Beispielsweise können Sie alle Nutzer der Website betrachten, außer denjenigen, die bereits für Ihren Newsletter angemeldet sind.

4.2.2 Bedingungsumfang (Scope)

Eine Zielgruppendefinition kann einen gewissen zeitlichen Rahmen bei Nutzeraktionen berücksichtigen. In der rechten oberen Ecke wählen Sie für die aktuelle *Bedingungsgruppe* den *Bedingungsumfang* (engl. *Scope*) aus (siehe Abbildung 4.29). Damit bestimmen Sie, in welchem zeitlichen Verhältnis die gemessenen Aktionen zueinander stehen müssen: Müssen sie innerhalb derselben Sitzung oder desselben Ereignisses gemessen werden oder reicht es, wenn Nutzer diese Punkte irgendwann erreicht haben? Im letzten Fall können sich die Aktionen also über mehrere Besuche und damit Tage oder Wochen verteilen. Diese Einstellung wird erst relevant, wenn Sie mehr als ein Kriterium für die Gruppe angeben.

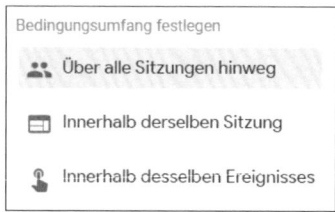

Abbildung 4.29 Bestimmen Sie, wie eng GA4 die Angaben auswertet.

4.2.3 Eine Abfolge von Bedingungen als Sequenz definieren

Einen Schritt weiter in der zeitlichen Betrachtung gehen Sie mit der Erstellung einer *Sequenz*. Nach einem Klick auf Sequenz hinzufügen unterhalb der Nutzerbedingungen erscheint ein neues Feld unter den bisherigen Eingabefeldern. Dort finden Sie die meisten Felder zur Einstellung von Bedingungen wieder. Der Unterschied wird nach einem Klick auf EREIGNIS HINZUFÜGEN sichtbar: Mit einer Sequenz können Sie mehrere aufeinander aufbauende Schritte (oder Phasen) definieren, die ein Nutzer durchlaufen muss.

Die einzelnen Schritte können direkt aneinander anschließen oder mit zeitlichem Abstand erfolgen, den Sie ebenfalls definieren können. Erst wenn alle Schritte abgeschlossen sind, gehört der Nutzer zu dieser Gruppe. Auch für die gesamte Sequenz lässt sich eine Zeitvorgabe machen, und zwar mit der Option ZEITBINDUNG (siehe Abbildung 4.30).

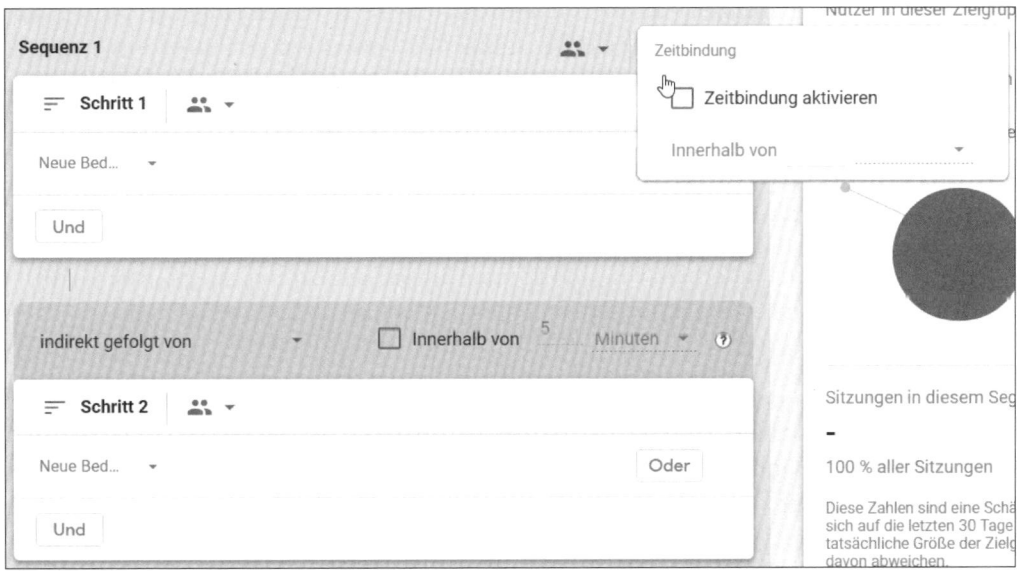

Abbildung 4.30 Diverse Schritte müssen innerhalb einer Zeitvorgabe stattfinden.

Mit einer Sequenz können Sie z. B. Registrierungsvorgänge abbilden, bei denen ein Nutzer innerhalb von etwa 30 Minuten eine E-Mail-Bestätigung anklicken muss. Schritt 1 ist dabei das Abschicken eines Formulars, Schritt 2 der Wiedereinstieg auf eine Bestätigungsseite (oder mit UTM-Parametern) nach dem Klick in einer E-Mail.

4.2.4   Zeitliche Zugehörigkeit zur Zielgruppe

Die *Gültigkeitsdauer*, die Sie oberhalb der Zusammenfassung einstellen, bezieht sich auf die Zeit, während der ein Nutzer zu dieser Gruppe gezählt wird. Der Standardwert sind 30 Tage (siehe Abbildung 4.31). Das bedeutet: Sobald ein Nutzer die Kriterien der Zielgruppe erfüllt, wird er für 30 Tage als Mitglied dieser Gruppe geführt.

Abbildung 4.31 Wie lange sollen Nutzer Mitglied in der Gruppe bleiben?

Nach Ablauf dieser Zeit – also wenn die Erfüllung der Kriterien länger als 30 Tage zurückliegt – wird dieser Nutzer wieder aus der Gruppe entfernt. Erfüllt er anschließend die Bedingungen erneut, wird er der Gruppe wieder hinzugefügt. So stellen Sie sicher, dass beispielsweise nur Käufer in der Gruppe sind, die in den letzten 3 Monaten bei Ihnen gekauft haben und nicht vor einem Jahr.

Bei der Vorgabe von 30 Tagen können Sie zwischen 1 bis 540 Tagen wählen. Die Obergrenze ergibt sich aus den Begrenzungen innerhalb von Google-Ads-Kampagnen. Für die Betrachtung innerhalb von GA4 können Sie mit der Option AUF MAXIMALE GÜLTIGKEITSDAUER EINSTELLEN Nutzer auch länger in der Gruppe betrachten.

Mit der Definition eines *Zielgruppentriggers* wird GA4 ein Ereignis für einen Nutzer protokollieren, sobald er in diese Gruppe aufgenommen wird. So können Sie anhand der Ereignisaufrufe verfolgen, wie viele Nutzer neu in eine Gruppe aufgenommen werden. Sie können ein solches Ereignis aber auch als Conversion definieren. Über diesen Zwischenschritt lassen sich auch komplexe Abläufe auf Ihrem Angebot, die über mehrere Schritte oder Sitzungen gehen, als Conversion erkennen.

4.2.5 Vorgeschlagene Zielgruppen

Beim Erstellen einer Zielgruppe schlägt GA4 Ihnen einige Definitionen vor (siehe Abbildung 4.32). Welche und wie viele es sind, hängt von Ihrem Angebot bzw. den gemessenen Daten ab. So werden Ihnen immer Gruppen zu Käufern und aktiven Nutzern vorgeschlagen. Haben Sie allerdings einen E-Commerce-Shop und laufen die entsprechenden Ereignisse ein, wird Ihnen eine ganze Kategorie unterschiedlicher Gruppen empfohlen.

Klicken Sie einen Vorschlag an, so gelangen Sie zu einer Zielgruppen-Einrichtungsseite mit bereits vorausgewählten Bedingungen. Die Vorlage DEMOGRAFISCHE MERKMALE etwa hat alle Dimension zu diesen Nutzereigenschaften vorausgewählt (siehe Abbildung 4.33), Sie brauchen nur noch einen Wert einzutragen, um die Gruppe genauer zu definieren.

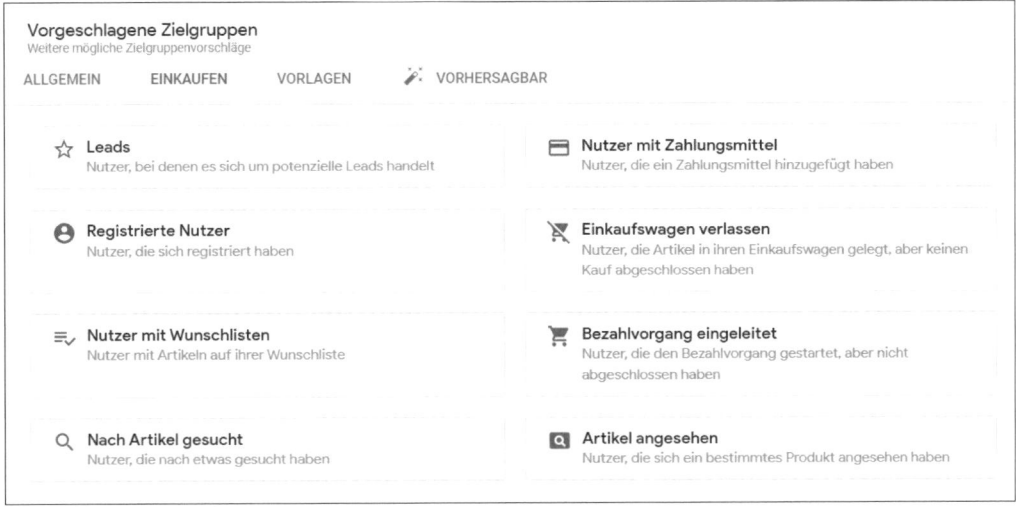

Abbildung 4.32 Analytics bietet Vorschläge für Zielgruppen.

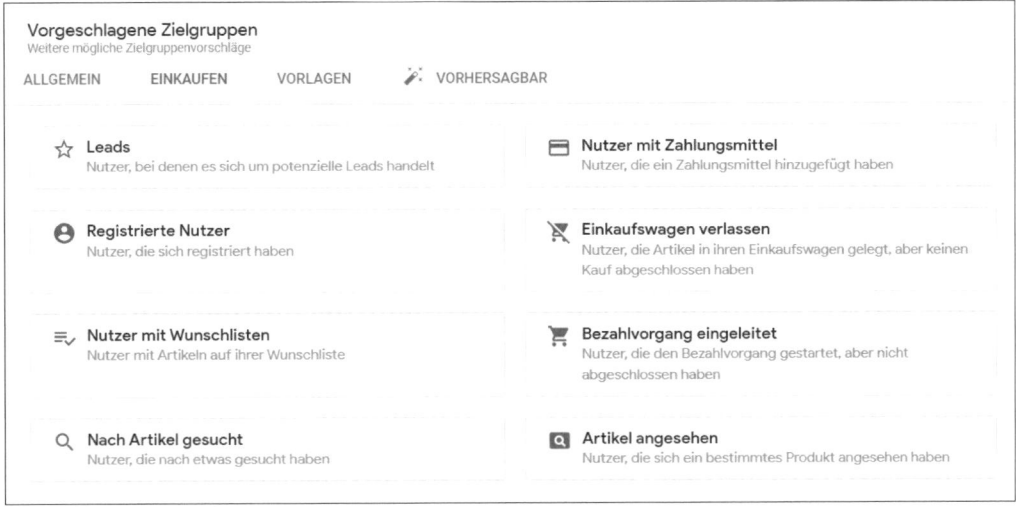

Abbildung 4.33 Bereits ausgewählte Parameter durch die Vorlage

Ein Blick auf die unterschiedlichen Vorlagen lohnt daher, um sich ein Bild davon zu machen, was in Zielgruppen möglich ist, und vielleicht die eine oder andere Idee zu bekommen. In manchen Fällen erspart es Ihnen auch einige Klicks, die Sie sonst beim händischen Erstellen durchführen müssten.

Eine Besonderheit sind Vorschläge aus der Kategorie VORHERSAGBAR. In diesen Vorlagen kommen Prognosen zum Einsatz, die GA4 für bestimmte Nutzeraktionen (wie einen Kaufabschluss) berechnet (siehe Abbildung 4.34). Diese Einträge werden erst verfügbar, wenn für Ihr Angebot die nötigen Daten in ausreichender Menge gesammelt wurden. Steht für Ihre Website bei VERWENDBARKEIT die Meldung NICHT

GEEIGNET, sind Daten für eine Prognose nicht vorhanden. Mehr zu Zielgruppen im E-Commerce lesen Sie in Kapitel 5, »Shops bewerten«.

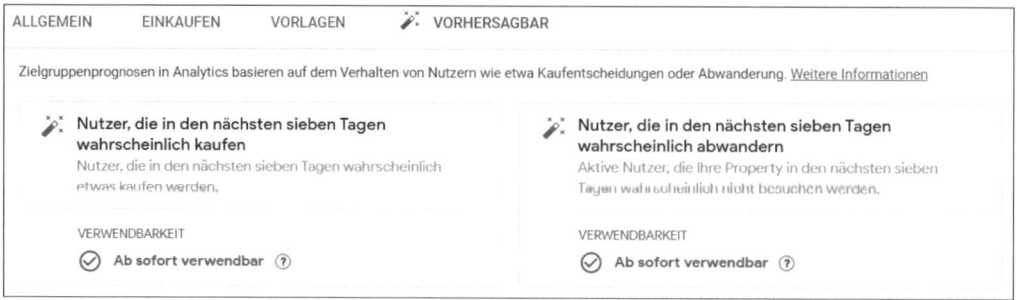

Abbildung 4.34 Zielgruppen mit Prognosen

4.2.6   Ansicht und Verwendung von Zielgruppen

Angelegte Zielgruppen können Sie in der ZIELGRUPPEN-Liste einsehen. Ein Klick auf den Eintrag führt zu einer Übersicht des zeitlichen Verlaufs und der wichtigsten Kennzahlen (siehe Abbildung 4.35).

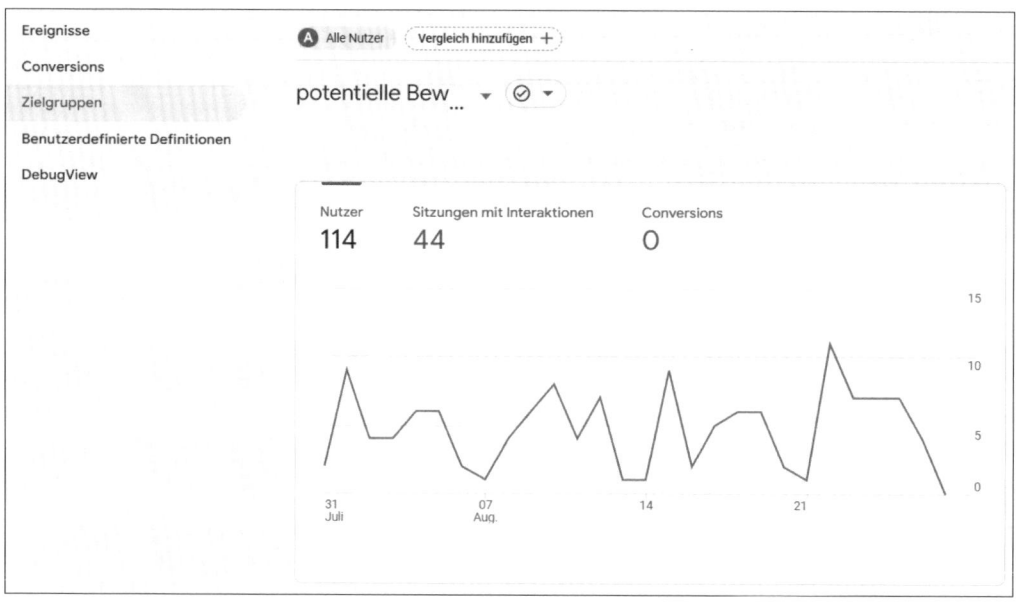

Abbildung 4.35 Anzahl der Nutzer einer Zielgruppe

Für die Analyse sind die Zielgruppen wichtig zur Segmentierung und Auswertung der Nutzer. Zu jedem GA4-Bericht und jeder Übersicht können Sie einen Vergleich hinzufügen. Ein mögliches Kriterium für einen solchen Vergleich ist die Zugehörigkeit zu einer Zielgruppe. Indem Sie einen Vergleich mit dieser Zielgruppe aufrufen ❶, können Sie die Quellen ❷, aufgerufene Inhalte und die sonstigen Aktivitäten dieser Nutzergruppe betrachten (siehe Abbildung 4.36).

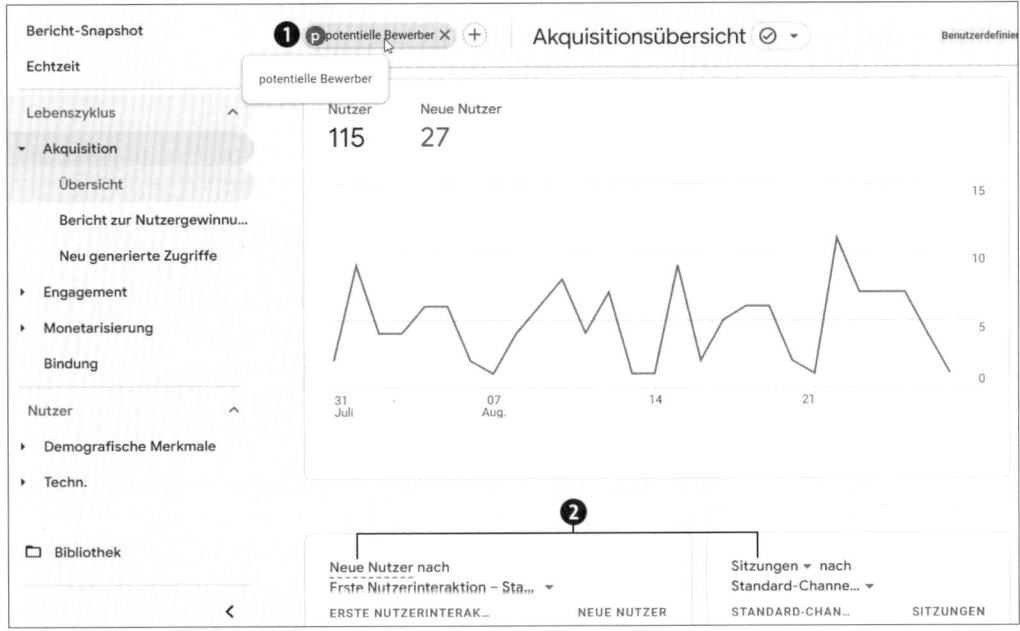

Abbildung 4.36 Eine Zielgruppe kann als Kriterium in einem Vergleich dienen.

In Datenberichten lassen sich Zielgruppen außerdem als Filter verwenden, was individuelle Berichte für jede Zielgruppe ermöglicht. Wie Sie solche Berichte definieren, lesen Sie in Kapitel 7, »Eigene Reports anpassen und erstellen«.

4.3   Attribution verstehen im Menü »Werbung«

Die *Attribution* beschreibt die Art und Weise, wie GA4 den unterschiedlichen Kanälen, Quellen oder Kampagnen Conversions zuordnet: Kommt ein Nutzer z. B. über eine Google-Suche auf Ihr Angebot und führt er anschließend eine Bestellung durch? Der Erfolg für die Bestellung wird vollständig der Google-Suche zugeschrieben.

Was aber, wenn derselbe Nutzer bereits früher auf Ihrem Angebot war und damals über einen LinkedIn-Post kam? Hat dieser LinkedIn-Post dann nicht auch einen Anteil an der Bestellung? Und wie groß war dieser Anteil? Die Abfolge der unterschiedlichen *Touchpoints* – also der Kanäle, über die ein Nutzer jedes Mal kam – bezeichnet GA4 als *Conversion-Pfad*.

Wie so oft bei solchen Fragen der Bewertung gibt es keine absolut richtige oder falsche Antwort – es hängt von Ihrem Angebot, Ihren Kanälen und grundsätzlich von Ihrer Ausgangssituation ab. Je nachdem wie Einfluss und Anteil gewertet werden, unterscheiden sich Erfolg und Misserfolg eines Kanals.

Die Datenqualität in den Zeiten von ITP und Cookie-Sterben

In den letzten Jahren ist das Thema *Privacy* immer wichtiger geworden und hat zu Restriktionen bei der Verwendung von Cookies geführt, die bisher die wichtigste Technologie zur Erkennung von Nutzern bei wiederholten Besuchen eines Angebots sind.

Google Analytics begegnet diesem Thema auf unterschiedlichen Ebenen. So gibt es Alternativen zur Erkennung von Nutzern, etwa *Google Signals*, oder Sie liefern GA4 eigene Nutzerkennungen, die Sie etwa aus Kunden-Logins gewinnen. Auch versucht Google mit maschinellem Lernen und künstlicher Intelligenz möglichst umfassende Berichte zu erstellen.

Die Attribution über unterschiedliche Kanäle wird ein technologisch immer anspruchsvolleres Feld, das Einwilligungen und First-Party-Daten benötigt und mehr und mehr auf Modellierungen und Hochrechnungen zurückgreifen muss.

Der heutige Stand der GA4-Berichte, den Sie im Folgenden sehen, kann in einigen Monaten neue Voraussetzungen erforderlich machen. Halten Sie sich daher auf dem Laufenden!

Zur Analyse und zur Bewertung Ihrer Kampagnen-Attribution gibt es in GA4 den Bereich WERBUNG. Sie erreichen ihn im Menü nach den BERICHTEN und EXPL. DATEN-ANALYSE. Damit in der Snapshot-Übersicht Werte ausgespielt werden, muss in der Property mindestens eine Conversion definiert sein.

Im Snapshot sehen Sie in der ersten Kachel die vertrauten Channel-Namen, die auch in den Berichten unter AKQUISITION verwendet werden (siehe Abbildung 4.37). Der Unterschied besteht in der Auswahl des Messwertes, der im Diagramm dargestellt wird: Für jeden Channel wird die Zahl der Conversions gezeigt, die Nutzer über diesen Kanal ausgelöst haben. Die Werte können Sie aber auch im Akquisitionsbericht nachvollziehen: Die Werte entsprechen der Spalte CONVERSIONS aus der Tabelle zu den neu generierten Zugriffen.

In der Grundeinstellung bezieht sich die Kachel auf alle Conversions, die in Ihrer Property angelegt sind. Noch über der Überschrift WERBE-SNAPSHOT gibt es ein unscheinbares Menü, mit dem Sie die Daten für einzelne Conversion-Ereignisse auswählen können (siehe Abbildung 4.38). Eine Auswahl bleibt auch für die beiden Detailberichte MODELLVERGLEICH und CONVERSION-PFADE erhalten.

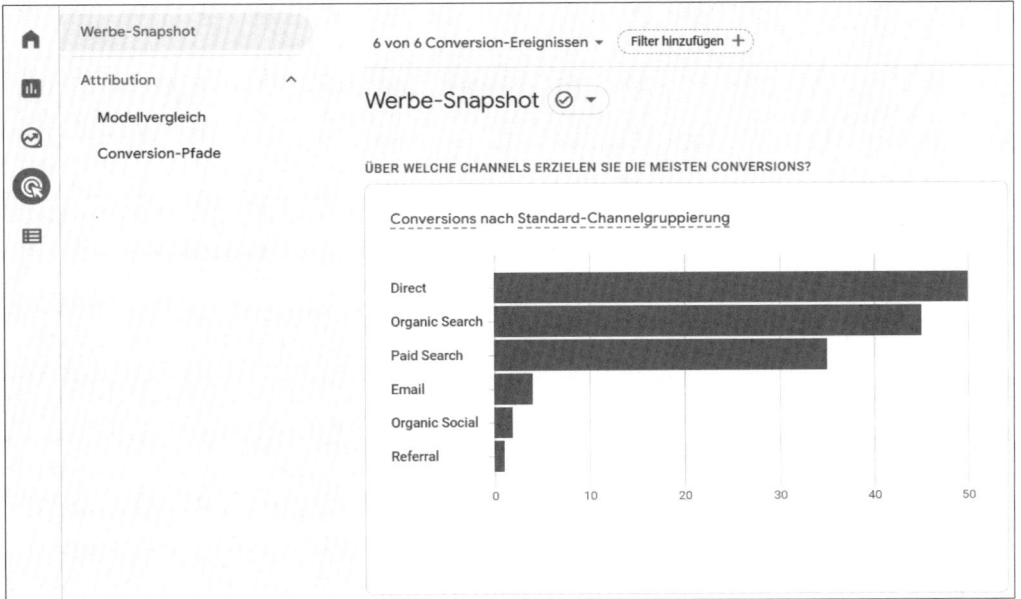

Abbildung 4.37 Unter »Werbung« finden Sie Berichte zur Attribution.

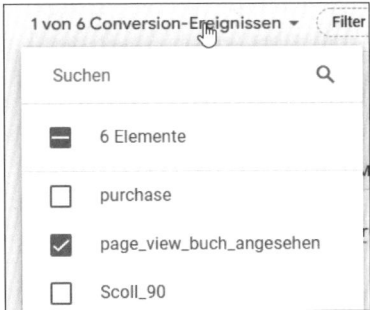

Abbildung 4.38 Berichte für bestimmte Conversions selektieren

4.3.1 Attributionsmodelle

Weiter oben haben Sie bereits gesehen, dass es oft mehrere unterschiedliche Varianten gibt, wie sich die Attribution von Kanälen angehen lässt. Dieses Set an Verteilungs- und Bewertungsregeln wird als *Attributionsmodell* bezeichnet. In einem solchen Modell ist festgehalten, wie viel Wert ein Kanal an welcher Position auf einem *Conversion-Pfad* erhält. GA4 enthält unterschiedliche Modelle, die Sie für Betrachtungen auswählen können (siehe Tabelle 4.6).

Modell	Beschreibung
Datengetrieben	GA4 untersucht alle bisherigen Daten in Ihrer Property und berechnet auf dieser Grundlage den tatsächlichen Einfluss sowie die Wahrscheinlichkeit, dass ein Kanal einen positiven Effekt auf einen Conversion-Abschluss hat. Basierend auf dieser Berechnung verteilt GA4 eine Conversion an die einzelnen Touchpoints jedes Conversions-Pfades.
Letzter Klick	Bei diesem Modell wird eine Conversion zu 100 % dem letzten Kanal zugeordnet, über den ein Nutzer kam. Alle früheren Kanäle erhalten keine Wertung.
Erster Klick	Es werden 100 % der Conversion dem ersten Kanal zugewiesen.
Linear	Hierbei erhalten alle Kanäle, die auf dem Weg zu einer Conversion geführt haben, den gleichen Anteil daran. Legt ein Nutzer zum Beispiel den Pfad Social > Search > Email zurück, erhält jeder Kanal ein Drittel der Conversion gutgeschrieben.
Positionsbasiert	Der erste und der letzte Kanal erhalten jeweils 40 % Anteil an einer Conversion zugeordnet, alle übrigen Kanäle dazwischen teilen sich die übrigen 20 %.
Zeitverlauf	Unterschiedliche Kanäle werden abhängig vom zeitlichen Abstand zur Conversion bewertet. Je näher der Kanal an der Conversion liegt, umso mehr Anteil wird berechnet. In der Rückbetrachtung teilt sich alle 7 Tage die Wertigkeit. Liegt ein Kanal eine Woche vor der Conversion, ist sein Einfluss halb so groß wie am Tag der Conversion selbst.
Letzter Ads-Klicks	Wie LETZTER KLICK, aber wenn es im Customer-Pfad einen Kontakt mit dem Google-Ads-Netzwerk gab, wird diesem letzten Klick 100 % der Conversion zugeordnet.

Tabelle 4.6 Attributionsmodelle in GA4

Für alle Modelle gilt: Dem Kanal *Direct* werden Conversions nur zugeordnet, wenn er der einzige Kanal eines Nutzers war (egal ob dieser Nutzer ein- oder mehrfach auf dem Angebot war). Bei einem Nutzer mit dem Conversion-Pfad Display > Social > Search > Direct bekäme im *Letzter Klick*-Modell SEARCH die Conversion zugeordnet.

4.3.2 Attributionsmodelle und ihre Auswirkungen vergleichen

Mit dem Bericht *Modellvergleich* können Sie die unterschiedlichen Attributions-modelle gegenüberstellen und die Auswirkungen auf Ihre Conversion- und Umsatz-zahlen betrachten.

Standard-Channelgruppierung ▼ +	↓ Conversions	Umsatz	Conversions	Umsatz	Conversions	Umsatz
	10.340 100 % der Gesamtsumme	18.315.523,98 € 100 % der Gesamtsumme	10.340,00 100 % der Gesamtsumme	18.315.523,96 € 100 % der Gesamtsumme	0 %	>-0,01 %
1　Direct	4.701	5.966.296,12 €	4.701,00	5.966.296,12 €	0 %	0 %
2　Paid Search	2.740	6.912.444,23 €	2.701,61	7.202.181,04 €	-1,4 %	4,19 %
3　Organic Search	2.209	4.211.253,87 €	2.277,08	3.939.831,06 €	3,08 %	-6,45 %
4　Email	437	1.039.235,65 €	423,91	1.029.258,09 €	-3 %	-0,96 %
5　Referral	147	112.292,52 €	136,96	106.873,94 €	-6,83 %	-4,83 %

Abbildung 4.39 Stellen Sie Attributionsmodelle gegenüber.

In der ersten Spalte der Tabelle wählen Sie die Ebene aus, auf der Sie Quellen betrachten wollen: Channel, Quelle, Medium oder Kampagne. In den beiden mittleren Spalten geben Sie jeweils ein Attributionsmodell an und erhalten die Conversions und den Umsatz, wie sie nach diesem Modell berechnet werden. Die vierte und letzte Spalte zeigt die prozentuale Abweichung der beiden Modelle voneinander.

Im Beispiel aus Abbildung 4.39 stehen sich Daten für das Modell Letzter Klick und das Datengetriebene Modell gegenüber. Einige Verschiebungen sind erkennbar, aber interessanterweise ändern sich Conversions und Umsatz nicht im gleichen Maße. Bei kleinen Datenmengen führt die Art der Berechnung des datengetriebenen Modells zu einer hohen Ähnlichkeit mit dem *Letzter Klick*-Modell.

Zwei Vergleiche zum Ausprobieren:

► Im Vergleich von *Letzter Klick* zu *Erster Klick* können Sie Kanäle identifizieren, die Nutzer erfolgreich in den Verkaufsprozess einschleusen, auch wenn sie nicht der letzte Touchpoint sind. Mehr Budget in diesen Kanal bringt mehr neue Nutzer zu Ihrem Angebot, die am Ende auch eine Conversion produzieren.

► Ein Vergleich mit dem *linearen Modell* kann Kanäle aufzeigen, die vielleicht nicht so oft als finaler Touchpoint auffallen, aber die in allen Phasen des Conversion-Pfads wichtig sind.

4.3.3 Touchpoints vor dem Abschluss: Conversion-Pfade

Im Bericht *Conversion-Pfade* können Sie die unterschiedlichen Attributionsmodelle detaillierter betrachten. Auch in diesem Bericht können Sie einzelne Conversions betrachten oder mehrere Conversions als Gruppe untersuchen.

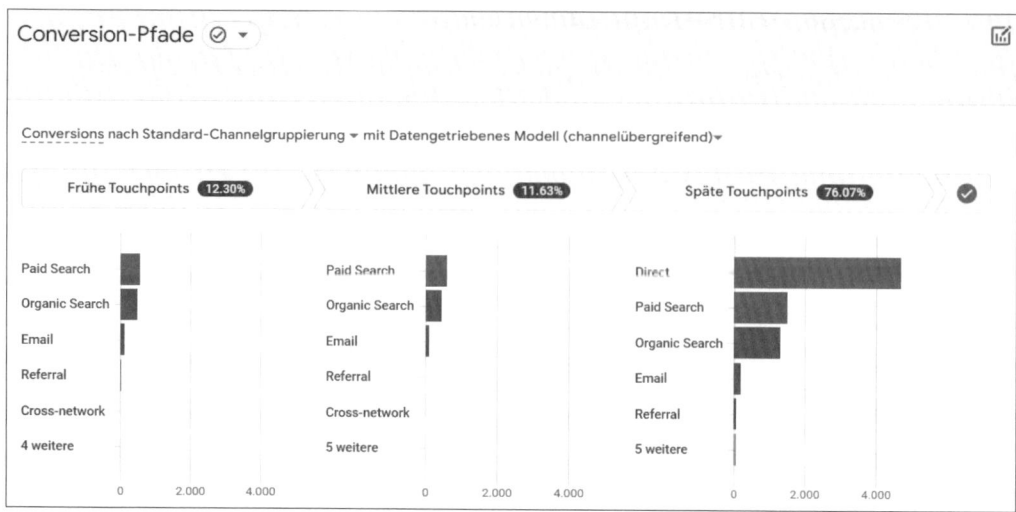

Abbildung 4.40 Wann hilft welche Quelle im Conversion-Prozess?

Das Diagramm zu Beginn der Berichtsseite in Abbildung 4.40 unterteilt die Conversion-Pfade der Nutzer in drei Abschnitte: FRÜHE (25 % der Touchpoints im Pfad), MITTLERE (50 %) und SPÄTE TOUCHPOINTS (25 %). Die obere Leiste zeigt die prozentuale Verteilung der Conversions auf diese drei Abschnitte; die Gesamtzahl wird angezeigt, wenn Sie die Maus auf den jeweiligen Abschnitt positionieren.

Diese Prozentwerte sind je nach Modell unterschiedlich. Beim Modell *Letzter Klick* sind 100 % der Conversions im dritten Abschnitt, da das Modell nur den letzten Touchpoint wertet. Beim Modell *Erster Klick* sind dagegen 100 % bei den frühen Touchpoints verortet.

Im Diagramm aus Abbildung 4.41 sehen Sie quasi die Einzelteile für die Berechnung des jeweiligen Modells. Im Modellvergleich und in den Akquisitionsberichten wird nur noch das Ergebnis dieser Berechnung ausgegeben. Die Conversion-Zahl errechnet sich aus den Werten der drei Touchpoint-Abschnitte.

Standard-Channelgruppierung ▾	↓ Conversions	Umsatz aus Käufen	Tage bis Conversion	Touchpoints bis zur Conversion
	137,00 100 % der Gesamtsumme	0,00 €	6,27 Durchschn. 0 %	3,44 Durchschn. 0 %
1 Direct 100%	50,00	0,00 €	0,00	1,00
2 Paid Search 100%	23,00	0,00 €	0,00	1,00
3 Organic Search × 2 100%	16,00	0,00 €	0,00	2,00
4 Organic Search × 5 0% ⟩ Paid Search 100%	8,00	0,00 €	36,00	6,00
5 Organic Search × 4 100%	7,00	0,00 €	4,29	4,00
6 Organic Search × 3 100%	7,00	0,00 €	26,43	3,00
7 Paid Search 100% ⟩ Organic Search × 2 0%	2,00	0,00 €	0,00	3,00

Abbildung 4.41 Einzelteile der Nutzerpfade

In der Datentabelle in der unteren Hälfte des Berichts sehen Sie die verschiedenen Conversion-Pfade, die Nutzer genommen haben. Neben der Anzahl der CONVERSIONS und dem UMSATZ AUS KÄUFEN finden Sie Spalten zu TAGE BIS CONVERSION und TOUCHPOINTS BIS ZUR CONVERSION. Beides gibt Ihnen einen besseren Einblick in den Zeitraum, den Nutzer mit Ihrem Angebot interagieren, bevor sie dann final eine Conversion auslösen.

Abbildung 4.42 Icon zum Einrichten eines Vergleichs

Mit der Option VERGLEICHE BEARBEITEN können Sie zusätzliche Filter auf den Bericht anwenden, wie etwa Alter, Land oder auch eine definierte Zielgruppe. Außerdem können Sie im Vergleich die Mindestanzahl von Touchpoints festlegen, die in einem Conversion-Pfad vorkommen müssen (siehe Abbildung 4.43). So lassen sich »Einzel-Pfade« ausschließen, bei denen Nutzer gar nicht mehrmals zum Angebot kamen.

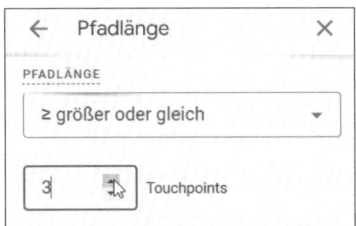

Abbildung 4.43 Wie oft müssen Nutzer auf Ihre Website gekommen sein?

4.3.4 Das Attributionsmodell der Berichtserstellung

Die Berichte im Bereich AKQUISITION, über die Sie in Abschnitt 4.1 gelesen haben, ordnen Conversions nach dem datengetriebenen Modell zu. Diese Grundeinstellung können Sie in der Property-Verwaltung unter dem Punkt ATTRIBUTIONSEINSTELLUNGEN ändern (siehe Abbildung 4.44). Die neue Einstellung wirkt sich sowohl auf die Berichte unter AKQUISITION als auch auf von Ihnen selbst erstellte Berichte im Bereich EXPL. DATENANALYSE aus.

Sie können jedes der weiter oben genannten Modelle für Ihre Berichtserstellung auswählen, auch wenn das *datengetriebene Modell* das von Google empfohlene ist. Unabhängig von diesen Einstellungen sind die Berichte unter WERBUNG zu finden (also der Modellvergleich und die Conversion-Pfade), da Sie dort ja explizit unterschiedliche Varianten vergleichen können.

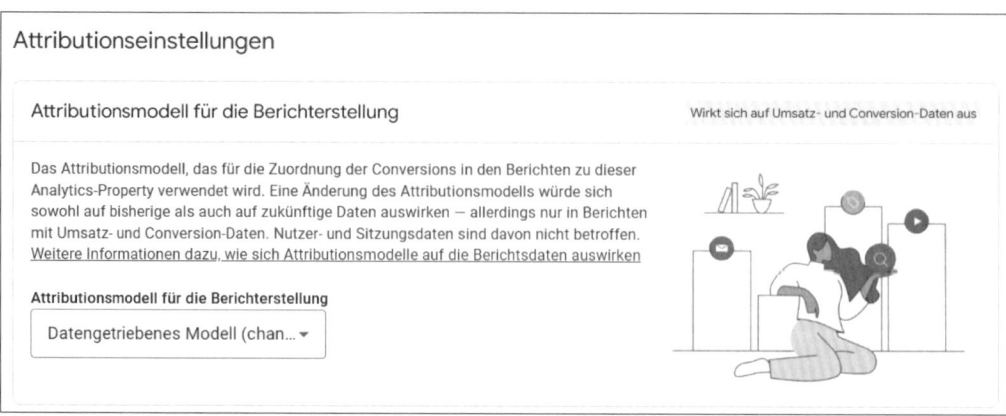

Abbildung 4.44 Mit welchem Attributionsmodell soll GA4 arbeiten?

> **Das Non-Direct-Last-Click-Modell**
>
> In Universal Analytics war das Standardmodell für Conversions-Zuordnungen in Berichten das *Non-Direct-Last-Click-Modell*. Diesem entspricht in GA4 das Modell *Letzter Klick*.

Ebenfalls in den Einstellungen können Sie das *Lookback-Window* verändern (siehe Abbildung 4.45). Dieses bestimmt, wie groß der Abstand zwischen Touchpoints sein darf, um als zusammenhängender Conversion-Pfad betrachtet zu werden.

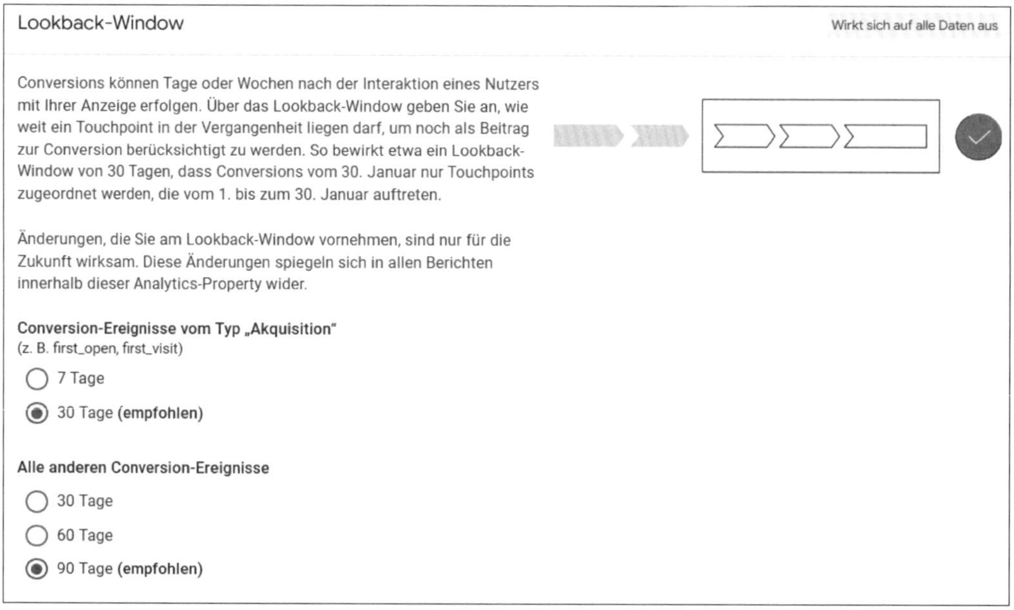

Lookback-Window Wirkt sich auf alle Daten aus

Conversions können Tage oder Wochen nach der Interaktion eines Nutzers mit Ihrer Anzeige erfolgen. Über das Lookback-Window geben Sie an, wie weit ein Touchpoint in der Vergangenheit liegen darf, um noch als Beitrag zur Conversion berücksichtigt zu werden. So bewirkt etwa ein Lookback-Window von 30 Tagen, dass Conversions vom 30. Januar nur Touchpoints zugeordnet werden, die vom 1. bis zum 30. Januar auftreten.

Änderungen, die Sie am Lookback-Window vornehmen, sind nur für die Zukunft wirksam. Diese Änderungen spiegeln sich in allen Berichten innerhalb dieser Analytics-Property wider.

Conversion-Ereignisse vom Typ „Akquisition"
(z. B. first_open, first_visit)

○ 7 Tage
◉ 30 Tage **(empfohlen)**

Alle anderen Conversion-Ereignisse

○ 30 Tage
○ 60 Tage
◉ 90 Tage **(empfohlen)**

Abbildung 4.45 Wie lange soll der Rückblick für die Attribution sein?

Wenn Ihr Angebot sehr kurzfristige Pfade hat, weil sich zum Beispiel Ihre Produkte und Kampagnen häufig ändern, können Sie sich eine Anpassung überlegen. In den meisten Fällen erzielen Sie mit längeren Zeiträumen einen besseren Gesamtüberblick. Ob eine Anpassung der Attributionseinstellungen für Ihr Angebot sinnvoll ist, können Sie vorab im Bereich Werbung überprüfen.

4.4   Verknüpfung mit Google Ads einrichten

Mit Google Ads bietet Google Werbetreibenden die Möglichkeit, Anzeigen auf Suchanfragen in der Google-Suche zu schalten. Mit einem Ads-Konto können außerdem Display-Kampagnen im Google Displaynetzwerk und Anzeigen auf YouTube geschaltet werden. Für alle diese Kanäle werden im Ads-Konto Statistiken über Einblendungen und Klicks gesammelt.

Nach einem Klick auf eine Anzeige landen Nutzer auf einem Online-Angebot und können dort weitere Aktionen durchführen. Solche Aktivitäten können ebenfalls im Google-Ads-Konto protokolliert und mit den Kampagnen verknüpft werden. Für das Tracking können Sie entweder einen Google-Ads-Tracking-Code verwenden oder Conversions aus GA4 importieren.

Durch eine Verknüpfung von Google Ads mit GA4 ergeben sich einige Optionen zum Datenaustausch:

▶ Namen von Konten, Kampagnen, Anzeigengruppen von Ads nach GA4 (erfordern Automatisches Tagging)

▶ Impressionen, Klicks und Kosten von Ads nach GA4 (erfordern Automatisches Tagging)

▶ Conversions und Umsatz von GA4 nach Ads

▶ Zielgruppen für Remarketing von GA4 nach Ads

4.4.1   Analytics- und Ads-Konten verknüpfen

Um ein GA4- und ein Google-Ads-Konto zu verbinden, benötigen Sie zunächst Zugriff auf beide Konten mit Admin- bzw. Editor-Rechten. Die Verknüpfung richten Sie in der Verwaltung unter Google Ads-Verknüpfungen ein. Starten Sie den zugehörigen Dialog mit dem Button Verknüpfen.

Im nun angezeigten Fenster (siehe Abbildung 4.46) gelangen Sie nach einem Klick auf Google Ads-Konten auswählen auf eine Liste aller Google Ads-Konten, auf die Sie Zugriff und für die Sie die nötigen Berechtigungen haben. Sie können ein Konto oder mehrere Konten verbinden; bis zu 20 gleichzeitige Verknüpfungen sind möglich.

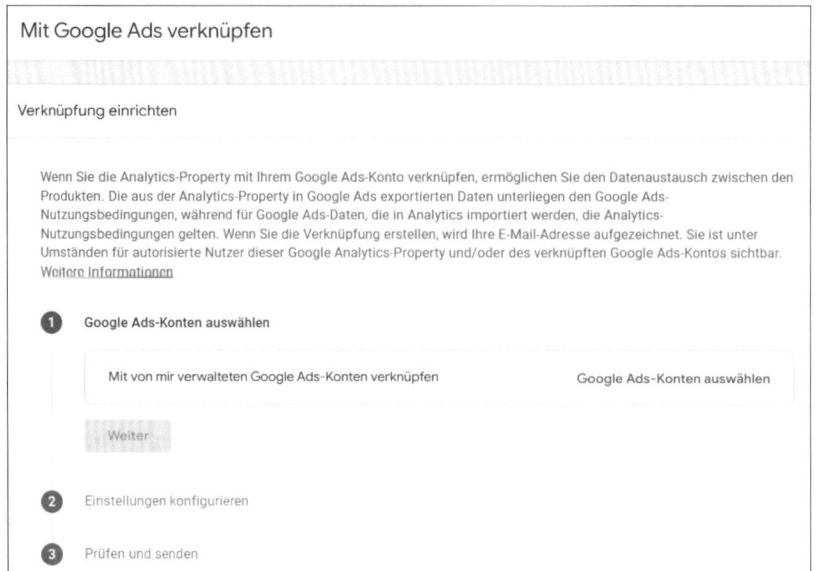

Abbildung 4.46 Analytics führt Sie über mehrere Schritte zu einer Verknüpfung mit Google Ads.

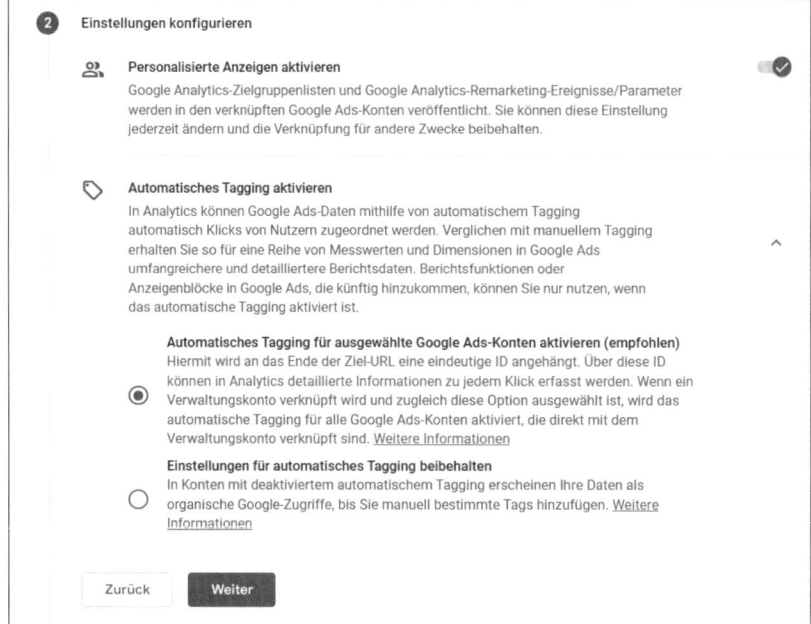

Abbildung 4.47 Ads-Anzeigen automatisch für Kampagnen markieren

Der nächste Schritt fragt zwei wichtige Voraussetzungen für das Nutzen der Ads-Verknüpfung ab (siehe Abbildung 4.47). Im ersten Punkt können Sie Personalisierte

ANZEIGEN AKTIVIEREN (die Vorauswahl) bzw. deaktivieren. Durch diese Option werden für Nutzer Ihrer Website beim Aufruf des Analytics-Tags alle nötigen Informationen an das Google-Ads-Netzwerk weitergeleitet, um diese Nutzer später für *Remarketing* ansprechen zu können.

> **Was ist Remarketing in Google Ads?**
>
> Der Begriff *Remarketing* bezeichnet die erneute Ansprache von Nutzern, die Sie bereits von einem früheren Besuch Ihres Angebots »kennen«. Anhand der aufgerufenen Inhalte und gemessener Aktionen können Sie die Anzeigen für diese Nutzer individualisieren. So können Sie beispielsweise Nutzern, die auf Ihrem Angebot Produktinhalte aufgerufen haben, genau zu diesen Produkten erneut Werbung ausspielen.

Mit der zweiten Einstellung, AUTOMATISCHES TAGGING AKTIVIEREN, wird bei den Links in Google-Anzeigen der URL-Parameter *gclid* angehängt, der eine lange Code-Nummer enthält und es GA4 ermöglicht, den gemessenen Nutzer mit der geklickten Anzeige und dem Anzeigentext zu verknüpfen. Sie haben zwar auch die Möglichkeit, Ads-Anzeigen mit UTM-Parametern zu versehen, in den allermeisten Fällen wird die *gclid*-Variante aber die verlässlichere sein. Wenn Sie also selbst keinen speziellen Grund haben, das automatische Tagging zu deaktivieren, lassen Sie diese Einstellung so, wie sie ist.

Nach einer finalen Zusammenfassung der Einstellungen zur Überprüfung können Sie die Verknüpfung absenden. In der Liste erscheint anschließend der Eintrag mit den wichtigsten Kontodaten (siehe Abbildung 4.48).

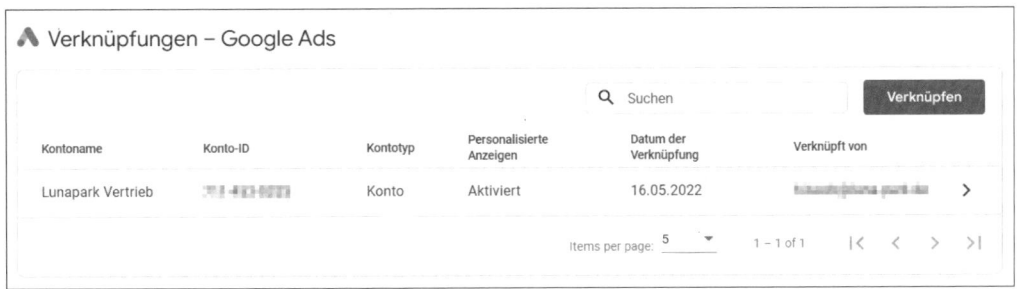

Abbildung 4.48 Eingerichtete Ads-Verknüpfung in der Übersicht

Sie können die vorgenommenen Einstellungen jederzeit wieder ändern, indem Sie mit einem Klick auf den Eintrag zu den Detaileinstellungen gehen.

4.4.2   Ads-Berichte in GA4

Ist die Verknüpfung eingerichtet, beginnt GA4 den Datenaustausch mit Google Ads. Haben Sie das Automatisches Tagging aktiviert, werden die gesammelten *gclid*-Parameter in Kampagnennamen und Anzeigeninformationen aufgelöst. Dieser Vorgang funktioniert übrigens auch rückwirkend, wenn das Automatische Tagging bereits vor dem Verknüpfen eingeschaltet war (im Ads-Konto).

In der AKQUISITIONSÜBERSICHT finden Sie eine Kachel, die nun Daten über die Google-Ads-Kampagnen enthält (siehe Abbildung 4.49). Der Link unter der Kachel GOOGLE ADS-KAMPAGNEN ANSEHEN führt Sie zu einem Bericht der gesammelten und ausgetauschten Ads-Daten (siehe Abbildung 4.50). Merkwürdigerweise ist dieser Bericht nicht im Menü zu finden; Sie gelangen nur über die Akquisitionsübersicht dorthin. In Kapitel 7, »Eigene Reports anpassen und erstellen«, lesen Sie, wie Sie Menüs in GA4 anpassen und um Berichte erweitern können.

Sitzungen ▾ nach Sitzung – Google Ads-Kampagne ▾	▼
SITZUNG – GOOGLE ADS…	SITZUNGEN
01_Brand	117
01_Omnichannel	49
01_B2B	48
01_Online	43
01_Content	33
01_SEO	29
01_SEA	24
Google Ads-Kampagnen ansehen →	

Abbildung 4.49 Ads-Daten als Kachel in der Akquisitionsübersicht

In der ersten Spalte der Tabelle wird normalerweise der Name der *Google Ads-Kampagne* angezeigt. Sie können aber auch umschalten auf das *Konto*, die *Anzeigengruppe*, den *Keyword-Text* und die ursprüngliche *Suchanfrage*.

Die weiteren Spalten enthalten zunächst die bekannten Messwerte *Nutzer*, *Sitzungen* und *Sitzungen mit Interaktionen*. Daran anschließend folgen importierte Daten aus dem Ads-Konto:

► Ads-Klicks

► Kosten

► Cost-per-Click

Abschließend sehen Sie wieder die bekannten Spalten zu *Ereignissen*, *Conversions* und *Umsatz*. Hier gibt es aber eine Besonderheit: GA4 hat in diesem Bericht Kostendaten vorliegen, die es mit Aktionen in Bezug setzt. So werden für Conversions nicht nur die reine Anzahl, sondern die durchschnittlichen *Kosten pro Conversion* (COST-PER-CONVERSION) ausrechnet.

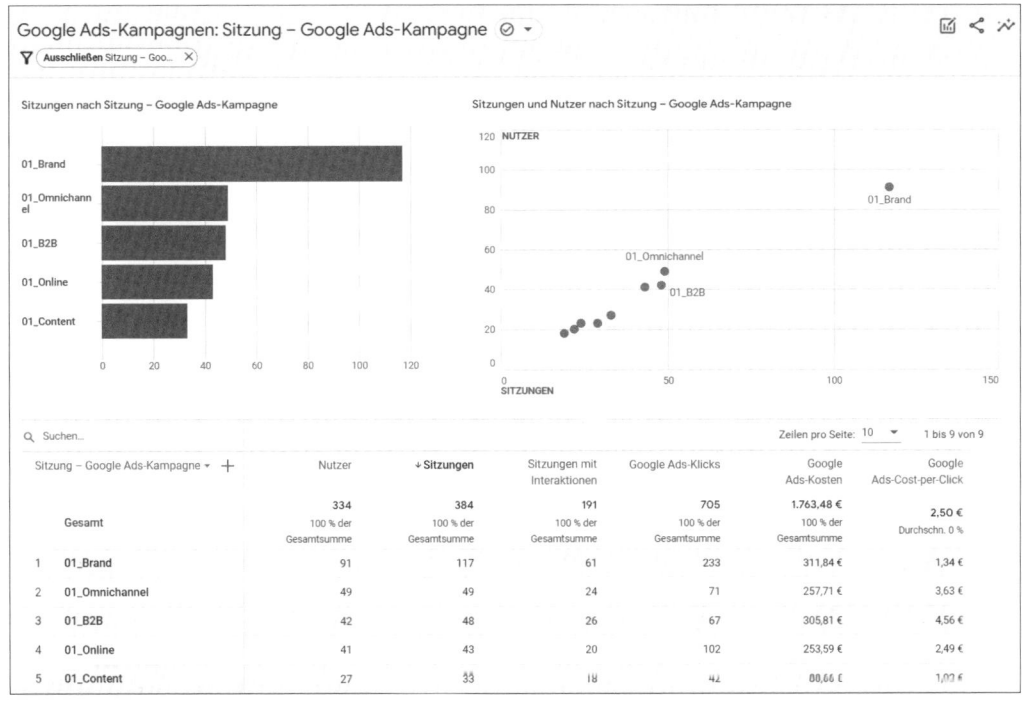

Abbildung 4.50 Der Detailbericht zu Ads ist nur über die Übersicht zu erreichen.

Sammelt die Property Umsatzeinnahmen für Verkäufe oder Conversions, so berechnet GA4 für die Kampagnen (Anzeigen etc.) den ROAS (*Return on Advertising Spend*). Das sind die Einnahmen aus Conversions über diese Kampagne abzüglich der Werbekosten für diese Kampagne.

Mit diesen Werten können Sie Kampagnen besser bewerten. Viele Verkäufe über eine Anzeige sind schön – ist diese Anzeige aber doppelt so teuer wie alle anderen, sollte sie auch doppelt so viele Einnahmen erwirtschaften. Sonst haben Sie viele Nutzer, aber am Ende dennoch keine Einnahmen.

> **Klicks und Nutzer**
>
> Für diese Werte ist es wichtig zu verstehen, dass sie im Ads-Konto gesammelt werden. Beim Ausspielen auf den eigenen Angeboten hat Google die Einwilligung zur Erfassung aller Daten. Die Klicks und Kosten beziehen sich daher immer auf 100 % der Nutzer, die eine Anzeige angeklickt haben. Die daraus in GA4 resultierenden Nutzer- und Sitzungszahlen werden erst nach Bestätigung der Consent-Abfrage und mit Einwilligung des Nutzers erfasst. Daraus ergeben sich zwangsläufig Lücken zwischen Klicks und Sitzungen (vergleichen Sie dazu auch Abschnitt 4.1.6 in diesem Kapitel).

4.4.3 GA4-Conversions im Ads-Konto importieren

Sie können *Conversions* aus einer GA4-Property in ein Google-Ads-Konto importieren. Die Voraussetzung dafür ist eine bestehende Verknüpfung. Im Ads-Konto gehen Sie unter Tools und EINSTELLUNGEN • MESSUNG auf CONVERSIONS. Dort können Sie mit dem Button eine NEUE CONVERSION-AKTION erstellen (siehe Abbildung 4.51).

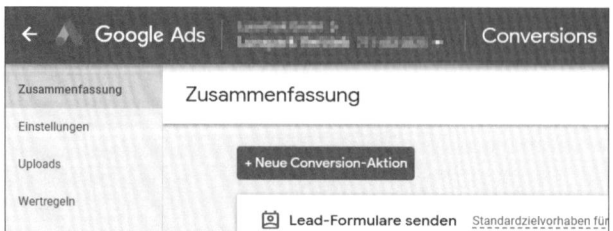

Abbildung 4.51 Neue Conversions im Ads-Konto

Klicken Sie auf der folgenden Seite auf den Punkt IMPORT, und wählen Sie dann GOOGLE ANALYTICS 4-PROPERTIES. Für eine Website klicken Sie nun noch den Punkt WEB an und bestätigen mit WEITER. Jetzt erscheint eine Liste aller GA4-Conversions, die Ads in verknüpften Konten findet (siehe Abbildung 4.52). Wählen Sie alle gewünschten Conversions aus, und bestätigen Sie mit IMPORTIEREN UND FORTFAHREN.

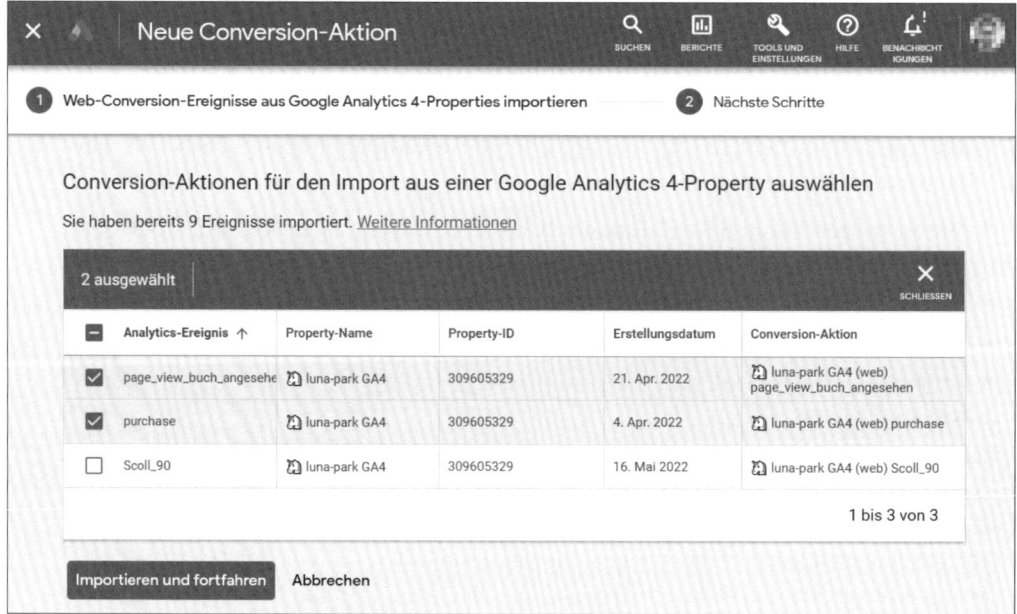

Abbildung 4.52 So importieren Sie Conversions aus GA4 in Ads.

Dann erscheint eine finale Bestätigungsmeldung, und die Conversions sind importiert.

4.4.4   GA4-Zielgruppen ins Ads-Konto importieren

Indem Sie *Zielgruppen* aus GA4 in Ihr Google-Ads-Konto importieren, können Sie Werbeanzeigen gezielt an diese Nutzer ausspielen. Damit dieser Datenaustausch funktioniert, müssen Sie in der GA4-Property die Datenerhebung durch *Google-Signale* aktiviert haben. Dadurch werden die Nutzer von dem GA4 auf Ihrer Website mit dem Google-Werbenetzwerk verknüpft und übergreifend erkannt.

Zur Einrichtung gehen Sie in der Verwaltung zum Punkt DATENEINSTELLUNGEN • DATENERHEBUNGEN. Dort starten Sie mit ERSTE SCHRITTE den Prozess. Auf dem folgenden Bildschirm finden Sie weitere Informationen (siehe Abbildung 4.53) und können schließlich die Google-Signale freischalten.

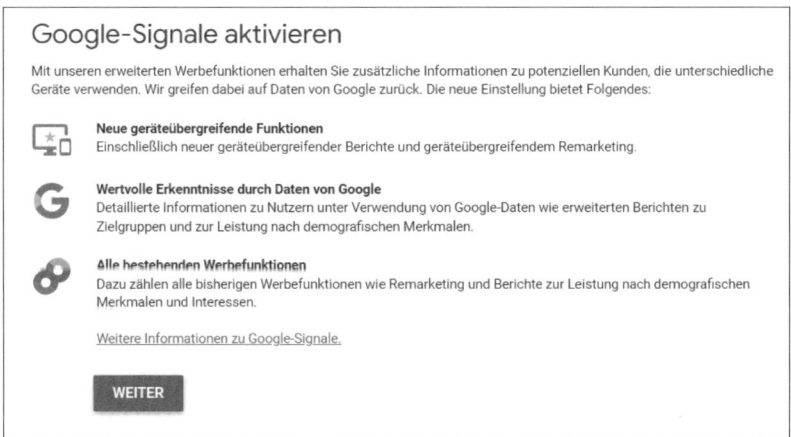

Abbildung 4.53 Google-Signale verbessert die Nutzererkennung.

Wieder zurück auf der Übersicht können Sie noch einige Optionen konfigurieren: So lässt sich die DETAILLIERTE STANDORT- UND GERÄTEERFASSUNG deaktivieren oder auf einzelne Länder beschränken. Ebenso können Sie personalisierte Anzeigen für einzelne Regionen deaktivieren.

Am Ende der Seite müssen Sie noch den Button unter BESTÄTIGUNG FÜR NUTZER-DATENERHEBUNG anklicken (siehe Abbildung 4.54). Damit versichern Sie, dass Sie für die Datenerhebung alle nötigen Einwilligungen Ihrer Nutzer eingeholt haben.

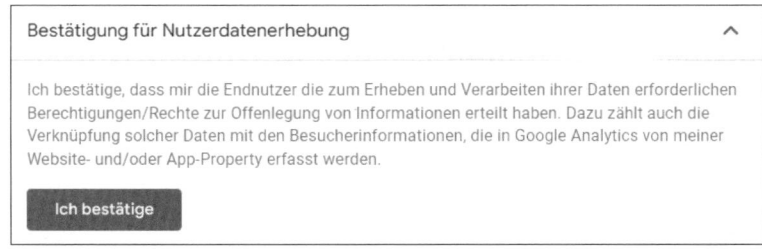

Abbildung 4.54 Die nötigen Einwilligungen der Nutzer müssen Sie einholen.

Im Google-Ads-Konto importieren Sie *Zielgruppen* unter dem Punkt KUNDENAKQUI-SITION, und zwar ebenfalls auf der Conversions-Übersichtsseite. Ein Klick auf EIN-RICHTEN startet den Prozess (siehe Abbildung 4.55).

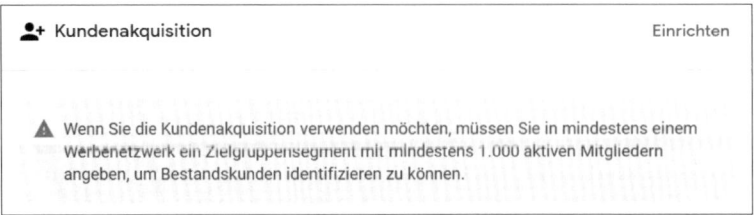

Abbildung 4.55 Zielgruppen brauchen mindestens 1000 Mitglieder.

Auf der folgenden Seite können Sie in der Eingabe die Zielgruppen der verknüpften Konten auswählen (siehe Abbildung 4.56). Sind genügend Nutzer aus dem Google Werbenetzwerk in der Liste enthalten (mindestens 1000), ist die nötige Anforderung erfüllt und Sie können die Liste übernehmen.

× Kundenakquisition für dieses Konto einrichten

Bestandskundeliste definieren

Mithilfe von Zielgruppensegmenten Ihrer aktuellen Kunden können wir Neukunden einfacher identifizieren. Damit ein Segment für die Kundenakquisition infrage kommt, muss es mindestens 1.000 aktive Mitglieder im YouTube- oder Suchnetzwerk enthalten. Sie können Ihre Segmente im Bereich Zielgruppenverwaltung ändern. ⑦

Zielgruppensegment	Anforderungen an die Werbenetzwerkgröße	
All Users of 🚀 lunapark GA4	⊘ Aktiv	⊗

1 ausgewählt (maximal 10 möglich)

🔍 Zielgruppensegmente suchen

Suche **Suchen**

Bisherige Interaktionen mit Ihrem Unternehmen

Websitebesucher ⌃

☐ Abgeschlossene Kundenanfrage (1,5 Jahre)

☐ Abgeschlossene Newsletteranmeldung (1,5 Jahre)

☑ All Users of 🚀 lunapark GA4

Abbildung 4.56 Zielgruppe aus GA4 in Ads importieren

Die Zielgruppe steht Ihnen nun für die Verwendung zur Verfügung. In der ZIELGRUP-PENVERWALTUNG von Google Ads können Sie den Umfang der Gruppen im jeweiligen Werbenetzwerk einsehen (siehe Abbildung 4.57).

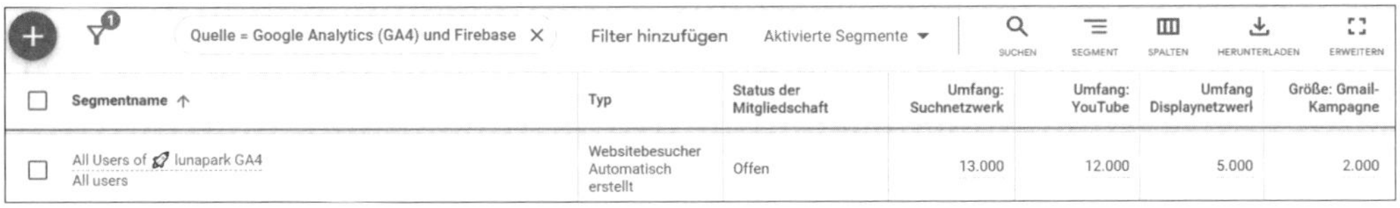

Abbildung 4.57 Importierte Zielgruppen in der Ads-Übersicht

4.4.5   Publisher-Anzeigen durch »Google Ad Manager«-Integration

Im Menü MONETARISIERUNG finden Sie den Bericht PUBLISHER-ANZEIGEN. Dieser wird befüllt, wenn Sie in Ihrem Angebot Anzeigen mithilfe von Google-Publisher-Tags ausspielen und Ihr *Google Ad Manager*-Konto mit der GA4-Property verknüpfen.

Die Verknüpfung wird im Ad Manager erstellt, und nach der Einrichtung wird sie in der Verwaltung unter AD MANAGER-VERKNÜPFUNG gelistet. Durch die Verknüpfung werden die Dimensionen *Anzeigenformat, -quelle* und *block* übernommen sowie die Messwerte *Anzeigenklicks, -impressionen* und *Gesamtumsatz aus Anzeigen* befüllt.

4.5   Die Google Search Console mit GA4 verknüpfen

Die *Google Search Console* (GSC) ist zwar kein direktes Kampagnen- oder Werbetool, gibt Ihnen aber dennoch einen wichtigen Einblick in die Performance Ihrer Website. In der GSC stellt Google die Daten der organischen Suche zu Ihrer Website bereit: Wie gut wird sie gefunden? Mit welchen Begriffen haben Nutzer Ihr Angebot gefunden? Welche Seiten werden wann und wie in der Suche gezeigt?

Die Daten der Search Console sind ein unverzichtbarer Bestandteil in jeder *Suchmaschinenoptimierung* (SEO).

4.5.1   Berichte mit Daten aus der Search Console anreichern

Mit einer Verknüpfung werden diese Daten in Ihrem GA4-Bericht verfügbar und Analytics kann ein vollständigeres Bild der Wege Ihrer Nutzer zeigen.

> **Wo finde ich die Search-Console-Berichte?**
> Nach einer erfolgreichen Verknüpfung erscheinen die Berichte dennoch nicht automatisch im GA4-Menü. Stattdessen müssen Sie die Berichte über die Mediathek hinzufügen. Wie das geht, lesen Sie in Kapitel 7, »Eigene Reports anpassen und erstellen«.

Der Bericht in Abbildung 4.58 zeigt die Einstiegsseiten, auf denen Nutzer aus der Google-Suche auf dem Angebot landen.

Landingpage ▾	+	↓ Klicks bei organischer Suche auf Google	Impressionen bei organischer Suche auf Google	Klickrate bei organischer Suche auf Google	Durchschnit... Position bei organischer Suche auf Google	Nutzer	Sitzungen mit Interaktionen
	Gesamt	5.713 100 % der Gesamtsumme	513.522 100 % der Gesamtsumme	1,11 % 100 % der Gesamtsumme	26,54 100 % der Gesamtsumme	3.950 100 % der Gesamtsumme	3.625 100 % der Gesamtsumme
1	/blog/29148-google-tag-manager/	677	46.796	1,45 %	9,60	342	360
2	/blog/29464-google-search-console-einrichten/	403	24.741	1,63 %	38,35	249	250
3	/ressourcen/seo-ratgeber/suchmaschinen-in-deutschland/	350	23.869	1,47 %	22,67	257	264
4	/blog/29231-google-analytics-einbinden/	343	24.157	1,42 %	13,16	198	199
5	/blog/36826-google-analytics/	318	12.825	2,48 %	23,10	166	168
6	/blog/29329-keywordanalyse/	235	52.440	0,45 %	23,14	132	136
7	/blog/30734-google-tag-manager-konto-einrichten/	234	10.030	2,33 %	6,27	146	144
8	/ressourcen/seo-ratgeber/suchmaschinen-in-russland/	203	4.640	4,38 %	16,13	113	115
9	/ressourcen/content-strategie/	189	12.354	1,53 %	18,94	163	170
10	/blog/36727-google-discovery-ads/	179	5.130	3,49 %	10,78	109	105

Abbildung 4.58 Daten aus GA4 zusammen mit Daten der Search Console

Die Messwerte der ersten vier Spalten kommen aus der Search Console:

▶ Klicks bei organischer Suche auf Google

▶ Impressionen bei organischer Suche auf Google

▶ Klickrate bei organischer Suche auf Google

▶ Durchschnittliche Position bei organischer Suche auf Google

Im Anschluss daran folgen Daten, die GA4 gesammelt hat: *Nutzer, Sitzungen mit Interaktionen* sowie weitere Spalten, die Sie bereits aus anderen Berichten kennen, etwa *Conversions* und *Umsatz*. Durch die Zusammenstellung in einer Tabelle sehen Sie, wie viele der Klicks als Sitzungen auf Ihrem Angebot gelandet sind und ob sich diese Nutzer zu weiteren Inhalten bewegt haben. Nutzer ohne Interaktionen haben wahrscheinlich etwas anderes erwartet oder fühlten sich vom Inhalt der Seiten nicht abgeholt – da sollten Sie noch mal schauen, ob Sie Inhalte optimieren können.

Der ebenfalls vorhandene Bericht zu den SUCHANFRAGEN verknüpft leider die Daten nicht auf der Nutzerebene (siehe Abbildung 4.59). Die Information, welche Suchanfrage ein Nutzer ursprünglich gesucht hat, wird nicht mit zur GA4-Sitzung übergeben. Daher kann GA4 nicht ausgeben, wie sich Nutzer einer Suchanfrage anschließend weiter verhalten haben. Der Bericht enthält nur die importierten Daten zu *Anfragen, Klicks* und *Position* aus der Search Console.

Organische Suchanfrage auf Google ▾ ＋	↓ Klicks bei organischer Suche auf Google	Impressionen bei organischer Suche auf Google	Klickrate bei organischer Suche auf Google	Durchschnittliche Position bei organischer Suche auf Google
Gesamt	3.279 100 % der Gesamtsumme	713.981 100 % der Gesamtsumme	0,46 % 100 % der Gesamtsumme	37,59 100 % der Gesamtsumme
1 google tag manager	287	23.256	1,23 %	4,91
2 google analytics	154	4.351	3,54 %	19,23
3 keyword analyse	90	2.340	3,85 %	7,34
4 content strategie	77	2.710	2,84 %	5,41
5 google search console einrichten	56	500	11,2 %	2,10

Abbildung 4.59 Suchanfragen aus der Search Console in GA4

4.5.2   GA4 und Search Console verknüpfen

Den Datenaustausch einer GA4-Property mit einem Search-Console-Account initiieren Sie in der VERWALTUNG unter dem Punkt SEARCH CONSOLE-VERKNÜPFUNGEN. Im zugehörigen Einrichtungsbildschirm wählen Sie zunächst die Search Console aus, mit der Sie GA4 verbinden möchten (siehe Abbildung 4.60). Mit KONTEN AUSWÄHLEN werden Ihnen alle Einträge angezeigt, auf die Ihr Nutzer Zugriff hat. Sollten Sie noch keinen Search-Console-Eintrag besitzen, müssen Sie Ihre Website zunächst registrieren. Wie das geht, erklären die *weiteren Informationen*, auf die Google aus dem Einleitungstext verlinkt.

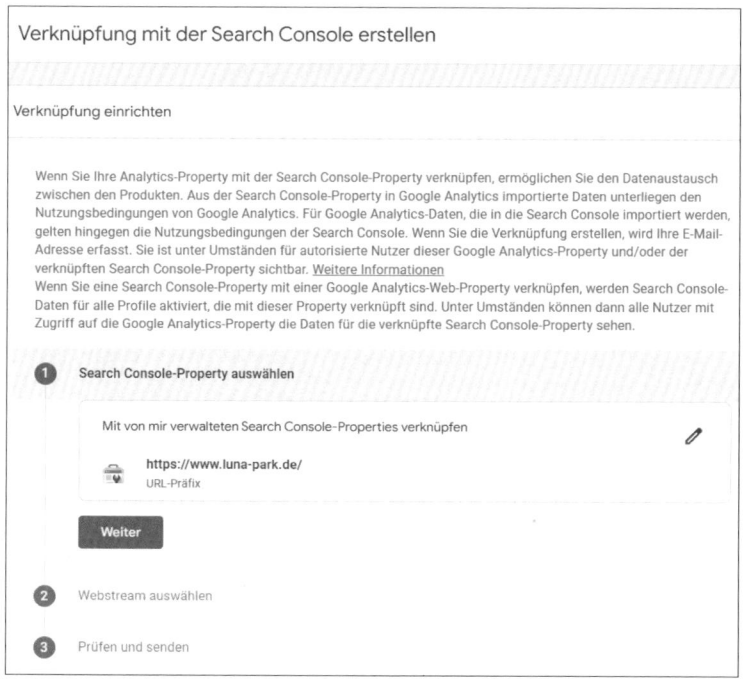

Abbildung 4.60 Verknüpfung von GA4 mit der Google Search Console

Nach der Angabe der richtigen Search Console müssen Sie einen Webstream aus der aktuellen Property auswählen. Bei einer reinen Website sollten Sie nur einen Eintrag sehen und brauchen diesen lediglich zu bestätigen. (Wenn Sie auch App-Daten in die Property laufen lassen, werden hier mehrere Einträge erscheinen.)

Ist der Vorgang erfolgreich abgeschlossen, erscheinen die Eckdaten in der Liste auf der Verknüpfungsseite (siehe Abbildung 4.61). Der VERKNÜPFEN-Button ist von nun an ausgegraut, da Sie nur eine Search Console pro Property verbinden können.

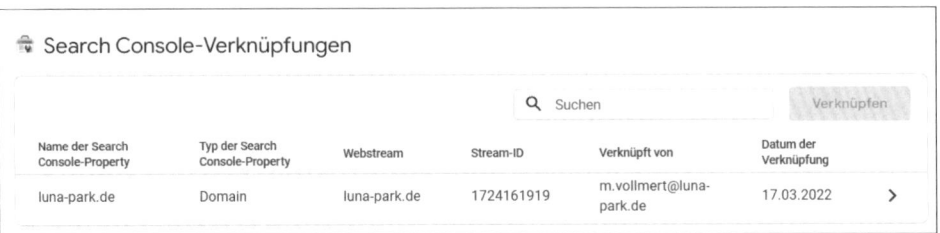

Abbildung 4.61 Nur eine Search-Console-Property pro GA4-Property

Der Datenaustausch zwischen GA4 und der Search Console ist auch rückwirkend: Alle Daten aus der Console sind verfügbar. Diese muss nicht (wie Analytics) zuerst eine gewisse Zeit lang Daten sammeln.

Kapitel 5
Shops bewerten

In einem Shop bieten Sie Ihren Nutzern Ihre Produkte und Leistungen direkt zum Kauf an. Natürlich möchten Sie wissen, wie viel Umsatz die Verkäufe machen und welche Produkte besonders gefragt sind. GA4 bietet Ihnen zur Auswertung spezielle Trackings und Berichte.

Für die Auswertung von Shops verfügt Analytics über eine ganze Reihe empfohlener Ereignisse und Parameter (siehe Abbildung 5.1). Mit diesen können Sie Käufe, Warenkörbe, Bezahlstrecken, Produktansichten und einiges mehr erfassen. Auch für Features, die bei den meisten Shops implementiert sind, gibt es Ereignisse, etwa Logins oder Registrierungen. Mit den speziellen Dimensionen und Messwerten für Produkte können Sie genau verfolgen, was Nutzer Ihres Shops tun.

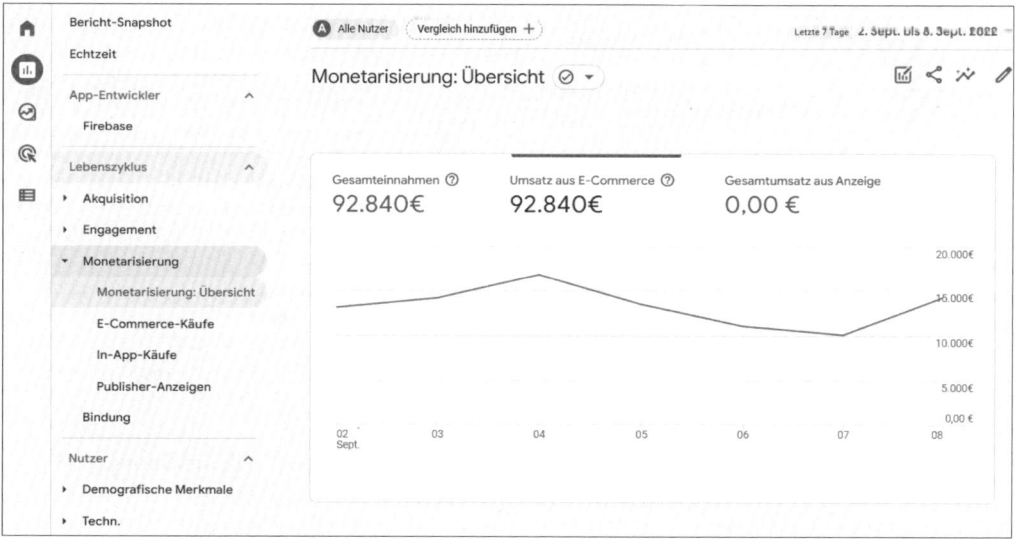

Abbildung 5.1 Monetarisierung: Übersicht in GA4

5.1 Umsätze und Aktionen erfassen

In einem Shop stehen die Interaktionen der Nutzer mit Ihren Produkten im Vordergrund. Mit dem Tracking sollen am Ende Fragen beantwortet werden können wie:

- ▶ Wie viel Umsatz machen die Verkäufe?
- ▶ Welche Produkte werden am häufigsten gekauft?
- ▶ Wie groß ist der durchschnittliche Warenkorb?
- ▶ Welche Produkte werden angeschaut, aber nicht gekauft?
- ▶ Welche Empfehlungen für Käufe erhalten Nutzer vom Shopsystem?

Die Daten für diese Fragen sammelt Analytics mit unterschiedlichen *Ereignissen*. Grob lassen sich diese in drei Themenfelder unterteilen:

- ▶ Aufrufe und Interaktionen mit Produkten im Shop
- ▶ der Bestell- und Bezahlprozess
- ▶ der Verkauf an sich

5.1.1 E-Commerce-Ereignisse

Anhand des Namens entscheidet GA4, wie die zugehörigen Parameter verarbeitet werden. Der Name des Ereignisses übergibt die Information, was für eine Aktion der Nutzer mit den Produkten durchführt. Das jeweilige Ereignis bestimmt, welche Parameter neben der *items*-Liste (Produktliste) zulässig sind.

Ereignis	Beschreibung
purchase	Abschluss eines Kaufs oder einer Bestellung. Wird automatisch als Conversion in GA4 gewertet.
add_to_cart	Hinzufügen eines oder mehrerer Produkte zu einem Warenkorb
begin_checkout	Beginn des Kaufvorgangs, also der Angabe der Kundendaten, Bezahlinformationen usw.
select_item	Klick auf ein Produkt aus einer Liste
select_promotion	Klick auf ein Werbemittel, das innerhalb Ihres Shops angezeigt wird
view_item	Anzeige eines einzelnen Produkts innerhalb des Shops, meistens eine Produktdetailseite
view_item_list	Anzeige einer Liste von Produkten, z. B. Kategorieübersichten oder Suchergebnisse
view_promotion	Anzeige eines Werbemittels innerhalb des Shops für Produkte oder Leistungen

Tabelle 5.1 Liste wichtiger Ereignisse für E-Commerce-Aktionen

Bei eigentlich allen Ereignissen können Sie die Parameter *value* und *currency* übergeben. *value* enthält den monetären Wert, den dieses Ereignis für Conversions übernimmt. Im E-Commerce ist dies normalerweise der Umsatz. Der Parameter *value* ist zwar nicht zwingend erforderlich, Google empfiehlt aber seine Verwendung für Ereignisse, die Sie als Conversion definieren möchten. Die *currency* bestimmt die Währung, in der der *value* für Berechnungen übernommen wird.

5.1.2 Informationen zu Produkten

Außerdem wird bei vielen Ereignissen eine Liste von einem oder mehreren Produkten erwartet. So möchte GA4 nicht nur wissen, dass es eine Bestellung gab, sondern auch, was deren Inhalt war. (Damit unterscheiden sich die E-Commerce-Ereignisse von »einfachen« Ereignissen für Conversions, da Sie neben dem monetären Wert auch Produkte definieren können.)

Ein einzelnes Produkt nennt GA4 im Analytics-Tag *item*. Produkte werden immer innerhalb der Liste *items* übergeben, auch wenn es nur ein einzelnes Produkt im Aufruf gibt. Die items-Liste enthält alle Informationen über die Produkte, mit denen der Nutzer etwas macht. Die Eigenschaften der Produkte werden in mehreren Parameterwerten übergeben.

Es gibt eine ganze Reihe von Werten, die Sie für Produkte erfassen können. Hier sehen Sie ein Beispiel eines Produkteintrags mit den gebräuchlichsten:

```
item_id: "SKU_3263827",
item_name: "Lichtschwert",
currency: "EUR",
item_brand: "Skywalker",
item_category: "Waffe",
item_variant: "green",
price: 499.99,
quantity: 1
```

Listing 5.1 Parameter eines Produktaufrufs

Jedes Feld aus dem Code-Beispiel bestimmt das Produkt ein wenig mehr:

▶ item_id: eine eindeutige Produktnummer oder -kennung

▶ item_name: der Name des Produkts. Sie müssen mindestens eine Kennung oder einen Namen angeben.

▶ currency: die Währung, in der der Preis angegeben ist. Der Wert kann bereits auf Ereignisebene gesetzt worden sein; in diesem Fall kann das Feld entfallen.

- item_category: eine Kategorie zur besseren Beschreibung des Produkttyps. Sie können bis zu 5 Kategorien (item_category2, item_category3 usw.) als jeweils einzelne Parameter übergeben. Dann ist dieser Wert die erste Ebene.

- item_brand: Für jedes Produkt können Sie die Marke als eigene Dimension übergeben und später auswerten.

- item_variant: dient zur Unterscheidung verschiedener Produktausprägungen, z. B. Farbe oder Material.

- quantity: die Menge der Produkte, für die die Aktion gemessen wird. Wenn Sie das Feld frei lassen, wird Analytics als Wert 1 annehmen. Daher können Sie das Feld in vielen Fällen weglassen.

- price: der Preis des Produkts. Da es sich um einen numerischen Wert handelt, wird dieser nicht in Anführungszeichen gesetzt!

Weitere Parameter, die Sie einem Produkt mitgeben können, sind:

- affiliation: der Name einer Partnerwebsite oder eines Partnergeschäfts, die bzw. das Nutzer zu diesem Produkt geführt hat

- coupon: ein Gutscheincode, der für dieses Produkt gilt. Wird in der Dimension *Artikelgutschein* abgelegt.

- discount: Rabatt auf das angezeigte Produkt

- index: die Position bei der Darstellung in einer Liste mit mehreren Produkten

- item_category2 bis item_category5: Für jedes Produkt können bis zu 5 Kategorien angegeben werden.

- item_list_id: bei Darstellung in einer Auflistung die Kennung der Liste

- item_list_name: bei Darstellung in einer Auflistung der Name der Liste

- location_id: Wird das Produkt in einem realen Geschäft angeboten oder ist es dort vorrätig, sollte hier die *Google Place ID* des Geschäfts stehen.

5.1.3 E-Commerce-Daten an GA4 senden

Wie für alle Ereignisse können Sie zur Zählung das Analytics-Tag oder den *Google Tag Manager* verwenden.

Daten im gtag übergeben

Verwenden Sie das Global Site Tag (*gtag*), wird der Code für einzelne Ereignisse (Events) etwa so aussehen wie in Listing 5.2:

```
gtag("event", "view_item", {  // Ereignisname ist view_item
  // Parameter für das Ereignis
```

```
  items: [
    {
      // Liste mit den einzelnen Produkten
    }
  ]
});
```

Listing 5.2 Aufbau des gtag-Events zur Übergabe von E-Commerce-Daten

Daten als Felder im GTM

Beim Einsatz des *Google Tag Managers* (GTM) übergeben Sie die Parameter am besten innerhalb des Tags als einzelne Parameter (siehe Abbildung 5.2). Damit sind Sie flexibel, da Sie die nötigen Werte aus unterschiedlichen Quellen beziehen können und nicht alles im `dataLayer`-Aufruf stehen muss.

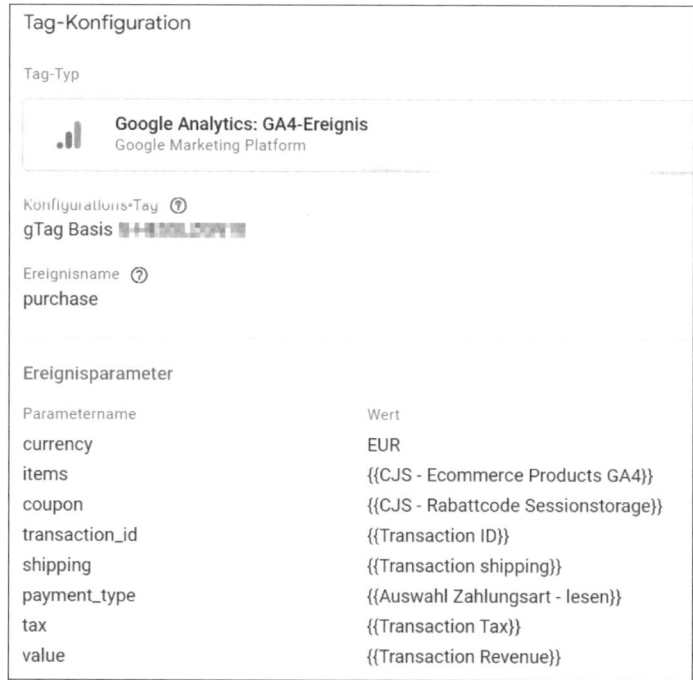

Abbildung 5.2 E-Commerce-Werte als einzelne Felder im GTM

E-Commerce-Daten im dataLayer für GA4

Alternativ können Sie Daten über den *dataLayer* an Events im GTM weitergeben (siehe Listing 5.3):

```
dataLayer.push({ ecommerce: null });  // Vorhandenes E-Commerce-Objekt leeren.
dataLayer.push({
```

```
event: "view_item_list",
ecommerce: {
  items: [
    {
      item_id: "SKU_3263827",
      item_name: "Lichtschwert",
      currency: "EUR",
      discount: 66.99,
      ...
```

Listing 5.3 »dataLayer.push«-Aufrufe mit E-Commerce-Daten

E-Commerce in Universal Analytics und GA4

Viele Funktionen, wie Produktlisten oder interne Werbung, waren auch schon in Universal Analytics vorhanden. Allerdings sind der Aufbau und die Benennungen der Parameter in GA4 teilweise anders und somit nicht eins-zu-eins kompatibel. Die GA4-Tags im Tag Manager und auch die Aufrufe im gtag können zwar mit vorhandenen dataLayer-Aufrufen im Universal-Format umgehen und versuchen, diese zu übersetzen. Das gelingt allerdings nicht in jedem Fall und für jede Funktion, sodass dann einige Dimensionen und Berichte leer bleiben.

Haben Sie eine dataLayer-Implementierung für Universal Analytics und können Sie diese nicht für GA4 im Shop anpassen, extrahieren Sie die Felder am besten selbst mit Variablen im GTM (wie oben im Abschnitt »Daten als Felder im GTM« beschrieben). Dann können Sie außerdem den bestehenden dataLayer für Universal weiterverwenden.

Plugins

Gerade bei Shops ist die Erfassung der unterschiedlichen Parameter nicht ganz banal, da Sie sowohl die Daten vom Shop-System abfragen als auch im richtigen Format an die Tags weitergeben müssen.

Viele Shop-Systeme bieten daher Optionen zum automatischen Einbinden der nötigen Codes an. Oder es gibt Drittanbieter, die per Plugin die nötigen Funktionen einbauen (siehe Abbildung 5.3).

Allerdings sollten Sie vor dem Einsatz solcher Plugins einige Punkte untersuchen:

▶ Werden alle Aktionen und Werte erfasst, die GA4 für Berichte nutzen kann?

▶ Welche Produktinformationen werden gesendet?

▶ Werden Daten direkt mit dem Analytics-Tag an GA4 geschickt?

▶ Können Daten über den Google Tag Manager geleitet werden?

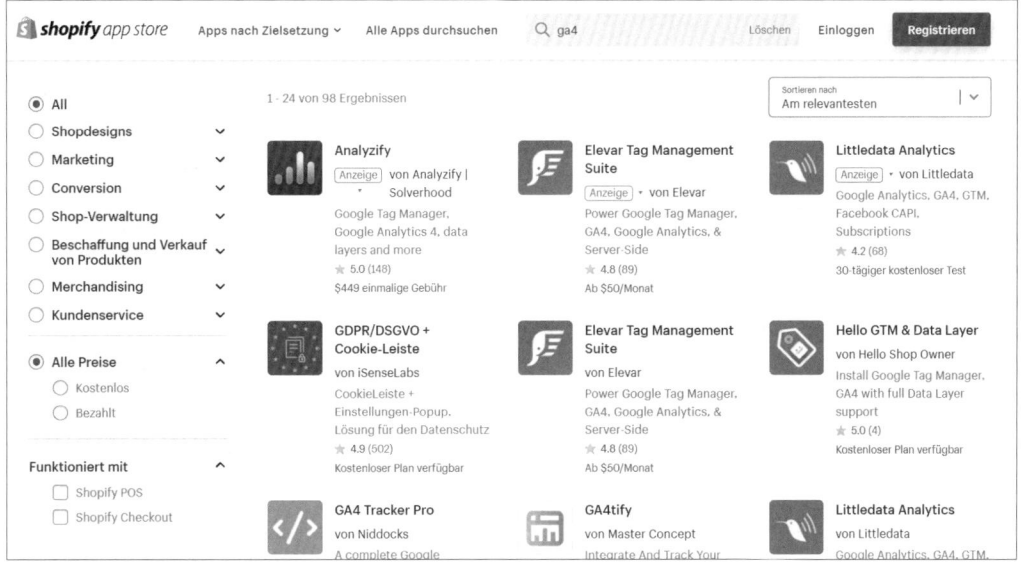

Abbildung 5.3 Plugins zur GA4-Einbindung in »shopfiy«

> **Plugins bei Universal und GA4**
>
> Und prüfen Sie, dass ein Plugin die Daten im richtigen Format für GA4 übergibt und nicht noch an Universal Analytics schickt. Ein Plugin sollte möglichst aktuell sein, gerade dann, wenn Sie es von einem Drittanbieter und nicht vom Shop-Anbieter selbst beziehen.

5.2   E-Commerce-Nutzeraktionen erfassen

Im Folgenden lernen Sie die unterschiedlichen Events kennen – mit einer Beschreibung ihrer Parameter und Einsatzmöglichkeiten. Die Beispiele sind anhand von Amazon gewählt, da auf dieser Website alle Varianten von E-Commerce-Aktionen zu finden sind. (Amazon selbst verwendet übrigens kein Google Analytics.)

5.2.1   Interaktionen mit Produkten im Shop

Für verschiedene Aktionen und Inhalte in einem Shop kennt GA4 *Ereignisse* (Events). Mit den richtigen Parametern gehen diese Aufrufe in die E-Commerce-Berichte ein.

Detaillierte Produktinformationen

Beim Aufruf einer Seite mit detaillierten Informationen zu einem einzelnen Produkt feuern Sie das Ereignis `view_item`. Als Parameter wird eine Produktliste mit einem *item*-Element übergeben.

Abbildung 5.4 Wie wären die E-Commerce-Parameter für diesen Artikel?

Für das Beispielprodukt in Abbildung 5.4 würden für das Produkt die Parameterwerte so übergeben wie in Listing 5.4:

```
gtag("event", "view_item", {
  items: [
    {
      item_id: "SKU_12345",
      item_name: "Duell-Lichtschwerter Smooth Swing FX",
      coupon: "20Euro",         // wenn Feld Coupon ausgewählt
      currency: "EUR",
      discount: 10.00,      // 7 % Rabatt
      item_brand: "Atexbser",
      item_category: "Spielzeug",
      item_category2: "Verkleiden & Kinderrollenspiele",
      item_category3: "Kostümzubehör & Accessoires",
      item_category4: "Spielzeug Waffen",
      item_category5: "Schwerter",
```

```
    item_variant: "Silver",
    price: 129.99,
    quantity: 1
  }
 ]
});
```

Listing 5.4 »view_item«-E-Commerce-Daten mit gtag

Schaltet der Nutzer auf eine andere Variante um, feuern Sie erneut ein `view_item`-Ereignis mit den Parametern.

Die Artikelaufrufe sind in GA4 eine vordefinierte Dimension und werden im E-Commerce-Bericht als eigene Spalte gezeigt.

Kategorieseite oder Produktliste

Beim Aufruf einer Liste mit mehreren Produkten einer Kategorie (siehe Abbildung 5.5) verwenden Sie das Ereignis `view_item_list`. Mit dem Ereignis erfassen Sie den Aufruf der Liste als Ganzes, und zur späteren Unterscheidung übergeben Sie einen Listennamen und/oder eine ID. Beides wird in eigenen Dimensionen gespeichert.

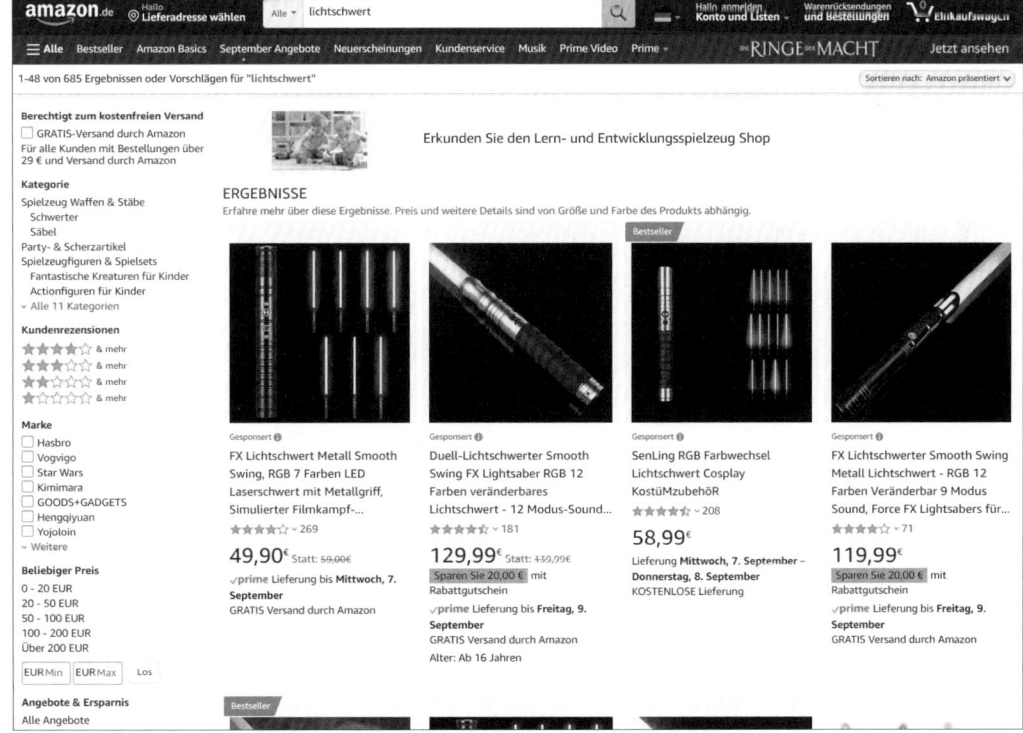

Abbildung 5.5 Kategorieübersicht mit einer Auflistung von Produkten

Als weiterer Parameter kann das Ereignis eine `items`-Liste aller gezeigten Produkte bekommen. Ein besonderes Feld ist der Parameter `index`. Er enthält die Position des Produkts innerhalb der Auflistung.

Das Ereignis `view_item_list` können Sie für alle Produktlisten innerhalb des Shops verwenden, nicht nur für Kategorie-Übersichten. Viele Shops zeigen etwa eine Auflistung verwandter Produkte auf einer Detailseite an (siehe Abbildung 5.6). Auf einer Produktdetailseite müssen Sie dazu zwei Ereignisse feuern: `view_item` für die Produktdetails und `view_item_list` für die Empfehlungen.

Abbildung 5.6 Die empfohlenen Produkte zu einem Artikel messen

Im Code-Beispiel aus Listing 5.5 sehen Sie die Liste mit mehreren Einträgen. Die einzelnen `items` enthalten nur die nötigsten Zeilen:

```
gtag("event", "view_item_list", {
  item_list_name: "Verwandte Produkte",
  items: [
    {
      item_id: "SKU_22845",
      item_name: "Star Wars The Book of Boba Fett",
      currency: "EUR",
      index: 1,        // Position 1 in der Liste
      price: 20.00
    },
    {
      item_id: "SKU_32933",
      item_name: "Star Wars Tatooine Est 1977",
```

```
    currency: "EUR",
    index: 2,           // Position 2 in der Liste
    price: 22.99
  }
 ]
});
```

Listing 5.5 »gtag«-Aufruf mit mehreren »items«

Klick auf das Element einer Liste

Die Auswahl eines Produkts oder den Klick auf ein Produkt in einer Liste erfassen Sie mit dem Ereignis `select_item`. Es kann dieselben Parameter verarbeiten wie `view_item_list`.

Werbung innerhalb des Shops

Innerhalb eines Shops gibt es oft Werbung oder Teaser, die Nutzer auf weitere Produkte oder Inhalte führen sollen (siehe Abbildung 5.7). Im Gegensatz zur Produktliste, bei der immer eindeutige Produkte assoziiert sind, werden bei der Werbung eher die Position und einzelne Werbemittel unterschieden.

Abbildung 5.7 Werbung innerhalb des Shops

Um Aufrufe und Klicks zu messen, bietet GA4 zwei Ereignisse: `view_promotion` zur Erfassung der Einblendungen und `select_promotion` zum Zählen der Klicks auf ein Element. Die Ereignisse haben einige spezielle Parameter, die Sie in Tabelle 5.2 sehen.

Parameter	Beschreibung
`promotion_id`	eindeutige Kennung der Artikelwerbung
`promotion_name`	eindeutiger Name der Artikelwerbung
`creative_name`	Name des Werbemittels bzw. Banners
`creative_slot`	Position der Werbung auf der Seite, z. B. *Kopfzeile* oder *Seitenleiste*
`location_id`	wenn die Werbung ein reales Geschäft bewirbt: die Google Place ID

Tabelle 5.2 Parameter der promotion-Ereignisse

Produkte im Warenkorb oder auf der Wunschliste

Bietet der Shop einen Warenkorb, so können Sie das Hinzufügen bzw. Entfernen von Produkten erfassen. Als Parameter übergeben Sie eine Liste der Produkte, für die diese Aktion durchgeführt wird.

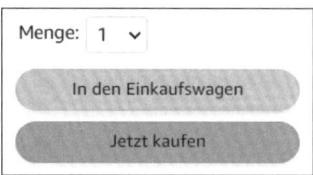

Abbildung 5.8 Button zum Kaufen oder Hinzufügen zum Warenkorb

Beim Klick auf In den Einkaufswagen sollte `add_to_cart` gefeuert werden (siehe Abbildung 5.8). Die Menge der ausgewählten Produkte wird für jeden Eintrag mit dem Feld `quantity` übergeben. Das Hinzufügen zum Einkaufswagen wird als eigener Messwert gespeichert und ist als Spalte im E-Commerce-Bericht verfügbar.

Das Löschen eines Produkts wird mit dem Ereignis `remove_from_cart` erfasst; die Parameter sind identisch zum `add`-Ereignis.

Sieht ein Nutzer den Warenkorb samt Inhalt an, feuern Sie `view_cart` mit den enthaltenen Produkten als `items`-Liste.

Ähnlich wie der Warenkorb funktioniert eine Wunschliste. Nutzen Sie als Ereignis `add_to_wishlist` (siehe Abbildung 5.9).

Abbildung 5.9 Hinzufügen eines Artikels zur Wunschliste

5.2.2 Der Bestellprozess

Der Bestellprozess beschreibt die Schritte, die ein Nutzer nach Auswahl von Produkten bis zum abgeschlossenen Kauf durchlaufen muss. Dazu zählen die Eingabe von Adress- und Bezahldaten. Für die wichtigsten Schritte kennt GA4 vordefinierte Ereignisse.

Der Gang zur Kasse

Der erste Schritt zum Kauf ist der virtuelle Gang zur Kasse. Mit dem Ereignis `begin_checkout` wird der Klick auf Zur Kasse gehen dokumentiert (siehe Abbildung 5.10). Als Parameter übergeben Sie wieder die Liste der einzelnen Produkte.

Der Start des Bestellvorgangs wird im Messwert *Checkouts* festgehalten und kann in eigenen Berichten verwendet werden.

Abbildung 5.10 Mit dem Klick beginnt der Checkout-Vorgang

Versand und Bezahlung

Die Eingabe von Adressdaten lässt sich mit dem Ereignis `add_shipping_info` festhalten. Neben der bekannten Liste der Produkte können Sie Informationen zum Versand im Parameter `shipping_tier` mitgeben, z. B. mit *standard* oder *express*.

Um das Hinzufügen von Zahlungsinformationen zu protokollieren, nutzen Sie das Ereignis `add_payment_info`. Spezifische Informationen zur Zahlungsmethode übergeben Sie im Parameter `payment_type` (z. B. *Giro*, *Paypal*, *Visa*).

Die beiden Ereignisse werden nicht zusätzlich als Messwert gespeichert.

Weitere Schritte

Sollte Ihr Prozess mehr Schritte enthalten, können Sie eigene Ereignisnamen ergänzen. Verwenden Sie dabei dieselben Parameter und Feldnamen wie in den beschriebenen Schritten.

> **Eigene Dimensionen für Produkte**
>
> Sie können den Ereignissen auch selbst definierte Parameter hinzufügen, allerdings nur auf Ereignisebene. In GA konnten benutzerdefinierte Dimensionen auf Produktebene angelegt werden, in GA4 ist das aktuell nicht möglich.

5.2.3   Der Abschluss einer Bestellung

Der Kauf eines oder mehrere Produkte ist wohl die wichtigste Aktion, die Nutzer in einem Shop durchführen können. Er wird mit dem Ereignis `purchase` erfasst und ist in GA4-Properties automatisch als Conversion definiert. Als Parameter erhält das Ereignis neben der `items`-Liste der gekauften Produkte einige besondere Felder, die Sie in Tabelle 5.3 sehen.

Parameter	Beschreibung
`transaction_id`	Eine eindeutige Kennung für diesen Kauf, z. B. eine Bestellnummer. Das Feld kann Zahlen, aber auch Buchstaben und Unterstriche enthalten.

Tabelle 5.3 Parameter des Transaktionsereignisses

Parameter	Beschreibung
value	Der Umsatz der Bestellung. Nutzen Sie die amerikanische Notation für Werte, also mit einem Punkt zum Trennen von Cent-Beträgen.
currency	Die Währung, in der der Umsatz übergeben wird. Sie brauchen entweder einen currency-Wert für das gesamte Ereignis oder für die einzelnen Produkte in der items-Liste.
affiliation	Der Name einer Partnerwebsite oder eines Partnergeschäfts beim Verkauf
coupon	Ein Gutscheincode, der auf die gesamte Bestellung angewendet wird. Der Wert wird in der Dimension *Bestellgutschein* abgelegt. Einzelne Produkte in der items-Liste können zusätzlich eigene Gutscheincodes haben, die in die Dimension *Artikelgutschein* gelegt werden.
shipping	Versandkosten, die im Umsatz enthalten sind
tax	Steuern, die im Umsatz enthalten sind

Tabelle 5.3 Parameter des Transaktionsereignisses (Forts.)

Der value-Wert der Bestellung wird automatisch in den Umsatz des purchase-Ereignisses und damit der Conversion übernommen. Beachten Sie, dass die price-Werte einzelnen Produkte davon unabhängig erfasst werden und den Messwert *Artikelumsatz* bilden. Sie sollten selbst nach der Implementierung prüfen, dass die summierten price-Werte der einzelnen Produkte dem Gesamtumsatz der Bestellung entsprechen. GA4 führt keinen Abgleich der Daten durch.

Das Ereignis refund ist dafür vorgesehen, Rücksendungen von Produkten abzubilden. Es erhält dieselben Parameter wie das purchase-Ereignis. Als transaction_id geben Sie die Kennung der Bestellung an, aus der Produkte zurückgehen. Die items-Liste enthält nur die zurückgegebenen Produkte.

5.2.4   Registrierungen und Logins

Die allermeisten Shops bieten ihren Kunden eigene Konten und damit verbundene Logins an, um Zugang zu einem geschützten Bereich zu erhalten. Darin können Käufer ihre Adress- und Bezahldaten verwalten, Bestellungen einsehen oder z. B. Rechnungen aufrufen.

Abbildung 5.11 Registrierung und Nutzerkonto erstellen

Zum Erfassen einer Registrierung (siehe Abbildung 5.11) empfiehlt Analytics den Ereignisnamen `sign_up`. Als weiteren Parameter können Sie `method` nutzen und darin die verwendete Registrierungsmethode übergeben, beispielsweise *E-Mail* oder *Google*.

Um den Login eines Nutzers zu protokollieren, nutzen Sie das Ereignis `login`. Hier können Sie ebenfalls den Parameter `method` übergeben und damit unterscheiden, ob ein Nutzer sich per Passwort oder per Single Sign-On mit *Google* oder *Facebook* angemeldet hat.

5.2.5   Login als Nutzerkennung in GA4

Verwendet Ihr Shop Login-Namen, können Sie nicht nur den Login als Aktion erfassen, sondern ihn als Kennung für Ihre Nutzer verwenden. So lassen sich Nutzer selbst auf unterschiedlichen Geräten eindeutig identifizieren und wiedererkennen.

Um Ihre eigene Nutzerkennung zu übergeben, verwenden Sie im `gtag` oder im Tag Manager das Feld `userid`. Der `config`-Aufruf sollte vor allen Ereignissen durchgeführt werden, damit diese die gesetzte User-ID verwenden:

```
gtag('config', 'G-Z331914HZ7', {
'user_id': 'be51d65c1a97a1b83ecceca4ee181293'
});
```

Listing 5.6 Die Nutzerkennung übergeben Sie im Parameter »user_id«.

Auf einer Website ist es nun unerheblich, ob ein Nutzer ein anderes Gerät oder einen anderen Browser verwendet. Aufgrund der User-ID wird Analytics ihn als denselben Nutzer identifizieren. Das funktioniert auch über unterschiedliche Datenstreams hinweg. Sie können dieselben Nutzer auf der Website und innerhalb von Apps erkennen. Wie Sie die User-ID im App-Code übergeben, lesen Sie in Kapitel 6, »Apps analysieren«.

Achten Sie darauf, dass Sie als User-ID keine personenbezogenen Daten wie E-Mail-Adressen oder Namen im Klartext verwenden. Diese Werte müssen vorher in einen Hash oder ein Pseudonym umgewandelt werden.

Damit GA4 die ID als Basis verwendet, muss in der Verwaltung im Punkt IDENTITÄT FÜR DIE BERICHTERSTELLUNG die Option ZUSAMMENGEFÜHRT oder BEOBACHTET ausgewählt sein. ZUSAMMENGEFÜHRT ist die Voreinstellung, normalerweise sollten Sie keine Anpassung vornehmen müssen. Mehr zur Identität lesen Sie in Kapitel 10, »Administration und Technologie«.

5.3   E-Commerce-Daten auswerten

Im Bereich MONETARISIERUNG des GA4-Menüs werden alle Daten zusammengefasst, die mit Verkauf und Umsatz auf der Website zu tun haben. Dazu gehören die E-Commerce-Daten, aber auch verkaufte Werbung auf Ihrer Website oder In-App-Verkäufe.

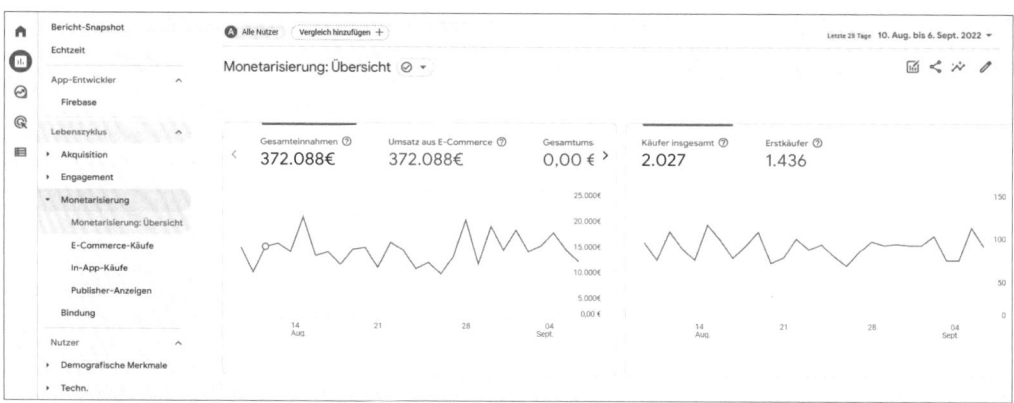

Abbildung 5.12 Übersicht für den Bereich »Monetarisierung« mit Umsatz

Auf der Übersicht (siehe Abbildung 5.12) sehen Sie die Entwicklung der Einnahmen und des E-Commerce-Umsatzes sowie der Käufer. Darunter folgen Kacheln zu verkauften Produkten, Artikellisten und Ähnlichem. Je nachdem, welche Umsatzmöglichkeiten Ihre Website bietet und welche Sie erfassen, sehen Sie auch Daten zu Gutscheinen, Apps und Anzeigen.

Vergleich der GA4-Daten mit anderen Systemen

Bedenken Sie, dass in GA4 nur die Daten von Nutzern aufgeführt sind, die ihre Einwilligung dafür gegeben haben. In Ihrem Shop- oder Bestellsystem werden dagegen alle Käufe mit allen Artikeln erfasst, da Sie diese Daten zur Kaufabwicklung benötigen. Diese Aufgabe kann und soll GA4 nicht ersetzen.

GA4 gibt Ihnen aber eine gute Möglichkeit, Ihr Analytics-Tracking zu verifizieren: Schauen sich, welche Abweichung es zwischen Ihrem Shopsystem (100 % aller Verkäufe) und GA4 (X %) gibt. Diesen Abstand zu kennen, hilft Ihnen, die Zahlen in GA4 realistisch zu bewerten.

5.3.1   E-Commerce-Käufe

In die Detailbetrachtung steigen Sie mit den weiteren verlinkten Berichten ein. So bricht E-Commerce-Käufe detailliert die Interaktionen Ihrer Nutzer mit den Produkten herunter (siehe Abbildung 5.13). Dabei werden auch Produkte gezeigt, die aufgerufen, aber nicht gekauft wurden.

Artikelname ▾			↓Artikelaufrufe	Einlagen in Einkaufswagen	Einkaufswagen/A...	E-Commerce-Kä...
Gesamt			161.077 100 % der Gesamtsumme	22.587 100 % der Gesamtsumme	15,50 % Durchschn. 0 %	2.452 100 % der Gesamtsumme
1			2.376	151	11,75 %	18
2			1.766	57	5,18 %	13
3			1.596	94	9,94 %	23
4			1.507	53	7,11 %	4
5			1.495	63	6,72 %	6
6			1.476	12	1,88 %	0
7			1.456	0	0 %	0
8			1.453	43	5,24 %	7
9			1.399	55	7,94 %	2
10			1.373	252	32,48 %	69

Abbildung 5.13 Artikel des Shops mit Aufrufen und Käufen

Aufgerufene Artikel und Warenkörbe

Als erste Spalte wird der Messwert Artikelaufrufe gezeigt. Damit wissen Sie, wie oft dieser Artikel überhaupt von Nutzern gesehen wurde. Normalerweise kann ein Artikel nur gekauft werden, wenn er vorher überhaupt Nutzern gezeigt wird. Die Werte in der Spalte wurden mit den Ereignissen view_item und view_item_list erfasst.

In der zweiten Spalte, Einlagen in Einkaufswagen, zeigt GA4, wie oft dieser Artikel von Nutzern in den Warenkorb gelegt wurde, was mit dem Ereignis add_to_cart gemessen wurde. Bei den meisten Shops ist die Warenkorbfunktion ein notwendiger

Teil im Bestellprozess. Das heißt, jeder Artikel muss vor dem Kauf im Warenkorb gewesen sein. Dadurch haben Sie bereits ein starkes Kaufsignal, das Sie auswerten können.

Spalte 3 gibt das prozentuale Verhältnis von Warenkorb- zu Artikelaufrufen aus. Je höher der Wert ist, umso mehr Nutzer wollten hier »zuschlagen«.

Was können Gründe für ein niedriges Verhältnis von Aufrufen und Warenkorb sein?

Im Beispielbericht in Abbildung 5.13 gehen die Werte für das Hinzufügen stark auseinander, zum Teil deutlich unter dem Shop-Durchschnitt (diesen finden Sie im Spaltenkopf über den einzelnen Artikeln).

Eine mögliche Ursache für schwache Werte kann die Verfügbarkeit sein. In Zeile 7 hat ein Produkt viele Aufrufe, aber keinen einzigen Warenkorb bzw. Verkauf. Beim Prüfen im Shop kann man den Grund direkt erkennen: Das Produkt ist nicht mehr verfügbar und kann nicht in den Warenkorb gelegt werden (siehe Abbildung 5.14).

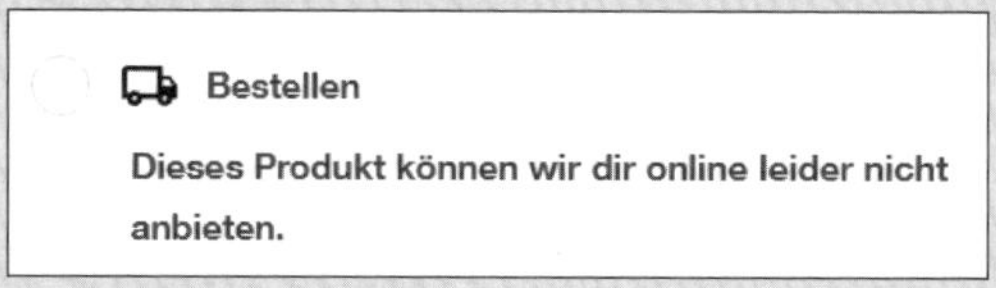

Abbildung 5.14 Nicht verfügbare Produkte können nicht bestellt werden.

In diesem Beispiel ist die Auswirkung sehr offensichtlich, da überhaupt keine Aktion gemessen wurde. Wird in Ihrem Shop die Verfügbarkeit von Produkten live berücksichtigt, kann dies auch nur für einige Nutzer zu diesem Effekt führen. Wenn z. B. nur die Hälfte der Nutzer auf einer Produktseite die Bestell- bzw. Warenkorbmöglichkeit hat, verschiebt sich das Verhältnis hin zu einem geringen Warenkorb-Wert.

Eine andere Ursache kann der Preis des Produkts sein. Wird dieser für den Nutzer erst auf der Artikelseite sichtbar oder deutlich, ist der Kauf nicht mehr so interessant wie vor dem Klick zu den Details. Auch sekundäre Kosten wie der Versand können eine Rolle spielen.

Sind Ihre Produkte verfügbar gewesen, werden aber selten zum Warenkorb hinzugefügt, sollten Sie die Artikelseiten und -beschreibungen mit einem kritischen Blick betrachten.

Verkaufte Artikel

Die Spalte E-COMMERCE-KÄUFE zeigt, wie oft dieser Artikel verkauft wurde, was mit dem Ereignis purchase gezählt wird. *Kauf* bedeutet, in wie vielen *Transaktionen* dieser Artikel ein Bestandteil war.

Der Wert in der Spalte Käufe/Aufrufe-Verhältnis zeigt das Verhältnis von Käufern zu Nutzern, die den Artikel betrachtet haben. Hier wird der Vergleich mit den vorherigen Spalten schwierig, denn dieser Messwert wird in Nutzern gemessen, die vorherigen aber in einzelnen Aufrufen bzw. Aktionen. Ruft ein Nutzer etwa einen Artikel im Shop mehrfach auf, so wird jeder Aufruf gezählt – in der Käufe/Aufrufe-Betrachtung wird aber nur einziger Nutzer gezählt.

Ein hoher Wert der prozentualen Angabe spricht dafür, dass Nutzer entweder von der Artikelbeschreibung oder dem Preis überzeugt waren.

Menge und Umsatz

Die Spalte Artikelkaufmenge zeigt, wie viele Einheiten eines Artikels umgesetzt wurden. Bestellt ein Nutzer z. B. 5 T-Shirts derselben Sorte – also fünfmal denselben Artikel – so werden 1 *E-Commerce-Kauf* gezählt und 5 *Artikelkäufe*. Wenn er allerdings ein 5er-Pack kauft, das als ein Artikel angesehen wird, sind E-Commerce-Kauf und Artikelkäufe beide 1.

In der letzten Spalte des Berichts finden Sie schließlich den Artikelumsatz. Dieser ergibt sich aus der verkauften Menge und dem Preis eines einzelnen Produkts. Dadurch zeigt der Umsatz, welche Produkte den meisten Einfluss auf Ihren Geschäftserfolg insgesamt haben. Sowohl einzelne Bestellungen mit hohen Stückzahlen oder hohen Stückpreisen als auch viele Käufe von Artikeln mit kleinen Preisen werden durch den Umsatz vergleichbar.

Weitere Artikel-Dimensionen

Für die E-Commerce-Käufe können Sie als einzelne Einträge weitere Dimensionen auswählen. Im Menü der ersten Spalte können Sie neben dem Artikelnamen die Artikel-ID wählen (siehe Abbildung 5.15). Diese ID ist als eindeutige Kennung vorgesehen.

Abbildung 5.15 Neben dem Namen stehen weitere Artikeldaten zur Auswahl.

GA4 verwaltet die beiden Felder unabhängig voneinander, d. h., Sie können zu einer Artikel-ID mehrere verschiedene Artikelnamen verwenden (und umgekehrt). Das kann für Varianten eines Produkts, geänderte Produktbeschreibungen oder auch bei unterschiedlichen Sprachvarianten nützlich sein. Die Artikel-ID bleibt in diesen Fällen immer gleich. Entscheidend ist, was beim jeweiligen Aufruf des Analytics-Tags in den Parametern übergeben wird.

Außerdem können Sie die verschiedenen ARTIKELKATEGORIEN auswählen. In den Analytics-Tags gibt es fünf Felder, die Sie befüllen können. Schließlich können Sie die Auflistung für die unterschiedlichen ARTIKELMARKEN ausgeben lassen.

5.3.2   Artikellisten abbilden

Einige Berichte zur Auswertung der E-Commerce-Daten sind nicht im Menü MONETARISIERUNG aufgeführt, sondern nur auf der Übersicht erreichbar. Dazu zählt der Bericht zur AUSWERTUNG VON ARTIKELLISTEN. In der Übersicht gibt eine Kachel für die Artikellisten. Mit dem Link ARTIKELLISTEN ANSEHEN unterhalb der Kachel gelangen Sie zur Detailauswertung (siehe Abbildung 5.16).

Artikellistenname ▾	+	↓Artikellistenaufrufe	Artikellistenklicks	Klickrate für Artikelliste
Gesamt		693.531 100 % der Gesamtsumme	234.433 100 % der Gesamtsumme	82,88 % Durchschn. 0 %
1		581.512	57.622	19,64 %
2		4.601	207	6,78 %
3		4.573	0	0 %
4		3.015	75	3,65 %
5		2.638	86	5,01 %
6		2.337	1.270	77,22 %

Abbildung 5.16 Unterschiedliche Artikellisten im Vergleich

Die Tabelle können Sie nach Artikellistennamen oder der Listen-ID aufschlüsseln. Für jede Liste werden die Aufrufe, Klicks auf Elemente und die zugehörige Klickrate präsentiert. Außerdem gibt es Spalten für Warenkörbe, Checkouts, Käufe und Umsatz.

Weitere Kacheln auf der Übersichtsseite führen Sie zu Auswertungen von Gutscheinen und Werbemitteln.

5.3.3   Den Bestellprozess darstellen

Um den Bestellprozess eines Shops abzubilden, kennt GA4 einige Ereignisse, die bereits in diesem Kapitel vorgestellt wurden. Im Bericht EREIGNISSE können Sie die einzelnen Aufrufe nachvollziehen (siehe Abbildung 5.17).

In Universal Analytics gab es einen eigenen Funnel-Bericht, der sich aus den entsprechenden Aufrufen füllte. In GA4 ist ein solcher Bericht im Menü nicht aufzurufen. Sie können allerdings im Bereich EXPL. DATENANALYSE eine eigene Trichterübersicht erstellen.

Ereignisname	↓ Ereignisanzahl
Gesamt	12.868 100,0 % der Gesamtsumme
1 begin_checkout	5.993
2 checkout_customer_status	5.045
3 checkout_payment	1.830

Abbildung 5.17 Der Bestellprozess besteht aus mehreren Ereignissen.

Mehr zum Erstellen von eigenen individuellen Analysen und Berichten im Bereich EXPL. DATENANALYSE finden Sie in Kapitel 7, »Eigene Reports anpassen und erstellen«. Im Folgenden lernen Sie die wichtigsten Einstellungen und Dimensionen kennen, die als Basis für eigene E-Commerce-Analysen dienen.

Erstellen Sie eine leere Datenanalyse oder erzeugen Sie in einer bereits bestehenden Analyse einen neuen Reiter. In den Einstellungen setzen Sie das VERFAHREN auf EXPLORATIVE TRICHTERANALYSE und die VISUALISIERUNG auf STANDARDTRICHTER (siehe Abbildung 5.18).

Abbildung 5.18 Einstellungen für eine Datenanalyse des Bestellprozesses

Unter dem Punkt SCHRITTE legen Sie nun die einzelnen Elemente des Bezahlprozesses ab. Dazu geben Sie bei jedem Schritt des Trichters den Namen des Ereignisses an, das diesen Schritt repräsentiert. Die Nutzer des Shops im Beispiel aus Abbildung 5.19 beginnen den Bezahlprozess mit begin_checkout, gehen dann zu checkout_payment und schließen den Kauf schließlich mit purchase ab. Jedem Schritt können Sie einen sprechenden Namen geben. Ist der Prozess für Ihren Shop länger und hat er mehr Schritte, nehmen Sie diese entsprechend auf. Dabei ist es nicht ausschlaggebend, ob die weiteren Ereignisse von Google empfohlen wurden.

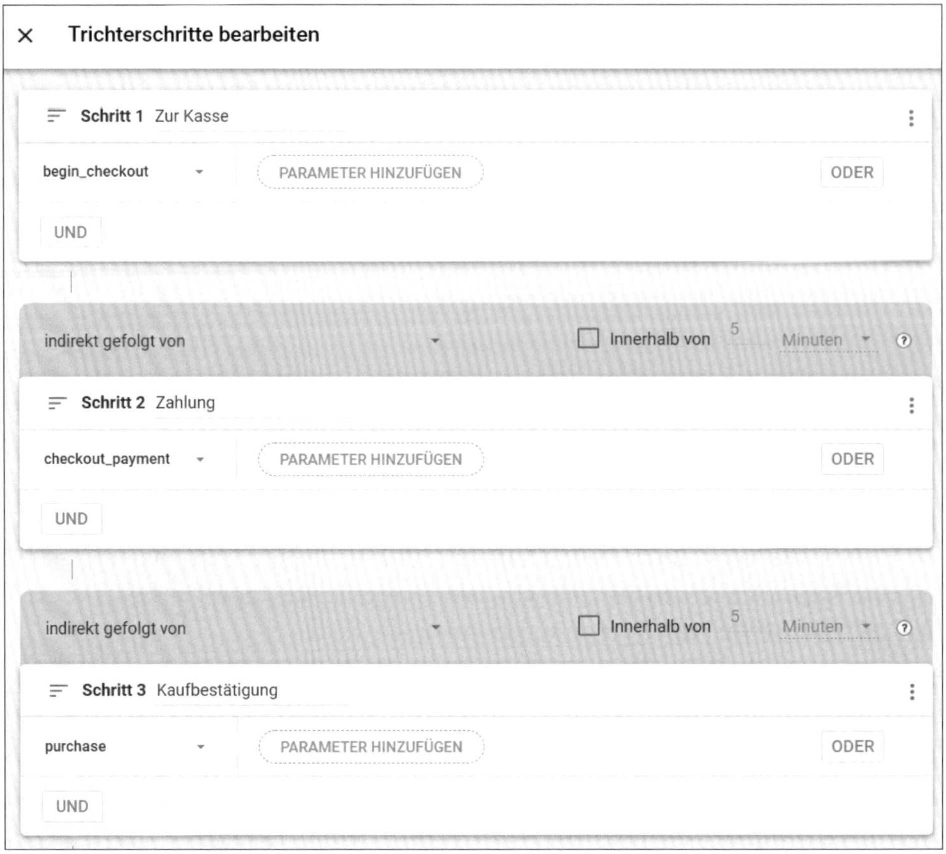

Abbildung 5.19 Die Schritte zur Bestellung für den Trichter ablegen

Sie können den Trichter mit der Angabe von Parametern verfeinern, für den Moment reichen uns aber die hier vorgenommenen Einstellungen. Die Zusammenfassung in der Box rechts gibt Ihnen einen ersten Eindruck davon, ob alles funktioniert. Nach dem Klick auf ANWENDEN erscheint Ihr Bezahlvorgang in einem auf der Seite liegenden Trichter (siehe Abbildung 5.20).

In der Tabelle unter dem Diagramm sehen Sie Ausstiege und die Zahl der weitergehenden Nutzer für jeden Schritt. So können Sie erkennen, wo es Abbruchstellen in den Schritten gibt und besonders viele Nutzer aussteigen. Solche Stellen sollten Sie besonders unter die Lupe nehmen, um mögliche Probleme zu entdecken und zu beheben.

Um die Daten tiefer zu analysieren, können Sie eine weitere Aufschlüsselung der Schritte vornehmen. In Abbildung 5.21 sind die Schritte nach der Gerätekategorie unterteilt. Die Tabelle zeigt Ihnen, wo es Unterschiede z. B. zwischen mobilen und Desktop-Zugriffen gibt.

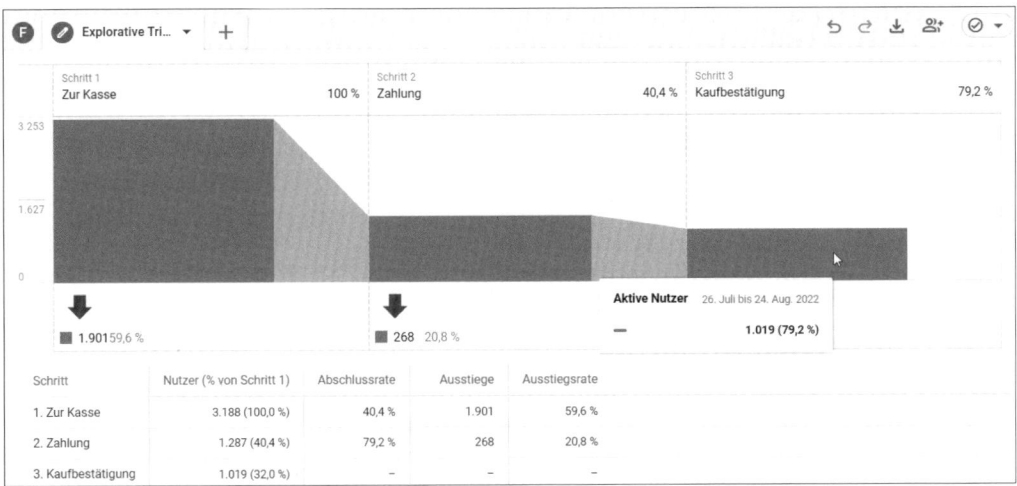

Abbildung 5.20 Ein auf der Seite liegender Trichter illustriert den Bestellprozess.

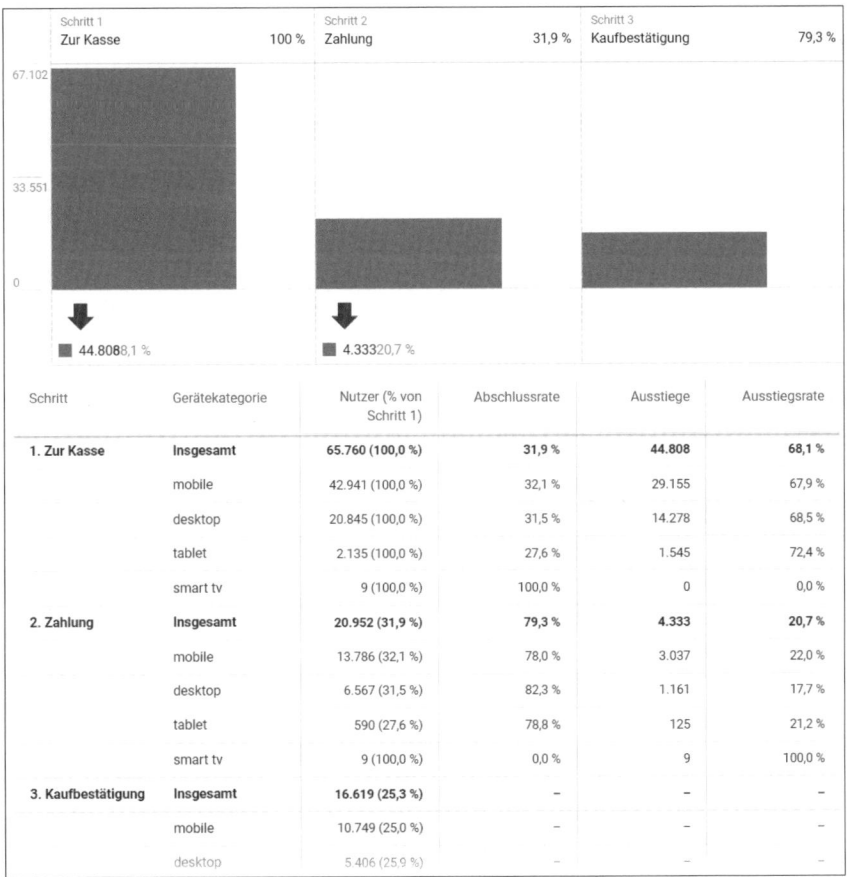

Abbildung 5.21 Trichterschritte nach Gerätekategorie unterteilt

209

Darüber hinaus können Sie den Trichter segmentieren und so beispielsweise nach Zielgruppen filtern. Für jede Zelle der Tabelle können Sie eine detaillierte Betrachtung der Nutzer oder der Ausstiege starten. Dazu klicken Sie mit der rechten Maustaste auf eine Zelle. Mehr zur detaillierten Analyse finden Sie in Kapitel 7.

5.3.4 Das Kaufverhalten analysieren

In Universal Analytics gab es einen eigenen Bericht für das Kaufverhalten. Auch dieser ist in GA4 nicht direkt verfügbar, kann aber mit einem benutzerdefinierten Bericht dargestellt werden.

Hierzu wählen Sie wieder die passenden Ereignisse für jeden Schritt aus (Tabelle 5.4).

Schritt	Ereignis
Alle Sitzungen	`session_start`
Produktaufrufe	`view_item`
In Warenkorb gelegt	`add_to_cart`
Zur Kasse	`begin_checkout`
Kaufbestätigung	`purchase`

Tabelle 5.4 Ereignisse für den Kaufprozess

Das Ergebnis ist wieder ein querliegender Trichter wie in Abbildung 5.22.

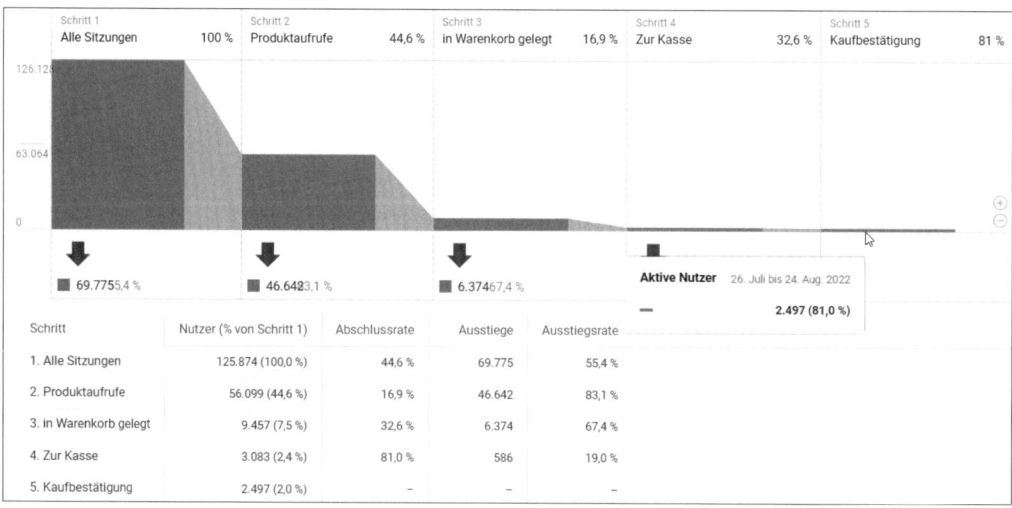

Abbildung 5.22 So wird der Bericht für das Kaufverhalten in GA4 nachgebildet.

5.3.5 Transaktionen nachvollziehen

Es gibt keinen vorgefertigten Bericht, der eine Auflistung der einzelnen Bestellungen zeigt. Sie können jedoch so einen Bericht im Bereich Expl. Datenanalyse leicht selbst zusammenstellen.

Wählen Sie als Dimension die Transaktions-ID und als Messwerte Artikelmenge und Umsatz aus E-Commerce. Für das Beispiel in Abbildung 5.23 wurde als Verfahren Freies Format gewählt. Der benutzerdefinierte Bericht listet nun alle protokollierten Bestellungen einzeln auf.

Transaktions-ID		Artikelmenge	↓Umsatz aus E-Commerce
	Gesamt	22.060 100,0 % der Gesamtsumme	13.453,56 € 100,0 % der Gesamtsumme
1	CR_3676-0008487280	1	449,99 €
2	CR_3696-0008486140	1	449,99 €
3	CR_3843-0008486915	37	447,21 €
4	CR_3880-0008485002	8	443,92 €
5	CR_3429-0008486140	16	440,32 €

Abbildung 5.23 Transaktionen als Tabelle, im freien Format dargestellt

Möchten Sie nicht alle Transaktionen betrachten, kombinieren Sie den Bericht mit Segmenten oder Filtern, um die Bestellungen für ausgewählte Nutzer oder Warengruppen zu betrachten.

Für eine detaillierte Analyse der Nutzerpfade durch den Shop klicken Sie mit der rechten Maustaste auf eine Transaktions-ID. In dem Menü, das nun erscheint, wählen Sie Nutzer anzeigen. Dadurch erstellt GA4 ein temporäres Segment, um den Nutzer mit genau dieser Transaktions-ID zu finden. Sie gelangen zu einer Liste, in der die Kennung dieses Nutzers gezeigt wird. Ein weiterer Klick auf diese führt Sie zur Ansicht der Nutzeraktivität (siehe Abbildung 5.24).

In dieser Auflistung sehen Sie nun alle Ereignisse und Eigenschaften, die für diesen Nutzer festgehalten wurden. Dabei werden alle bekannten Sitzungen gezeigt, nicht nur die aus der letzten Sitzung.

1027036385. ▓▓▓▓▓▓▓▓

Erstmals erfasst am 1. Sept. 2022
aus ▓▓▓▓▓▓, ▓▓▓▓▓▓,
mit ▓▓▓▓ ▓▓.

NUTZEREIGENSCHAFTEN ANZEIGEN

Wichtigste Ereignisse

📧 0 🏳 1 ⚠ 0 ▶ 54

▶ page_view		18
▶ user_engagement		13
▶ add_to_cart		4
▶ view_cart		4
▶ checkout_customer_status		3

Ereignisanzahl	Umsatz aus Käufen	Transaktionen	Nutzer-Engagement	purchase
55	440,32 €	1	5 m 02 s	1

⌄ 5. Sept. 2022 | 42 Ereignis(se)   📧 0 🏳 1 ⚠ 0 ▶ 41

☐	▶	page_view	13:20:33
☐	🏳	purchase	13:20:28
☐	▶	scroll	13:20:23
☐	▶	page_view	13:20:11
☐	▶	order_overview	13:20:11
☐	▶	begin_checkout	13:19:35
☐	▶	page_view	13:19:35

Abbildung 5.24 Einzelaufstellung aller Aktionen eines Nutzers

Kein Ergebnis beim Anzeigen eines Nutzers

Erscheint nach Ihrem Aufruf von NUTZER ANZEIGEN keine Liste, sondern ein Hinweis wie in Abbildung 5.25, dann ist die Datenmenge im Bericht so groß, dass GA4 nicht in angemessener Zeit auf einzelne Nutzer segmentieren kann.

> Für diese Kombination aus Segmenten, Werten, Filtern und Zeitraum liegen keine Daten vor. Versuchen Sie die Variablen bzw. Einstellungen zu ändern oder entfernen Sie sie.

Abbildung 5.25 Nicht alle Filtereinstellungen geben ein Ergebnis zurück.

Das kommt vor, wenn Ihre Property sehr große Datenmengen enthält und Analytics dadurch beginnt, mit Stichproben zu arbeiten. Das erkennen Sie am roten Ausrufezeichen in der rechten Ecke oberhalb des Berichts (siehe Abbildung 5.26).

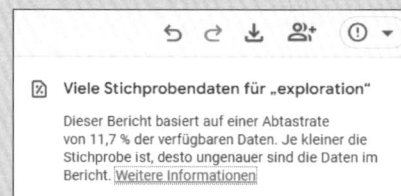

Abbildung 5.26 Der Bericht wurde anhand von Stichproben ausgewertet.

In so einem Fall können Sie versuchen, die Datenmenge zu verkleinern, die Sie betrachten: Schränken Sie den Zeitraum auf möglichst wenige oder sogar nur einen einzelnen Tag ein. Je weniger Daten Analytics für die Segmentierung durchsuchen muss, umso besser stehen die Chancen auf ein Ergebnis.

Was Sie in der Detailansicht allerdings nicht erkennen, sind die Produkte, die im Warenkorb der Bestellung lagen. Dazu müssen Sie noch ein wenig weiterklicken: Für die Betrachtung einer einzelnen Bestellung hat GA4 automatisch ein temporäres Segment erstellt (siehe Abbildung 5.27). Dieses erscheint auf der linken Seite unter SEGMENTE.

Abbildung 5.27 Temporäres Segment zur Analyse einer Transaktion

Erstellen Sie nun einen weiteren Tab im Bericht mit der Dimension ARTIKELNAME (oder ARTIKEL-ID) und dem Messwert ARTIKELUMSATZ. Als letzten Schritt wenden Sie das automatisch erstellte Segment auf den Bericht an. Sie erhalten nun eine Liste der Artikel aus dieser Transaktion (siehe Abbildung 5.28).

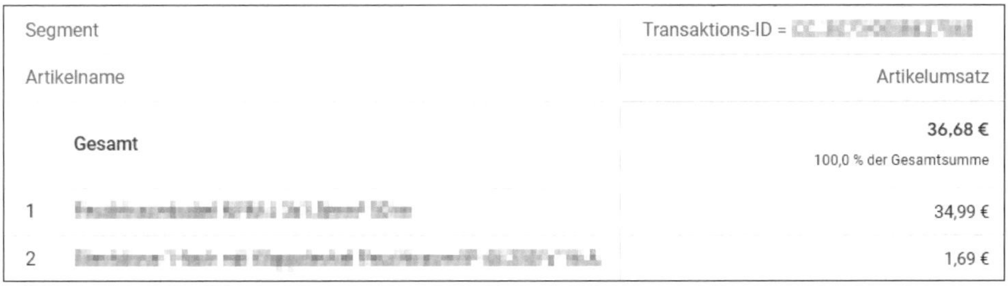

Segment	Transaktions-ID = ▨▨▨▨▨▨
Artikelname	Artikelumsatz
Gesamt	**36,68 €** 100,0 % der Gesamtsumme
1 ▨▨▨▨▨▨▨▨▨	34,99 €
2 ▨▨▨▨▨▨▨▨▨	1,69 €

Abbildung 5.28 Diese Artikel waren Bestandteil der Transaktionen.

Das ist zugegebenermaßen weder ein intuitiver noch ein schneller Weg, um diese Daten zu betrachten. Bessere detaillierte Analysen der Kaufdaten bieten Ihnen *Looker Studio* (ehemals *Data Studio*) und *BigQuery*, allerdings erfordern diese eine entsprechende Einarbeitung. Unregelmäßige Analysen der Daten oder einmalige Prüfungen lassen sich mit den explorativen Datenanalysen unter EXPL. DATENANALYSE aber durchaus umsetzen. (Mehr dazu finden Sie in Kapitel 7, »Eigene Reports anpassen und erstellen«.)

5.3.6 Wiederkehrende Nutzer und Wiederholungskäufer

GA4 kann Ihnen neben den gekauften Artikeln weitere Informationen über Ihre Kunden liefern. Aus den unterschiedlichen Daten werden diverse Durchschnittswerte berechnet, die Sie entweder in benutzerdefinierten Berichten, Segmenten oder Zielgruppen verwenden können.

Zu vielen Nutzer-Messwerten gibt es einen vergleichbaren Käufer-Messwert. Folgende Messwerte können Sie in Ihren eigenen Berichten verwenden:

- ▶ Käufer insgesamt
- ▶ Erstkäufer
- ▶ durchschnittliche Anzahl von Käufern pro Tag
- ▶ aktive Nutzer, die mindestens einmal in 7/30/90 Tagen gezahlt haben
- ▶ Wiederholungskäufer nach 1 Tag (oder auch: 2–7 Tage, 8–30 Tage, 31–90 Tage)
- ▶ zahlende wöchentlich/monatlich aktive Nutzer und täglich aktive Nutzer

Die unteren Werte der Liste zeigen Ihnen, welche Kunden regelmäßig kaufen. Wenn es sich immer um dieselben gekauften Produkte handelt, könnten Sie über die Einführung eines Abo-Modells nachdenken. Sie können diese Information auch für eine andere Ansprache dieser Kunden z. B. in Werbemitteln oder Mailings nutzen.

Leider lassen sich viele dieser Messwerte nur in benutzerdefinierten Berichten verwenden, sie sind also ein wenig versteckt. Das Erstellen von eigenen Berichten zur Auswertung solcher Messwerte ist daher nicht nur für andere Darstellungen von Daten interessant, sondern es lassen sich manche Werte überhaupt nur so betrachten. Mehr zum Erstellen eigener Berichte unter EXPL. DATENANALYSE finden Sie in Kapitel 7.

5.3.7 Der Nutzer-Lifetime-Wert

Eine besondere Kennzahl für die Betrachtung Ihrer Nutzer ist der *Life-Time-Value* (LTV). Dieser sagt aus, wie viel Umsatz ein Nutzer über alle seine Besuche hinweg generiert hat. Sie können den durchschnittlichen LTV in einer Datenanalyse mit einem speziellen Verfahren bzw. Berichtstyp auswerten.

Wählen Sie im Bericht bei VERFAHREN die Option NUTZER-LIFETIME-WERT aus. Daraufhin werden unter DIMENSIONEN und MESSWERTE einige Einträge angeboten. Für diesen Berichtstyp können Sie nur bestimmte ausgewählte Werte verwenden, und zu den bereits bestehenden lassen sich nur noch 2 bis 3 weitere hinzufügen.

Im Bericht aus Abbildung 5.29 sind die Werte NUTZER INSGESAMT und LTV: DURCHSCHNITTSWERT ausgewählt. Die beiden Messwerte genügen bereits für eine erste Darstellung. Im Beispiel ist zusätzlich das MEDIUM aufgelistet, über die diese Nutzer kamen. Sie sehen, dass Traffic über die organische und die bezahlte Suche die mit Abstand meisten Nutzer bringt. Betrachtet man aber den Life-Time-Value, steht der Kanal AFFILIATE besser da: Diese Nutzer generieren, über alle Sitzungen hinweg betrachtet, durchschnittlich mehr Umsatz.

Nutzer-Lifetim... ▾ +		
Erste Nutzerinteraktion – Medium	Nutzer insgesamt	↓ LTV: Durchschnittswert
Gesamt	5.849.088 100,0 % der Gesamtsumme	10,62 € 100,0 % der Gesamtsumme
1 (none)	1.201.823	35,56 €
2 shop	103.911	31,26 €
3 affiliate	63.211	10,23 €
4 ▪▪▪	28.629	7,47 €
5 email	4.452	4,46 €
6 organic	2.059.807	3,98 €
7 cpc	1.897.738	3,30 €
8 Email	179.988	2,85 €

Abbildung 5.29 Lifetime-Analyse der Nutzer über verschiedene Kanäle

Mit dem LTV können Sie Nutzer über einen längeren Zeitraum hinweg bewerten und nicht nur einmalig pro Sitzung. Wenn Ihr Geschäftsmodell auf kleine, dafür häufige Transaktionen abzielt, ist dieser Wert ein starker Indikator für den Erfolg eines Kanals.

5.4   Beispielkonten und Demos von Google

Die Einbindung und die Auswertung des E-Commerce-Trackings sind nicht ganz einfach. Die Analytics-Tags erfordern einige Parameter mit unterschiedlichen Funktionen. Und Sie haben gesehen, welche Vielzahl an Dimensionen und Metriken es gibt. Vor allem ist die Implementierung in einem Shop immer mit einem gewissen Aufwand verbunden. Damit Sie sich ein Bild von den Anforderungen und Möglichkeiten machen können, stellt Google einen Beispielshop und Reports zur Verfügung.

5.4.1   Der E-Commerce-Demostore

Die Online-Dokumentation von Google ist zwar umfangreich und enthält die möglichen Aufrufe, allerdings können nicht alle möglichen Kombinationen und Fälle in Beispielen abgedeckt werden. Um die nötigen Tracking-Codes leichter nachvollziehen zu können, wurde daher ein kompletter Demoshop online gestellt (siehe Abbildung 5.30). Sie erreichen ihn unter *https://enhancedecommerce.appspot.com/*.

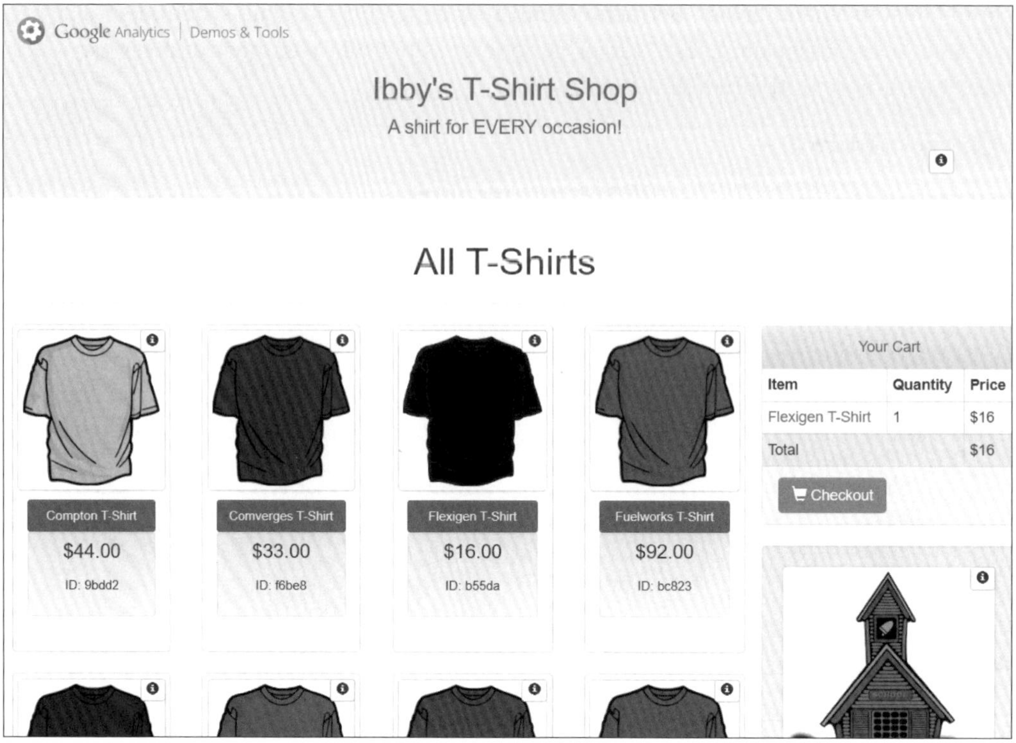

Abbildung 5.30 Der Demostore für Google-Analytics-Einbindungen

Alle Elemente des Shops, die einen Tracking-Aufruf feuern sollten, sind mit einem In-fo-Icon versehen. Klicken Sie z. B. auf das Icon neben dem ADD TO CART-Button, er-scheint ein Overlay mit Codes für die verschiedenen Implementierungsmöglichkei-ten. Sie können zwischen den Codes für die Einbindung über gtag oder über den GTM mit einem dataLayer-Aufruf wählen (siehe Abbildung 5.31). Achten Sie darauf, GOOGLE ANALYTICS 4 auszuwählen, da die klassischen Universal-Analytics-Aufrufe für E-Commerce ähnlich aussehen, aber eben nicht identisch sind.

Im Shop finden Sie Beispiele für Produktaufrufe, Listenansichten und -klicks für Ka-tegorien und Empfehlungslisten, interne Werbung sowie Ereignisse für den Bestell-vorgang. Der Shop zeigt Ihnen die Möglichkeiten des E-Commerce-Trackings an einem konkreten Beispiel. Dadurch wird leichter nachvollziehbar, wann wo welche Daten gefeuert werden müssen.

Natürlich sind nicht alle möglichen Fälle berücksichtigt, die es in einem Shop geben kann. Sie müssen das Beispiel auf Ihren eigenen Shop übertragen und abgleichen, welche Funktionen Sie selbst anbieten.

```
Your Google Analytics property type                        ×

◉ Google Analytics 4
○ Universal Analytics (legacy)

   gtag.js Code (GA4)        Google Tag Manager Code (GA4)


dataLayer.push({
    "event":  "add_to_cart",
    "ecommerce":  {
    "currency": "USD",
    "value": 16,
    "items": [{
      "item_id": "b55da",
      "item_name": "Flexigen T-Shirt",
      "price": "16.00",
      "quantity": 1,
      "item_brand": "Flexigen",
      "item_category": "T-Shirts",
      "item_variant": "red",
      "index": 0,
      "size": "M"
    }]
    }
});
```

Abbildung 5.31 »dataLayer«-Einblick aus dem Demostore

5.4.2   Das GA4-Demokonto

Viele Berichte für »normale« Websites in GA4, wie die Seitenanalyse oder Berichte zur verwendeten Technologie, können Sie schon auf kleinen Websites mit wenigen Zugriffen ausprobieren. Bei Bedarf können Sie selbst auf ein paar Links klicken und die Daten laufen in die Echtzeit. Um die E-Commerce-Berichte von GA4 in Aktion zu sehen, braucht es dagegen schon einen laufenden Shop mit Nutzern, verschiedenen Produkten und Käufern.

Damit Sie die Berichte gefüllt mit Daten betrachten können, hat Google die Analytics-Daten seines eigenen Merchandise-Stores (siehe Abbildung 5.32) zur Ansicht freigegeben. Dieser Shop bietet die offiziellen Fan-Artikel mit Google-Logo an, also Kleidung, Notizbücher, Trinkflaschen usw.

Die Aktivitäten im Shop werden in einer GA4-Property gesammelt, auf Sie unter *https://support.google.com/analytics/answer/6367342* Zugriff erlangen (alternativ suchen Sie in Google nach »ga4 demo account«). In der Mitte der Seite finden Sie mehrere Links, die Sie zu den Demo-Accounts führen (siehe Abbildung 5.33). Sie müssen sich mit Ihrem Google-Account anmelden, falls Sie noch nicht angemeldet sind, und gelangen dann zum GA4-Bericht.

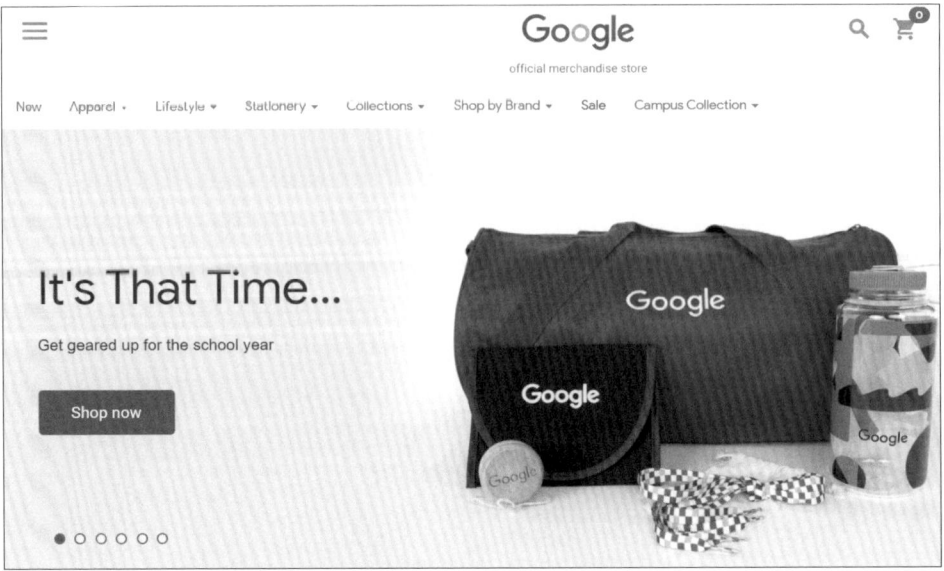

Abbildung 5.32 Google zeigt die GA4-Berichte für seinen Store.

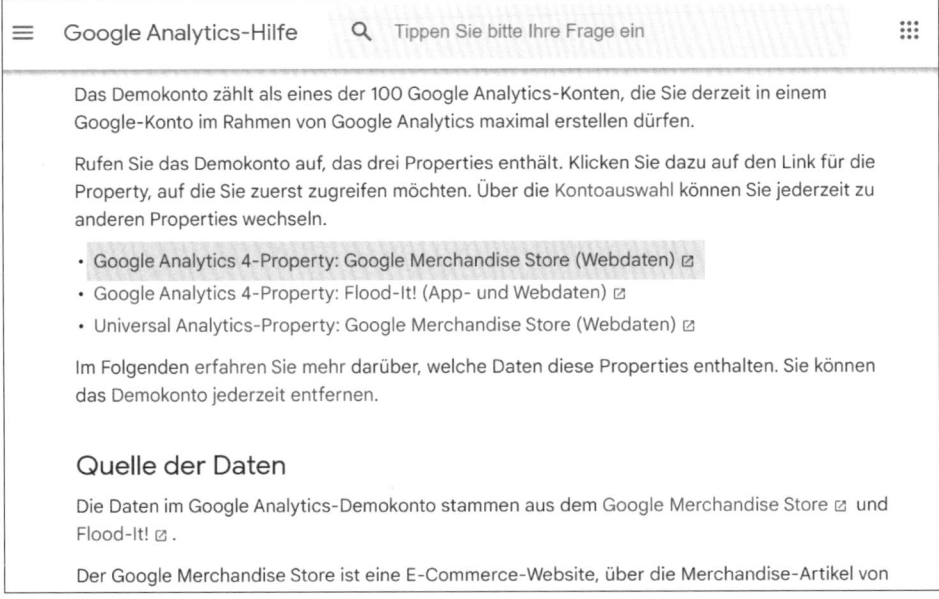

Abbildung 5.33 Zugriff auf das GA4-Demokonto über die Hilfe

Das Demokonto (siehe Abbildung 5.34) kann für Sie auch dann interessant sein, wenn Sie nicht vorhaben, primär mit den E-Commerce-Berichten zu arbeiten. Im Demokonto finden Sie:

- alle Berichte zur generellen Websitenutzung wie Ereignisse und Seiten
- Echtzeit-Daten
- E-Commerce-Aktionen zu Käufen, Einkaufswagen oder Zahlung
- verschiedene Artikeldaten wie Name, Kategorien und Umsatz
- Kampagnendaten für organische und bezahlte Kanäle
- Zielgruppen
- benutzerdefinierte Dimensionen und Metriken

Unter EXPL. DATENANALYSE können Sie mit den Daten eigene Berichte erstellen und so die Funktionen der Reporting-Engine testen.

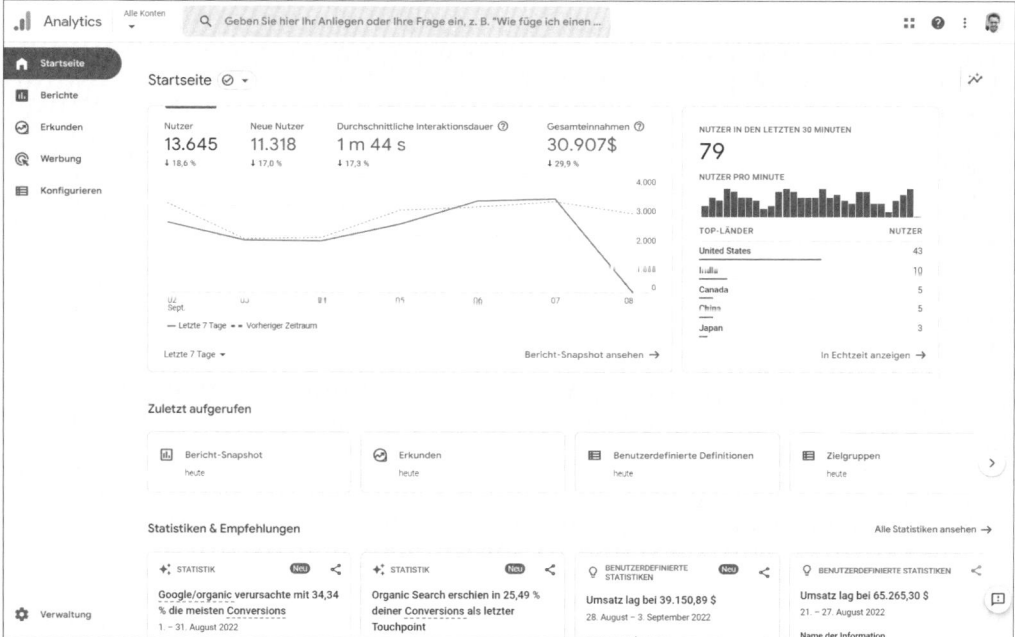

Abbildung 5.34 Die Startseite des GA4-Demokontos vom Google Store

Die Nutzerdaten werden sowohl mit GA4 als auch mit Universal Analytics erfasst. Sie können also die Funktionen der beiden Reportvarianten vergleichen.

Kapitel 6
Apps analysieren

Smartphones sind aus unserem Alltag nicht mehr wegzudenken. Viele Unternehmen bieten ihren Nutzern mit Apps Zugriff auf Inhalte und Services. Mit Firebase tracken Sie Ihre Nutzer in Android und iOS und werten die Daten in GA4 aus.

Smartphones und ihre Apps sind aus unserem Alltag nicht mehr wegzudenken. In manchen Bereichen sind sie inzwischen die häufigste Plattform, auf der Unternehmen ihre Kunden erreichen. Ob Spiele, Shopping oder Banking – viele Produkte und Services werden primär über Apps genutzt und konfiguriert.

Sind Apps ein wichtiger Bestandteil in Ihrem digitalen Angebot, sollten Sie auch hier die Nutzeraktivitäten mit GA4 verfolgen. Denken Sie dabei an die Unterschiede zwischen Apps und Web: Releases und Versionen sowie verschiedene Plattformen sind zu berücksichtigen.

Eine gemeinsame Auswertung von Webangeboten und Apps erfordert Kommunikation mit den Entwicklern, den gemeinsamen Austausch und die Dokumentation sowie ein gewissenhaftes Testing vor einem Release.

6.1 Nutzerdaten in Apps erfassen

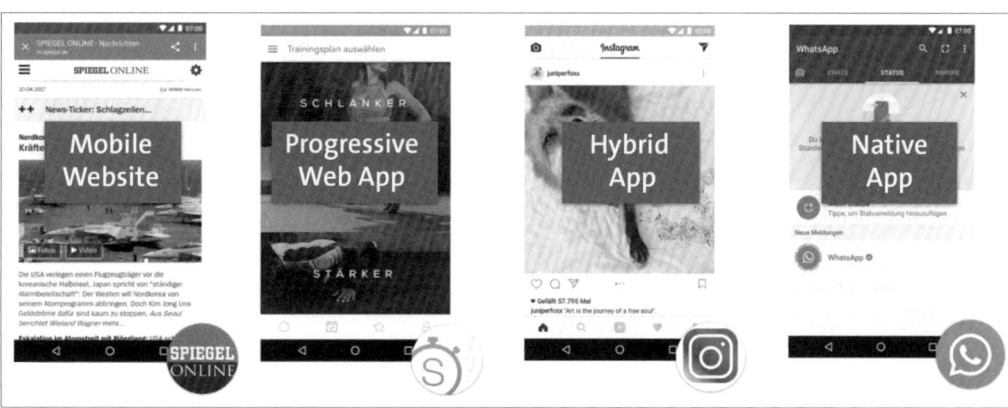

Abbildung 6.1 App ist nicht gleich App – es gibt verschiedene Formen.

6.1.1 Typen von Apps

App ist nicht gleich App, es gibt unterschiedliche Typen, die sich vor allem aufgrund ihrer technischen Basis unterscheiden (siehe Abbildung 6.1). Mit GA4 können Sie alle Typen erfassen, aber die Wege, wie Sie an die Daten kommen, sind verschieden. Generell können Sie für mobile Inhalte folgende Varianten unterscheiden:

- **(Mobile) Website:** Die Inhalte einer Website werden im Browser des Smartphones aufgerufen und sind mit HTML und CSS erstellt worden. Meistens ist die Website identisch mit dem Angebot, das Sie mit einem Desktop-Browser besuchen würden. Aufrufe erfassen Sie hier bereits mit den Analytics-Tags von Google Analytics.
- **Native App:** Diese App läuft als eigenständiges Programm auf dem Smartphone. Sie kann Inhalte aus dem Web abrufen oder lokal vorhalten, kann aber auch andere Funktionen bieten, etwa Spiele. Native Apps werden normalerweise aus einem App-Store installiert und erscheinen dann als eigenständige App auf Ihrem Smartphone.
- **Hybride App:** Diese Form wird als eigenes Programm auf dem Smartphone installiert, dient aber teilweise als Hülle, die Webseiten mit einem eigenen Browser nachlädt und darstellt. Man könnte sie auch als personalisierten Browser bezeichnen. Funktionen, die auf dem Handy ausgeführt werden, sind allerdings nativ programmiert. Hybride Apps werden ebenfalls über einen App-Store installiert.
- **Progressive Web-App (PWA):** Eine PWA wird vollständig in Webtechnologien geschrieben (HTML, CSS, JavaScript) und funktioniert eher wie eine Offline-Kopie einer Website. Durch spezielle Software-Module kann die App auf dem Smartphone bestimmte Funktionen offline anbieten. PWAs werden nicht über einen App-Store installiert, sondern von der jeweiligen Website heruntergeladen.

Für mobile Websites und Web-Apps verwenden Sie »normale« Tracking-Codes oder den Google Tag Manager. Auch die nachgeladenen Web-Inhalte bei Hybrid Apps werden mit JavaScript-Tracking-Codes erfasst. Native Apps und der native Teil von Hybrid-Apps benötigen spezielle Codeaufrufe, um Daten zu Google Analytics zu schicken.

Diese Aufrufe stellt Ihnen das Google-Entwicklungspaket *Firebase* zur Verfügung. Sie müssen also wissen, wie Ihre App gestaltet und programmiert ist, um zu entscheiden, welche Tracking-Technologie zum Einsatz kommt.

Tabelle 6.1 zeigt die möglichen Varianten einer App im Überblick.

App-Variante	Tracking durch
Mobile Website	gtag oder GTM
Progressive Web App	gtag oder GTM

Tabelle 6.1 App-Varianten

App-Variante	Tracking durch
Hybrid App	gtag oder GTM + Firebase
Native App	Firebase

Tabelle 6.1 App-Varianten (Forts.)

6.1.2   Was ist Firebase?

Firebase ist eine Entwicklungsplattform für App- und Webprojekte von Google (siehe Abbildung 6.2). Sie bietet Entwicklern ein *Software Development Kit* (SDK), mit dem Befehle für die Programmierung hinzugefügt werden, sowie eine Infrastruktur für die Abwicklung verschiedener Aufgaben in der Cloud. Dazu zählen Datenspeicher, Authentifizierung, Fehler-Reporting und der Versand von Mitteilungen.

Tracking ist dabei ein bereits fest inkludierter Bestandteil des Pakets. Ist das SDK in Ihrer App eingebunden, werden Kennzahlen wie App-Öffnungen oder die Aufrufe bestimmter Inhalte automatisch erfasst. Wenn Sie Firebase in Ihrer App verwenden (egal, für welche der enthaltenen Funktionen), sammeln Sie höchstwahrscheinlich bereits Nutzerdaten.

Abbildung 6.2 Firebase ist die Basis für die Analyse von Apps.

Für den Tracking-Code auf Websites ist es normalerweise unerheblich, mit welchem Browser ein Nutzer die Seite besucht. Der verwendete Code bleibt immer gleich, Sie verbauen keine unterschiedlichen Codes für Chrome und Safari.

In Apps müssen Sie aber genau das tun: Apple-Produkte laufen unter dem System iOS, Samsung und die meisten anderen Marken nutzen Android von Google. Beide Betriebssysteme unterscheiden sich in der Programmierung und erfordern damit eine unterschiedliche App-Programmierung. Daher müssen Sie beim Einrichten zwischen diesen beiden Systemen wählen. In Firebase hat jede Plattform ihre eigene App innerhalb eines Projekts (siehe Abbildung 6.3). Am Ende fügt GA4 die Daten zusammen, sodass Sie einen einheitlichen Bericht über alle Plattformen hinweg erhalten. Allerdings werden die Apps nicht selten pro Plattform von verschiedenen Entwicklern erstellt, und somit sind Sie gefordert, eine einheitliche Verwendung von Namen und Werten vorzugeben.

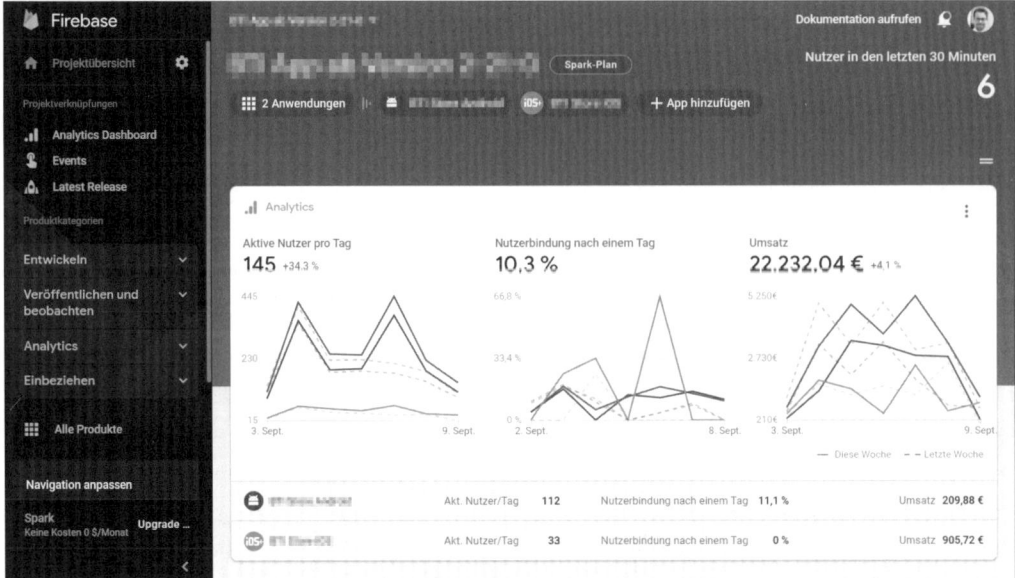

Abbildung 6.3 Verschiedene Apps innerhalb eines Firebase-Projekts

Firebase können Sie als eigenständigen Service unter *firebase.google.com* kennenlernen und einrichten. Hinter den Kulissen erstellen Sie dabei ein Google-Cloud-Projekt. Eigentlich handelt es sich bei Firebase um einen einzelnen Service der Google Cloud, mit dem Sie eine Verbindung zwischen den unterschiedlichen Diensten der Cloud herstellen.

6.1.3   Das Zusammenspiel von Firebase und GA4

Sie benötigen also Firebase, um Daten von App-Nutzern zu erfassen. Das Sammeln und Auswerten der Daten passiert in GA4. Sie brauchen also zwingend ein Firebase-Projekt für die Nutzeranalyse in GA4. Sie haben zwei Wege, wie Sie an dieses Projekt kommen:

▶ Sie legen unter *firebase.google.com* ein neues Projekt an.

▶ Sie richten in GA4 einen App-Datenstream ein.
  (Wie das geht, lesen Sie in Abschnitt 6.2.1.)

Welcher Weg der richtige für Ihre App ist, hängt davon ab, welche Projekte und Properties schon vorhanden sind und wo Daten am Ende einlaufen sollen.

Beim Erstellen eines Firebase-Projekts werden Sie gefragt, ob Sie gleichzeitig eine GA4-Property anlegen möchten (siehe Abbildung 6.4). Falls Sie diese Funktion deaktivieren, werden keine Daten zur App-Nutzung gesammelt.

Abbildung 6.4 Aktivieren Sie GA4 beim Einrichten eines Firebase-Projekts.

Klicken Sie dann auf ANALYTICS und auf den Button GOOGLE ANALYITCS AKTIVIEREN (siehe Abbildung 6.5). Anschließend wählen Sie, ob Sie eine neue Property erstellen oder ob Sie das Firebase-Projekt mit einer bestehenden GA4-Property verknüpfen möchten.

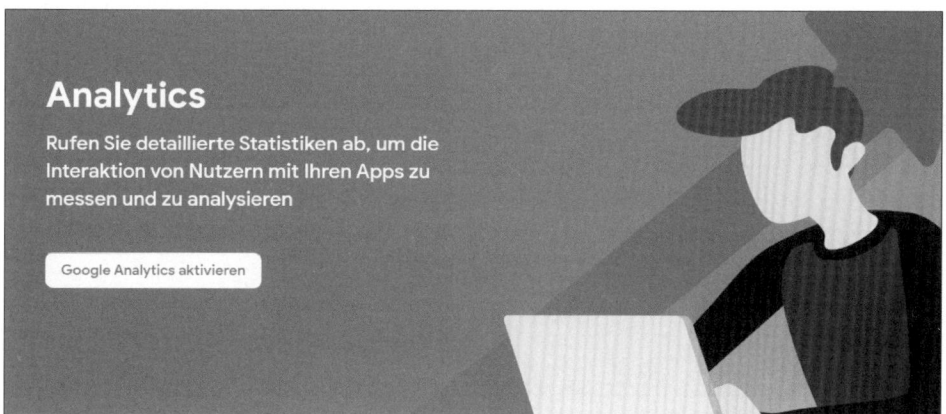

Abbildung 6.5 Analytics innerhalb des Firebase-Projekts verknüpfen

Allerdings kann Ihnen GA4 diese Arbeit vereinfachen: Wenn Sie einen App-Datenstream anlegen, wird im Hintergrund automatisch ein neues Firebase-Projekt eingerichtet und mit der Property verknüpft.

Es gibt also eine Reihe von Kombinationen, wie Ihr aktuelles Setup mit Apps, Websites und GA4 aussieht. Wie Sie in welchem Fall vorgehen, sehen Sie in Tabelle 6.2.

Fall	Vorgehensweise
Ihre App enthält kein Firebase und die Daten sollen einzeln erfasst werden.	Erstellen Sie ein Firebase-Projekt, und aktivieren Sie dabei Analytics. Bauen Sie die nötigen Codes in die App ein. Die Nutzerdaten werden in der neuen Property gesammelt.
Die App verwendet Firebase, aber Analytics ist nicht aktiviert.	Aktivieren Sie in Firebase Google Analytics, und erstellen Sie eine Property.
Die App verwendet bereits Firebase für Cloud-Dienste und Analytics ist aktiviert.	Die Daten werden bereits gesammelt. Fragen Sie den/die Entwickler nach dem Zugriff auf die Property.
Sie erfassen Daten einer Website, der Daten einer App hinzugefügt werden sollen. Die App verwendet kein Firebase.	Erstellen Sie einen oder mehrere App-Datenstreams für die App-Versionen.
Sie erfassen Daten einer App in GA4 und möchten eine zugehörige Website tracken.	Legen Sie einen Web-Datenstream innerhalb der GA4-Property an. Bauen Sie den Tracking-Code in die Website ein.
Sie erfassen Daten einer Website in einer Property und die Daten der Apps in einer anderen.	Können Sie Nutzer zwischen App und Web übergreifend verfolgen? Falls nicht, können Sie mit zwei getrennten Properties arbeiten.
Sie erfassen Daten einer Website in einer Property, die Daten der Apps in einer anderen und möchten die Daten in einer gemeinsamen Property bündeln.	Ein Datenstream muss umziehen: Entweder richten Sie bei den Apps einen Web-Datenstream ein und binden den Analytics-Tag auf Ihrer Website ein. Oder Sie erstellen im Web neue Datenstreams, ändern die Codes in den Apps und spielen neue Versionen aus. Sie beginnen also eine Zählung »neu«.

Tabelle 6.2 Kombinationen von App- und Websitedaten in GA4

Ob Ihre GA4-Property bereits mit einem Firebase-Projekt verknüpft ist, sehen Sie in der Verwaltung: Es erscheint dann der Menüpunkt FIREBASE-VERKNÜPFUNGEN. Dort können Sie die Firebase-Projekt-ID ablesen, unter der die App in der Firebase-Konsole zu finden ist. Jede GA4-Property kann mit genau einem Firebase-Projekt verknüpft werden (und umgekehrt). Innerhalb des Firebase-Projekts können Sie Apps für mehrere Systeme anlegen, also für iOS, Android usw.

6.1.4   Flexibilität beim Einbau

Der Einbau von Tracking-Aufrufen in Apps unterscheidet sich von ihrem Einbau in Websites in einigen Punkten. Bei Websites bauen Sie entweder einen `gtag`-Code direkt oder über den GTM ein. Sobald diese Version »live« ist, also auf dem Webserver ausgespielt wird, ist sie für alle Nutzer gleichermaßen gültig. Das bedeutet, alle Nutzer erhalten den gleichen Tracking-Code mit denselben Erweiterungen und Anpassungen und werden somit vergleichbar gezählt. Updates sind mit einem Tag Manager nahezu in Echtzeit und unabhängig von Versionsupdates der Website möglich.

> **Anmerkung**
>
> Zwischengespeicherte Webseiten durch Caching oder Proxys werden nicht berücksichtigt. Erfahrungsgemäß sorgen diese – wenn überhaupt – nur für eine Verzögerung von maximal Stunden. Beim Einsatz vom GTM gibt es nahezu keine Probleme mit Cachings.

Apps sind leider nicht so flexibel. Anpassungen müssen immer im Code der App vorgenommen werden. Damit sind sie zumeist an Sprints und Releasezyklen gebunden. Ein Update muss anschließend an die App bzw. die App-Stores ausgespielt werden. Die neue Version wird meistens vom Store geprüft, bevor sie live gehen darf. Dieser Vorgang nimmt ebenfalls Zeit in Anspruch. Das alles führt dazu, dass Sie Trackings in Apps mit mehr Vorlauf planen und vor dem Live-Gehen testen sollten. Ein Anpassen von Codes »mal eben« ist deutlich schwieriger bis unmöglich.

> **Apps mit dem Google Tag Manager tracken?**
>
> Die nötigen Programmbefehle für Firebase werden direkt in die App eingebaut. Es gibt keine Version des Google Tag Managers, mit der man wie für Websites unabhängig von Versionen Anpassungen vornehmen könnte. Daher sind die Planung, Dokumentation und vor allem das Testing vor einem Release noch wichtiger als bei Websites.

Oft werden die Android- und die iOS-Version einer App von unterschiedlichen Entwicklern erstellt. Selbst wenn diese nach einem gemeinsamen Zeitplan in der Programmierung arbeiten, kann es durch die unterschiedlichen Prüfverfahren der Stores zu Unterschieden beim Release kommen. So hat die Android-App eventuell schon neue Tracking-Codes, die bei iOS noch fehlen – und somit haben Sie in GA4 von einer Version Aufrufe, die für die andere Version noch nicht einlaufen.

6.2   App-Datenstreams einrichten

Die Nutzerdaten von Apps werden als eigene Datenstreams in GA4 gesammelt. Ist die Property noch nicht mit einem Firebase-Projekt verknüpft, so wird beim ersten App-Datenstream im Hintergrund ein Firebase-Projekt angelegt. Besitzen Sie bereits ein Firebase-Projekt, das noch kein Analytics enthält, können Sie dieses mit einer bestehenden oder neuen Property als Datenstream verknüpfen.

6.2.1   Einen App-Stream in GA4 anlegen

Gehen Sie in der Verwaltung von GA4 zum Punkt DATENSTREAMS. Dort fügen Sie einen neuen Stream hinzu und wählen aus, ob es sich um eine Android- oder iOS-App handelt. Anschließend führt GA4 Sie durch mindestens vier Schritte:

1. die App registrieren
2. die Konfigurationsdatei herunterladen
3. das Firebase-SDK hinzufügen
4. die Installation überprüfen

Android

Zunächst müssen Sie die APP REGISTRIEREN, indem Sie den Paketnamen angeben (siehe Abbildung 6.6). Dieser entspricht normalerweise der `applicationId` in der Datei *build.gradle*. Anschließend vergeben Sie einen App-Namen. Unter diesem Alias-Namen wird die App in den Einstellungen und Berichten geführt. Vergeben Sie hier einen eindeutigen Namen in Ihrem Konto, der am besten die App-Plattform enthält, z. B. *Meine App Android* oder *Meine App iOS*. Dieser Name ist die einzige Identifikation innerhalb von GA4 und lässt sich nachträglich nicht mehr anpassen! Möchten Sie später in einem Filter oder Segment bestimmte Datenstreams herausfiltern und zwei Streams heißen *Meine App*, macht das die Arbeit unnötig kompliziert.

Sollten Sie noch kein Firebase/Google-Cloud-Projekt mit GA4 verknüpft haben, wird Analytics ein solches erstellen und einige grundlegende Konfigurationen vornehmen (siehe Abbildung 6.7). Ist in der Property bereits ein Firebase-Projekt verknüpft, entfällt dieser Schritt.

Im nächsten Schritt laden Sie die Konfigurationsdateien herunter, die für die Einbindung und Initialisierung von Firebase in Ihrem Android-Projekt nötig sind. GA4 erklärt Ihnen, wo Sie die *google-services.json* im Quellcode Ihrer App in *Android Studio* hinzufügen müssen (siehe Abbildung 6.8).

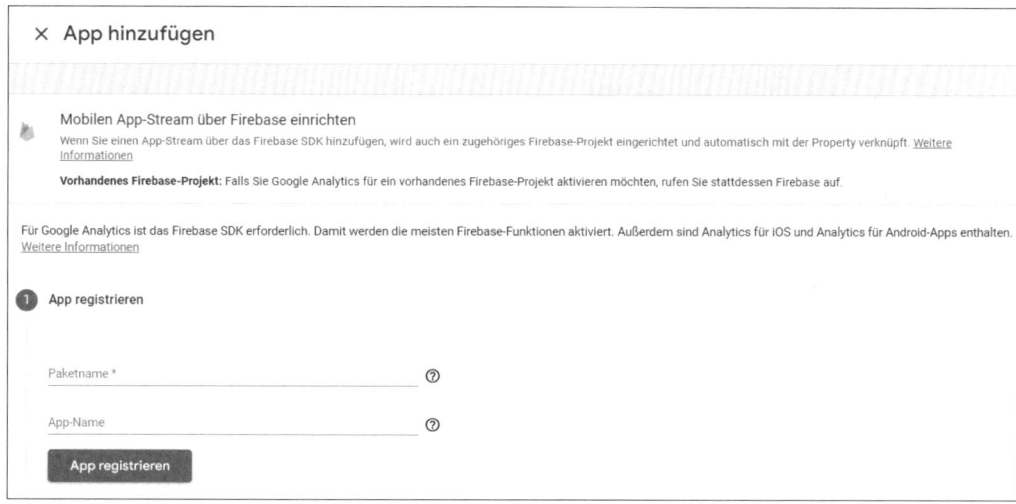

Abbildung 6.6 Eine neue Android-App aus GA4 heraus anlegen

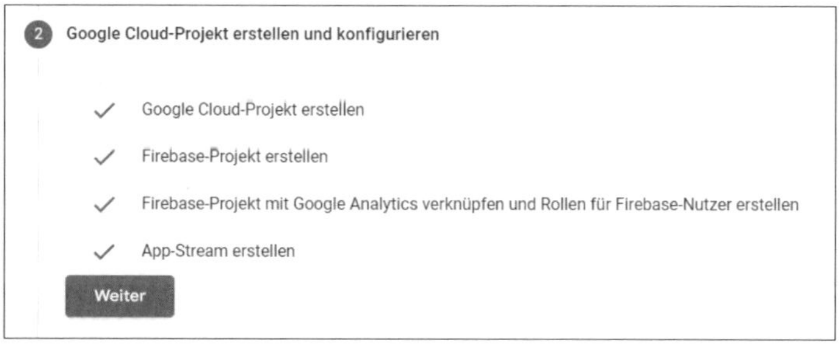

Abbildung 6.7 Das Cloud Projekt wurde erstellt.

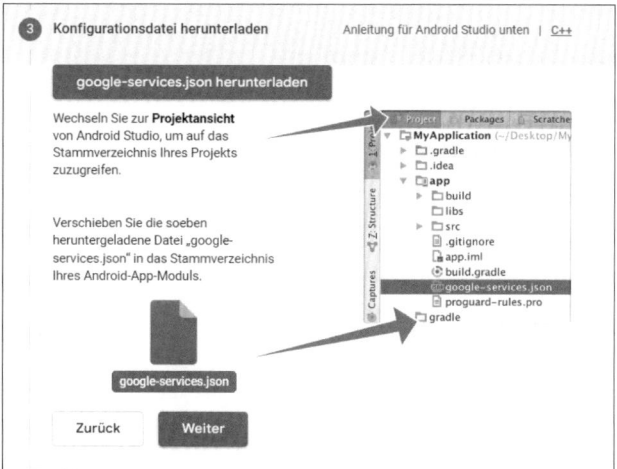

Abbildung 6.8 Firebase zu Ihrer Android-App hinzufügen

Nun folgen Anweisungen dazu, wie Sie das aktuelle Firebase-SDK Ihrer App hinzufügen. Binden Sie die Befehle in die beschriebenen *build*-Dateien ein:

▶ Listing 6.1 zeigt, wie die *build.gradle*-Datei auf Projektebene (*<project>/build.gradle*) eingebunden wird.

▶ Listing 6.2 zeigt, wie die *build.gradle*-Datei auf App-Ebene (*<project>/<app-module>/build.gradle*) eingebunden wird.

```
buildscript {
  repositories {
    // Check that you have the following line (if not, add it):
    google()  // Google's Maven repository
  }
  dependencies {
    ...
    // Add this line
    classpath 'com.google.gms:google-services:4.3.3'
    ...
  }
}
allprojects {
  ...
  repositories {
    // Check that you have the following line (if not, add it):
    google()  // Google's Maven repository
  }
}
```

Listing 6.1 Die »build.gradle«-Datei auf Projektebene

```
apply plugin: 'com.android.application'content_copy
// Add this line
apply plugin: 'com.google.gms.google-services'content_copy
dependencies {
  // add the Firebase SDK for Google Analytics
  implementation 'com.google.firebase:firebase-analytics:17.4.1'content_copy

  // add SDKs for any other desired Firebase products
  // https://firebase.google.com/docs/android/setup#available-libraries
}
```

Listing 6.2 Die »build.gradle«-Datei auf App-Ebene

Im letzten Schritt bietet Firebase Ihnen an, die Implementierung der Services in Ihrer App zu prüfen (siehe Abbildung 6.9). Dafür müssen Sie die App starten, wodurch sie sich mit den Google-Servern verbindet. Ist diese Verbindung erfolgreich, zeigt Google eine entsprechende Meldung an. Sie können diesen Schritt aber auch zu diesem Zeitpunkt überspringen, um beispielsweise die Anleitung zur Einbindung an Entwickler weiterzugeben.

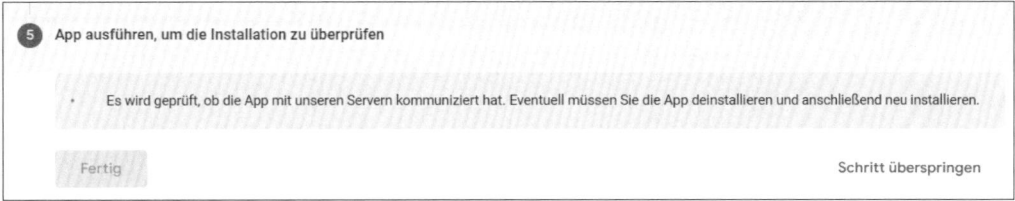

Abbildung 6.9 Firebase kann prüfen, ob das SDK korrekt geladen wird.

iOS

Für iOS-Apps ist der Vorgang ähnlich, aber es gibt einige Ergänzungen. Bei der App-Registrierung können Sie optional die App Store-ID angeben. Die Konfigurationsdatei, die Sie herunterladen, legen Sie im Projektordner der App ab (siehe Abbildung 6.10).

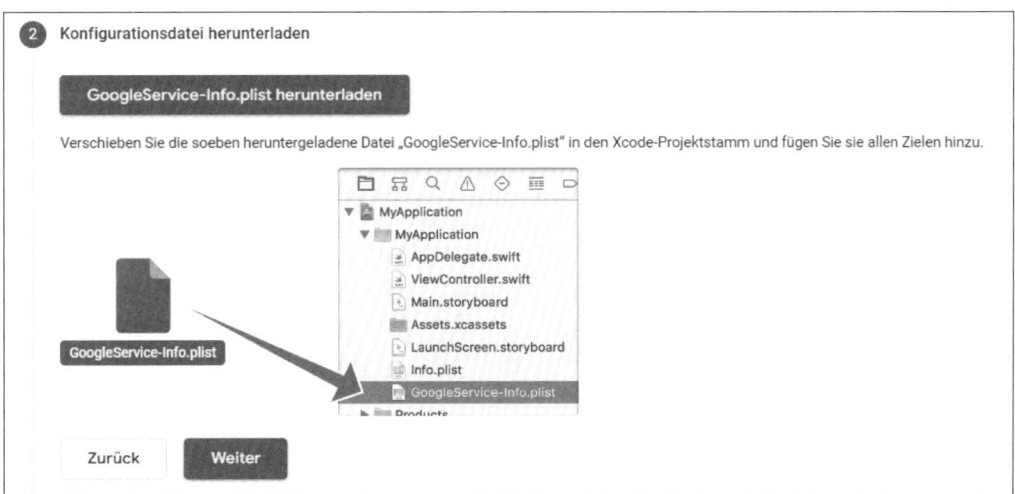

Abbildung 6.10 Firebase zu Ihrer iOS-App hinzufügen

Für die Installation weiterer Dienste greift das Firebase-SDK auf *CocoaPods* zurück (siehe Abbildung 6.11). Im Projektverzeichnis Ihrer App initialisieren Sie eine Podfile-Datei (wenn Sie noch keine haben sollten) mit:

```
$ pod init
```

In der neu erstellten Datei *Podfile* fügen Sie die Zeile

```
pod 'Firebase/Analytics'
```

ein bzw.

```
pod 'Firebase/AnalyticsWithoutAdIdSupport'
```

wenn Sie keinen Ad-ID-Support wünschen. Nach dem Speichern der Datei installieren Sie alles mit dem Befehl:

```
$ pod install
```

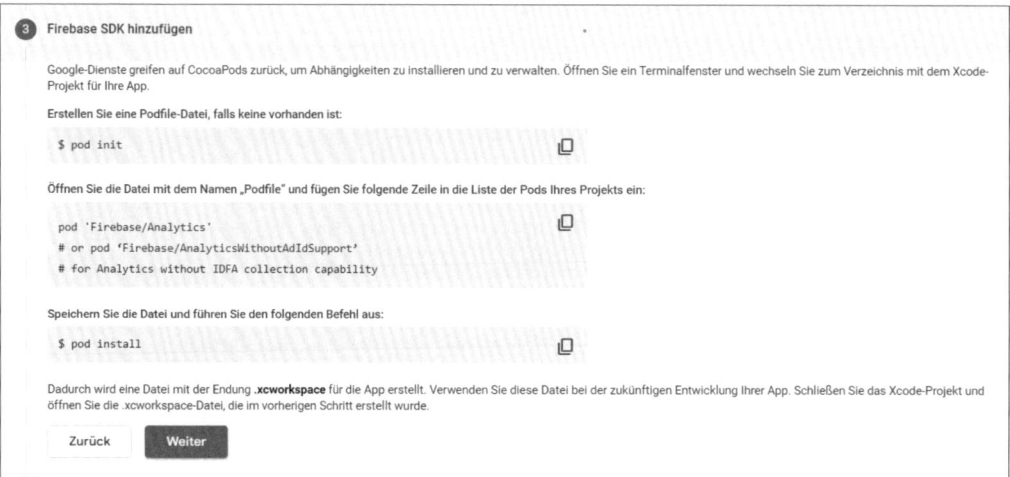

Abbildung 6.11 Das Firebase-SDK für iOS installieren

Zur Initialisierung innerhalb des Codes fügen Sie in Apps, die in Swift programmiert werden, die Anweisung aus Listing 6.3 hinzu. In Apps, die mit Objective-C geschrieben wurden, initialisieren Sie Firebase mit den Befehlen in Listing 6.4:

```
import UIKit
import Firebase

@UIApplicationMain
class AppDelegate: UIResponder, UIApplicationDelegate {
  var window: UIWindow?
  func application(_ application: UIApplication,
    didFinishLaunchingWithOptions launchOptions: [
UIApplicationLaunchOptionsKey: Any]?)
    -> Bool {
```

```
    FirebaseApp.configure()
    return true
  }
}
```

Listing 6.3 Firebase-Initialisierung in Swift

```
@import UIKit;
@import Firebase;
@implementation AppDelegate
- (BOOL)application:(UIApplication *)application
    didFinishLaunchingWithOptions:(NSDictionary *)launchOptions {
    [FIRApp configure];
    return YES;
}
```

Listing 6.4 Firebase-Initialisierung in Objective-C

Die optionale Prüfung der App können Sie überspringen. Haben Sie diese Schritte durchlaufen, landen Sie auf der Detailseite des Datenstreams (siehe Abbildung 6.12). Von hier aus können Sie auch zu einem späteren Zeitpunkt die Konfigurationsdateien und Anleitungen erreichen.

Die Detailseite zum App-Stream unterscheidet sich nur wenig zwischen der Android- und der iOS-Variante. Im Vergleich zum Web-Stream haben Sie allerdings weniger Optionen: Sie können Ereignisse erstellen oder ändern sowie die API-Schnittstelle für Aufrufe über das *Measurement Protocol* konfigurieren. Weitere Einstellungen zum Verhalten der Messung oder *optimierte Analysen* wie auf Websites gibt es nicht.

Frameworks zur App-Programmierung

Firebase unterstützt auch verschiedene Frameworks, die Sie für die Entwicklung Ihrer Apps nutzen. So werden viele Spiele-Apps in *Unity* programmiert, das eine plattformunabhängige Entwicklung erlaubt. Hierfür bietet Firebase eine direkte Einbindung per SDK an. Mehr dazu finden Sie auf:

https://firebase.google.com/docs/unity/setup

Ebenfalls in der Entwicklung plattformunabhängig ist *Flutter*, ein UI-Entwicklungs-Kit von Google. Die nötigen Schritte zur Einrichtung finden Sie auf:

https://firebase.google.com/docs/flutter/setup

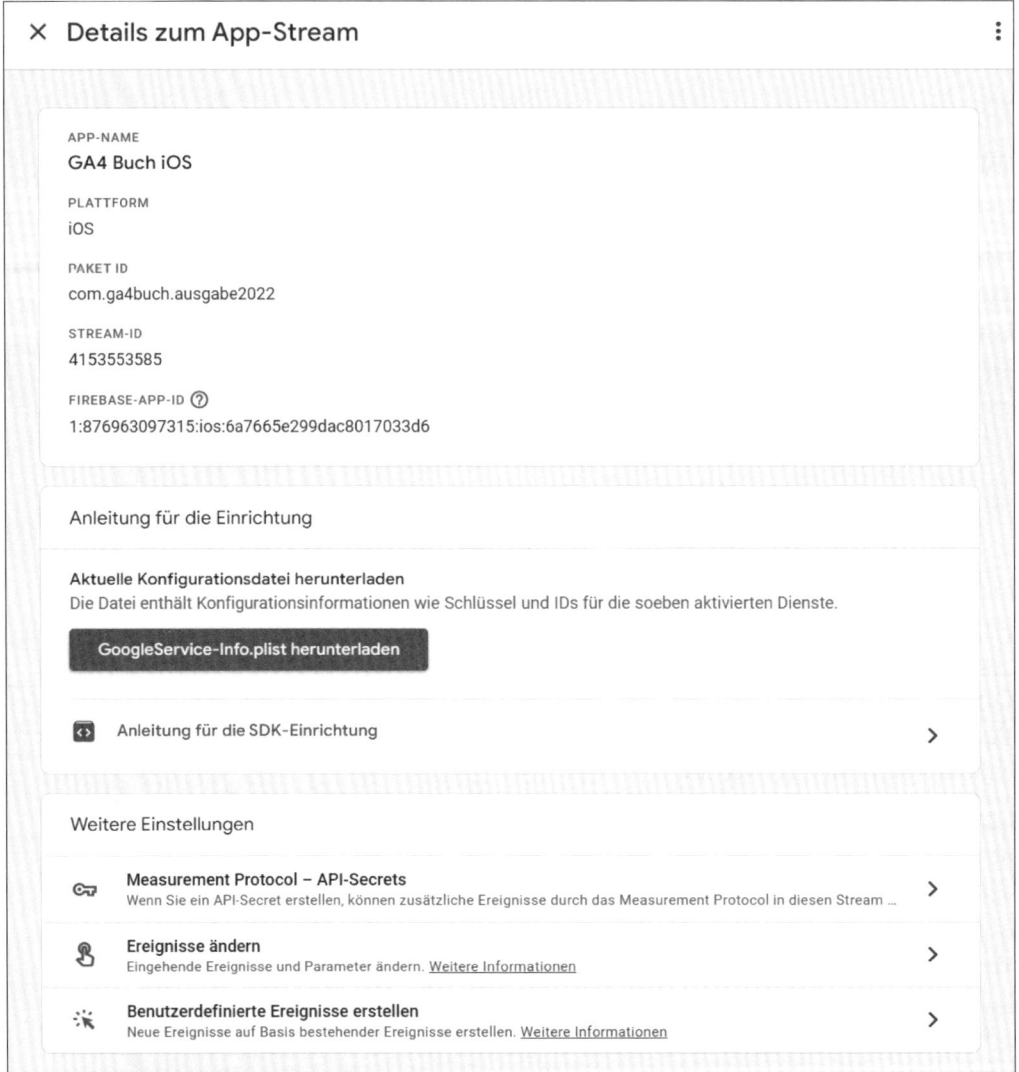

Abbildung 6.12 Die Detailansicht für den Stream zur iOS-App

6.2.2 Automatische Ereignisse für Apps

Nach dem Einbau des Firebase-SDK werden bei Nutzung der App automatisch eine Menge Ereignisse gefeuert. Dazu müssen Sie nichts weiter tun, als wie oben beschrieben den Basis-Code zu laden.

Das Ereignis `first_open` wird beim ersten Öffnen einer App nach der Installation gefeuert. Es ist also das erste Ereignis, das ein neuer Nutzer bei der App-Nutzung feuert. Das Gegenstück für Websites ist `first_visit`.

Beim Starten einer App wird jedes Mal das Ereignis `session_start` gefeuert, das die gleiche Bedeutung wie für Websites hat: Ein Nutzer beginnt eine neue Sitzung.

Auch das Ereignis `user_engagement` kennen Sie bereits von Website-Berichten. In der App wird es gefeuert, wenn der Nutzer die App eine bestimmte Zeit lang im Vordergrund verwendet.

Den Wechsel zwischen Bildschirmen verfolgt Analytics automatisch, wenn die App separate *UIViewController*, *Views* oder *Activitys* verwendet. In diesem Fall wird das Ereignis `screen_view` gefeuert, zusammen mit der Bildschirmklasse.

Im weiteren Verlauf des Kapitels werden Sie bei Themen weitere automatische Ereignisse kennenlernen, die Firebase aus Ihrer App feuert. Tabelle 6.3 fasst die bisher besprochenen Ereignisse zusammen.

Ereignis	Beschreibung
`first_open`	Erstes Öffnen der App nach der Installation
`session_start`	Start der App zur anschließenden Nutzung
`user_engagement`	Nutzung der App im Vordergrund für eine bestimmte Zeit
`screen_view`	Wechsel des Bildschirms

Tabelle 6.3 Automatisch von Firebase gesendete Ereignisse

6.2.3   Manuell gefeuerte Ereignisse in Apps

Um eigene Trackings in Ihre App einzubauen, können Sie selbst Programm-Code einfügen, um GA4-Ereignisse zu feuern. Dazu gibt es die Funktion `logEvent`. Mit ihr übergeben Sie den Ereignisnamen und Parameter (siehe Listing 6.5 und Listing 6.6):

```
firebaseAnalytics.logEvent(FirebaseAnalytics.Event.SELECT_ITEM) {
    param(FirebaseAnalytics.Param.ITEM_ID, id)
    param(FirebaseAnalytics.Param.ITEM_NAME, name)
    param(FirebaseAnalytics.Param.CONTENT_TYPE, "image")
}
```

Listing 6.5 Beispiel-»logEvent« für Android/Kotlin

```
Analytics.logEvent("select_item", parameters: [
  "item_name": name as NSObject,
  "content_type": content as NSObject,
])
```

Listing 6.6 Beispiel-»logEvent« für iOS/Swift

Im Beispielaufruf wird das Ereignis `select_item` gefeuert, als Paramter werden die *ID* und der *Name* des Items sowie der *Content-Type* übergeben. Genau wie bei Ereignissen für Websites gibt es vordefinierte und empfohlene Ereignisnamen, die mitunter eigene Parameter verstehen. Die Empfehlungen für Ereignisnamen kennen Sie bereits aus den vorangegangenen Kapiteln. Gerade beim Tracken von E-Commerce sind die einheitlichen Namen sinnvoll: So werden Produkte und Umsätze übergreifend ausgewertet.

Selbst definierte Namen und Parameter verwenden Sie in der gleichen Art. Nutzen Sie die gleichen Namen für Ereignisse in der App und auf der Website, wird GA4 die Aufrufe zusammenzählen und gemeinsame Aufrufe- und Nutzerzahlen ausgeben. Eingehende Aufrufe vom App-Datenstream werden in GA4 in die gleichen Dimensionen und Messwerte gespeichert wie Aufrufe aus einem Web-Datenstream.

Um benutzerdefinierte Dimensionen in Apps zu erfassen, verwenden Sie den Befehl `setUserProperty`. Als Parameter übergeben Sie den Namen der Dimension und den Wert, den Sie in GA4 speichern möchten. Für die Analyse müssen Sie die Dimension in der GA4-Property vorher angelegt haben. (Schlagen Sie dazu in Kapitel 2, »Google Analytics 4 einrichten«, nach.)

Im Beispiel aus Listing 6.7 und Listing 6.8 wird für die Nutzer-Dimension `pizza` der Wert `funghi` gesetzt. Einmal an GA4 übertragen, wird die Nutzereigenschaft für alle weiteren Aufrufe dieses Nutzers gelten – bis sie mit einem anderen Wert überschrieben wird.

```
firebaseAnalytics.setUserProperty("pizza", "funghi")
```

Listing 6.7 Setzen einer benutzerdefinierten Dimension in Android/Kotlin

Für iOS-Apps in Swift sieht der Aufruf so aus:

```
Analytics.setUserProperty("funghi", forName: "pizza")
```

Listing 6.8 Setzen einer benutzerdefinierten Dimension in iOS/Swift

6.2.4   Konzept und Nomenklatur für eigene Ereignisse

Soll die App auf Android und iOS laufen, ist es nicht ungewöhnlich, dass unterschiedliche Entwickler für jede Version im Einsatz sind. Bei Ereignissen mit empfohlenen Namen und Parametern wie `purchase` gibt es eine eindeutige Vorgabe, die für alle Plattformen gilt. Sollen darüber hinaus aber Aktionen mit eigenen Ereignissen gezählt werden, kann es ohne explizite Vorgabe passieren, dass am Ende der umsetzende Entwickler Namen und übergebene Werte definiert.

Dadurch entsteht die Gefahr, dass sich die Ereignisnamen zwischen den verschiedenen Plattformen unterscheiden. Auch Parameternamen und -werte können unterschiedlich sein, wenn es keine übergeordnete Vorgabe gibt.

Kommt ein Framework wie *Unity* zum Einsatz, mit dem Sie aus einem Code Apps für beide Plattformen generieren, haben Sie dieses Problem zunächst nicht. Haben Sie aber vor, die App-Daten mit Web-Daten zusammenzuführen, stehen Sie immer vor dem Problem, einheitliche Benennungen für Ereignisse und Parameter sicherzustellen.

Definieren Sie daher, wenn es irgend möglich ist, Ereignisse und Parameter immer vor einer Firebase-Einbindung. Das kann als einfache Tabelle geschehen, die Sie noch um eine Beschreibung erweitern können (siehe Tabelle 6.4).

App-Konzept	Parameter
tap_plan-details	+ firebase_screen, screen_name
tap_back_button	+ firebase_screen, screen_name
tap_address_proposal	+ adress_type
create_login_fail	+ reason
order_fail	+ reason
login_fail	+ reason

Tabelle 6.4 Beispiel für eine Definition von Ereignissen im App-Tracking

Gerade wenn mehrere Entwickler an den Apps für unterschiedliche Plattformen arbeiten, sind eine zentrale Dokumentation und ein regelmäßiger Austausch hilfreich.

6.2.5   Datenschutzanforderungen erfüllen

In Apps gelten dieselben Anforderungen an den Schutz der Daten Ihrer Nutzer wie auf Websites: Sie dürfen erst mit einer Einwilligung die Aktivitäten eines Nutzers erfassen. Dabei überlässt Google es Ihnen, sich um das Einholen der Zustimmung und das Berücksichtigen der Auswahl zu kümmern. Bis die Antwort des Nutzers vorliegt, müssen Sie die Datenerfassung unterbinden.

Initiales Tracking in iOS ausschalten

Zunächst sollten Sie die Datenerfassung in den Grundeinstellungen deaktivieren. Ansonsten trackt das Firebase-Modul die Nutzeraktionen, sobald es geladen wird.

In einem iOS-Projekt setzen Sie dazu in der *Info.plist*-Datei der App den Wert für
`FIREBASE_ANALYTICS_COLLECTION_ENABLED` auf NO. In der XML-Datei sieht das Ganze so aus:

```
<key>FIREBASE_ANALYTICS_COLLECTION_ENABLED</key>
<false/>
```

Nachdem Sie die Einwilligung des Nutzers erhalten haben, aktivieren Sie das Tracking
wieder mit folgender Anweisung:

Swift

```
Analytics.setAnalyticsCollectionEnabled(true)
```

Objective-C

```
[FIRAnalytics setAnalyticsCollectionEnabled:YES];
```

Initiales Tracking in Android ausschalten

Für Android-Projekte stellen Sie die initiale Datenerfassung in der *AndroidMani-
fest.xml* wie folgt aus:

```
<meta-data android:name="firebase_analytics_collection_enabled" android:value=
"false" />
```

Und Sie reaktivieren das Tracking nach erfolgter Einwilligung mit:

```
setAnalyticsCollectionEnabled(true);
```

Darüber hinaus können Sie die Erfassung und Verwendung von Nutzerdaten für das
Ausspielen von Werbung in einer App steuern. Mehr Informationen zu erforder-
lichen Einstellungen und Code-Anweisungen finden Sie in der Firebase-Dokumen-
tation unter:

https://firebase.google.com/docs/analytics/configure-data-collection

6.2.6   Die Einbindung prüfen und debuggen

Ihre App sollten Sie vor jedem Release oder beim Auftreten von Problemen daraufhin
prüfen können, ob die eingebauten Tracking-Aufrufe wie gedacht funktionieren. Mit
Apps ist das leider etwas aufwendiger als bei Websites, denn es ist nicht so leicht,
»unter die Haube« zu schauen. Es gibt kein Plugin, das Ihnen das Debugging vereinfacht, und Sie können nicht ins Netzwerkprotokoll schauen (vgl. Kapitel 9, »Fehler
analysieren und Qualität sichern«). Für Apps haben Sie zwei Optionen, die im Folgenden noch genauer beschrieben werden:

▶ die eigene Sitzung in der Echtzeit finden

▶ eine App live im DebugView prüfen

Die eigene Sitzung in der Echtzeit finden

Wenn Sie eine App aus den diversen Stores testen möchten, ist die erste Anlaufstelle der Echtzeit-Bericht im GA4-Konto. Im ECHTZEIT-BERICHT sehen Sie, welche Daten gerade in diesem Moment von Nutzern einlaufen. Rufen Sie die App auf Ihrem Handy auf, werden auch von diesem Gerät Zugriffe im Bericht erscheinen. Natürlich müssen Sie die Datenerfassung erlauben, damit Sie die Aufrufe im GA4-Konto sehen.

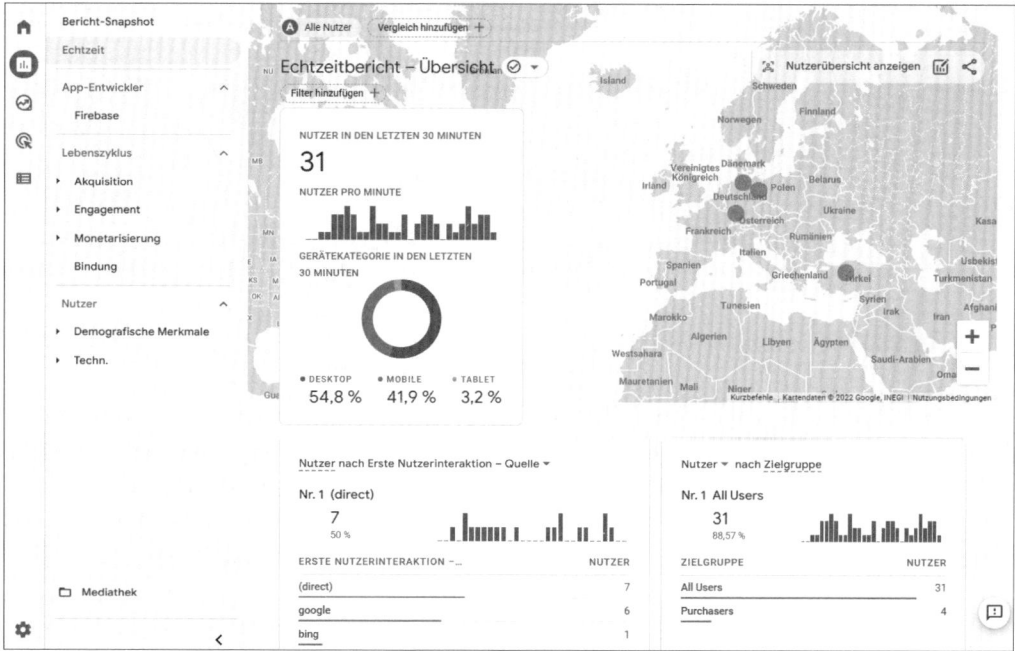

Abbildung 6.13 Echtzeit-Daten zur App- und Webnutzung

Im Beispiel aus Abbildung 6.13 sehen Sie im Echtzeit-Bericht gerade 31 Nutzer in der Property. Das heißt, in den letzten 30 Minuten wurden Aufrufe von 31 verschiedenen Nutzern gezählt. Wie finden Sie nun die Aufrufe von Ihrem Gerät?

Zunächst öffnen Sie die App, damit eine neue Sitzung in GA4 erzeugt wird. In welchem Datenstream sollen Ihre Aufrufe einlaufen: Android oder iOS? Mit FILTER HINZUFÜGEN (direkt unter der Überschrift ECHTZEIT – ÜBERSICHT) legen Sie einen Filter auf diese STREAM-ID. Dadurch sollte sich die Anzahl der Nutzer reduzieren. An dieser Stelle macht es sich bezahlt, wenn Sie bei der Benennung der Datenstreams die Plattform mit aufgenommen haben.

Unter Umständen können Sie nun anhand der Karte bereits »Ihre« Aufrufe entdecken. Fahren Sie mit der Maus über die Punkte, und schauen Sie, wie viele Nutzer aus diesem Ort angezeigt werden. In Abbildung 6.14 sehen Sie nur noch einen Nutzer aus Köln – das ist in diesem Beispiel der richtige.

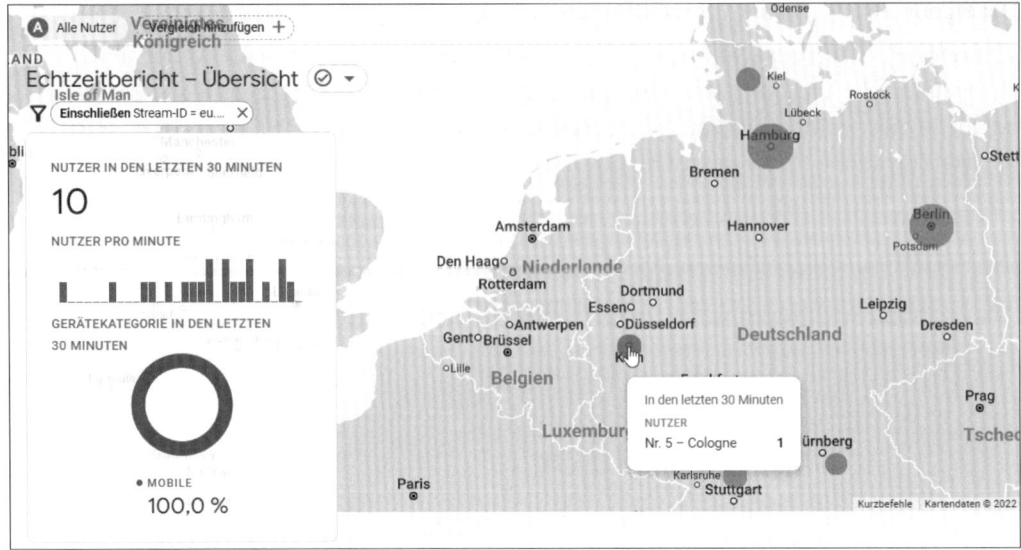

Abbildung 6.14 Finden Sie Ihre Zugriffe anhand der Region.

Ein Klick auf diesen Datenpunkt führt Sie zu einer Einzelaufstellung von Nutzergruppen: Auf der linken Seite sehen Sie alle Nutzer, auf die der eingestellte Filter (auf die Stream-ID) passt, rechts sind die ausgewählten Nutzer aus der Region aufgeführt (siehe Abbildung 6.15). Wenn Sie nun auf Ihrem Endgerät weiter in der App klicken, werden weitere Aufrufe erscheinen und Sie sehen, ob die Ereignisse einlaufen.

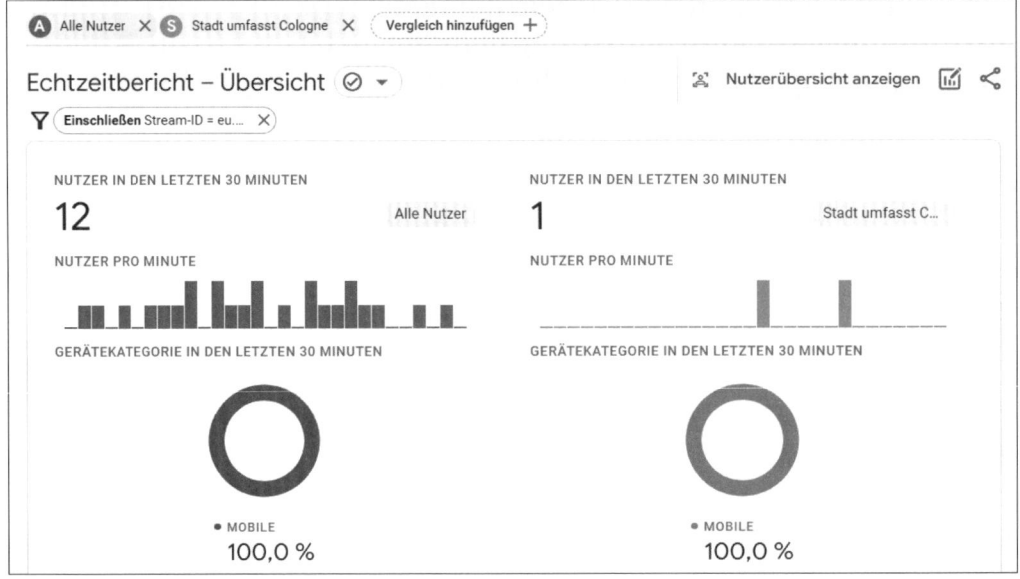

Abbildung 6.15 Filter auf den einen Nutzer im Echtzeitbericht

Reicht die Stream-ID noch nicht aus, um Ihre Sitzung zu finden, fügen Sie weitere Filter hinzu. Nutzen Sie die Gerätemarke oder das Modell, um die Auswahl einzuschränken. Passgenau wird es, wenn Sie eine User-ID in der App implementiert haben, denn dann können Sie den Filter auf Ihren persönlichen Nutzer eingrenzen (siehe Abbildung 6.16).

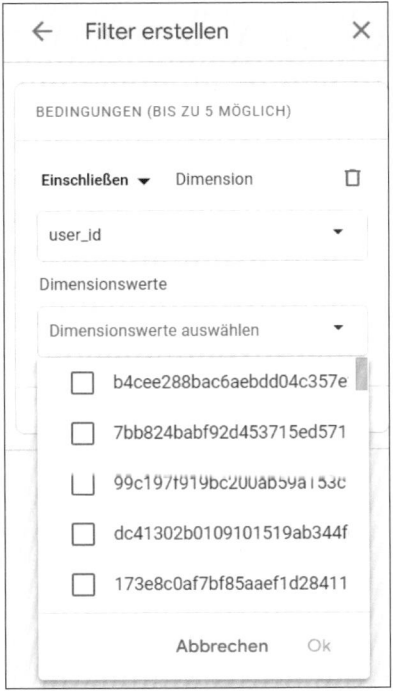

Abbildung 6.16 Das Filtern nach der User-ID erlaubt eine Einzelbetrachtung.

Echtzeit ist nicht gleich Echtzeit

Tracking-Aufrufe in Firebase werden abhängig von der Internetverbindung und den erhobenen Daten zunächst in der App gesammelt und dann in einem Rutsch übertragen (als sogenannter *Batch*). Daher kann es einige Minuten dauern, bis Ihre Aufrufe im Echtzeit-Bericht erscheinen. Nutzen Sie für einen Echtzeittest am besten eine WLAN-Verbindung für das Endgerät, damit Firebase möglichst zügig die Daten weitergibt.

Mit dem Link NUTZERÜBERSICHT ANZEIGEN können Sie zu einer Detailansicht einzelner Nutzer springen, bei denen jedes einzelne Ereignis angezeigt wird – inklusive Parameter. Allerdings wird bei dieser Übersicht wieder ein zufälliger Nutzer ausgewählt, wodurch Ihre Suche »Ihrer« Sitzung von vorne beginnt.

Eine App live im DebugView prüfen

Die für ein individuelles Testing beste Methode ist die Verwendung des *DebugView* in GA4 (siehe Abbildung 6.17). In ihm werden Ihnen bestimmte Sitzungen gezeigt, und zwar mit jedem einzelnen Aufruf und allen eingehenden Parameterwerten.

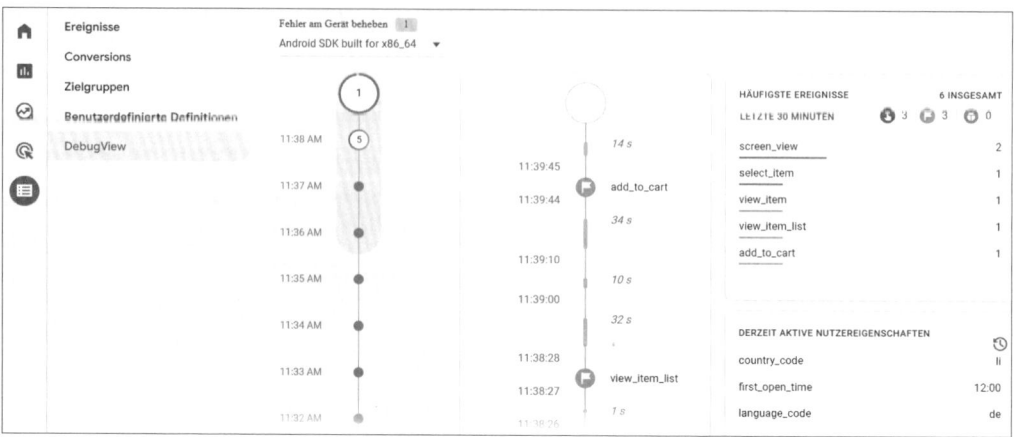

Abbildung 6.17 Livedaten des Testgeräts im DebugView

Diese Ansicht ist allerdings für Entwickler vorgesehen und erfordert Zugriff auf den Programmcode oder den Entwicklungsmodus des Geräts. Außerdem müssen Sie wieder an die beiden Betriebssysteme denken.

Android

Um das Debugging in einer Android-App zu aktivieren, benötigen Sie Zugriff auf die *Android Debug Bridge* (*adb*). Mit Zugriff über *adb* senden Sie folgenden Befehl an das Gerät:

```
adb shell setprop debug.firebase.analytics.app <<PAKETNAME_DER_APP>>
```

Dadurch aktivieren Sie das Firebase-Debugging für die App. Mit

```
adb shell setprop debug.firebase.analytics.app .none.
```

schalten Sie es wieder ab.

Wie kann ich auf adb zugreifen?

Bei der *Android Debug Bridge* handelt es sich um eine Schnittstelle, über die Sie mit dem Android-System direkt kommunizieren können. Entwickler haben im Rahmen der Android-Umgebung Zugriff auf *adb*.

Eine einfache Methode, um mit adb Zugriff auf ein Android-Gerät zu erhalten, ist der Einsatz eines Debugging-Service. Mit einem Dienst wie *lambdatest.com* können Sie

---

ein Mobilgerät im Browser emulieren und Apps ausführen. Bei den virtuellen Geräten wird Ihnen die *adb shell* als Menüpunkt angeboten.

Mit einem normalen Endgerät können Sie *adb* über die Option USB DEBUGGING in den Systemeinstellungen des Handys aktivieren. Der Vorgang erfordert allerdings einige Schritte, die den Rahmen dieses Kapitels sprengen würden.

Wenn Sie selbst keine Erfahrung mit technischen Dokumentationen und der Einrichtung auf der Kommandozeile haben, sollten Sie den Austausch mit Ihrem Entwickler suchen, um eine dauerhafte Testing-Lösung zu etablieren.

iOS

Unter Apple aktivieren Sie den Debug-Modus mit folgendem Befehlszeilenargument in Xcode:

```
-FIRDebugEnabled
```

Nach erfolgreichem Test deaktivieren Sie den Modus mit:

```
-FIRDebugDisabled
```

In GA4 gehen Sie nun unter KONFIGURIEREN auf den DEBUGVIEW. Dort können Sie oben im Menü das nun für das Debugging vorgesehene Gerät auswählen (siehe Abbildung 6.18).

Abbildung 6.18 Auswahl des Testgeräts

Der Datenstream zeigt Ihnen die Ereignisse von diesem Endgerät pro Minute insgesamt (links) und einzeln aufgeschlüsselt (Mitte, siehe Abbildung 6.19). Zu jedem gemessenen Ereignis können Sie sich alle Parameter, Nutzereigenschaften sowie bei E-Commerce-Aufrufen die enthaltenen Elemente anzeigen lassen.

Sie können so jede Aktion in Ihrer App ausführen und sehen, welche Daten in GA4 ankommen. Sie können in der Zeitleiste zwar auch zu früheren Ereignissen zurückscrollen, bei vielen Aufrufen wird das aber bald unübersichtlich. Wenn Ihnen bestimmte Ereignisse oder Werte auffallen, die angepasst werden müssen, machen Sie am besten direkt einen Screenshot von den gezeigten Werten. So kann ein Entwickler besser nachvollziehen, was passiert ist, und mit der Fehlersuche beginnen.

Übrigens: Aufrufe, die im DEBUGVIEW erscheinen, werden automatisch aus Ihren normalen Berichtszahlen exkludiert!

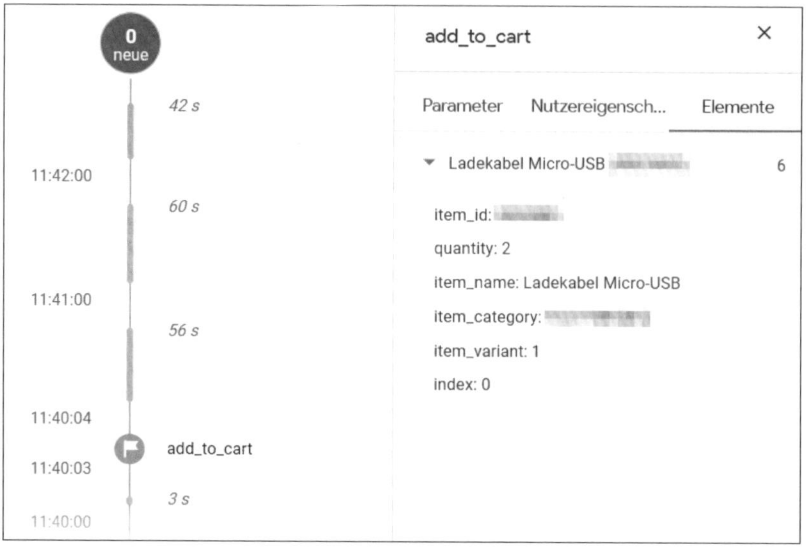

Abbildung 6.19 Zeitleiste mit eingehenden Ereignissen vom Testgerät

6.3 App-Kennzahlen Menü »Firebase«

Sobald Sie einen oder mehrere App-Datenstreams in Ihrer GA4-Property angelegt haben, wird die Oberfläche um neue Einträge erweitert. Im Menü finden Sie einen neuen Eintrag APP-ENTWICKLER mit dem Unterpunkt FIREBASE (siehe Abbildung 6.20).

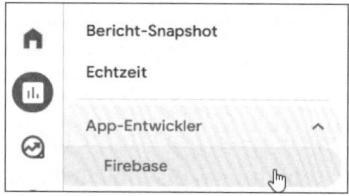

Abbildung 6.20 Der App-Datenstream sorgt für einen neuen Navigationspunkt.

6.3.1 Daten zur App-Nutzung

Auf der Firebase-Übersicht sind Daten zu Ihren Apps und den Nutzern Ihrer App zusammengefasst. Einige Kacheln kennen Sie bereits von Berichten zu Websites, einige erscheinen nur bei der Verwendung von App-Datenstreams.

Nutzer in der Firebase-Übersicht sind nicht nur Firebase-Nutzer

Beachten Sie: Wenn Sie in der Property auch einen Web-Datenstream angelegt haben, werden in der Firebase-Übersicht die Nutzer mit angezeigt! Um die gezeigten

Daten auf Apps einzuschränken, klicken Sie über der Seitenüberschrift auf den Button ALLE NUTZER. In der erscheinenden Seitenleiste können Sie Bedingungen für die gezeigten Nutzer im Bericht angeben. Wählen Sie im ersten Menü die Stream-ID. Dann können Sie im zweiten Menü die Datenstreams der App(s) auswählen (siehe Abbildung 6.21).

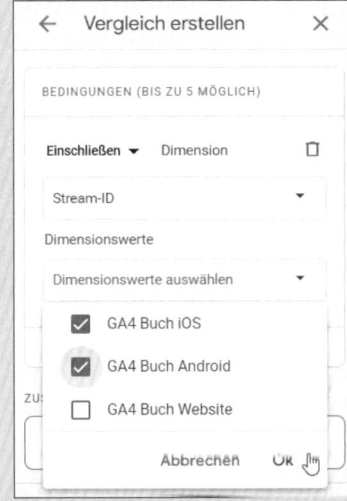

Abbildung 6.21 Durch Filtern nach der Stream-ID finden Sie die App-Nutzer.

Nach der Bestätigung zeigt das Dashboard nur noch Daten von Nutzern an, die über diese Streams gemessen wurden.

Die NUTZERAKTIVITÄTEN IM ZEITVERLAUF kennen Sie vielleicht noch vom Bericht-Snapshot, wo die Kachel bereits enthalten ist. Die Kurven zeigen Ihnen für die einzelnen Tage, wie viele Nutzer die Apps am Vortag, in den letzten 7 und in den letzten 30 Tagen verwendet haben. Dabei werden nur Nutzer berücksichtigt, für die ein user_engagement erfasst wurde. Für Apps bedeutet das: Diese Nutzer müssen die App im Vordergrund ausgeführt haben.

Mit dieser Darstellung können Sie die kurz-, mittel- und langfristige Entwicklung Ihrer Nutzerbasis verfolgen. Auf dem Rückblick in Abbildung 6.22 zeigt die 1 TAG-Kurve (die unterste der drei) immer wieder Spitzen nach oben und unten. Sie können daraus nicht erkennen, ob es sich um unterschiedliche oder stets dieselben Nutzer handelt.

Die mittlere Kurve mit dem 7 TAGE-Trend lässt das schon besser erkennen: In den letzten Tagen zeigt sie leicht nach oben, es waren also insgesamt mehr Nutzer. Die oberste Kurve schließlich zeigt die langfristige Entwicklung, die ansteigt, wenn auch nur leicht. In den letzten 30 TAGEN kamen also mehr Nutzer als im Vergleichszeitraum davor, die Nutzerbasis ist somit gewachsen.

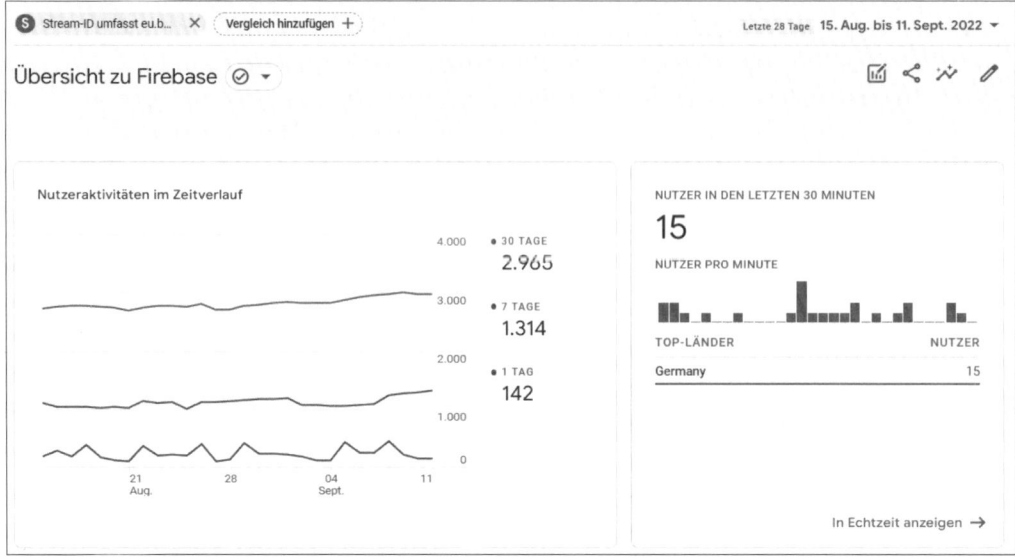

Abbildung 6.22 Übersicht zu Firebase im App-Entwickler-Menü

Auf der zweiten Kachel in der Übersicht sehen Sie, wie viele NUTZER IN DEN LETZTEN 30 MINUTEN die App verwendet haben, aufgeschlüsselt nach Ländern. Das kann nach dem Versand einer Push-Mitteilung oder einem Update interessant sein, um schnell zu sehen, ob noch alles funktioniert.

6.3.2   Versionen und Releases

Bei Apps handelt es sich um Programme, die auf dem Smartphone installiert werden. Aus dem Store von Apple und Google wird immer die aktuelle Version heruntergeladen. Bei einer Version handelt es sich um ein fest definiertes Paket, das von den Entwicklern zusammengestellt und veröffentlicht wurde (engl. *released*).

Bevor eine solche Version im Store online geht, wird sie vom Store-Betreiber geprüft und freigegeben – bei einer neuen Version beginnt die Prüfung von Neuem. Ist die neue Version dann im Store online, müssen die Smartphone-Nutzer diese noch installieren (was sich automatisieren lässt, was aber auch nicht alle Nutzer machen).

Aufgrund dieser Umstände sind meistens mehrere Versionen einer App im Umlauf: Nicht alle Nutzer aktualisieren immer direkt auf den letzten Stand. Außerdem können die Versionen einer App für iOS und Android auf verschiedenen Ständen sein, da die Entwicklung nicht immer hundertprozentig parallel verläuft.

Welche Versionen gerade genutzt werden, zeigt Ihnen die Kachel zur APP-VERSION (siehe Abbildung 6.23). Im Diagramm können Sie sich für die letzten 30 Tage den Verlauf von Nutzern und Umsatz nach App-Version zeigen lassen. Der Link APP-VER-

SIONEN ANZEIGEN führt Sie zum Detailbericht im Menübereich TECHNOLOGIE (siehe Abbildung 6.24). Dort bekommen Sie Messwerte wie *Sitzungen, Interaktionen, Conversions* und *Umsatz* pro Version aufgelistet.

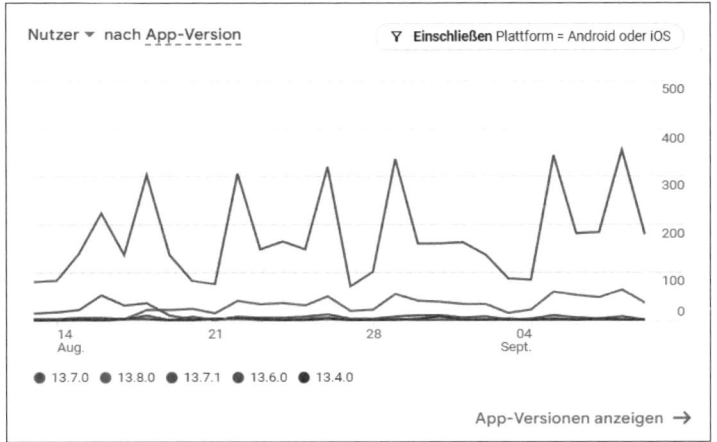

Abbildung 6.23 Verschiedene Versionen sind parallel im Einsatz.

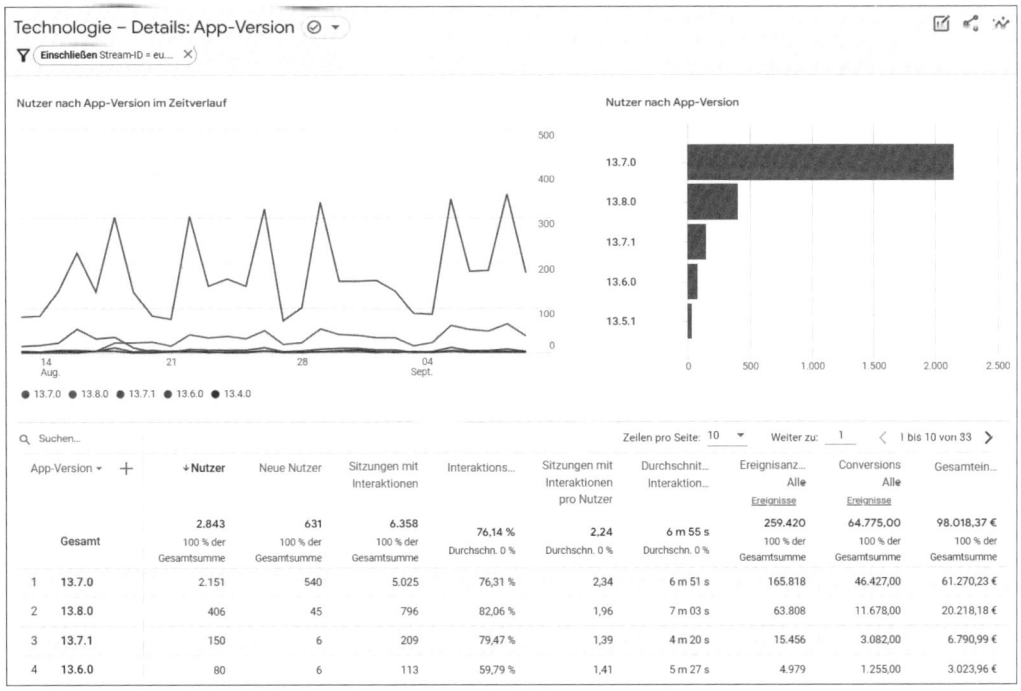

Abbildung 6.24 Messwerte nach App-Version in den Technologie-Details

Mit den Berichten erhalten Sie einerseits einen Überblick, welche Versionen noch im Umlauf sind. Mithilfe von den GA4-Segmentierungen können Sie analysieren, auf welchen Geräten oder in welchen Regionen die App noch nicht aktualisiert wurde. Vergleichen Sie die Conversions und Interaktionswerte der unterschiedlichen Versionen, lässt sich erkennen, ob neu eingeführte Features in einer Version von den Nutzern positiv aufgenommen werden und sich in mehr Engagement oder mehr Umsatz niederschlagen.

> **(not set)-App-Versionen**
>
> Taucht in Ihrem Bericht zur App-Version der Eintrag *(not set)* auf, haben Sie wahrscheinlich einen Web-Datenstream in derselben Property eingerichtet. Für Aufrufe über das Web-Analytics-Tag wird keine App-Version übergeben, sodass dieser Parameter leer bleibt (oder eben *(not set)*).

Die Ereignisse in Tabelle 6.5 werden von Firebase automatisch im Zusammenhang mit Updates erfasst und dienen als Grundlage für den Versionsbericht.

Ereignis	Beschreibung
app_update	Wird beim Start einer zuvor aktualisierten App erfasst.
first_open	Erster Start einer App nach der Installation.
os_update	Das Betriebssystem des Geräts wurde aktualisiert. Wird nur als Ereignis vermerkt ohne eigenen Bericht, aber kann zusammen mit der App-Version nützliche Hinweise geben.

Tabelle 6.5 Ereignisse, die Firebase für diesen Bericht registriert

6.3.3 Abstürze

Die aktuellen Versionen Ihrer Apps werden auf der Kachel NEUSTE APP-RELEASES gezeigt. In der zusätzlichen Spalte STATUS erhalten Sie Hinweise auf die Verlässlichkeit der jeweiligen Version (siehe Abbildung 6.25). Kommt es zu häufigen Abstürzen bzw. Crashs, empfiehlt die Kachel eine Überprüfung.

Abbildung 6.25 Die Kachel »App-Releases« weist auf häufige Crashs hin.

Ein Klick auf die jeweilige Version bringt Sie zu einer Detailansicht der Daten (siehe Abbildung 6.26). In dem Bericht können Sie nachvollziehen, wann die letzten Ver-

sionsveröffentlichungen stattgefunden haben und wie lange die Adaption durch Ihre
Nutzer dauerte.

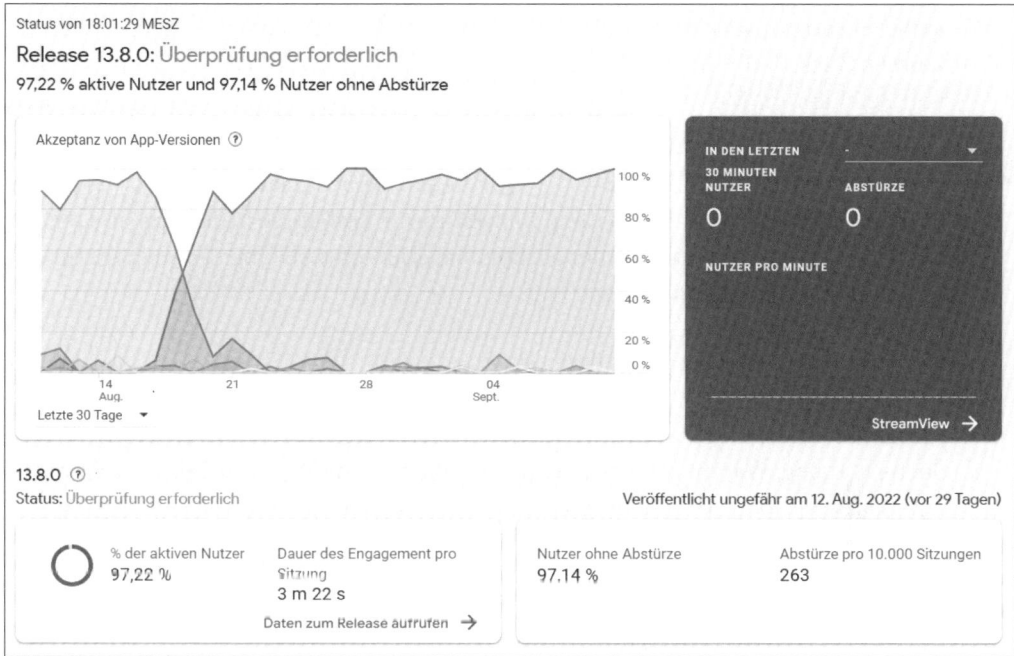

Abbildung 6.26 Detailansicht zu einem bestimmten App-Release

Jeder Versionseintrag zeigt einen Status, der Ihnen einen Hinweis auf Stabilität und
Akzeptanz gibt:

- **Erfolgreicher Release**: Mindestens 10 % der Nutzer verwenden diese Version, und
  weniger als 1 % der Sitzungen registrieren einen Absturz.
- **Überprüfung erforderlich (gelb)**: In 1 % der Sitzungen gestern und heute kam es
  zu Abstürzen.
- **Überprüfung erforderlich (rot)**: 10 % der Sitzungen verzeichnen Abstürze.

Je mehr Abstürze registriert werden, umso dringlicher sollten Sie die entsprechende
Version auf Fehler prüfen. Die Grundlage für diesen Bericht liefern die Ereignisse aus
Tabelle 6.6.

Ereignis	Beschreibung
app_exception	Eine App stürzt ab oder löst eine Ausnahme aus.
app_clear_data	Ein Nutzer setzt App-Daten zurück oder löscht diese.

Tabelle 6.6 Ereignisse, die Firebase für diesen Bericht registriert

6.4 Inhalte und Aktionen in Apps analysieren

Die Aktionen in einer App lassen sich mit Ereignissen messen. Dazu muss an jeder Stelle, die erfasst werden soll, ein entsprechender Firebase-Befehl eingebaut sein. Sie können Klicks auf Buttons, das Abschicken von Formularen oder auch die Auswahl von Befehlen im Menü tracken. Verwenden Sie die dafür empfohlenen Ereignisse, laufen die übergebenen Parameter direkt in die entsprechenden Dimensionen ein.

Der EREIGNISSE-Bericht arbeitet für Aufrufe aus Apps genauso wie für Webseiten. Verwenden Sie den gleichen Namen für bestimmte Ereignisse in der App und auf der Website, werden diese zusammengezählt. Sie erhalten also eine Gesamtzahl für alle Datenstreams in Ihrer Property.

6.4.1 Bildschirme

Auf einem *Bildschirm* kann ein Nutzer eine bestimmte Aktion ausführen: Startseite, Suche, Katalog, Warenkorb usw. Bei jedem Bildschirmaufruf werden ein Name und eine Klasse als Parameter übergeben, die Firebase teilweise automatisch erhebt oder die Sie selbst im Programmcode der App definieren können.

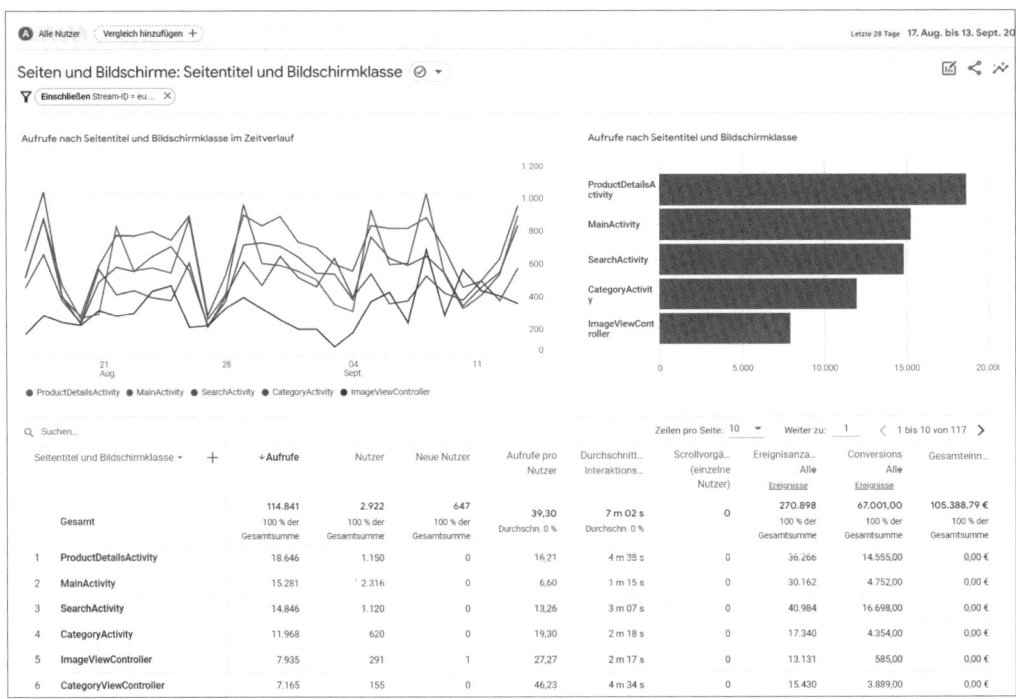

Abbildung 6.27 Bildschirme zur Inhaltsauswertung von Apps

Die Bildschirme behandelt GA4 wie aufgerufene Seiten: Es werden die gleichen Messwerte ausgewiesen, also Aufrufe, Nutzer und Interaktionen. Für jeden aufgerufenen Bildschirm werden außerdem Conversions und Umsatz berechnet. Die Spalte für Scrollvorgänge bleibt auf 0, da diese nur für Websites automatisch gemessen werden können (siehe Abbildung 6.27).

Im Unterschied zum Seitenpfad gibt es bei Bildschirmen keine Hierarchie, etwa durch Verzeichnisse. Jeder Bildschirm steht für sich.

Hat Ihre Property sowohl App-Datenstreams ❶ als auch einen Web-Datenstream ❷, werden die Daten der Bildschirme und der aufgerufenen Seiten gemischt. Das ist vor allem für hybride Apps vorteilhaft, da bei ihnen Aufrufe von Firebase-Codes und Daten von einem Analytics-Tag (gtag oder GTM) einlaufen (siehe Abbildung 6.28).

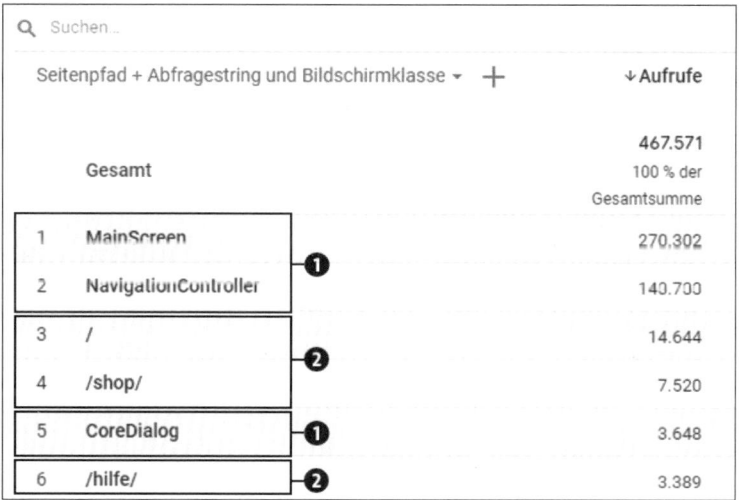

Abbildung 6.28 App- und Website-Daten in derselben Ansicht

Das Ereignis screen_view wird (vereinfacht gesprochen) bei der neuen Darstellung oder dem Wechsel von einem Bildschirm zum nächsten automatisch gefeuert. Sie können es aber auch manuell feuern, um z. B. den Wert für die Bildschirmklasse zu definieren oder wenn die Automatik in Ihrer App nicht optimal funktioniert. In diesem Fall übergeben Sie den Bildschirmnamen und die Klasse als Parameter beim Aufruf:

```
Analytics.logEvent("screen_view", parameters: [
  AnalyticsParameterScreenName: "product_detail_view",
  AnalyticsParameterScreenClass: "shop_product",
])
```

Listing 6.9 Beispiel für manuellen »screen_view« in Apple Swift

Wenn Sie die Bildschirme Ihrer App komplett selbst zählen wollen, können Sie die automatische Erfassung von Bildschirmwechseln deaktivieren. Dadurch haben Sie noch mehr Kontrolle darüber, wo und wann mit welchen Parametern ein Bildschirmaufruf protokolliert wird.

Unter Android ergänzen Sie in der *AndroidManifest.xml* Ihrer App im Tag `<application>` folgende Zeile:

```
<meta-data android:name="google_analytics_automatic_screen_reporting_enabled" android:value="false" />
```

Unter iOS setzen Sie in der Datei *Info.plist* den Wert für `FirebaseAutomaticScreenReportingEnabled` auf `No`.

6.4.2   Conversions für Apps

Conversions in Apps arbeiten ebenfalls genauso, wie Sie es bereits für Website-Datenstreams kennengelernt haben: Sie können für jedes Ereignis definieren, ob es eine Conversion beschreiben oder ob es zum reinen Reporting dienen soll.

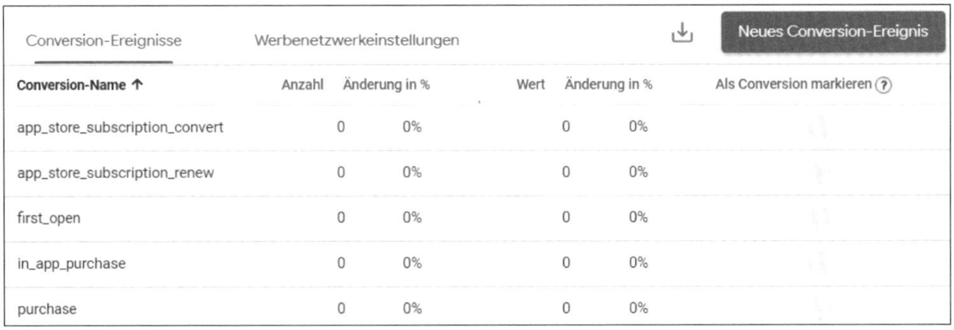

Conversion-Ereignisse	Werbenetzwerkeinstellungen				⬇	Neues Conversion-Ereignis
Conversion-Name ↑	Anzahl	Änderung in %	Wert	Änderung in %	Als Conversion markieren ⑦	
app_store_subscription_convert	0	0%	0	0%		
app_store_subscription_renew	0	0%	0	0%		
first_open	0	0%	0	0%		
in_app_purchase	0	0%	0	0%		
purchase	0	0%	0	0%		

Abbildung 6.29 Voreingestellte Conversions für App-Streams

Mit dem Anlegen eines App-Datenstreams in Ihrer GA4-Property werden einige zusätzliche Standard-Conversions definiert (siehe Abbildung 6.29). Bei Web-Datenstreams gibt es hingegen nur purchase als vordefinierten Eintrag.

Conversion-Ereignis	Beschreibung
purchase	E-Commerce-Kauf
first_open	Erstes Öffnen der App nach der Installation

Tabelle 6.7 Standard-Conversions in der GA4- Property mit einem App-Datenstream

Conversion-Ereignis	Beschreibung
in_app_purchase	Wird automatisch gefeuert, wenn ein In-App-Kauf über den *App Store* oder den *Google Play Store* verarbeitet wird.
	Für Android müssen Sie die GA4-Property mit Ihrem Play-Store-Konto verknüpfen.
	Der Umsatz wird nicht für iOS erfasst.
app_store_subscription_convert	Ein kostenloses Probeabo wird in ein kostenpflichtiges Abo umgewandelt.
app_store_subscription_renew	Ein kostenpflichtiges Abo wird verlängert.

Tabelle 6.7 Standard-Conversions in der GA4- Property mit einem App-Datenstream

Leider sind die Ereignisse für die zusätzlichen Conversions überwiegend unvollständig (weil nicht für alle Plattformen verfügbar) und ungenau (weil sie das anschließende Öffnen der App zur Datenübermittlung voraussetzen). Auch wenn GA4 Ihnen hier Werte und Conversions präsentiert, sind diese nur ein Teilausschnitt Ihrer Nutzer.

Apps und App-Stores sind seit der Einführung von Firebase immer zurückhaltender mit der Weitergabe von Daten geworden, und »einfache« Einbindungen funktionieren nicht mehr. Daher können diese Werte maximal ein Indikator sein, Ihre gesamte App-Strategie sollten Sie nicht auf sie aufbauen.

6.4.3   Firebase Cloud Messaging

Mit Firebase können Sie Nutzern Nachrichten auf ihr Handy schicken, um sie auf Neuigkeiten oder Angebote hinzuweisen und zum Öffnen der App anzuregen.

Firebase Cloud Messaging (FCM) ist ein plattformunabhängiger Service, mit dem Sie kostenlos Nachrichten an Smartphones schicken können, auf denen Ihre App installiert ist. Diese Nachrichten werden als Benachrichtigung sowohl auf Android- als auch auf iOS-Geräten dargestellt, je nach Einstellung direkt auf dem Bildschirm oder in der Statusleiste zum späteren Aufruf. In der Nachricht können Sie einen Text, ein Bild oder eine URL mitsenden (siehe Abbildung 6.30).

Das Ausspielen der Nachricht können Sie auf bestimmte Nutzergruppen eingrenzen. Dafür können Sie Eigenschaften verwenden, die Firebase automatisch sammelt, z. B. bestimmte App-Versionen, Sprachen oder Regionen. Außerdem können Sie die Nachricht nach Ablauf einer gewissen Zeit nach dem ersten oder letzten Öffnen der App schicken.

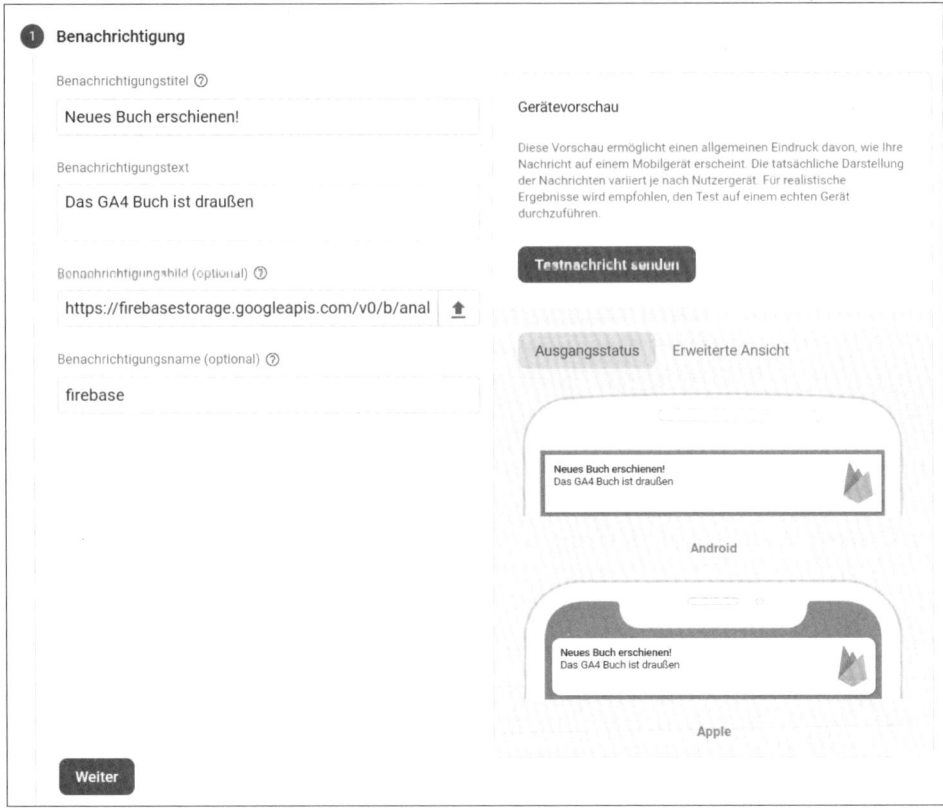

Abbildung 6.30 Nachrichten mit Firebase an Smartphones schicken

Als besonderes Feature können Sie die Nachricht an Nutzer einer bestimmten *Zielgruppe* senden, die Sie in GA4 definiert haben (siehe Abbildung 6.31). Beim Definieren der Zielgruppe können Sie alle Ereignisse und Eigenschaften nutzen, die in Ihrer GA4-Property gesammelt wurden.

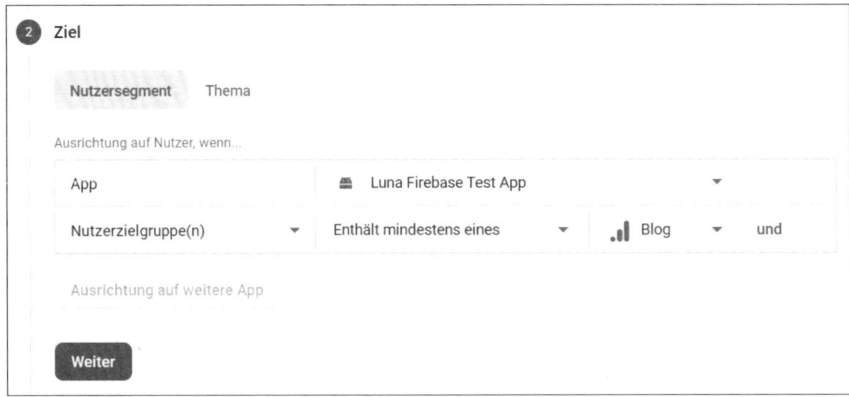

Abbildung 6.31 Senden Sie eine Nachricht an ausgewählte Nutzer.

Optional können Sie für die Nachricht ein bestimmtes GA4-Ereignis als Conversion definieren. Das dient nur zum internen Firebase-Reporting und hat keinen Zusammenhang mit den in GA4 definierten Conversions.

Firebase sammelt Daten zum Versand und zur Nutzung jeder Nachricht (siehe Abbildung 6.32). Diese Daten können Sie im Bereich CLOUD MESSAGING der *Firebase Console* einsehen.

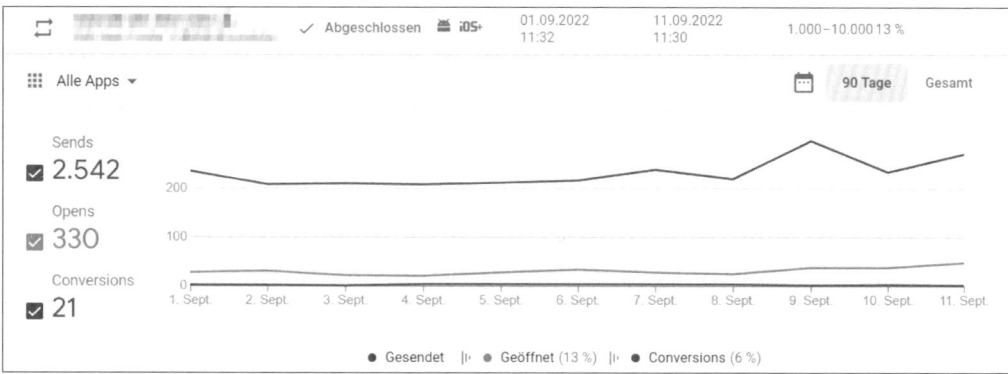

Abbildung 6.32 Versandstatistik der Nachricht

Haben Sie eine Conversion für die Nachricht angegeben, werden diese erreichten Ereignisse mit ausgewiesen. Unter BERICHTE können Sie noch detaillierte Auswertungen einsehen, entweder für einzelne Nachrichten (wie in Abbildung 6.33) oder für alle verschickten Benachrichtigungen zusammen.

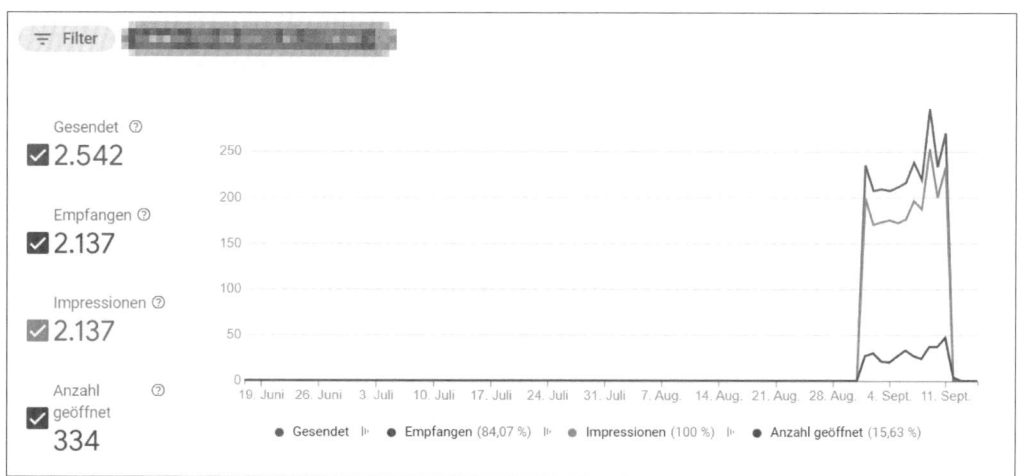

Abbildung 6.33 Versandstatistik einer einzelnen Nachricht in Firebase

Eingeschränkte Datengrundlage

Eine Einschränkung fällt beim Filtern der Diagramme nach Plattformen auf: Die Daten zu empfangenen und angesehenen Nachrichten (IMPRESSIONEN) sind nur für Android-Geräte verfügbar. Für iOS werden lediglich die gesendeten Mitteilungen gezählt und wie häufig daraufhin die App geöffnet wurde. Dadurch sind auch die Gesamtzahlen entsprechend verzerrt, und die Summen sind nicht immer vollständig für beide Plattformen.

Nachrichten in GA4

Firebase und GA4 sind eng verzahnt, wie Sie anhand der nutzbaren Zielgruppen und Ereignisse sehen können. Diese Verbindung geht in beide Richtungen, denn Sie werden in GA4 Ereignisse zu den Cloud-Messages finden (siehe Abbildung 6.34). Die Ereignisse werden automatisch in GA4 angelegt, nachdem die Nachrichten verschickt wurden. In Tabelle 6.8 sehen Sie die Ereignisse mit ihrer Beschreibung.

Ereignis	Beschreibung
notification_receive	Eine versendete Nachricht wird empfangen.
notification_dismiss	Die Nachricht wird vom Nutzer geschlossen.
notification_open	Der Nutzer öffnet die Nachricht.
notification_foreground	Die Nachricht trifft ein, während die App gerade im Vordergrund des Smartphones läuft.

Tabelle 6.8 Automatische Ereignisse in GA4 zum Versand von Nachrichten

Bei jedem Ereignis wird eine ganze Reihe von Parametern mitgegeben. Dazu zählen *ID*, *Name*, *Sende-Zeitpunkt* und optional *Topic* und *Label*, die Sie beim Erstellen einer Nachricht angeben können.

	Ereignisname +	↓ Ereignisanzahl	Nutzer insgesamt	Ereignisanzahl pro Nutzer
		84.581	4.553	50,38
		3,01 % der Gesamtsumme	5,31 % der Gesamtsumme	Durchschn. + 48,82 %
1	notification_receive	50.697	4.452	34,28
2	notification_dismiss	29.764	3.427	41,86
3	notification_open	3.806	1.481	3,95
4	notification_foreground	314	208	1,53

Abbildung 6.34 Automatische Ereignisse in GA4 zum Nachrichtenversand

In GA4 gibt es keinen eigenen Bericht für Nachrichten, aber unter EXPL. DATENANA-LYSE können Sie einen eigenen Bericht zur Analyse anlegen. Nur werden Sie dabei auf ein Problem stoßen: In der Auswahlliste der Dimensionen für Berichte gibt es keinen Eintrag zu Nachrichtennamen, -IDs oder sonstigen Parametern. Die Nachrichten laufen zwar ein und Firebase erfasst für seine eigenen Berichte alles Nötige, aber GA4 kann von Haus aus die Daten zum Messaging nicht anzeigen.

Um die Nachrichten-Parameter für Berichte in GA4 verfügbar zu haben, müssen Sie die Parameter im Bereich KONFIGURIEREN anlegen. Unter BENUTZERDEFINIERTE DE-FINITIONEN richten Sie eine neue Dimension für den `message_name` ein (siehe Abbildung 6.35). Damit speichert GA4 für zukünftig einlaufende Ereignisse den Wert von `message_name` in dieser Dimension.

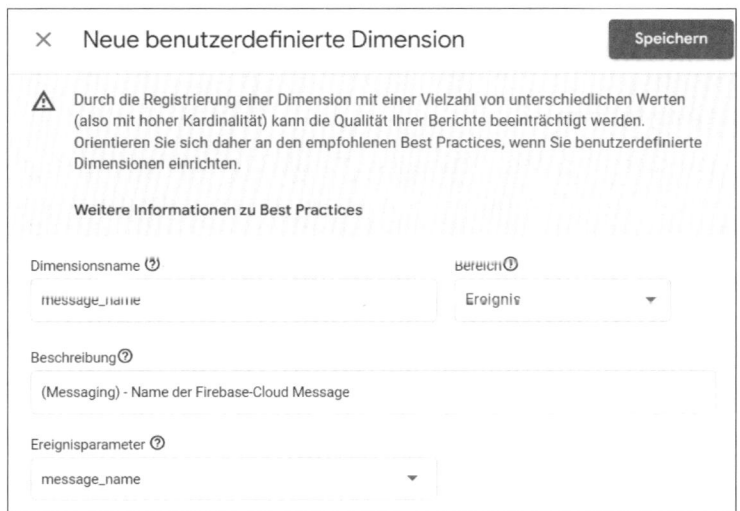

Abbildung 6.35 Namen einer Nachricht für die Analyse in GA4 definieren

Die neue Dimension erscheint in der Dimensionsauswahl der Datenanalysen in der Gruppe BENUTZERDEFINIERT. Mit ihr können Sie nun in GA4 eigene Berichte zu den Nachrichten erstellen.

Hinweis

Möchten Sie weitere Parameter für Auswertungen sichern, richten Sie entsprechende Dimensionen ein für `message_id`, `message_time`, `message_device_time`, `topic`, `label`, `message_channel` oder `message_type`.

Die Kombination von Nachricht und den Ereignissen erlaubt einen *Funnel*, ähnlich zu dem in Firebase. Im Gegensatz zur Übersicht in Firebase sehen Sie in GA4, wie viele Nutzer eine Nachricht geschlossen haben (`notification_dismiss`). Dafür sehen Sie allerdings nicht die Anzahl der versendeten Nachrichten.

Ereignisname	notification_receive	notification_dismiss	notification_open	Gesamt
message_name	Nutzer insgesamt	Nutzer insgesamt	Nutzer insgesamt	↓ **Nutzer insgesamt**
Gesamt	2.131 97,71 % der Gesamtsumme	1.214 55,66 % der Gesamtsumme	320 14,67 % der Gesamtsumme	2.181 100 % der Gesamtsumme
1	2.131	1.214	320	2.181

Abbildung 6.36 Nutzerinteraktionen mit einer Nachricht in GA4

Leider sind in dieser Betrachtung nur die Android-Nutzer enthalten. GA4 erhält keine Ereignisse von iOS-Geräten, bevor ein Nutzer die App startet. Und GA4 erhält diese Ereignisse auch nur dann, wenn dieser Nutzer dem Tracking zugestimmt hat. In Firebase sehen Sie aber die Anzahl aller versendeten Nachrichten. Diese Einschränkung müssen Sie bei der Bewertung und beim Vergleich der Zahlen stets bedenken.

6.4.4 In-App Messaging in Firebase

Firebase bietet Ihnen noch eine weitere Option, um Nachrichten an Ihre Nutzer zu schicken: *In-App Messages*. Diese Nachrichten können Sie Nutzern zeigen, während sie gerade Ihre App geöffnet haben und aktiv sind. Im Vergleich zu Cloud-Messages haben Sie bei diesem Nachrichtentyp deutlich mehr Gestaltungsspielraum (siehe Abbildung 6.37).

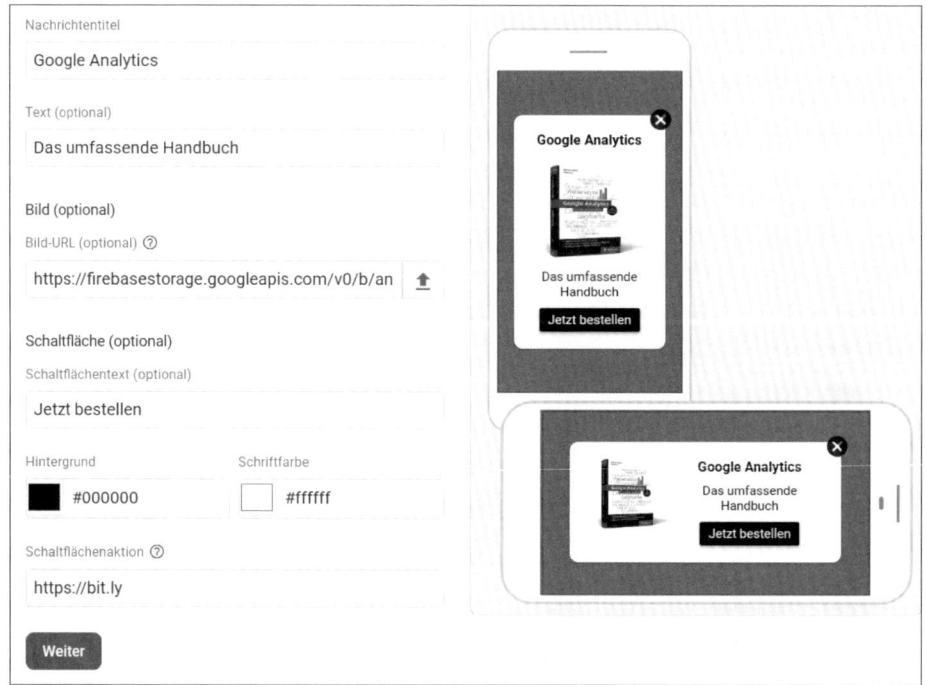

Abbildung 6.37 Firebase kann auch In-App-Nachrichten versenden.

Die Nachrichten können unterschiedliche Formen annehmen (bis zur vollen Bild-schirmgröße) und Steuerelemente enthalten wie Buttons oder Links. Dabei lässt sich auch hier die Aussteuerung auf bestimmte Nutzer oder Zielgruppen Ihrer App ein-schränken.

In GA4 feuert Firebase für diese Nachrichten eigene Ereignisse, sodass Sie zwischen Cloud- und In-App-Nachrichten unterscheiden können (siehe Tabelle 6.9).

Ereignis	Beschreibung
firebase_in_app_message_impression	Die Nachricht wird einem Nutzer gezeigt.
firebase_in_app_message_dismiss	Ein Nutzer schließt die Nachricht.
firebase_in_app_message_action	Ein Nutzer reagiert auf die Nachricht über die Schaltfläche oder einen Link.

Tabelle 6.9 Automatische Ereignisse zu In-App-Nachrichten in GA4

Bei den Parametern sind die In-App-Messages etwas sparsamer: Es werden die *ID*, der *Name* und der *Zeitpunkt* der Aktion übergeben. Um den Parameter message_name aus-zuwerten (siehe Abbildung 6.38), müssen Sie ihn als BENUTZERDEFINIERTE DIMEN-SION anlegen, so wie es oben im Abschnitt zum Cloud Messaging beschrieben wurde.

Ereignisname	firebase_in_app_mes...	firebase_in_app_mes...	firebase_in_app_mess...	Gesamt
message_name	Nutzer insgesamt	Nutzer insgesamt	Nutzer insgesamt	↓ Nutzer insgesamt
Gesamt	4.259 100 % der Gesamtsumme	3.334 78,28 % der Gesamtsumme	647 15,19 % der Gesamtsumme	4.259 100 % der Gesamtsumme
1 ▓▓▓▓▓▓▓▓	2.163	1.598	414	2.163
2 ▓▓▓▓▓▓▓	2.106	1.742	233	2.106

Abbildung 6.38 Ereignisse zur Interaktion mit In-App-Nachrichten

6.5   Quellen und Kampagnen für Apps

Für Apps bietet GA4 die bekannten Berichte zu Quellen und Kampagnen. Einige Quel-len kennen Sie aus den Website-Berichten: So gibt es auch hier Suchen, Ads oder Newsletter (siehe Abbildung 6.39).

Der Google Play Store wird als separate Quelle ausgewiesen. Führte dort eine Suche zur Installation der App, wird dies als *google-play/organic* sichtbar. Bei Links zum Play Store können Sie außerdem die bekannten UTM-Parameter verwenden, die in Kapitel 4, »Kampagnen steuern«, vorgestellt wurden.

Sitzung – Quelle/Medium ▾ ＋	↓ Nutzer	Sitzungen
	20.250	86.466
	100 % der Gesamtsumme	100 % der Gesamtsumme
1 (direct) / (none)	15.587	65.827
2 (not set)	5.950	3.220
3 google-play / organic	2.469	7.981
4 google / cpc	1.423	5.122
5 google / organic	432	2.055
6 Newsletter / email	203	566

Abbildung 6.39 »Quelle/Medium« einer App

Auf Smartphones sind je nach Programmierung Direkteinstiege in eine App möglich, etwa durch einen Link in einer Anzeige oder E-Mail. Dafür müssen Sie in Ihrer App *Deep Links* aktivieren. Hierbei können Sie die bekannten UTM-Parameter verwenden. Mehr zu Deep Links finden Sie unter *https://developer.android.com/training/app-links/deep-linking*.

6.5.1   Firebase Dynamic Links

Eine weitere Möglichkeit, um Links zu tracken, sind *Firebase Dynamic Links*. Bei diesen handelt es sich um spezielle Weiterleitungen, die das Gerät auswerten und vorhandene Software prüfen. Hat der Nutzer Ihre App bereits installiert, wird der verlinkte Inhalt innerhalb der App geöffnet.

Handelt es sich um einen Desktop-Rechner oder fehlt die App, wird der Nutzer im Browser zum entsprechenden Inhalt auf Ihrer Website geführt. Das Besondere ist der gleichbleibende Link: Da die Analyse von Gerät und Software live beim Klick erfolgt, können Sie denselben Link verwenden, ohne auf die Ausstattung des Nutzers achten zu müssen.

In der *Firebase Console* richten Sie zunächst eine Kurz-URL für die Weiterleitungen ein. Anschließend können Sie Links definieren, ähnlich wie Sie es für das Messaging in Abschnitt 6.4.3 und 6.4.4 kennengelernt haben. Für jeden Link definieren Sie das Verhalten für Desktop-, Apple- und Android-Geräte. Unter dem Punkt KAMPAGNEN-TRACKING können Sie weitere Informationen für die Verwendung von UTM-Parametern angeben (siehe Abbildung 6.40). Mehr zu Dynamic Links können Sie unter *https://firebase.google.com/docs/dynamic-links/* finden.

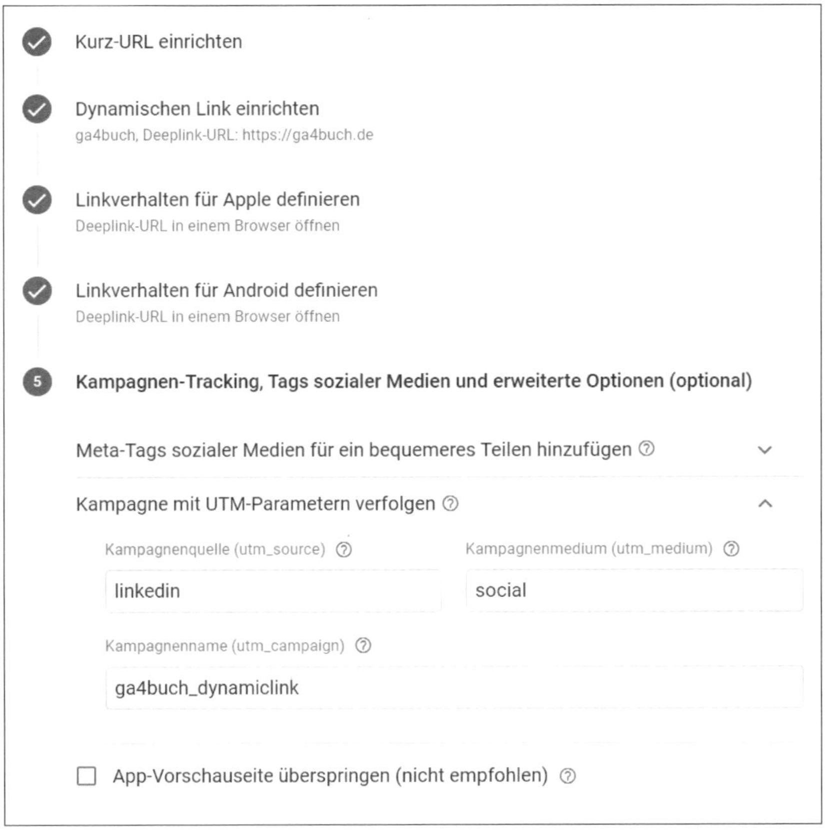

Abbildung 6.40 Mit Dynamic Links steuern Sie den Einstieg des Nutzers.

6.6   App- und Webdaten zusammenführen

Mit einer GA4-Property können Sie die Daten von Apps und Websites zusammenbringen (siehe Abbildung 6.41). Das kann sinnvoll sein, wenn Sie einen Service als Webversion und als App anbieten, etwa einen Online-Shop plus Shopping-App, oder wenn der Kundenservice im Web und als eigene App erreichbar ist. Häufig sind die Features beider Angebote gleich oder zumindest ähnlich, und die Nutzer können beide Varianten ohne Unterschied verwenden – sie sind also entweder im Web oder in der App unterwegs.

Es gibt aber auch Fälle, in denen der Übergang fließender ist. Bei hybriden Apps sind Nutzer sowohl in einem nativen Programmteil als auch in einer Website unterwegs.

Die gemeinsame Betrachtung der Daten in einem gemeinsamen Bericht bringt einige Vorteile mit sich:

▶ Sie haben eine Zahl für Conversions über alle Plattformen hinweg.

▶ Aktionen können mit gleich benannten Ereignissen über alle Plattformen ausgewertet werden.

▶ E-Commerce-Daten sind in einem Bericht für alle Plattformen verfügbar. Sie müssen Werte für Verkäufe, Warenkörbe und den Umsatz nicht aus mehreren Quellen zusammenführen.

▶ Bieten die Website und die App einen Login für Nutzer, können Sie die Nutzersessions über alle Plattformen verfolgen.

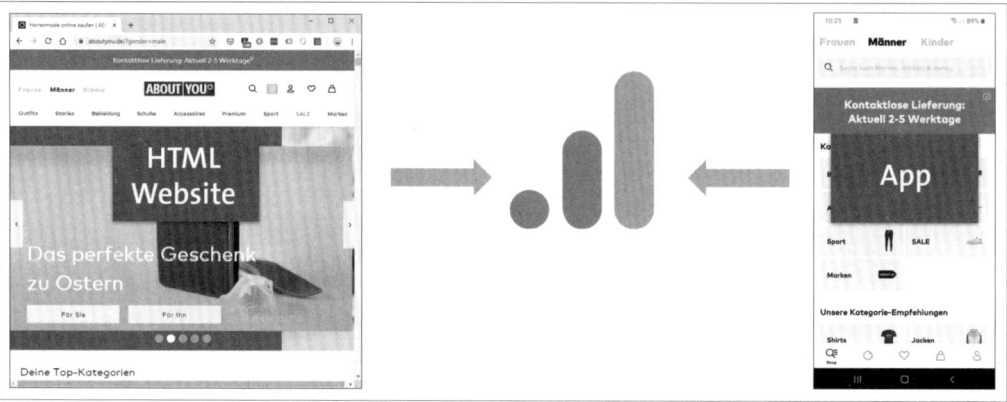

Abbildung 6.41 GA4 verarbeitet Web- und App-Daten in einer Property.

Man kann mehrere Stufen der Integration von App- und Web-Daten unterscheiden. Diese sehen wir uns im Folgenden an.

6.6.1 Gemeinsame Zählung von App- und Web-Daten

Haben Sie in einer Property Datenstreams für App- und Web-Daten angelegt, so werden diese einlaufenden Daten in den verschiedenen Berichten gemischt. Im Bericht SEITEN UND BILDSCHIRME sehen Sie die aufgerufenen URLs und angezeigten Views der App in einer gemeinsamen Tabelle. (Abbildungen dazu finden Sie in Abschnitt 6.4.1.)

In den anderen Berichten zu Ereignissen, Kanälen, Conversions usw. sind die Daten ebenfalls gemischt und lassen sich durch Filterung auf die verschiedenen Datenstreams unterscheiden.

Die Aufrufe und Sitzungen werden einzeln für jede Plattform gesammelt, es gibt kein verbindendes Element. Nutzer und Sitzungen werden also einmal für das Web und einmal für Apps gezählt. Sie sparen sich durch die gemeinsame Property das Addieren einzelner Messwerte aus unterschiedlichen Kanälen.

Führt Ihre App Nutzer durch Links oder Klicks auf Ihre Website, sollten Sie diese entsprechend markieren. Verwenden Sie dazu UTM-Parameter, wie Sie es in Kapitel 4, »Kampagnen steuern«, kennengelernt haben. Durch die Kennzeichnung können Sie bestimmen, wie viele Nutzer den Sprung zwischen den beiden Plattformen vollziehen. Zusätzlich können Sie den Klick auf einen abgehenden Link in der App als Ereignis erfassen. Diese beiden Methoden sollten Sie auch verwenden, wenn die Daten von Website und App in zwei getrennten Properties gesammelt werden.

6.6.2   Zusammenführen von User-Sessions

Bei der oben beschriebenen Mischung der Daten bleiben die Plattformen in einzelne Silos getrennt. Sprünge zwischen diesen Silos werden zwar erkennbar, treiben aber auch durch Doppelzählung die Werte für Sitzungen und Nutzer in die Höhe.

GA4 bietet zwei Methoden, wie Sie die Erkennung der Nutzer ermöglichen und verbessern können: *Google-Signale* und *User-ID*.

Google-Signale

Als *Google-Signale* bezeichnet Google die Verwendung von Nutzer-Logins in deren Google-Konten zum geräteübergreifenden Tracking. Dazu werden die einlaufenden Ereignisse mit den Google-Konten der Nutzer verknüpft. Damit das funktioniert, müssen die Nutzer erstens bei Google eingeloggt sein und zweitens ihre Einwilligung dazu gegeben haben.

Google-Signale aktivieren Sie in der Verwaltung unter DATENEINSTELLUNGEN • DATENERHEBUNG. Verfügt Ihr Angebot über keine Anmeldefunktion für Ihre Nutzer, sind die Google-Signale eine Option, um die übergreifende Erkennung wenigstens eines Teils der Nutzer zu ermöglichen. Vor der Verwendung sollten Sie allerdings Rücksprache mit Ihrem Ansprechpartner in Sachen Datenschutz halten, um die nötigen Anforderungen geprüft zu haben.

Nutzerkennungen als User-ID

Mit dem GA4-Feature der *User-ID* ermöglichen Sie es GA4, Nutzer über unterschiedliche Plattformen zu verfolgen. Übergeben Sie beim Aufruf von Analytics-Tags oder Tracking-Code eine User-ID, nutzt GA4 diese als eindeutigen Identifier der Nutzer anstelle von Google-Signalen oder einer Cookie- und Device-ID (siehe Abbildung 6.42). Bei der Verwendung von User-IDs sind Sie für die datenschutzkonforme Erfassung und Nutzung von Login-Daten verantwortlich.

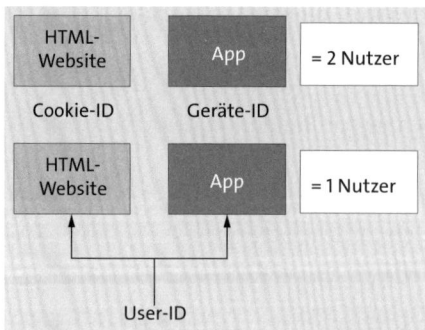

Abbildung 6.42 Die User-ID erlaubt die Kombination
von IDs über Gerätegrenzen hinweg.

Die User-ID muss ein für jeden Nutzer eindeutiger Text-String sein. Dabei kann es
sich um eine Kundennummer, einen Login-Namen oder eine E-Mail-Adresse handeln. In jedem Fall sollten Sie den Wert *hashen*, d. h., der ursprüngliche Wert wird in
eine Zeichenkette überführt, die zwar eindeutig für diesen Wert ist, aus der sich der
Originalwert aber nicht mehr herstellen lässt.

Diesen eindeutigen Wert für einen Nutzer (im Folgenden: *Nutzerkennung*) übergeben
Sie im Tracking-Code:

für Android (Kotlin)

```
mFirebaseAnalytics.setUserId("<<Nutzerkennung>>");
```

für iOS (Swift)

```
Analytics.setUserID("<<Nutzerkennung>>")
```

Im Code der Website geschieht das mit `gtag` oder im Tag Manager als zusätzliches
Feld:

```
gtag('config', '<<Ihre MESS-ID>>', {
'user_id': '<<Nutzerkennung>>'
});
```

Sobald GA4 Daten für Google-Signale oder User-IDs empfängt, wird es diese automatisch zur Berichterstellung verwenden.

Wie Sie eine User-ID mit dem `gtag` oder GTM übergeben, lesen Sie in Kapitel 5, »Shops
bewerten«. Mehr zu Identitäten und geräteübergreifenden Trackings finden Sie in
Kapitel 10, »Administration und Technologie«.

Kapitel 7

Eigene Reports anpassen und erstellen

GA4 hat von Haus aus schon einige Reports an Bord. Im Vergleich zu früheren Versionen ist die Auswahl allerdings überschaubar. Dafür können Sie die Menüs und die Oberfläche von GA4 selbst ändern und erweitern. Und mit individuellen Berichten können Sie detaillierte Analysen erstellen.

In den bisherigen Kapiteln haben Sie die verschiedenen Menüs und Berichte von GA4 kennengelernt. Im Vergleich zu Universal Analytics mutet die Auswahl an Reports zunächst spartanisch an, was daran liegt, dass nicht alle möglichen Berichtskombinationen einen eigenen Eintrag im Menü bekommen haben. Manche lassen sich nur durch Verlinkungen in den Übersichten erreichen, andere sind in der Standardoberfläche gar nicht zu finden.

Das BERICHTE-Menü bildet in GA4 aber nicht alles ab, was das Tool kann:

► Sie können das Menü und Berichte der Oberfläche verändern und erweitern.

► Unter EXPL. DATENANALYSE finden Sie eine mächtige Reportfunktion, mit der Sie nicht nur benutzerdefinierte Berichte erstellen, sondern die Daten tatsächlich tiefer analysieren können.

Fazit: Die Startauswahl an Reports ist zwar kleiner, dafür können Sie GA4 nach Ihren eigenen Vorstellungen anpassen – was so in Universal Analytics nie möglich war.

7.1   Oberfläche und Berichte anpassen

Im GA4-Bereich BERICHTE finden Sie am unteren Ende der Menüleiste den Punkt ME-DIATHEK. Dort können Sie das Menü NAVIGATION und die dort gelisteten Berichte anpassen (siehe Abbildung 7.1).

> **Nutzerrechte sind entscheidend**
>
> Den Menüpunkt MEDIATHEK sehen Sie nur, wenn Sie die Berechtigungsrolle *Bearbeiter* oder *Administrator* für die Property haben. Mehr zur Vergabe von Rechten und zur Verwaltung von Nutzern lesen Sie in Kapitel 8, »BigQuery und Data Studio«.

7.1.1   Die Navigation in der Mediathek anpassen

Als Erstes fällt Ihnen in der Mediathek sicher der Bereich SAMMLUNGEN ins Auge. Dort sind einige Kacheln zu sehen, die Ordner enthalten. Jede Sammlung wird als ein Abschnitt im Navigationsmenü Ihrer GA4-Property dargestellt.

Abbildung 7.1 In der Mediathek passen Sie die Navigation und Berichte an.

Eine *Sammlung* ist die Bezeichnung für einen ganzen Block von Einträgen. Diesen können Sie im Menü auf- und zuklappen. Haben Sie eine neu angelegte Property vor sich, enthält diese die Sammlungen LEBENSZYKLUS und NUTZER. Mit einem App-Datenstream kommt der Eintrag APP-ENTWICKLER dazu. Auf der Startseite der Mediathek sehen Sie die aktuellen Sammlungen der Property in einer Reihe von Kacheln aufgelistet (siehe Abbildung 7.2).

Eine Sammlung kann ein oder mehrere *Themen* enthalten. Ein Thema ist eine von Ihnen vorgegebene Gruppe, in der die eigentlichen Berichte einsortiert sind. Damit die Berichte in der Navigation erscheinen, muss die Sammlung veröffentlicht sein.

Wenn Sie eine Verknüpfung Ihrer GA4-Property mit einer *Search Console* einrichten (vgl. Kapitel 4, »Kampagnen steuern«), erscheint eine neue Sammlung SEARCH CONSOLE. Warum sehen Sie diese nicht auch in der Menü-Navigation? Die neue Sammlung ist nicht automatisch veröffentlicht. Klicken Sie auf das Menü der Sammlung (die drei Punkte oben rechts), und wählen Sie den Punkt VERÖFFENTLICHEN. Dadurch wird die Sammlung im Menü sichtbar.

Abbildung 7.2 Verschiedene Sammlungen in der Mediathek

Ist eine Sammlung sichtbar und möchten Sie sie aus der Navigation ausblenden, klicken Sie im wieder im Menü auf den Punkt VERÖFFENTLICHUNG AUFHEBEN. Damit bleibt die Sammlung weiter in der Mediathek verfügbar, aber eben unsichtbar.

Wenn Sie den Status der Veröffentlichung ändern, kommt es zeitweise zu einem Bug in GA4: Nach der Änderung haben Sie zwei Sammlungen mit demselben Namen; eine veröffentlichte, eine nicht veröffentlichte. Sie können die nicht mehr benötigte Variante löschen.

> **Sammlungsvorlagen**
>
> Die bereits in GA4 enthaltenen Sammlungen sind mit einer Vorlage verknüpft. Sie erkennen die Verknüpfung am kleinen Symbol und am Namen der Vorlage neben dem Status zur Veröffentlichung oder wenn Sie eine Sammlung bearbeiten.
>
> Das bedeutet, dass diese Menüs von Google bei einem System-Update von GA4 verändert und angepasst werden können. Tritt dieser Fall ein und ist die Sammlung mit einer Vorlage verknüpft, werden Ihre Anpassungen überschrieben. Allerdings sind die Sammlungen seit dem Release von GA4 nicht mehr verändert worden – es ist also fraglich, ob das in naher Zukunft passiert. Wenn Sie sichergehen wollen, dass Ihre Menüs so bleiben, wie sie sind, können Sie die Verknüpfung gefahrlos entfernen.

Sie können jede Sammlung anpassen, d. h. verändern oder weitere Menü-Einträge hinzufügen. Dazu klicken Sie entweder unter der Kachel auf SAMMLUNG BEARBEITEN oder im Menü der Kachel auf BEARBEITEN. Im Kachel-Menü können Sie daneben noch eine KOPIE ERSTELLEN, die Sammlung UMBENENNEN oder LÖSCHEN.

Nach dem Klick auf einen Button oder Menüpunkt gelangen Sie zur Einstellungsansicht (siehe Abbildung 7.3). Auf der linken Seite sehen Sie die Liste der aktuellen Einträge dieser Sammlung. Als Erstes erscheint dort die bereits erwähnte Verknüpfung mit einer Vorlage – wenn es diese denn gibt. Im Anschluss folgen die Themen und Berichte.

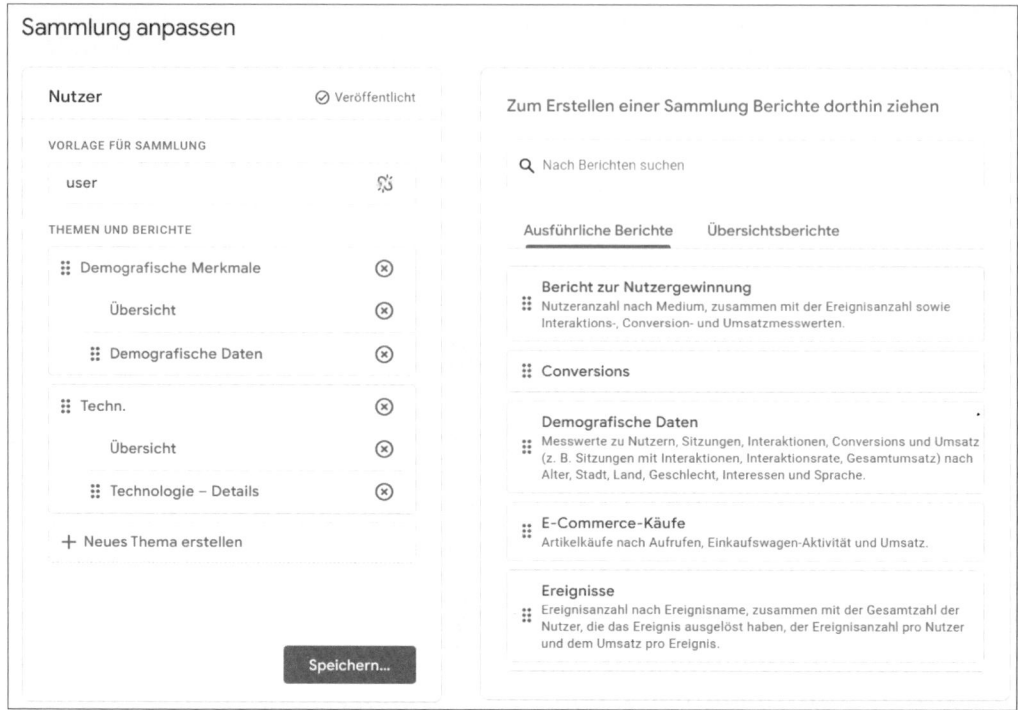

Abbildung 7.3 Sammlung mit Navigationspunkten und Berichten

Ein *Thema* bezeichnet eine Gruppe von Berichten in der Navigation. Der Name der Gruppe entspricht der Überschrift im BERICHTE-Menü. Leider können Sie den Namen bestehender Gruppen nicht mehr ändern – dafür müssen Sie die Gruppe löschen, eine neue Gruppe mit dem gewünschten Namen anlegen und Berichte erneut zuordnen.

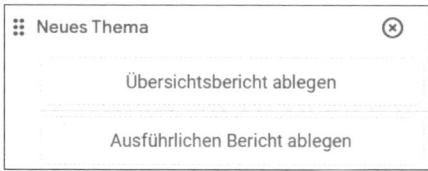

Abbildung 7.4 Ordnen Sie nun dem Thema Berichte zu.

Jede Gruppe kann Berichte in zwei Abschnitten aufnehmen (siehe Abbildung 7.4), wobei ein Abschnitt oder beide Abschnitte leer bleiben können:

▶ Sie können maximal einen *Übersichtsbericht* ablegen.

▶ Es kann beliebig viele *ausführliche Berichte* geben.

Beide Berichtstypen haben Sie in den bisherigen Kapiteln kennengelernt: Ein Übersichtsbericht enthält mehrere Kacheln mit Übersichten und Kurz-Tabellen. In einem ausführlichen Bericht befinden sich Diagramme und eine Datentabelle mit mehreren Messwerten zum jeweiligen Eintrag.

Auf der rechten Seite befindet sich eine Liste aller Übersichtsberichte und ausführlichen Berichte, die in GA4 zur Verfügung stehen. Mit der Suche filtern Sie nach bestimmten Berichten – allerdings hat die Liste nicht sehr viele Einträge, sodass Sie die Suche nicht unbedingt benötigen.

Mit Drag-and-drop können Sie Berichte aus der rechten Liste in die Sammlung auf der linken ziehen (siehe Abbildung 7.5). Pro Gruppe darf es eine Übersicht geben. Ziehen Sie einen Übersichtseintrag auf eine Gruppe mit bereits vorhandener Übersicht, so wird diese ersetzt. Da eine Gruppe mehrere Berichte umfassen kann, ergänzt ein herübergezogener Eintrag die Auflistung.

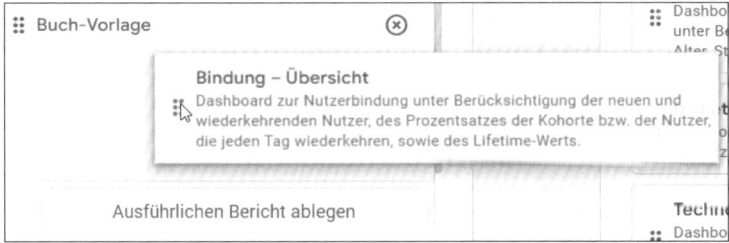

Abbildung 7.5 Berichte ordnen Sie per Drag-and-drop einem Thema zu.

Wenn Sie auf eine Neue Sammlung erstellen klicken, gelangen Sie zu einem Auswahlbildschirm, auf dem Sie noch einmal alle Vorlagen gelistet finden. Bisher nicht erwähnt war die Vorlage *Berichte zu Spielen* (oder *gaming*), die eine etwas andere Aufteilung als die Sammlung *Lebenszyklus* wählt. Falls Sie keine der Vorlagen benötigen, beginnen Sie eine leere Sammlung.

Die Berichte in der Liste sind nahezu alle bereits in den Sammlungen Lebenszyklus, Nutzer und Search Console enthalten. Hier gibt es also noch nicht wirklich viel Neues zu entdecken. Sobald Sie allerdings eigene Berichte erstellt haben, erscheinen diese ebenfalls in der Liste und lassen sich zur Navigation hinzufügen. Damit können Sie Ihr ganz individuelles GA4 schaffen. Wie Sie diese Berichte erzeugen, lesen Sie im Folgenden.

7.1.2   Berichte anpassen und erstellen

In der Mediathek finden Sie eine Auflistung Berichte, in der alle einzelnen Reports aus Ihrer aktuellen GA4-Property aufgeführt sind (siehe Abbildung 7.6). Es gibt die beiden Berichtstypen *Übersicht* und *Ausführlicher Bericht*, wie Sie es aus den Sammlungen kennen. Die Spalten ERSTELLER und ZULETZT GEÄNDERT sind beim ersten Aufruf leer. Im Anschluss an sie folgt die Spalte VORLAGE, die wieder auf den GA4-Standard verweist, wie bereits bei den Sammlungen.

Die Spalte SAMMLUNG zeigt, wo der Bericht in der GA4-Navigation einsortiert ist. Die BESCHREIBUNG schließlich enthält eine kurze Erklärung zum Bericht.

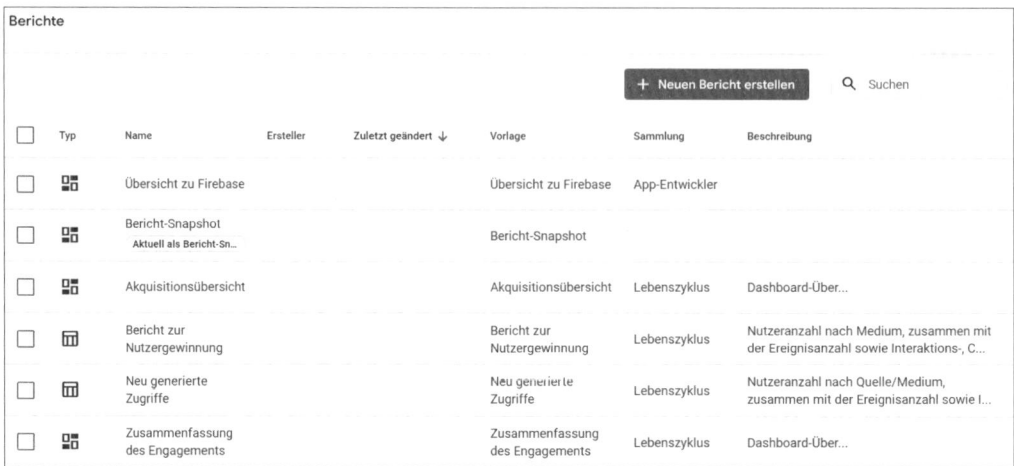

Abbildung 7.6 Auflistung aller Berichte, die in der Property enthalten sind

Jeden Bericht aus dieser Liste können Sie bearbeiten und verändern. Das ist ein großer Unterschied zu Universal Analytics, in dem die Standardberichte aus der Navigation unveränderlich waren. Versuchen Sie es mit dem Bericht SEITEN UND BILD-SCHIRME: Ein Klick auf den Eintrag führt Sie zum Bearbeiten-Modus. Hierbei handelt es sich um einen *ausführlichen Bericht* mit Datentabelle.

Einen Bericht direkt aus dem Frontend heraus anpassen

In den gleichen Bearbeiten-Modus gelangen Sie aus jedem Bericht in GA4. In der oberen rechten Ecke finden Sie eine Reihe Icons (siehe Abbildung 7.7). Das letzte Icon steht für BERICHT ANPASSEN. Ein Klick darauf führt Sie zu den Einstellungen.

Abbildung 7.7 In jedem Bericht gibt es ein Icon zur Anpassaung

Sie sehen dann den bekannten Seiten-Bericht inklusive der aktuellen Daten der Property. Sie können wie gewohnt im Bericht navigieren, Seiten der Tabelle umblättern oder die Tabelle filtern. Rechts neben dem Bericht finden Sie eine Seitenleiste mit dem Titel BERICHT ANPASSEN und einer Reihe von Optionen (siehe Abbildung 7.8). In ihr können Sie die Darstellung und den Inhalt des Berichts anpassen.

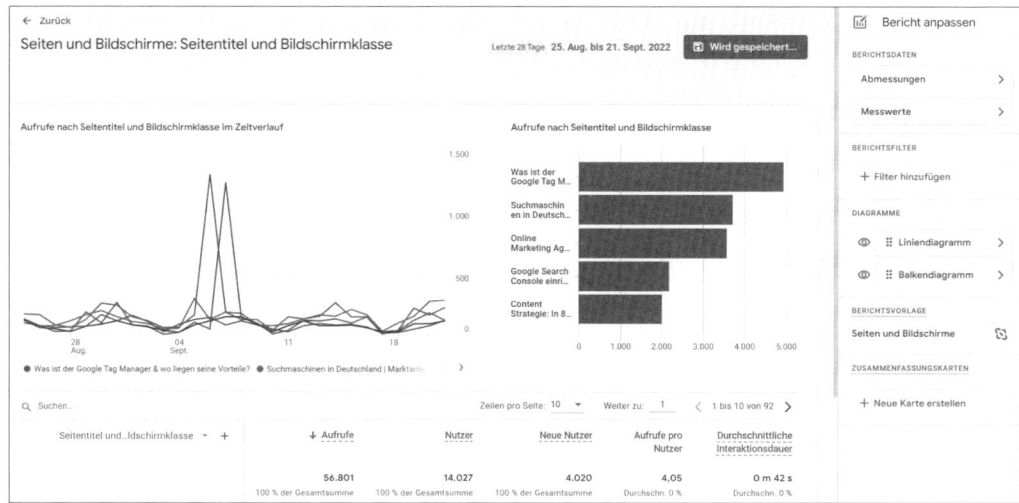

Abbildung 7.8 Konfiguration des Berichts in der rechten Seitenleiste

Zuoberst in der Liste stehen zwei Menüs für MESSWERTE und ABMESSUNGEN – was eigentlich *Dimensionen* heißen müsste. Offenbar ein Übersetzungsfehler, denn wenn Sie auf den Eintrag klicken, ist die nächste Ansicht mit DIMENSIONEN überschrieben. Diese zeigt eine Liste von Dimensionen und entspricht der Auswahlbox über der Datentabelle des Berichts.

Die Datenauswahl des Berichts bei Dimensionen verändern

Die als STANDARD markierte Dimension ist die vorausgewählte, wenn man den Bericht aufruft. Damit können Sie sich den einen oder anderen Klick in der täglichen Arbeit sparen: Nutzen Sie beispielsweise lieber den Seitenpfad statt des Seitentitels im Bericht, markieren Sie ihn mit dem Menü im Eintrag als die neue Voreinstellung. Dann bestätigen Sie mit ÜBERNEHMEN und speichern die Änderungen am Bericht mit dem Button WIRD GESPEICHERT in der Titelzeile.

Erweitern lässt sich der Bericht durch das Hinzufügen von Dimensionen (siehe Abbildung 7.9). Ein Klick auf den Button am Ende der Dimensionsliste zeigt Ihnen alle verfügbaren Einträge, die Sie aufnehmen können. Nicht jeder Eintrag erscheint sinnvoll – warum sollten Sie etwa im Seitenbericht die *Stadt* oder das *Gerätemodell* zur Auswahl hinzufügen? Aber manche Dimensionen sind praktisch, wenn diese auf Ihrer Website mit Daten gefüllt werden. Im Seitenbericht sind das z. B.:

- ► Dateiname, wenn Sie über optimierte Analysen Downloads erfassen
- ► Hostname, wenn Ihre Property Daten von mehreren Websites zusammenfasst
- ► Landingpage wenn Sie sehen wollen, wo Nutzer auf Ihrem Angebot einsteigen
- ► Seitenpfad und Abfragestring, wenn Sie zur aufgerufenen Seite auch angehängte URL-Parameter sehen möchten

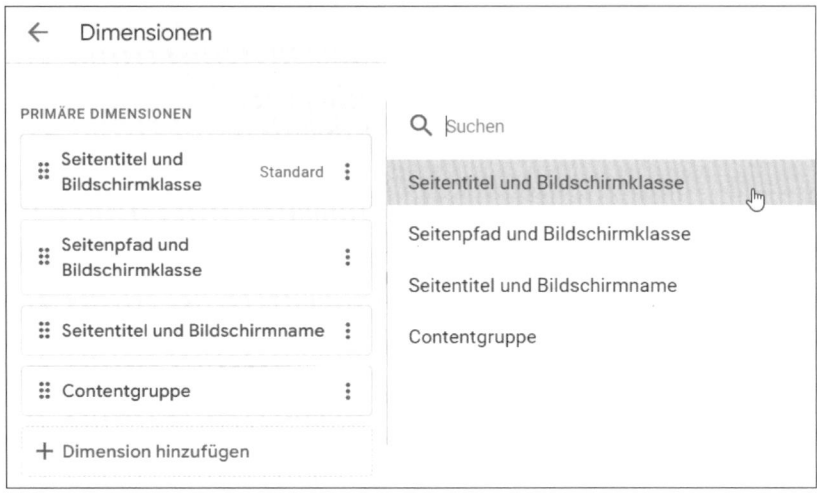

Abbildung 7.9 Dimensionen definieren (links) und Auswahl im Bericht (rechts)

Nutzen Sie Ihr GA4 ausschließlich zur Auswertung einer Website, können Sie auf die Dimension Seitentitel und Bildschirmname verzichten und sie entfernen, da sie dieselben Daten darstellt wie Seitentitel und Bildschirmklasse.

Spalten und Messwerte der Datentabelle anpassen

Im Menü Messwerte ist festgelegt, welche Spalten die Berichtstabelle enthalten soll. Zur Auswahl steht auch hier eine lange Liste von Einträgen, etwa zu E-Commerce-Daten, Durchschnittswerten und Zeiträumen. Welche Werte für Ihre Website sinnvoll sind, hängt wieder von Ihrem Angebot ab.

Wenn Sie vorher mit Universal Analytics gearbeitet haben, vermissen Sie beim Umstieg vielleicht den Wert *Absprungrate* in Ihren Berichten. Unter der Messwerte-Liste können Sie diesen Ihrem Bericht wieder hinzufügen.

Sie können einer Tabelle bis zu 12 Messwerte hinzufügen (siehe Abbildung 7.10). Der Klick auf einen Messwert bestimmt diesen als primären: Nach dieser Spalte werden die Zeilen der Berichtstabelle ab- oder aufsteigend sortiert.

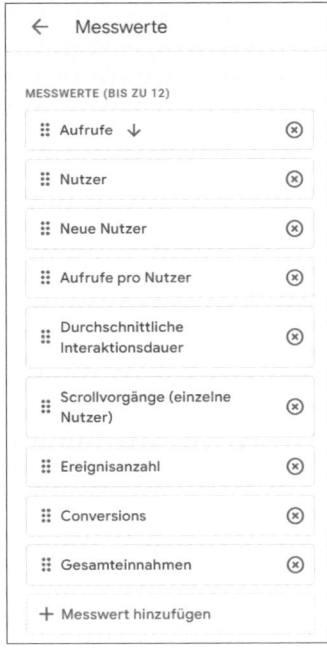

Abbildung 7.10 Bis zu 12 Messwerte pro Tabelle sind möglich.

Tabelle grundsätzlich filtern

Mit dem BERICHTSFILTER können Sie die Daten der Tabelle bereits beim Aufruf einschränken (siehe Abbildung 7.11). Es lassen sich nicht nur die Dimensionen aus der jeweiligen Tabelle filtern, sondern die meisten Eigenschaften der Nutzer und Aufrufe.

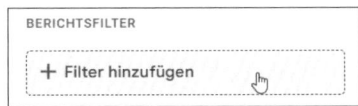

Abbildung 7.11 Mit einem Berichtsfilter schränken Sie die Daten ein.

So lassen sich die Daten auf einen bestimmten *Hostnamen* oder *Datenstream* eingrenzen, und Sie können nach *Ländern* filtern oder nach *Nutzerquellen*. Dabei lässt sich einstellen, ob Nutzer, auf die eine Bedingung zutrifft, in den Berichten ein- oder ausgeschlossen werden.

Insgesamt können Sie 5 Bedingungen auf einen Bericht anwenden, und für jede bestimmen Sie, ob diese Bedingung ein- oder ausschließlich greift. Die einzelnen Bedingungen sind mit einem logischen UND verknüpft, d. h., die Einträge, die in Ihrer Datentabelle landen, müssen alle Kriterien erfüllen (siehe Abbildung 7.12). Leider lässt sich ein Filter nicht zur weiteren Verwendung speichern – Sie müssen die Einstellungen also bei jedem Bericht neu angeben.

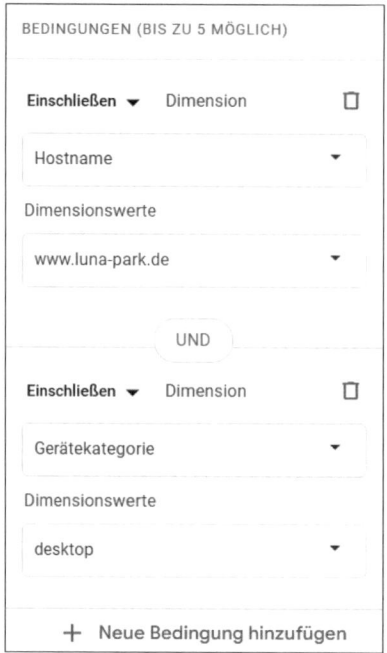

Abbildung 7.12 Filter für bis zu 5 Dimensionen sind möglich.

Der Filter ist nach dem ÜBERNEHMEN immer unterhalb der Überschrift zu erkennen (siehe Abbildung 7.13).

Abbildung 7.13 Ein Filter ist im Bericht unter dem Titel sichtbar.

Visualisierung mit Diagrammen

Im Abschnitt DIAGRAMME sind zwei Einträge zu sehen. Diese beziehen sich auf die beiden Grafiken über der Datentabelle im Bericht. Mit den Augen-Icons lässt sich die Darstellung ein- und ausschalten. Deaktivieren Sie eines der Diagramme, wird das andere auf die gesamte Länge ausgedehnt (siehe Abbildung 7.14).

Sie können für beide Diagramme aus drei Typen wählen: BALKENDIAGRAMM, STREU-DIAGRAMM und LINIENDIAGRAMM. Die Daten, die ein Diagramm darstellt, bestimmen sich anhand der übrigen Einstellungen:

▶ Alle Diagramme verwenden die als Standard festgelegte Dimension für die Darstellung.

▶ Für die Werte nutzen das *Linien-* und *Balkendiagramm* jeweils den Standardmesswert. Beide zeigen die Top-5-Einträge der Datentabelle.

▶ Das *Streudiagramm* nutzt den Standardmesswert und einen weiteren Wert der Datentabelle. Normalerweise ist das die erste oder zweite Spalte, je nachdem, was Sie als Standard definiert haben.

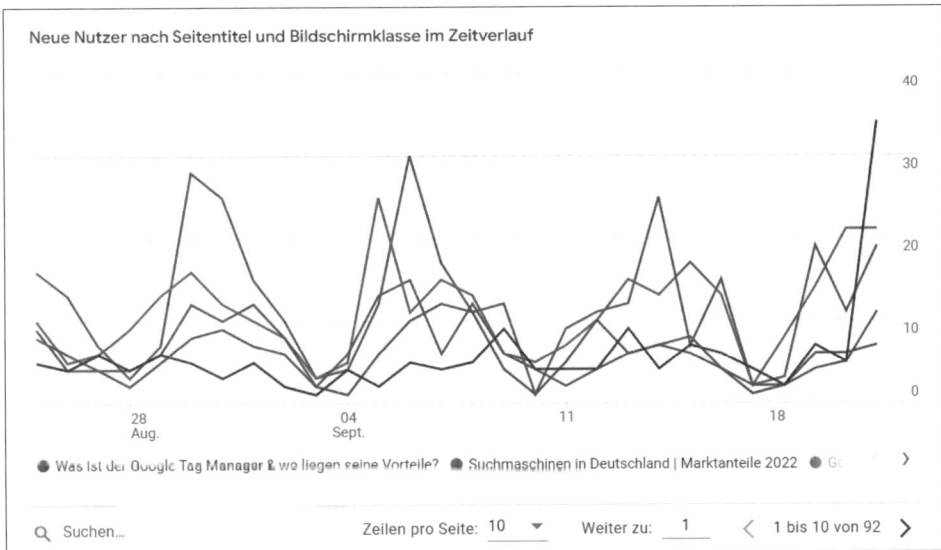

Abbildung 7.14 Liniendiagramm in seiner vollen Breite über der Tabelle

Darüber hinaus lassen die Diagramme keine weiteren Anpassungen zu, sie sind sehr direkt an die gezeigte Tabelle gebunden. Wenn Sie andere Darstellungsformen suchen oder die Diagramme weiter individualisieren möchten (z. B. mit Farben), bietet *Google Looker Studio* (ehemals *Data Studio*) mehr Optionen.

Berichtsvorlagen werden von Google aktualisiert

Der Abschnitt zur BERICHTSVORLAGE hat eine ähnliche Bedeutung wie schon die Sammlungsvorlagen: Google pflegt einige Standardberichte als Vorlage für neue GA4-Properties. Ist ein Bericht mit einer solchen Vorlage verknüpft, wird er bei einem Update der Vorlage ebenfalls aktualisiert. Heben Sie die Verknüpfung auf, wirkt sich eine systemweite Änderung der Berichte bei Ihnen nicht aus.

Zusammenfassungskarten für Übersichtsberichte

Im letzten Abschnitt erstellen Sie *Zusammenfassungskarten* für die Verwendung in einem Übersichtsbericht. Dabei handelt es sich um die Datenkacheln, die Sie in den diversen Übersichten und Snapshots kennengelernt haben.

Die auf Vorlagen basierenden Berichte haben bereits Karten, die Sie anpassen kön-nen. Verfügt Ihr Bericht noch über keine Karte oder möchten Sie eine weitere hinzu-fügen, klicken Sie auf Neue Karte erstellen.

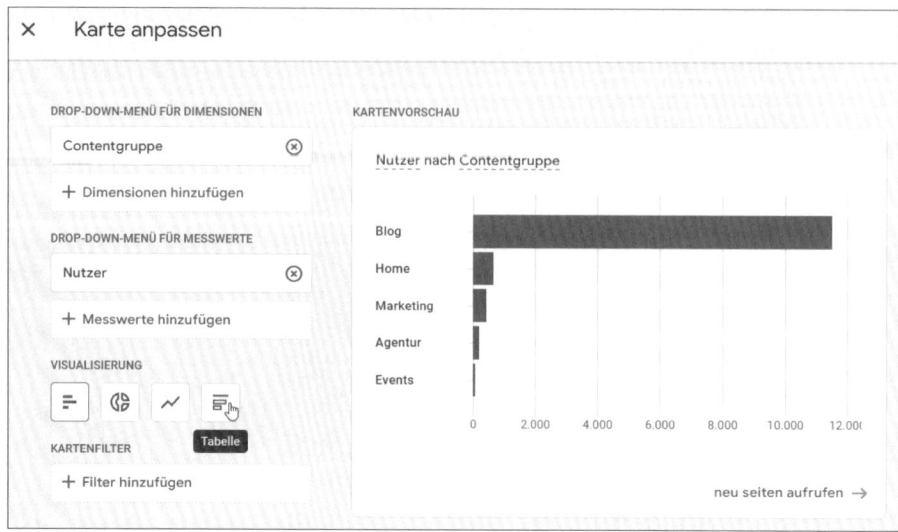

Abbildung 7.15 Karten für Übersichtsberichte lassen sich anpassen.

Im Editor sollten Ihnen die Auswahlfelder bekannt vorkommen, denn für eine Karte können Sie ähnliche Einstellungen vornehmen wie für den gesamten Bericht (siehe Abbildung 7.15). Sie wählen Dimensionen und Messwerte für die Karte aus. Zur Verfü-gung stehen die Einträge, die Sie auch in der Gesamttabelle eingerichtet haben. So-wohl für Dimensionen als auch für Messwerte lassen sich mehrere Einträge hinterle-gen, sodass man in der Karte mit einem kleinen Menü umschalten kann.

Für die Visualisierung stehen vier Formate zur Auswahl:

1. **Balkendiagramm:** Die ersten Zeilen der Datentabelle werden dargestellt.

2. **Kreisdiagramm:** Nutzen Sie den Kreis nur, wenn Sie nur wenige Zeilen in der Ta-belle haben, etwa bei der Gerätekategorie. Auch der Kreis stellt die ersten Einträge der Datentabelle dar. Hat Ihre Tabelle mehr Einträge, kann das leicht zu Verwir-rung führen.

3. **Liniendiagramm:** Zeigt die Top-Einträge der Tabelle im zeitlichen Verlauf.

4. **Tabelle:** Listet die Top-Einträge mit dem Messwert auf. Es wird immer nur ein Messwert dargestellt. Haben Sie der Karte mehrere Messwerte hinzugefügt, kön-nen Sie zwischen diesen umschalten.

Schließlich lässt sich ein Filter für die Karte hinzufügen, wobei Sie einen Filter vom Bericht übernehmen oder einen eigenen neuen Filter erstellen können. Dadurch las-sen sich auf der Karte etwas andere Werte anzeigen als im eigentlichen Bericht. Ein

Bericht kann mehrere verschiedene Karten enthalten, die man für Übersichten nutzen kann.

> ### Einen Bericht neu erstellen
>
> Bis hierhin haben Sie einen bestehenden Bericht angepasst oder als Vorlage für eine Kopie genutzt. Sie können einen *ausführlichen Bericht* natürlich auch von Grund auf neu anlegen. Dazu klicken Sie über der Liste der Berichte auf AUSFÜHRLICHEN BERICHT ERSTELLEN. Anschließend wählen Sie einen leeren Bericht oder eine Vorlage aus (siehe Abbildung 7.16). Bei den Vorlagen ist bereits eine Vorauswahl für Dimensionen und Werte angelegt, die Sie nach Ihren Wünschen anpassen können. Bei einer leeren Vorlage stellen Sie alles neu ein.
>
>
>
> **Abbildung 7.16** GA4 bietet einige Vorlagen für neue Berichte.
>
> Ob Sie sich für das Kopieren eines bestehenden oder das Anlegen eines neuen Berichts entscheiden, ist GA4 am Ende egal: Es gibt keinen entscheidenden Unterschied zwischen den beiden Methoden.

Einen Übersichtsbericht anpassen oder erstellen

Übersichtsberichte kennen Sie aus jedem Themenbereich des GA4-Menüs: So haben etwa die Themen AKQUISITION, ENGAGEMENT und MONETARISIERUNG jeweils eine eigene Übersicht. Diese setzt sich aus mehreren Karten zusammen. Auch die bestehenden Übersichtsberichte können von Ihnen bearbeitet werden oder Sie erstellen einen Bericht von Grund auf neu.

Klicken Sie in einen beliebigen Übersichtsbericht aus der Tabelle. Sie sehen wieder den Bericht an sich sowie die Seitenleiste zur Konfiguration. Diesmal gibt es aber lediglich die Option KARTEN HINZUFÜGEN (siehe Abbildung 7.17). Ein Bericht kann bis zu 16 Karten enthalten.

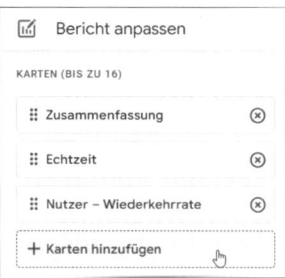

Abbildung 7.17 Fügen Sie einer Übersicht bis zu 16 Karten hinzu.

Nachdem Sie mit einem Klick das Hinzufügen gestartet haben, erscheint ein Bildschirm zur Auswahl einer Karte. Die aufgelisteten Karten sind in zwei Reiter unterteilt: ZUSAMMENFASSUNGSKARTEN und WEITERE KARTEN. Im ersten Reiter sind die Karten von Berichten aus allen Sammlungen aufgelistet, die gerade in Ihrer Property veröffentlicht sind (siehe Abbildung 7.18).

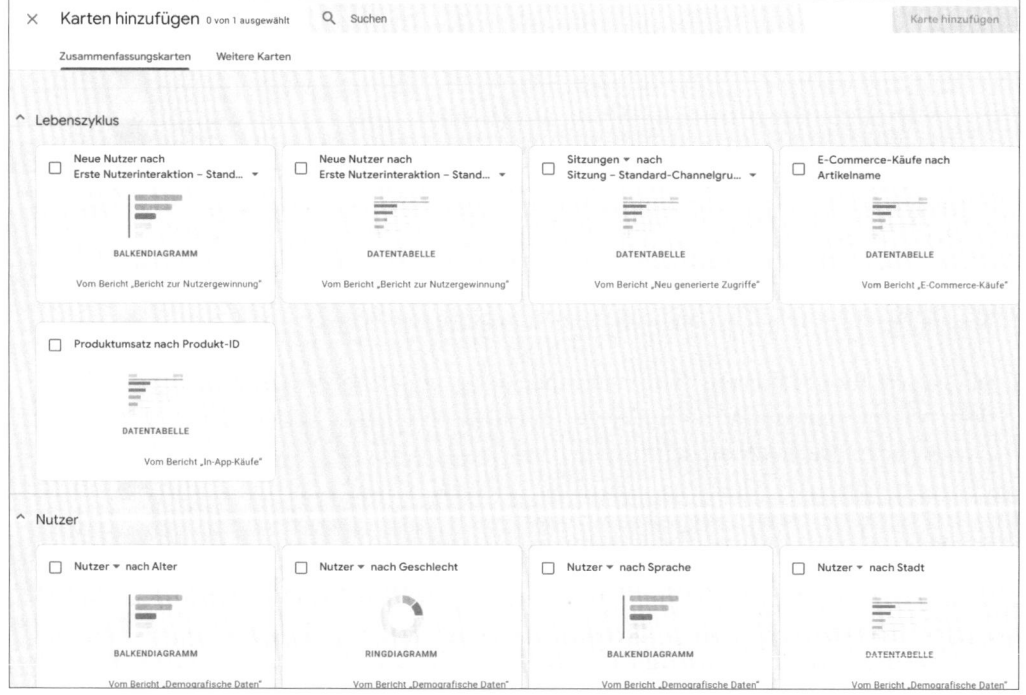

Abbildung 7.18 Karten aus den aktuellen Sammlungen auswählen

Das sind also diejenigen Karten, die in einem *ausführlichen Bericht* abgelegt sind. Fügen Sie einem solchen Bericht eine Karte hinzu, erscheint sie in dieser Liste.

Im zweiten Reiter, WEITERE KARTEN, sind generische Karten zu finden, die immer in GA4 zur Verfügung stehen (siehe Abbildung 7.19). Dazu zählen beispielsweise *Nutzer nach Land, Produktumsatz nach Kategorie* oder *Conversions nach Kampagne*. Um Kacheln in die Übersicht zu übernehmen, setzen Sie ein Häkchen. Die Karte wird dann übernommen.

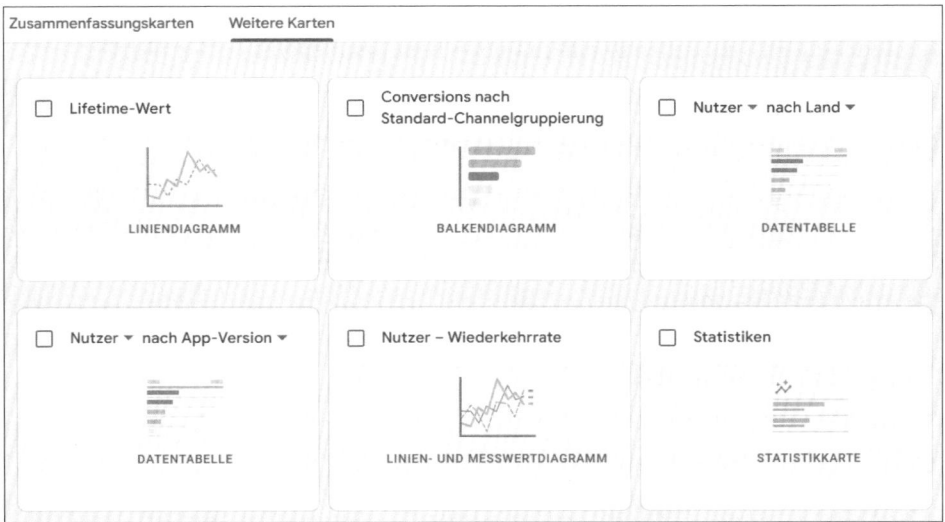

Abbildung 7.19 Allgemeine Karten sind unabhängig von der Sammlung.

Haben Sie alle gewünschten Karten ausgewählt, lässt sich die Reihenfolge in der Liste und damit auch in der Übersicht verändern.

Wo sind die Karten von meinem neu erstellten Bericht?

Sie haben einen *Ausführlichen Bericht* erstellt und möchten gerne die Zusammenfassungskarten in eine Übersicht aufnehmen. In der Auswahl unter HINZUFÜGEN werden Ihre Karten aber nicht angeboten? Dann müssen Sie den neu erstellten Bericht zunächst in eine Sammlung aufnehmen und diese veröffentlichen (falls sie nicht schon veröffentlicht ist). Erst dadurch erscheint die Karte in der Auswahl und kann von Ihnen verwendet werden (siehe Abbildung 7.20).

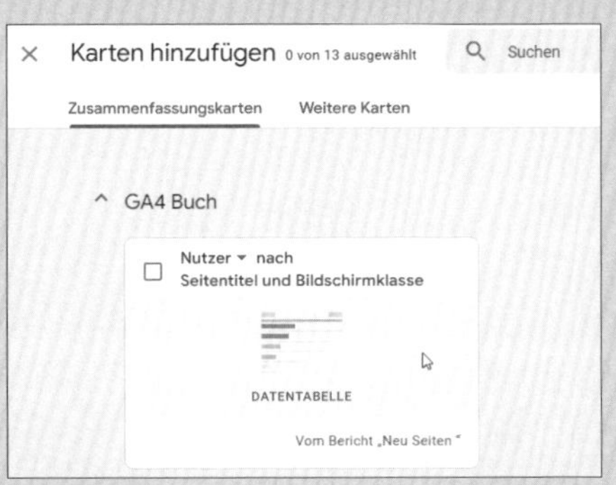

Abbildung 7.20 Nur Karten in veröffentlichten Sammlungen sind gelistet.

Auch für Übersichtsberichte gibt es Vorlagen, die Google weiterpflegt. Die Verknüpfung mit der Vorlage können Sie wie bereits bei Sammlungen und ausführlichen Berichten aufheben.

Beim Speichern eines Berichts können Sie entweder den bestehenden Bericht verändern oder die Einstellungen in einem neuen Bericht anlegen.

7.1.3   Vorschläge für Anpassungen und neue Berichte

Mit den Optionen der Mediathek zum Anpassen und Erstellen von Berichten haben Sie ein mächtiges Werkzeug, um GA4 an Ihre Bedürfnisse anzupassen. Im Folgenden finden Sie einige Vorschläge für neue Berichte und Anpassungen, die Ihnen die tägliche Arbeit mit GA4 vereinfachen.

Google-Ads-Kampagnenbericht

GA4 lässt sich zwar mit Google Ads verbinden und die beiden Systeme tauschen danach ihre Daten aus. Den Standardbericht zur Analyse erreichen Sie allerdings nur über die ÜBERSICHT im Menü AKQUISITION. Im Menü fehlt ein Eintrag. Um diesen in der Navigation zu bekommen, gehen Sie so vor:

1. Verknüpfen Sie Ihre Property mit dem Google-Ads-Konto.

2. Auf der Übersichtsseite von AKQUISITION klicken Sie auf den Link GOOGLE ADS-KAMPAGNEN ANSEHEN.

3. Sie gelangen auf den Bericht zu den Ads-Kampagnen. Klicken Sie auf das Icon zum Bearbeiten des Berichts.

4. Speichern Sie den Bericht mit dem Button WIRD GESPEICHERT direkt wieder ab. Dabei ist es egal, welche der beiden Optionen Sie wählen. Dadurch erstellen Sie einen Eintrag für den Ads-Bericht in der Berichtsliste.

5. Wenn Sie möchten, passen Sie die Datentabelle weiter an, z. B. mit dem ROAS.

6. In der Mediathek bearbeiten Sie die Sammlung zum Lebenszyklus (oder erstellen eine eigene), der Sie den neu gespeicherten Ads-Bericht hinzufügen (siehe Abbildung 7.21).

Abbildung 7.21 Einen Google-Ads-Bericht zur Navigation hinzufügen

7. Speichern Sie die Sammlung. Nun haben Sie einen eigenen Menüpunkt, um Ihre
Ads-Kampagnen schnell zu erreichen (siehe Abbildung 7.22).

Abbildung 7.22 Der Ads-Bericht ist jetzt direkt in der Navigation erreichbar.

Landingpages mit Absprungrate

Der Bericht zu den Landingpages wurde in Universal Analytics von vielen Anwendern genutzt. Daher verwundert es, das GA4 nichts Vergleichbares vom Start weg
anbietet. Sie können diesen Bericht aber zum Glück auch selbst generieren (siehe
Abbildung 7.23).

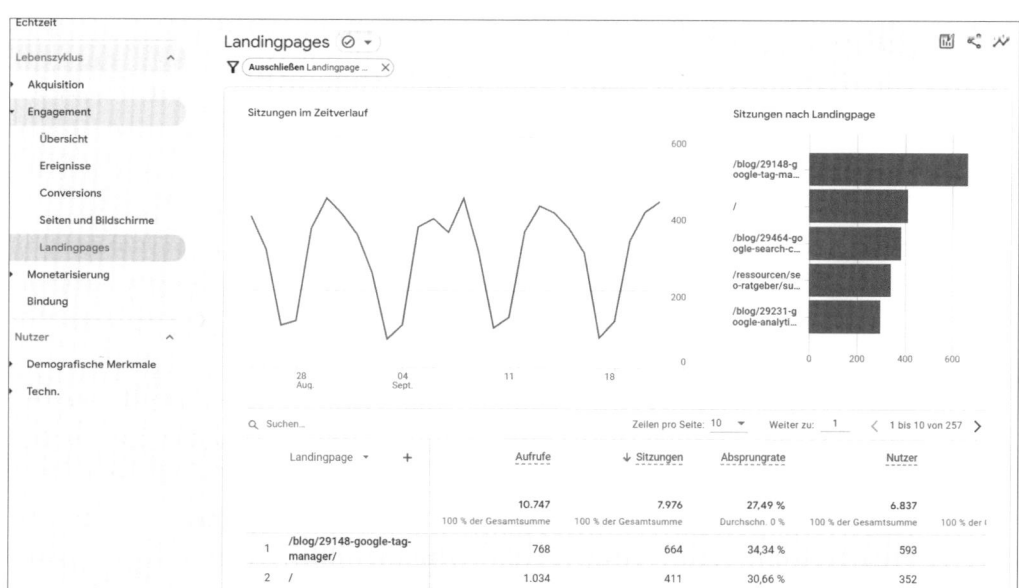

Abbildung 7.23 Legen Sie einen Bericht für Landingpages an.

1. Starten Sie in der Mediathek, und bearbeiten Sie den Bericht Seiten und Bildschirme. (Alternativ klicken Sie in der Navigation unter Engagement zum Bericht und starten das Bearbeiten per Icon.)

2. Im Menü Abmessungen fügen Sie als neue Dimension Landingpage hinzu und markieren diese als Standard. Wenn Sie möchten, können Sie einige oder alle übrigen Einträge löschen.

3. Bei den Messwerten fügen Sie Sitzungen und Absprungrate hinzu und sortieren sie an höherer Stelle ein.

4. Falls es in Ihrer Datentabelle auftaucht: Fügen Sie einen Filter hinzu, der alle Landingpages mit dem Wert (not set) ausschließt.

5. Passen Sie die Zusammenfassungskarte an, sodass sie als Dimension Landingpage und als Messwert Sitzungen und Absprungrate verwendet.

6. Speichern Sie alles als neuen Bericht ab, und vergeben Sie den Namen »Landingpages«.

7. Fügen Sie den Bericht in der Sammlung Lebenszyklus unter dem Thema Engagement ein.

Seitenbericht anpassen

Im Seitenbericht können Sie wie, weiter oben beschrieben, einige Dimensionen entfernen, wenn Ihre Property nur für eine Website und keine App genutzt wird.

Stellen Sie als Standarddimension den Seitenpfad ein, wenn Sie lieber mit der URL als dem Seitentitel arbeiten.

Nutzen Sie die Dimension Seitenpfad und Abfragstring, um Parameter in den URLs analysieren zu können.

Bericht zu Dateidownloads

Gibt es auf Ihrem Angebot Downloads, die Sie mit den *Optimierten Analysen* von GA4 erfassen? Im Ereignisbericht können Sie zwar relativ einfach die Aufrufe des Ereignisses file_download nachschauen. Was konkret heruntergeladen wurde, sehen Sie aber nicht.

1. Erstellen Sie in der Mediathek einen neuen Bericht. Entweder starten Sie mit dem Ereignisbericht als Vorlage (oder mit einem leeren Bericht – der Aufwand ist in etwa gleich).

2. Als Dimensionen wählen Sie Dateiname. Falls es weitere Dimensionen gibt, löschen Sie diese.

3. Als Messwerte wählen Sie Sitzungen und Nutzer. Weitere Messwerte löschen Sie.

4. Die Diagramme blenden Sie beide aus – dazu gleich mehr.

5. Die Verknüpfung mit der Berichtsvorlage entfernen Sie.

6. Legen Sie eine Zusammenfassungskarte z. B. als Tabelle an, wenn Sie dies möchten.

7. Speichern Sie alles als neuen Bericht unter dem Namen »Dokumenten-Down-loads« oder etwas Ähnlichem.

8. Pflegen Sie den Bericht in einer Sammlung ein.

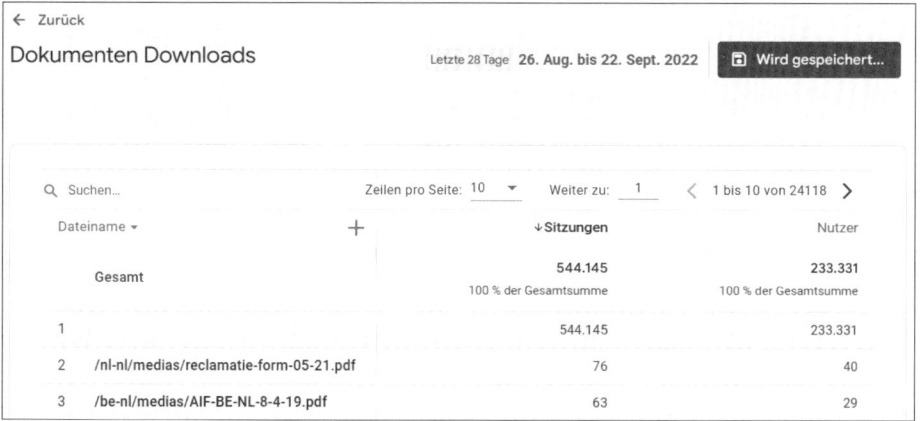

Abbildung 7.24 Bericht zu heruntergeladenen Dokumenten

Das Ergebnis sollte ungefähr so aussehen wie in Abbildung 7.24. Ein wenig störend ist die erste Zeile: Der leere Wert steht für alle Ereignisse, für die *kein* Dateiname erfasst wurde – also für alle Ereignisse, die nicht vom Typ `file_download` waren wie `page_view`, `session_start` usw. Wegen dieser »leeren« Zeile können Sie die Diagramme nicht ver-wenden bzw. sind die Diagramme nicht aussagekräftig. Das Problem resultiert aus der Funktionsweise der Datentabellen und Filter:

▶ Die Tabelle stellt beim Parameter Dateiname immer 100 % aller Aufrufe oder Nutzer dar. Leere Werte werden nicht automatisch ausgeschlossen.

▶ Mit den Filtern, die Sie auf die Berichte legen können, haben Sie keine Möglichkeit, eine passende Einschränkung vorzunehmen. Sie können weder auf ein bestimm-tes Ereignis (`file_download`) noch auf den Dateinamen filtern.

Trotz dieser Einschränkungen ist ein solcher Bericht die schnellste Variante, um Downloads im Übersichtsbericht sichtbar zu machen und im Menü als eigenen Ein-trag erreichbar zu bekommen. Mit einem Custom-Bericht unter Expl. Datenanaly-se können Sie bessere Filter anwenden, aber diese Berichte lassen sich nicht ins Menü aufnehmen.

Abgehende Links von der Website

Links, die von der Website wegführen, können Sie mit einem vergleichbaren Bericht auswerten wie Downloads. Statt Dateiname wählen Sie als Dimension Link-URL oder Linktext. Speichern Sie alles als neuen Bericht, so können Sie einen eigenen Eintrag im Menü anlegen.

Leider lassen sich in den Berichten nicht alle Dimensionen nutzen, die GA4 bietet, oder so filtern, wie man es gerne hätte. In der Gestaltung Ihres Reports sind Sie also doch (noch?) nicht komplett frei. Im Vergleich zu Universal Analytics sind Sie jedoch auf jeden Fall deutlich flexibler und können die Oberfläche an Ihre Bedürfnisse anpassen. Auch wenn die vorhandenen Berichte und Menüs eine gute Grundlage bieten, kann man an der einen oder anderen Stelle die tägliche Arbeit mit eigenen Berichten etwas vereinfachen und beschleunigen.

7.2   Explorative Datenanalysen erstellen

Unter dem Menüpunkt EXPL. DATENANALYSE gelangen Sie zum Bereich für individuelle Auswertungen in GA4. Google nennt die Berichte, die Sie hier erstellen, *Explorative Datenanalysen* (siehe Abbildung 7.25). Auf den ersten Blick sehen diese Berichte wie eine aufgepeppte Version der benutzerdefinierten Berichte aus. Die Zielsetzung ist aber eine etwas andere: In diesen Analysen geht es um die schnelle und einfache *Arbeit mit den Daten*: Sie können schnell Dimensionen und Messwerte wechseln, Darstellungen anpassen oder Filter anwenden.

Abbildung 7.25 Datenanalysen erlauben individuelle Berichte

Für Analysen sind das großartige Features. Wofür diese Reports nicht so gut geeignet sind, ist die Aufbereitung von Daten für Anfänger oder sporadische Nutzer. Dazu sind die Möglichkeiten der Mediathek oder des Dashboards in Data Studio besser geeignet. (Mehr zu Data Studio lesen Sie in Kapitel 8, »BigQuery und Data Studio«.)

7.2.1   Die erste Datenanalyse

Wenn Sie mit einer neuen explorativen Datenanalyse beginnen, werden Sie mit einem leeren Bericht und einer Menge Elemente und Optionen in den Seitenleisten begrüßt (siehe Abbildung 7.26). In der linken Seitenleiste mit der Überschrift VARIABLEN vergeben Sie zunächst einen Namen und stellen den Zeitraum ein, für den Sie Daten betrachten wollen.

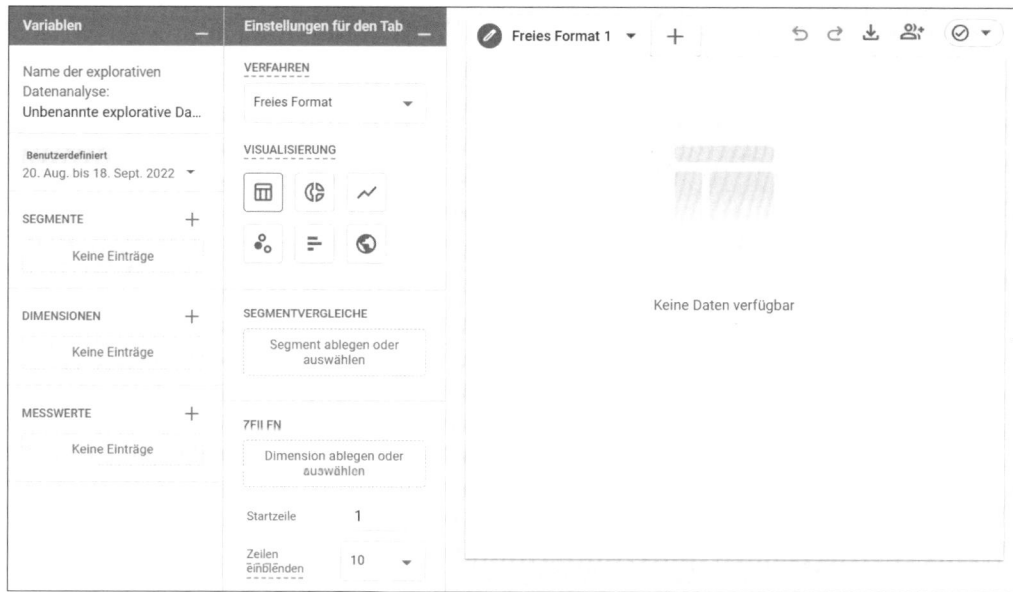

Abbildung 7.26 Der Arbeitsbereich einer Datenanalyse

Anschließend bereiten Sie den eigentlichen Report vor. Für Datenanalysen ist die Konfiguration zweigeteilt: Zuerst legen Sie fest, welche SEGMENTE, DIMENSIONEN und MESSWERTE im Bericht vorkommen *könnten*. Zu diesem Zeitpunkt geht es noch nicht darum, welche Daten tatsächlich in der Darstellung auftauchen, sondern womit Sie im Bericht arbeiten möchten.

Sie müssen mindestens eine Dimension und einen Messwert auswählen, bevor Sie weiterarbeiten können. Segmente sind optional, daher können Sie sich später mit diesen beschäftigen.

Klicken Sie auf das Plus-Icon neben DIMENSIONEN. Dadurch erscheint eine Liste *aller* Dimensionen, die in der GA4-Property zur Verfügung stehen (siehe Abbildung 7.27). Darunter sind die bereits bekannten EREIGNISNAMEN und SEITEN, aber auch speziellere Daten wie DATUM DES LETZTEN KAUFS oder LETZTER ZIELGRUPPENNAME zu finden. Insgesamt gibt es 159 vordefinierte Dimensionen, aus denen Sie wählen können.

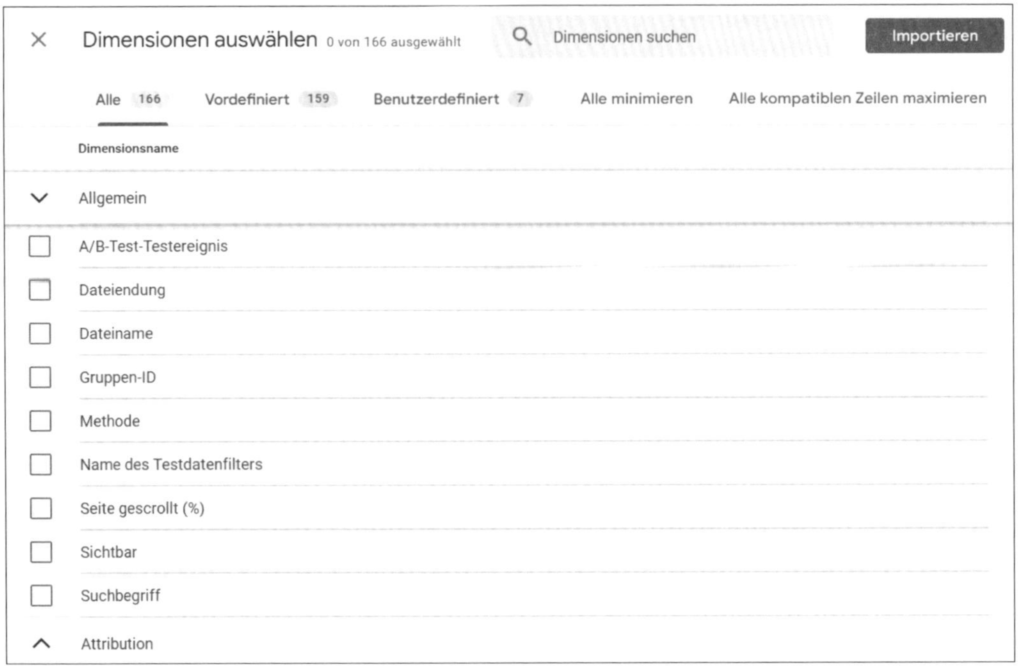

Abbildung 7.27 Die Liste der Dimensionen, aus denen Sie wählen können

Die Dimensionen sind nach Themen gruppiert, sodass Sie sich etwas leichter orientieren können (siehe Tabelle 7.1).

Dimensionsgruppe	Anmerkung
Allgemein	Dateinamen und -typen von gemessenen Downloads sowie Suchbegriffe der internen Suche sind hier zu finden, zusammen mit einigen weiteren Dimensionen, die so recht in keine thematische Gruppe gepasst haben, z. B. der NAME DES TESTDATENFILTERS.
Attribution	Quelle, Medium und weitere kampagnenbezogene Dimensionen. In dieser Gruppe beziehen sich diese aber nur auf Daten der Attributionsberichte aus dem Bereich WERBUNG.
Besucherquelle	Kampagnen, Quellen usw. zu Sitzungen und erstmaligen Besuchen der Nutzer. Dies sind die Daten aus den Berichten unter AKQUISITION. Achten Sie bei der Auswahl auf die richtige Gruppe, damit Sie sie nicht mit Dimensionen aus ATTRIBUTION verwechseln.

Tabelle 7.1 Gruppen in der Dimensionsliste einer Datenanalyse

Dimensionsgruppe	Anmerkung
Demografische Merkmale	Alter, Geschlecht und Interessen, wenn Sie die Property mit einem Ads-Konto verknüpft haben
E-Commerce	Die Parameter zu den E-Commerce-Ereginissen wie Produkt, Kategorie und Transaktions-ID
Ereignis	Der Ereignisname und die Angabe, ob dieses Ereignis als Conversion markiert ist
Gaming	Dimensionen, die Sie für Spiele-Apps verwenden können, z. B. Level
Link	Parameter, die beim automatischen Link-Tracking befüllt werden, etwa die URL des Links oder der Linktext
Nutzer	Der Name der Zielgruppe sowie Informationen darüber, ob es ein neuer oder wiederkehrender Nutzer ist und ob eine User-ID übermittelt wurde
Nutzer-Lifetime	Informationen zum ersten und letzten Besuch oder Kauf
Plattform/Gerät	Verwendetes Gerät und Software sowie eingestellte Sprache. Hier finden Sie auch die ID und den Namen des Streams, über den die Aufrufe gemessen wurden.
Publisher	Zeigen Sie Werbung auf Ihrem Angebot, werden hier das Format und die Quelle der Anzeige abgelegt.
Region	Land, Stadt und weitere geografische Daten der Nutzer
Seite/Bildschirm	URL und Titel der aufgerufenen Seiten/Bildschirme, Contentgruppe und Contenttyp. Hier finden Sie die Landingpage.
Video	Daten zu Videoplayern, die über optimierte Analysen getrackt werden
Zeit	Einheiten wie Datum, Monat, Jahr usw.

Tabelle 7.1 Gruppen in der Dimensionsliste einer Datenanalyse (Forts.)

Dazu kommen die benutzerdefinierten Dimensionen, die Sie unter dem Navigationspunkt KONFIGURIEREN angelegt haben (siehe Kapitel 2, »Google Analytics 4 einrichten«). Da Sie in einer GA4-Property 50 Dimensionen auf Ereignisebene und noch mal 25 auf Nutzerebene anlegen können, sind über 200 Einträge in dieser Liste nicht unrealistisch.

Manche Einträge sind unterstrichen. Dann erscheint eine Box mit einer Beschreibung und manchmal weiterführenden Links, sobald Sie mit der Maus über den Eintrag gehen (siehe Abbildung 7.28).

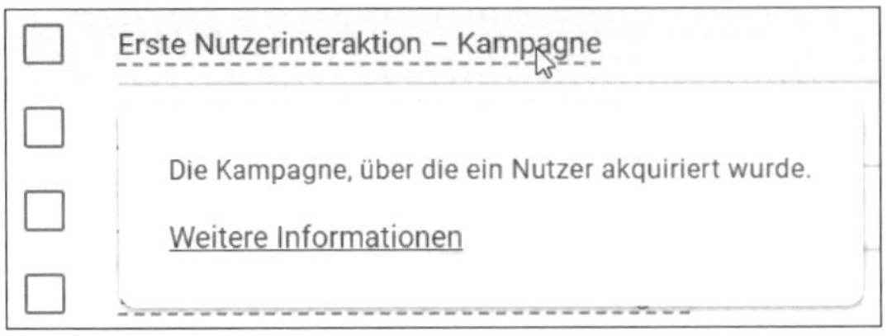

Abbildung 7.28 Unterstrichene Einträge bieten weitere Informationen.

In der Liste sehen Sie alle Einträge. Zwischen den vordefinierten und benutzerdefinierten Dimensionen können Sie über die Reiter oberhalb der Liste umschalten. Alternativ können Sie Einträge per Eingabe suchen.

Wählen Sie nun die Dimensionen aus, die Sie in Ihrem Bericht verwenden möchten. Die Suche ist die schnellste Variante, wenn Sie wissen, was Sie brauchen. Suchen Sie den Eintrag, markieren Sie diesen, und starten Sie einen neuen Suchlauf. Die Markierung bleibt bestehen, auch wenn der Eintrag nach einer erneuten Eingabe nicht mehr sichtbar ist. So können Sie alle gewünschten Dimensionen in einem Durchgang finden.

Nicht jede Dimension muss im Bericht dargestellt werden; auch wenn Sie auf bestimmte Werte filtern möchten, muss die Dimension ausgewählt werden. Im Zweifel holen Sie lieber eine Dimension mehr mit dem Import, auch wenn Sie noch nicht sicher sind, ob Sie diese verwenden werden.

Kompatible Zeilen

Beim Durchschauen der Dimensionen oder Messwerte sind Ihnen vielleicht einige ausgegraute Einträge aufgefallen, die Sie nicht markieren können. Das liegt am unterschiedlichen Geltungsbereich von Dimensionen und Messwerten. Kurz gesagt, werden diese pro Ereignis oder pro Nutzer erfasst. Damit die Kombination von Dimension und Messwert sinnvolle Ergebnisse liefert, müssen die Geltungsbereiche zusammenpassen. GA4 prüft im Hintergrund, welche Messwerte sich mit den von Ihnen gewählten Dimensionen kombinieren lassen, und nimmt die anderen entsprechend aus dem Angebot. Das funktioniert in beide Richtungen, also egal ob Sie zuerst Dimensionen oder Messwerte gewählt haben.

In beiden Fenstern der Auswahllisten sehen Sie oben rechts den Link ALLE KOMPATIBLEN ZEILEN MAXIMIEREN. Klicken Sie diesen Link an, klappen nur noch die Themengruppen auf, aus denen Sie Einträge wählen können.

Für einen ersten Beispielbericht wählen Sie Seitenpfad und Bildschirmklasse, Gerätekategorie und Monat. Mit dem Klick auf Importieren holen Sie die Dimensionen in Ihren Bericht.

Als Nächstes benötigen Sie *Messwerte* zu den Dimensionen. Auch hier gibt es ein umfangreiches Angebot: Ihnen stehen 150 vordefinierte und bis zu 50 benutzerdefinierte Messwerte zur Verfügung. Tabelle 7.2 fasst die Gruppen zusammen.

Messwert	Anmerkung
E-Commerce	Bestellungen, Umsatz, aufgerufene Produkte und generell alle Daten, die mit E-Commerce-Ereignissen gesammelt werden
Ereignis	Die Anzahl der Ereignisse pro Aufruf, Sitzung und Nutzer; Ereigniswerte und Conversions; außerdem Spezialereignisse wie erster Besuch und erstes Öffnen
Nutzer	Daten zu Nutzern insgesamt, neuen und wiederkehrenden. Anzahl, Umsatz und Durchschnittswerte.
Nutzer-Lifetime	Informationen zu Sitzungen, Käufen und Umsätzen in unterschiedlichen Phasen der Nutzer-Lifetime. Können nur im Lifetime-Bericht verwendet werden.
Prognose	Werte zur Wahrscheinlichkeit von Abwanderung, Kauf, In-App-Kauf in unterschiedlichen Phasen. Prognostizierter Umsatz nach Phase.
Publisher	Werte zu Anzeigen auf Ihrem Angebot
Seite/Bildschirm	Aufrufe, Einstiege und Ausstiege
Sitzung	Sitzungen, Conversion-Rate, Absprungrate und Interaktionsrate
Umsatz	Umsätze mit verschiedenen Durchschnittswerten wie »pro Tag« oder »pro Nutzer«
Werbung	Klicks, Impressions und Kosten für Google Ads sowie Drittanbieter

Tabelle 7.2 Gruppen in der Messwertliste einer Datenanalyse

Als Grundlage für viele Analysen können Sie mit den bekannten Messwerten Nutzer, Sitzungen und Aufrufe starten. Nach den oben beschriebenen Schritten sollte Ihre linke Seitenleiste nun so aussehen wie in Abbildung 7.29.

Abbildung 7.29 Ausgewählte Dimensionen und Messwerte

Nun gehen Sie an das Befüllen der Analyse, das heißt, Sie arbeiten jetzt in der zweiten Seitenleiste. Beim Aufruf einer neuen Datenanalyse sind das Verfahren FREIES FORMAT und die Darstellung TABELLE vorausgewählt, was Sie so belassen. Ziehen Sie nun mit der Maus die Dimension SEITENPFAD auf das freie Feld DIMENSION ABLEGEN ODER AUSWÄHLEN, und lassen Sie sie dort »fallen«. Alternativ können Sie auf das Feld klicken und einen Eintrag aus den verfügbaren Dimensionen auswählen.

Anschließend scrollen Sie etwas herunter und ziehen den Messwert AUFRUFE auf das freie Feld unter WERTE. Dadurch haben Sie die nötigen Grundeinstellungen gesetzt, und im Arbeitsbereich rechts erscheint eine Tabelle (siehe Abbildung 7.30).

	Seitenpfad und Bildschirmklasse	↓ Aufrufe
	Gesamt	63.181
		100 % der Gesamtsumme
1	/blog/29148-google-tag-manager/	4.962
2	/	3.942
3	/ressourcen/seo-ratgeber/suchmasch…	3.565
4	/blog/29464-google-search-console-e…	2.348
5	/ressourcen/content-strategie/	2.064
6	/blog/29231-google-analytics-einbin…	1.990
7	/blog/29329-keywordanalyse/	1.952
8	/blog/36826-google-analytics/	1.864
9	/ressourcen/seo-ratgeber/https-umst…	1.727
10	/ressourcen/seo-ratgeber/suchmasch…	1.637

Freies Format 1 ▼

Abbildung 7.30 Ihre erste Tabelle in einer Datenanalyse

Weitere Messwerte fügen Sie zur Tabelle hinzu, indem Sie diese ebenfalls auf das freie Feld unter WERTE ziehen. Achten Sie darauf, das freie Feld zu treffen – landet ein Messwert auf einem bestehenden Eintrag, ersetzt er diesen. Für Messwerte lassen sich insgesamt 10 Spalten befüllen.

Fügen Sie weitere Dimensionen hinzu, werden die Einträge entsprechend weiter unterteilt, wie Sie es bereits von der Option SEKUNDÄRE DIMENSION in den Standardberichten kennen. Allerdings können Sie in einer Datenanalyse nicht nur eine zusätzliche Dimension hinzufügen, sondern insgesamt kann der Bericht 5 Spalten für Dimensionen erreichen.

Mehr Daten und Anpassen der Darstellung

Bis hierhin ähneln der Aufbau und die Darstellung noch denen von Standardberichten, die Sie in der Mediathek anpassen können. Eine Datenanalyse kann aber deutlich mehr.

Im Bereich ZEILEN ist es möglich, die Tabelle noch weiter nach Ihren Wünschen anzupassen. So können Sie die STARTZEILE und die Anzahl der eingeblendeten Zeilen festlegen (bis zu 500). Die Startzeile ist wichtig, da es in der Berichtstabelle keine Navigationsmöglichkeit gibt. Sie können also nicht einfach per Mausklick von den Top-10-Seiten zu den Einträgen 11–20 schalten wie im normalen Bericht. Möchten Sie diesen Ausschnitt sehen, müssen Sie im Feld STARTZEILE den Wert »11« eintragen.

Die Option VERSCHACHTELTE ZEILEN wird erst sinnvoll, wenn Sie mehrere Dimensionen in Ihrer Tabelle haben. In dem Fall listet Analytics die Kombination der einzelnen Dimensionen als Zeile auf. Kombinieren Sie etwa SEITE und GERÄTEKATEGORIE, ergeben sich die Zeilen in Tabelle 7.3.

Seite	Gerätekategorie	Aufrufe
/	desktop	89
/blog/	desktop	55
/blog/	mobile	43
/produkte/	mobile	19

Tabelle 7.3 »Seite« und »Gerätekategorie«

Setzen Sie VERSCHACHTELTE ZEILEN auf YES, werden die Zeilen nach der ersten Dimension gruppiert. Im Beispiel werden also die Aufrufe einer Seite über Desktop- und Mobilgeräte zusammengeführt, aber weiterhin einzeln dargestellt. Das Ergebnis sehen Sie in Tabelle 7.4.

Seite	Gerätekategorie	Aufrufe
/	Desktop	89
	Mobile	7
/blog/	Desktop	55
	Mobile	43

Tabelle 7.4 »Seite« und »Gerätekategorie« mit verschachtelten Zeilen

Für die Darstellung der WERTE können Sie aus drei Zellentypen wählen, die Sie in Tabelle 7.5 sehen.

Zellentyp	Beschreibung
Balkendiagramm	Die Standardeinstellung für Tabellen. Ein farbiger Balken zeigt die Höhe des Werts im Vergleich zu den anderen Zellen an.
Nur Text	Keine zusätzliche Visualisierung, nur die Zahl
Heatmap	Abhängig von der Höhe des Werts wird die Zelle eingefärbt. Je höher der Wert ist, umso dunkler wird die Farbe.

Tabelle 7.5 Zellentypen für »Werte«

Hilfreich sind die Visualisierungen, wenn sich die Werte der Tabelle in einem gewissen Abstand zueinander bewegen. Ist dieser Abstand zwischen den ersten und folgenden Zellen sehr groß, geht die Unterscheidbarkeit verloren.

Pivot-Tabelle mit Dimensionen als Spalten

Eine Besonderheit der Datenanalyse ist die Darstellung von Dimensionen in Spalten. Dabei werden Werte einer Dimension in der ersten Spalte eingetragen, die Werte einer zweiten Dimension bilden die weiteren Spalten, und in den Tabellenzellen stehen die Messwerte für die jeweilige Kombination der beiden (in Excel finden Sie diese Darstellung als *Pivot-Tabelle*). Ziehen Sie dazu die zweite Dimension auf das freie Feld unter SPALTEN.

Eine solche Auflistung bietet sich an, wenn Sie eine Dimension mit vielen unterschiedlichen Einträgen mit einer Dimension kombinieren, die wenige, aber häufige Einträge hat. In Abbildung 7.31 sehen Sie als Beispiel die SEITEN als Zeilen, kombiniert mit der GERÄTEKATEGORIE als Spalten.

Gerätekategorie	desktop		mobile		Gesamt	
Seitenpfad und Bildschirmklasse	Aufrufe	Nutzer insgesamt	Aufrufe	Nutzer insgesamt	↓Aufrufe	Nutzer insgesamt
Gesamt	48.569 91,88 % der Gesamtsumme	12.250 90,57 % der Gesamtsumme	4.292 8,12 % der Gesamtsumme	1.269 9,38 % der Gesamtsumme	52.861 100 % der Gesamtsumme	13.526 100 % der Gesamtsumme
1 /blog/29148-google-tag-manager/	4.419	1.311	496	180	4.915	1.491
2 /	3.192	461	747	291	3.939	752
3 /ressourcen/seo-ratgeber/suchmaschinen-in-deutschland/	2.876	304	651	59	3.527	363
4 /blog/29464-google-search-console-einrichten/	2.165	817	183	58	2.348	875
5 /blog/29231-google-analytics-einbinden/	1.817	622	164	59	1.981	681
6 /blog/29329-keywordanalyse/	1.813	604	131	47	1.944	651
7 /blog/36826-google-analytics/	1.521	548	332	143	1.853	691
8 /ressourcen/content-strategie/	1.714	185	0	0	1.714	185
9 /ressourcen/seo-ratgeber/suchmaschinen-in-russland/	983	93	630	59	1.613	152
10 /blog/30734-google-tag-manager-konto-einrichten/	1.326	488	0	0	1.326	488

Abbildung 7.31 Dimensionen in Zeilen und Spalten als Pivot-Tabelle

Die Zahl der Spaltengruppen und die Startgruppe lassen sich einstellen. Nehmen Sie allerdings sehr viele Spalten in die Darstellung auf, wird die Tabelle schnell unübersichtlich.

Das Filtern der Daten

Als letzten Abschnitt der Seitenleiste finden Sie die FILTER. In diesem Feld legen Sie zunächst eine Dimension oder einen Messwert ab, worauf sich eine Eingabemaske mit weiteren Optionen öffnet. Bei einer Dimension wählen Sie zunächst die Art des Vergleichs aus. Zur Verfügung stehen:

▶ stimmt genau überein

▶ enthält

▶ beginnt mit

▶ endet mit

▶ stimmt mit dem Regex überein

▶ stimmt nicht genau überein

▶ enthält nicht

▶ beginnt nicht mit

▶ endet nicht mit

▶ stimmt nicht mit dem regulären Ausdruck überein

Damit haben Sie deutlich mehr Optionen als in der Suche der normalen Berichte. (GA4 bietet dort nur noch eine Suche nach *enthält* an und damit deutlich weniger Optionen als noch in Universal Analytics.) Wählen Sie eine für Ihre Zwecke passende Vergleichsform.

Wenn Sie häufiger Dimensionen filtern müssen, sollten Sie sich mit regulären Ausdrücken vertraut machen. Mit diesen lassen sich alle anderen Vergleichsformen und darüber hinaus explizite Suchanfragen abbilden. Mehr dazu lesen Sie weiter unten im Kasten »Komplexe Suchmuster mit regulären Ausdrücken beschreiben«.

Nun müssen Sie den Ausdruck eingeben, also Analytics mitteilen, wonach Sie suchen. Noch bevor Sie zu tippen beginnen, schlägt GA4 Ihnen bereits Einträge vor, aus denen Sie auswählen können (siehe Abbildung 7.32). Möchten Sie genau auf einen Eintrag filtern (z. B. auf DESKTOP), klicken Sie mit der Maus. Alternativ können Sie einen Text frei eingeben, was sinnvoll und in Kombination mit dem *enthält*-Filter oder einem regulären Ausdruck meistens erforderlich ist.

Abbildung 7.32 Analytics schlägt Ihnen Einträge zum Filtern vor.

Haben Sie alles fertig eingegeben, bestätigen Sie mit ÜBERNEHMEN, wodurch der Filter auf die Daten angewendet wird. Möchten Sie den Filter bearbeiten, klicken Sie einfach noch mal auf den Eintrag und die Eingabefelder erscheinen erneut.

Filter per Mausklick auf einzelne Datenpunkte legen

In der Datentabelle und den anderen Diagrammformen gibt es noch weitere Möglichkeiten, einfache Filter schnell auf die Daten anzuwenden. Klicken Sie in der Datentabelle mit der rechten Maustaste auf eine Zeile, die Sie als Filter zum Ein- oder Ausschließen verwenden möchten. Dann erscheint ein Menü mit den Einträgen NUR AUSWAHL EINSCHLIESSEN und AUSWAHL AUSSCHLIESSEN (siehe Abbildung 7.33).

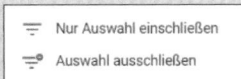

Abbildung 7.33 Erstellen Sie einen Filter über das Kontextmenü.

Ein Klick auf einen der beiden Einträge erzeugt einen Filter mit dem Wert der Dimension als Filtertext und dem Operator *stimmt genau überein* oder *stimmt nicht genau überein*. Dieses Kontextmenü funktioniert auch auf Balken oder Segmenten in den Diagrammdarstellungen.

Ziehen Sie einen *Messwert* auf Filter, unterscheiden sich die Vergleichsmöglichkeiten. Sie nehmen nun einen Abgleich von Zahlenwerten vor, im Gegensatz zum Textvergleich bei Dimensionen. Zur Verfügung stehen:

=	ist gleich
>	größer als
<	kleiner als
!=	ist nicht gleich
<=	kleiner oder gleich
>=	größer oder gleich

Sie können also Filter vornehmen wie: *alle Seiten, die mehr als 100 Aufrufe haben* oder *Nutzer, die mehr als 3 Produkte in der Bestellung gekauft haben*. Wie bereits weiter oben gesagt wurde, können Sie damit auf Dimensionen und Messwerte filtern, die Sie in der Tabelle oder einer sonstigen Visualisierung nicht darstellen.

Beachten Sie, dass Sie in einer Datenanalyse keinen zusätzlichen Hinweis mehr in der Tabelle erhalten, dass Sie gefilterte Daten betrachten. Sie erkennen es nur an dem Eintrag in der Seitenleiste unter FILTER.

Komplexe Suchmuster mit regulären Ausdrücken beschreiben

Mit regulären Ausdrücken können Sie komplexe Zeichenketten für Suchen oder Filter definieren. Im Gegensatz zu einfachen Suchanfragen nach dem Muster »finde alles, was <<*BEGRIFF*>> enthält« können Sie in einem regulären Ausdruck mit Platzhaltern, Zeichenlisten und Gruppen arbeiten. Tabelle 7.6 erläutert die Verwendung der gängigen Sonderzeichen.

Zeichen	Beschreibung
.	Platzhalter für ein beliebiges Zeichen. b.ng findet *bing*, *bang* oder *bong*.
*	Das voranstehende Zeichen, beliebig oft wiederholt. Das Zeichen kann aber auch komplett fehlen. Es kann mit dem allgemeinen Platzhalter kombiniert werden. go*gle findet *gogle*, *google*, *gooogle* usw. Google .* Buch findet *Google Analytics Buch*, *Google Ads Buch* und *Google Tag Manager Buch*.
+	Das voranstehende Zeichen, beliebig oft wiederholt. Das Zeichen muss mindestens einmal vorkommen. Es kann mit dem allgemeinen Platzhalter kombiniert werden. go+gle findet *google*, *gooogle* usw.
?	Das voranstehende Zeichen kann, muss aber nicht vorkommen. ga4? findet ga und *ga4*.
|	Zwei Zeichen können alternativ vorkommen. Entspricht einer Verknüpfung mit »oder«. universal|ga4 findet *universal* und *ga4*, aber nicht *analytics*.
^	Folgende Zeichen müssen am Anfang der Zeichenkette stehen. ^analytics passt auf *analytics*, aber nicht auf *webanalytics*.
$	Vorausgehende Zeichen müssen am Ende der Zeichenkette stehen. 284$ findet *143284*, ignoriert aber *19228493*.
( )	Mehrere Zeichenketten gruppieren, z. B. für eine Oder-Verknüpfung. Google (Ads|Analytics) passt auf *Google Ads* und auf *Google Analytics*, aber nicht auf *Google Data Studio*.
[ ]	Liste von Zeichen, die an dieser Stelle in der Zeichenkette stehen können. Kann mit *, + und ? verwendet werden. b[io]ng findet *bing* und *bong*, aber nicht *bang*.
-	Innerhalb von Listen zeigt das Minus einen Bereich von zusammenhängenden Zeichen an. [1-6] findet *1*, *2*, *3*, *4*, *5* und *6*, aber nicht *7*, *8* oder *9*.

Tabelle 7.6 Sonderzeichen für die Definition von regulären Ausdrücken

Zeichen	Beschreibung
^	Innerhalb einer Liste wird das folgende Zeichen als negativ gewertet, d. h., es darf nicht an dieser Stelle stehen. b[^a]ng findet *bing* und *bong*, aber nicht *bang*.
\	Hebt für alle Sonderzeichen dieser Liste die Funktion auf. Dadurch wird der Eintrag zu einem gewöhnlichen Zeichen. 19\.37 findet *19.37*, aber nicht *19837* oder *19h37*.

Tabelle 7.6 Sonderzeichen für die Definition von regulären Ausdrücken (Forts.)

Daten anders visualisieren

Bisher wird Ihr Bericht der Sorte FREIES FORMAT als Tabelle dargestellt. Die Auflistung von Daten als Text ist aber nicht immer die optimale Form. Grafiken lassen Vergleiche manchmal einfacher zu oder stellen Zusammenhänge schneller dar. Dazu bietet Ihnen die Datenanalyse insgesamt 5 weitere Diagramme an. Die Visualisierungen sind Ihnen alle schon in den Standardberichten begegnet.

Das Ringdiagramm

Ein Ringdiagramm eignet sich gut zur Darstellung von wenigen unterschiedlichen Werten einer Dimension. Es kann nur eine Dimension und einen Wert verarbeiten.

Das Liniendiagramm

Das Liniendiagramm wird für die Aufschlüsselung von Werten im zeitlichen Vergleich genutzt. Wie das Ringdiagramm kann es nur eine Dimension und einen Messwert aufnehmen. Es bietet aber zwei Besonderheiten:

▶ Mit der Option DETAILLIERUNGSGRAD wählen Sie, ob die Daten pro *Stunde, Tag, Woche* oder *Monat* unterteilt dargestellt werden. Für die ersten 10 Zeilen der Dimension wird jeweils eine Linie im Diagramm dargestellt.

▶ Aktivieren Sie die ANOMALIEERKENNUNG, markiert GA4 Auffälligkeiten in den Berichtsdaten (siehe Abbildung 7.34). Dazu errechnet Analytics für die Messwerte einen erwarteten Wert und vergleicht diesen mit dem tatsächlich erfassten.

Mit zwei Schiebereglern lassen sich der TRAININGSZEITRAUM (Welchen Zeitraum soll GA4 zum Vergleich heranziehen?) und die SENSITIVITÄT (Ab welcher Abweichung soll markiert werden?) einstellen. Auffälligkeiten werden als Punkt im Diagramm angezeigt. Fahren Sie mit der Maus auf diesen Punkt, erscheint ein Fenster mit zusätzlichen Informationen.

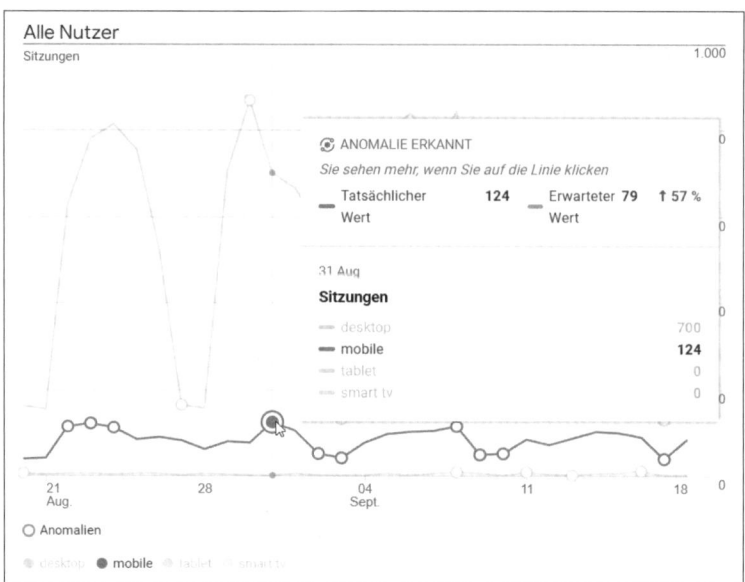

Abbildung 7.34 Die Anomalieerkennung ist in Liniendiagrammen möglich.

Dimensionen oder Werte bei Visualisierungen ändern

Tauschen Sie die Dimension oder den Messwert in einer Diagrammvisualisierung aus, kann sich das Diagramm schon einmal »verschlucken«. Dann passen die Achsen und Größenverhältnisse nicht mehr zu den Daten wie in Abbildung 7.35.

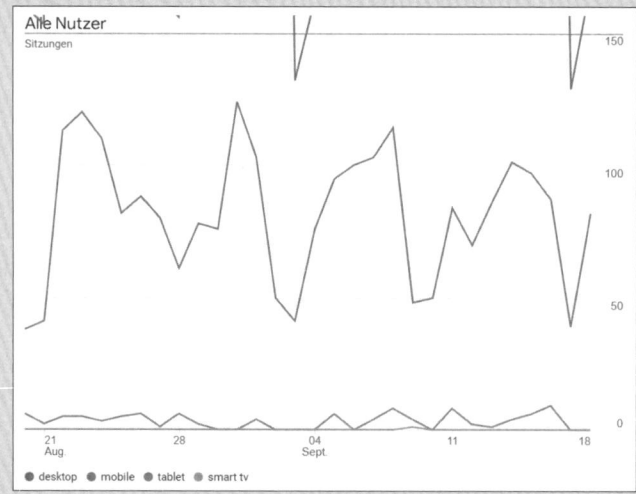

Abbildung 7.35 Die Grafik kommt beim Wechsel schon mal durcheinander.

In so einem Fall hilft es, wenn Sie die Visualisierung einmal auf TABELLE zurückstellen und dann wieder zum Diagramm springen.

Das Streudiagramm

Diese Visualisierung ist Ihnen auch bereits in den Standardberichten begegnet (siehe Abbildung 7.36). In der Datenanalyse können Sie nun frei festlegen, welche Dimension und welche Messwerte auf die X- und die Y-Achse gelegt werden sollen.

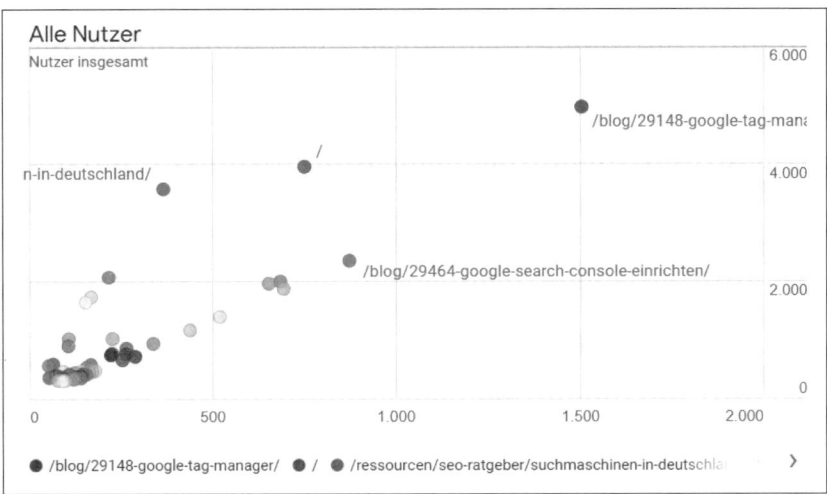

Abbildung 7.36 Ein Streudiagramm erlaubt 2 Dimensionen pro Eintrag.

Das Balkendiagramm

Das Balkendiagramm stellt die Werte als Balken dar. Im Tabellenformat haben Sie ebenfalls die Option zur Darstellung der Werte als Balken, aber ohne die Einschränkung auf eine Dimension und einen Messwert. Einen offensichtlichen Mehrwert bietet diese Darstellung daher nicht.

Die Landkarte

Mit dieser Visualisierung können Sie die Werte des Messwerts auf einer Landkarte darstellen lassen (siehe Abbildung 7.37). Sie können die Daten nach *Stadt*, *Region*, *Land*, *Subkontinent* und *Kontinent* gruppieren lassen. Als Ausschnitt der Karte lässt sich die ganze Welt oder eine bestimmte Region wählen.

Sobald Sie die Visualisierung LANDKARTE auswählen, werden Ihrer Liste automatisch neue Dimensionen hinzugefügt für STADT, REGION, LAND, SUBKONTINENT und KONTINENT. Diese Daten werden für die Darstellung der Karte benötigt und sind daher zwingend erforderlich. Schalten Sie in der Folge wieder auf eine andere Visualisierung zurück, bleiben die geografischen Dimensionen auf der Liste stehen.

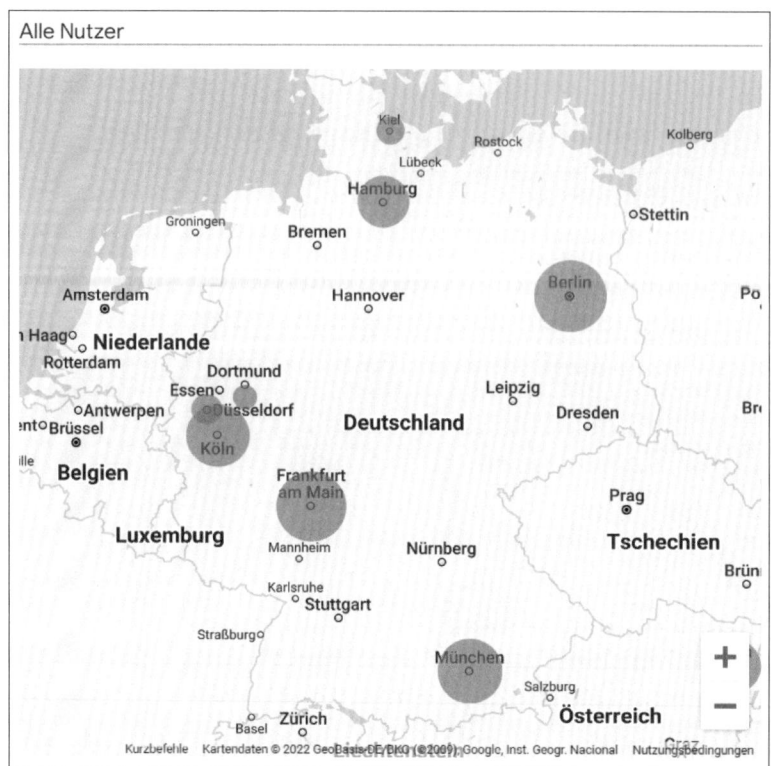

Abbildung 7.37 Nutzerzugriffe werden auf einer Landkarte dargestellt.

Reiter in einer Datenanalyse

Oberhalb des Berichts finden Sie einige Steuerelemente. Zunächst einmal sehen Sie einen Reiter mit einem Plus-Zeichen direkt daneben. Mit diesem können Sie weitere Reiter zum Bericht hinzufügen. Jeder Reiter entspricht dabei einer eigenen Berichtskonfiguration (siehe Abbildung 7.38). Den Namen eines Reiters ändern Sie, indem Sie einfach auf den Namen klicken.

Abbildung 7.38 Verschiedene Darstellungen, auf Reiter verteilt

Sie können in jedem Reiter ein anderes Format, eine andere Visualisierung und eine andere Einstellung wählen sowie verschiedene Dimensionen und Messwerte betrachten und filtern. So lassen sich z. B. dieselben Daten als Diagramm und als Tabelle betrachten. Dazu ist es praktisch, dass Sie bestehende Reiter kopieren können, um dann die Einstellungen anzupassen. Was für alle Reiter im Bericht gleich bleibt, sind die importierten Dimensionen, Messwerte, Segmente und der Zeitraum.

Weitere Steuerelemente

Auf der linken Seite der Menüleiste befinden sich noch weitere Icons (siehe Abbildung 7.39). Wenn Sie kurz mit der Maus auf ihnen verweilen, verraten sie ihre Bedeutung. Die ersten Icons, Rückgäng machen und Wiederholen, funktionieren so, wie Sie es wahrscheinlich aus einer Office-Anwendung wie Word oder Excel kennen: Die letzte Änderung wird zurückgenommen oder die zurückgenommene Anpassung wird wiederholt.

Abbildung 7.39 Symbolleiste mit weiteren Funktionen

Beim Umschalten zwischen den verschiedenen Visualisierungen ist Ihnen vielleicht noch ein anderer Unterschied zu den Berichten der Mediathek aufgefallen: Es gibt keinen Speichern-Button in der Oberfläche zur Datenanalyse. Alle Änderungen, die Sie vornehmen, werden sofort gesichert, sodass der Eintrag im Menü immer Ihrer letzten Konfiguration entspricht. Die Datenanalysen sind dafür gedacht, mit den Dimensionen und Messwerten zu arbeiten, diese herunterzubrechen, zu filtern oder neu zu sortieren, um in diesem Prozess Erkenntnisse über Ihre Nutzer zu gewinnen. Nicht alle Schritte, die man dabei vornimmt, führen am Ende zu einem Mehrwert. Mit den beiden Buttons lassen sich solche eingeschlagenen Wege zurückgehen.

Haben Sie in einem Bericht einmal eine aussagekräftige Tabelle oder ein Diagramm gefunden, das Sie in dieser Form behalten wollen, möchten Sie aber mit den Daten noch weiterarbeiten, duplizieren Sie den Reiter.

Daten exportieren und freigeben

Daneben folgt das Icon Daten exportieren. Die Daten einer Tabelle (oder die Daten, die einem Diagramm zugrunde liegen) lassen sich in verschiedenen Formaten exportieren:

▶ Sie können Werte direkt als Google-Tabellen-Datei ausspielen und mit *Google Sheets* weiterbearbeiten. Diesen Export können Sie in den Standardberichten nicht durchführen, sodass es sinnvoll sein kann, sich einen Bericht als Datenanalyse nachzubauen, um ihn in Google Sheets nutzen zu können.

▶ Mit den Formaten CSV und TSV können Sie Daten in einer strukturierten Textdatei herunterladen, die sich leicht z. B. mit Excel weiterverarbeiten lässt.

▶ Der Export als PDF ist mehr oder weniger ein Ausdruck des Bildschirms als PDF-Datei. Sie können einen Tab oder alle Tabs ausspielen. Das kann praktisch sein, um eine Analyse zu kommentieren und an Kollegen oder Kunden weiterzugeben, die selbst keinen Zugriff auf die GA4-Berichte haben.

Eine Alternative zum Export ist die Freigabe der Datenanalyse für andere Nutzer. So können Kollegen selbst in der GA4-Oberfläche nachvollziehen, welche Einstellungen und Filter Sie verwendet haben. Mit einem Klick auf das letzte Icon in der Reihe initiieren Sie genau das: Nach einer Bestätigungsfrage wird die Analyse für alle Nutzer im Lesemodus auf die Property freigeschaltet und erscheint auch in deren Berichtsliste unter Expl. Datenanalyse.

Geteilte Analysen erkennen Sie in der Berichtsliste an dem veränderten Icon in der Spalte Typ 👥 und dem geänderten Icon in der Datenanalyse selbst 👤 .

Eine Datenanalyse kann immer nur von dem Anwender bearbeitet werden, der sie erstellt hat. Für Sie freigegebene Analysen können Sie einsehen, aber nicht verändern. In Analysen mit Lesezugriff können Sie mit einem Icon in der oberen Reihe eine Kopie erstellen. Sie kopieren damit die Analyse in Ihr Konto und können dort die Einstellungen nach Belieben verändern.

7.2.2   Daten aufschlüsseln mit Segmenten

Eine besondere Form der *Segmente* ist Ihnen bereits in Kapitel 4 zu Kampagnen begegnet, und zwar in Form der *Zielgruppen*. Beide sind Beschreibungen einer Gruppe von Nutzern anhand bestimmter Kriterien oder Aktionen.

Segmente in GA4 und Universal Analytics

In Universal Analytics gab es bereits *Segmente* mit ähnlichen Eigenschaften wie in GA4 (siehe Abbildung 7.40). Diese konnten Sie in Zielgruppen umwandeln und so in Google Ads nutzen. Die Segmente konnten überall in der Universal-Datenansicht eingerichtet und auf die meisten Reports angewendet werden.

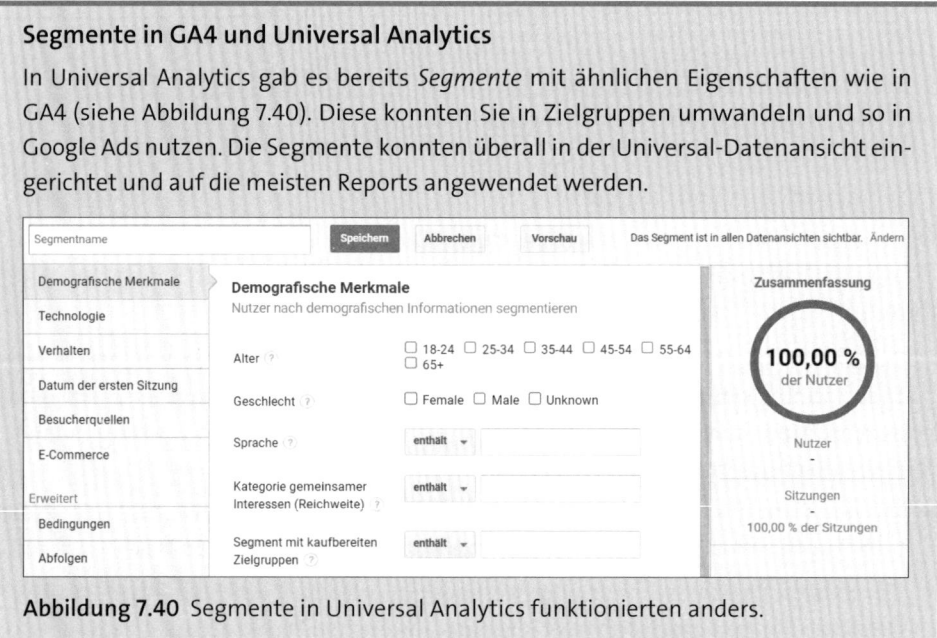

Abbildung 7.40 Segmente in Universal Analytics funktionierten anders.

In GA4 bleibt der Begriff *Segment* zwar erhalten, der Anwendungsbereich ist aber anders: Segmente gibt es nur noch als Bestandteil einer Datenanalyse. Ein Segment gilt also immer nur für die Datenanalyse, in der es erstellt wurde. Sie können Segmente nicht zwischen Analysen kopieren oder teilen.

Zielgruppen wiederum lassen sich nun innerhalb eines Vergleichs auf die Berichte in GA4 anwenden, müssen aber vorher konfiguriert werden.

Beim Erstellen eines Segments erscheint ein Fenster, das Sie an die Einrichtung einer Zielgruppe erinnern wird (siehe Abbildung 7.41).

Benutzerdefinierte Segmente erstellen
Segmenttyp auswählen, der erstellt werden soll

👤 **Nutzersegment**
Dabei handelt es sich zum Beispiel um Nutzer, die bereits ein Produkt gekauft haben.

◉ **Sitzungssegment**
Dabei kann es sich zum Beispiel um alle Kampagnen handeln, die aus Kampagne A stammen.

◎ **Ereignissegment**
Dabei kann es sich zum Beispiel um alle Ereignisse handeln, die an einem bestimmten Ort stattgefunden haben.

Abbildung 7.41 Legen Sie zuerst den Typ des Benutzersegments fest.

Sie können aus einer Reihe von Vorschlägen wählen oder ein neues Segment erstellen und dabei aus drei Typen wählen, die sich im jeweiligen *Scope* (also dem *Betrachtungsumfang*) unterscheiden. Tabelle 7.7 beschreibt die drei Segmenttypen.

Segmenttyp	Beschreibung
Nutzersegment	Sie betrachten die Eigenschaften und alle Aktionen, die für einen Nutzer gesammelt wurden. Die gefragten Eigenschaften können zu einem beliebigen Zeitpunkt in einer beliebigen Sitzung gesammelt werden. *Zielgruppen* sind eine spezielle Form der Nutzersegmente.
Sitzungssegment	Alle Eigenschaften, die speziell für Sitzungen gelten sowie Ereignisse innerhalb von Sitzungen. Für die Segmentierung von Kampagnen wichtig. Die Parameter, die Sie abfragen, müssen alle innerhalb derselben Sitzung vorkommen.
Ereignissegment	Betrachtet nur Ereignisse, auf die bestimmte Kriterien zutreffen. Alle Parameter müssen mit demselben Ereignis erfüllt sein.

Tabelle 7.7 Typen von Segmenten

Wie Sie ein Nutzersegment anlegen, haben Sie bereits bei der Beschreibung von Zielgruppen in Kapitel 4, »Kampagnen steuern«, gelesen. Der Aufbau des Konfigurationsfensters ist für alle drei Segmenttypen identisch – mit kleineren Abweichungen. So ist das Menü zum *Bedingungsumfang* (*Scope*) unterschiedlich (siehe Abbildung 7.42). Enthält ein Nutzersegment noch drei Einträge, sind es bei Sitzungen zwei und für Ereignisse ein einzelnes. Ansonsten werden alle Segmente gleich gebildet.

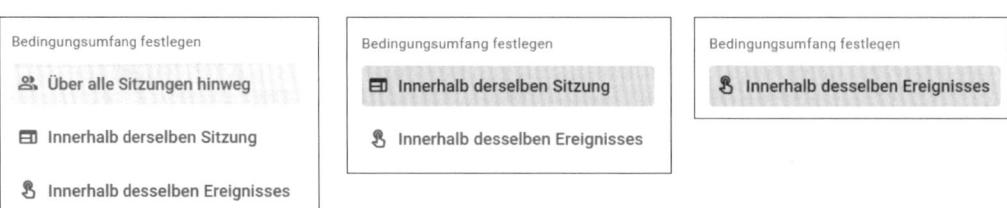

Abbildung 7.42 Je nach Segmenttyp ist der Bedingungsumfang anders.

Eine Zielgruppe aus einem Segment erstellen

Beim Anlegen eines Segments haben Sie die Option, gleich eine Zielgruppe mit anzulegen. Diese können Sie dann auf die normalen Berichte in der Property anwenden oder für Google Ads weiternutzen. Was Ihnen vielleicht merkwürdig vorkommt: Auch in Sitzungs- und Ereignissegmenten können Sie eine Zielgruppe erstellen – was aber im Menü ZIELGRUPPEN und KONFIGURIEREN nicht möglich war. Wie passt das zusammen?

Haben Sie die Eigenschaften angegeben und klicken Sie die Option ZIELGRUPPE ZUSAMMENSTELLEN in einem Sitzungs-/Ereignissegment an, nimmt GA4 diese Angabe zunächst an. Bewegen Sie die Maus nun noch mal auf die Filterdefinitionen, verändert sich die Kriterienzeile. Aus

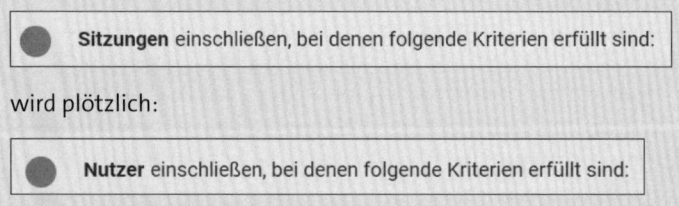

wird plötzlich:

> ● **Nutzer** einschließen, bei denen folgende Kriterien erfüllt sind:

Sobald Sie das Segment in eine Zielgruppe übernehmen wollen, wandelt GA4 Ihre Konfiguration in ein Nutzersegment um. Sie können also auch auf diesem Wege keine Zielgruppen für Sitzungen oder Ereignisse definieren. Zielgruppen sind immer Nutzergruppen.

Segmente anwenden

Die Segmente erscheinen zunächst auf einer Liste in der Seitenleiste. Von da aus können Sie diese in den Bericht ziehen, so wie Sie es für Dimensionen oder Messwerte kennengelernt haben. Wenden Sie ein einzelnes Segment auf einen Bericht an, so wird dieser gefiltert.

Segment	Blog Leser		Gesamt	
Sitzung − Quelle	Aufrufe	Ereignisanzahl	↓ Aufrufe	Ereignisanzahl
Gesamt	43.040 100 % der Gesamtsumme	68.938 100 % der Gesamtsumme	43.040 100 % der Gesamtsumme	68.938 100 % der Gesamtsumme
1 (not set)	24.892	32.157	24.892	32.157
2 google	15.382	30.719	15.382	30.719
3 (direct)	1.858	4.324	1.858	4.324

Abbildung 7.43 Daten für das Segment als separate Spalten

In Abbildung 7.43 sehen Sie die Daten, gefiltert nach dem Segment BLOG LESER in der ersten Spalte. In der zweiten Spalte werden die Gesamtzahlen ausgewiesen. Diese beziehen sich auf die Summe der Nutzer aus allen Segmenten − nicht auf Gesamtzahl der Website insgesamt. Das wird deutlicher, sobald Sie ein zweites Segment hinzufügen (siehe Abbildung 7.44). Da sich die Nutzergruppen der beiden Segmente überschneiden und Nutzer zu beiden Segmenten gehören können, ist die Gesamtzahl kleiner als die Addition der Einzelspalten.

Segment	Blog Leser		Zuletzt aktive Nutzer		Gesamt	
Sitzung − Quelle	Aufrufe	Ereignisanz...	Aufrufe	Ereignisanz...	↓ Aufrufe	Ereignisanzahl
Gesamt	43.040 74,14 % der Gesamtsumme	68.938 74,73 % der Gesamtsumme	38.292 65,96 % der Gesamtsumme	63.167 68,47 % der Gesamtsumme	58.056 100 % der Gesamtsumme	92.252 100 % der Gesamtsumme
1 (not set)	24.892	32.157	18.104	25.091	29.614	38.482
2 google	15.382	30.719	16.027	29.790	23.388	43.554
3 (direct)	1.858	4.324	2.601	5.331	3.148	6.619

Abbildung 7.44 Zwei Segmente werden durch Spalten und Farben unterschieden.

Sie können in allen Datenanalysen Segmente auswählen. Die Anzahl der Segmente, die Sie anwenden können, unterscheidet sich von Bericht zu Bericht. In einem FREIEN FORMAT lassen sich bis zu vier Segmente auflegen, in einer TRICHTERANALYSE dagegen nur ein einzelnes. Die SEGMENTÜBERSCHNEIDUNG benötigt mindestens zwei Segmente, damit sie Daten liefert, und erlaubt maximal drei. Die KOHORTENANALYSE stellt mit aufgelegten Segmenten zwei Kohorten untereinander dar (siehe Abbildung 7.45).

	WOCHE 0	WOCHE 1	WOCHE 2
Blog Leser Aktive Nutzer	2.391	23	2
6. Sept. bis 10. Sept. … 868 Nutzer	868	17	2
11. Sept. bis 17. Sep… 1.084 Nutzer	1.084	6	
18. Sept. bis 20. Sep… 439 Nutzer	439		
Zuletzt aktive Nutzer Aktive Nutzer	972	27	2
6. Sept. bis 10. Sept. … 347 Nutzer	347	19	2
11. Sept. bis 17. Sep… 426 Nutzer	426	8	
18. Sept. bis 20. Sep… 199 Nutzer	199		

Abbildung 7.45 Kohortenanalyse mit angewendeten Segmenten

Segmente aus Analysen heraus erstellen

Eine einfache Methode, um ein Segment für bestimmte Nutzer zu erstellen, ist das Kontextmenü der Berichte. Klicken Sie mit der rechten Maustaste auf eine Zelle einer Tabelle oder ein Element eines Diagramms, erscheint ein Menü, das (unter anderem) den Eintrag SEGMENT AUS AUSWAHL ERSTELLEN enthält (siehe Abbildung 7.46).

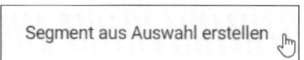

Abbildung 7.46 Ein Segment aus dem Kontextmenü heraus erstellen

Klicken Sie diesen Eintrag an, gelangen Sie zum Segment-Einrichtungsfenster, in dem bereits Eigenschaften und Parameter für die gewählte Gruppe ausgefüllt sind. Sie können dieses Segment direkt speichern, vorher noch weiter anpassen oder die Einstellungen für eigene Segmente notieren.

7.2.3   Weitere Analyseformate

Bisher haben Sie in der Datenanalyse im *Freien Format* gearbeitet. In diesem werden die Daten entweder als Tabelle oder als (vergleichsweise) einfache Diagramme ausgegeben. Gleichzeitig bietet dieses Format die größte Flexibilität in der Zusammenstellung von Dimensionen und Messwerten.

Analytics bietet darüber hinaus spezialisierte Formate an, die bestimmte Fragestellungen zu den Aktivitäten Ihrer Nutzer aufbereiten und besser darstellen.

Explorative Kohortenanalyse

Die *Explorative Kohortenanalyse* zeigt Ihnen, ob und wann Nutzer nach einem bestimmten Ereignis zu Ihrer Website zurückgekehrt sind. Der Begriff *Kohorte* bezeichnet dabei eine Gruppe von Nutzern, die in einem festen Zeitraum auf Ihrem Angebot waren.

	WOCHE 0	WOCHE 1	WOCHE 2	WOCHE 3	WOCHE 4
Alle Nutzer Aktive Nutzer	160.819	6.045	2.443	1.062	70
29. Aug. bis 3. Sept. ... 34.548 Nutzer	34.533	1.811	1.050	987	70
4. Sept. bis 10. Sept. ... 40.466 Nutzer	40.428	2.001	1.299	75	
11. Sept. bis 17. Sep... 38.198 Nutzer	38.129	1.963	94		
18. Sept. bis 24. Sep... 43.741 Nutzer	43.712	269			
25. Sept. bis 25. Sep... 3.685 Nutzer	3.682				

Abbildung 7.47 Die Kohortenanalyse vergleicht Gruppen nach der Zeit.

Sie legen für die Nutzer fest, welches Ereignis als Kriterium zur Aufnahme in eine Kohorte gilt, und können außerdem definieren, welches Ereignis bei einer Rückkehr zur erneuten Zählung gilt. In Abbildung 7.47 sehen Sie eine Kohortenanalyse für die letzten 28 Tage. Sie berücksichtigt alle Aktionen von Nutzern auf Ihrem Angebot und unterteilt diese in eine wöchentliche Betrachtung:

▶ In der ersten Woche (29. Aug. bis 3. Sept.) kamen 34.533 Nutzer auf Ihr Angebot.

▶ Eine Woche später (4. Sept. bis 10. Sept.) kamen von dieser ersten Gruppe 1811 Nutzer erneut auf Ihr Angebot. Gleichzeitig waren 40.428 neue Nutzer auf Ihrer Website.

▶ Zwei Wochen danach (11. Sept. bis 17. Sept.) waren es noch 1050 Nutzer von der ersten Gruppe, 2001 von der zweiten und 38.129 neue Nutzer.

Die Kohortenanalyse zeigt Ihnen also für Nutzer, die in einem bestimmten Zeitraum auf dem Angebot waren, wie diese weiter agiert haben. Das ist z. B. interessant, wenn Sie Nutzer über eine zeitlich begrenzte Kampagne, ein besonderes Angebot oder eine Push-Nachricht gewonnen haben.

Die Grundlage für die Kohortenzuordnung ist in der Voreinstellung das erste gemessene Ereignis eines Nutzers. Alternativ können Sie als Kriterium für den Erstkontakt aus allen gemessenen Ereignissen wählen. Nehmen Sie etwa add_to_wishlist, um Nutzer erst zu betrachten, wenn diese ein Produkt auf ihren Merkzettel gesetzt haben. Dieses Ereignis stellen Sie unter IN DER KOHORTENANALYSE BERÜCKSICHTIGT ein. Für Rückkehrer gilt ebenfalls zunächst jedes beliebige gemessene Ereignis, aber auch hier können Sie spezifischere RÜCKKEHRKRITERIEN auswählen.

Bei der zeitlichen Aufschlüsselung kann für den DETAILLIERUNGSGRAD DER KOHORTENANALYSE neben der wöchentlichen auch eine tägliche oder monatliche Betrachtung gewählt werden.

Die Ausgabe der Nutzerzahlen lässt sich mit der Berechnung und dem Messwerttyp anpassen. Welche Darstellung Sie bevorzugen – einzeln oder kummuliert – ist letztlich Geschmackssache, die Aussage der Daten ändert sich dadurch nicht.

Explorative Trichteranalyse

Ein *Trichter* beschreibt in Google Analytics die Abfolge mehrerer Schritte, die Nutzer auf Ihrem Angebot durchlaufen. Das können bestimmte Ereignisse oder Seiten sein, die nacheinander von Nutzern aufgerufen werden (siehe Abbildung 7.48). Die Schritte können aber auch durch andere Eigenschaften bestimmt werden, etwa durch die Quelle oder die Produkte.

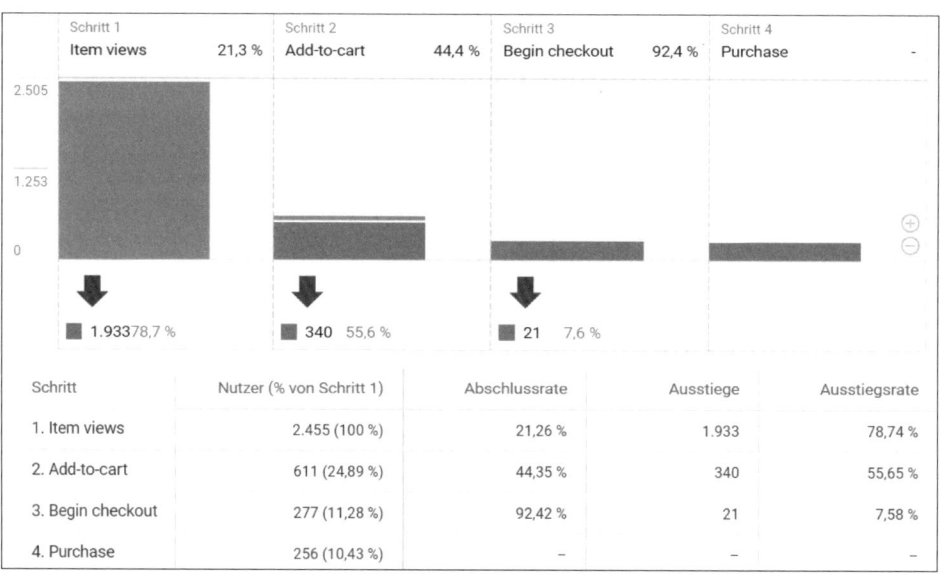

Abbildung 7.48 Der Trichter verläuft von links nach rechts.

Die Schritte definieren Sie in der gleichen Art wie eine Abfolge in einem Segment. Für jeden Schritt vergeben Sie einen Namen und definieren, welche Dimension und Parameter geprüft werden sollen (siehe Abbildung 7.49). Das Verhältnis der Schritte zueinander lässt sich mit zwei Optionen genauer definieren. Sie können:

▶ direkt oder indirekt aufeinander folgen

▶ innerhalb eines Zeitraums von *x* Minuten erfolgen

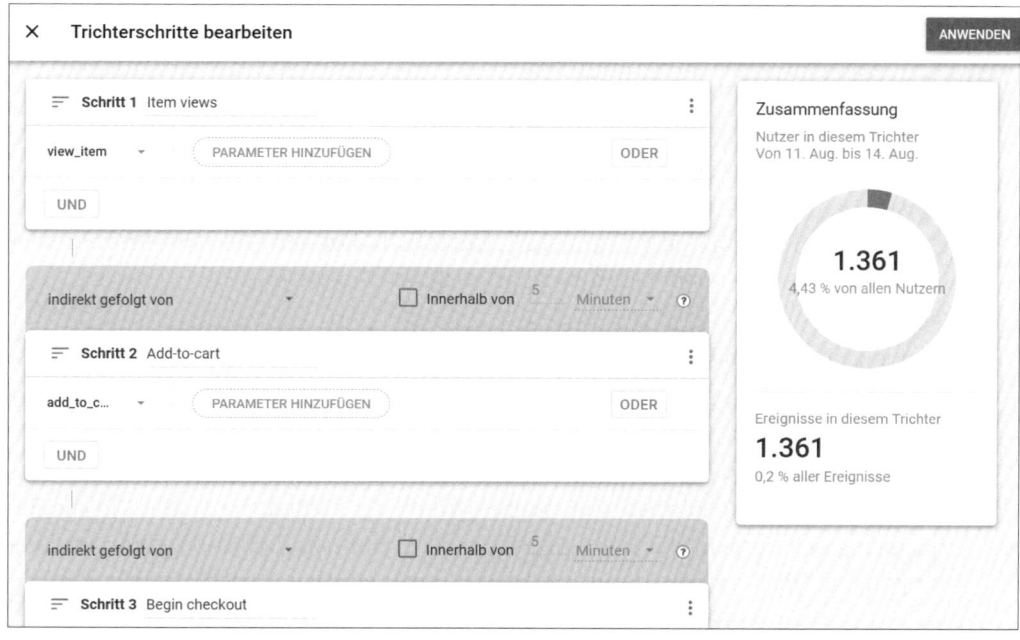

Abbildung 7.49 Definieren Sie Ereignisse als Schritte des Trichters

Die *Explorative Trichteranalyse* stellt den Ablauf dieser Schritte von links nach rechts dar. An jedem Schritt können Nutzer den Trichter verlassen, was als AUSSTIEGE angezeigt wird. Ob ein Einstieg in den Trichter an jeder Stelle möglich ist oder nur beim ersten Schritt, können Sie mit der Option OFFENEN TRICHTER VERWENDEN einstellen.

Unterhalb des Trichters werden die Daten zusätzlich als Tabelle dargestellt. Indem Sie eine Dimension unter AUFSCHLÜSSELUNG ablegen, können Sie diese Tabelle nach einer weiteren Dimension herunterbrechen.

Aktive Nutzer	11. Aug. bis 14. Aug. 2022
— Neuzugänge im Trichterschritt	2.455
Die fünf häufigsten nächsten Aktionen	
— page_view	1.426
— (no next action)	322
— scroll	313
— session_start	145
— add_to_cart	100

Abbildung 7.50 Das nächste Ereignis nach dem aktuellen Schritt

Im Feld NÄCHSTE AKTION legen Sie Ereignisnamen oder eine Seitendimension wie SEITENTITEL oder SEITENPFAD ab. Dadurch wird Ihnen, wenn Sie mit der Maus über den Schritt fahren, gezeigt, wohin die aussteigenden Nutzer den Trichter verlassen haben (siehe Abbildung 7.50). Wie bei meisten Analyseformaten können Sie FILTER und SEGMENTE auf die Daten anwenden.

Bereits in Universal Analytics waren Trichter für Zielvorhaben und E-Commerce-Abläufe möglich. Diese wurden in der Zieldefinition bzw. der E-Commerce-Verwaltung eingerichtet. In GA4 sind Sie in der Definition deutlich flexibler und nicht an vorgegebene Abläufe gebunden. So kann Ihr Trichter nicht nur den Checkout-Prozess, sondern mehrere voneinander unabhängige Ereignisse umfassen.

Segmentüberschneidung

Bei der *Segmentüberschneidung* findet Analytics Schnittmengen zwischen zwei oder mehr Segmenten. Dazu definieren Sie zunächst die Segmente und legen sie dann im Bericht entsprechend ab. Als Wert sind AKTIVE NUTZER gesetzt und können nicht entfernt werden, Sie können aber weitere Werte als zusätzliche Spalten in die Betrachtung aufnehmen, wie Sie in Abbildung 7.51 sehen. Zusätzliche Spaltengruppierungen und Filter können Sie wie im *Freien Format* auf Datentabellen anwenden.

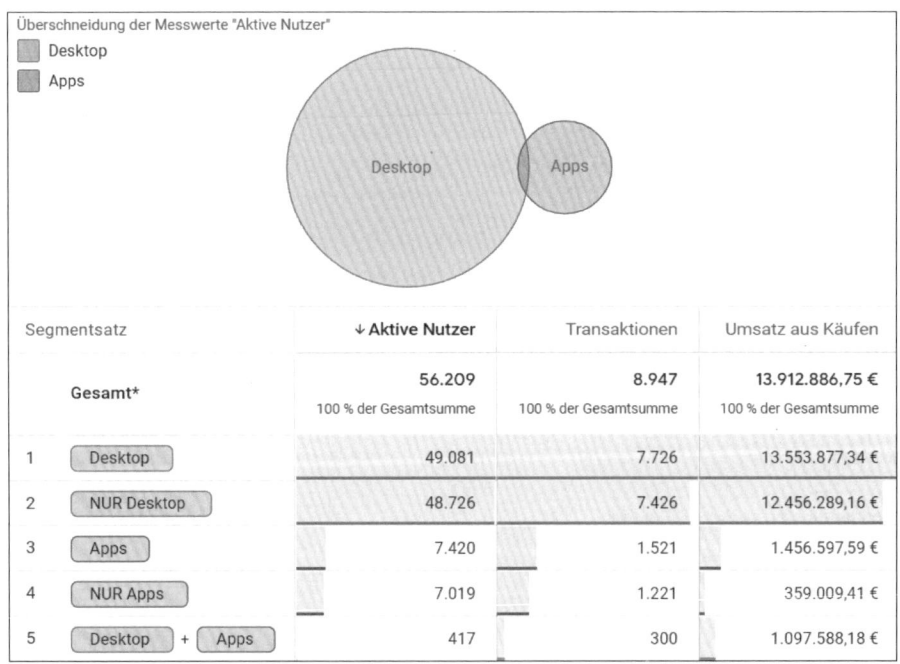

Abbildung 7.51 Segmentüberschneidungen von Desktop- und App-Nutzern

Im Beispieldiagramm aus Abbildung 7.51 werden Desktop- und App-Nutzer betrachtet. Das funktioniert in dieser Property, da anhand der verwendeten User-ID dieselben Nutzer auf unterschiedlichen Geräten erkannt werden können.

Explorative Pfadanalyse

Die *Explorative Pfadanalyse* zeigt, wie sich Nutzer nach einem bestimmten Start-
ereignis durch Ihr Angebot bewegen. Der Ausgangspunkt des Weges kann ein Ereignis, ein Seitentitel oder ein Bildschirm in einer App sein.

Beim Anlegen einer Pfadanalyse wird zunächst der Ereignisname als Dimension für
die einzelnen Schritte des Pfades von GA4 genommen. Sie können diese Darstellung
für die Schritte im Menü ändern. Möchten Sie kein Ereignis als Ausgangspunkt wählen, sondern eine bestimmte Seite, so können Sie die Analyse neu starten, indem Sie
auf den Link oben rechts neben den Steuerelemente-Icons klicken.

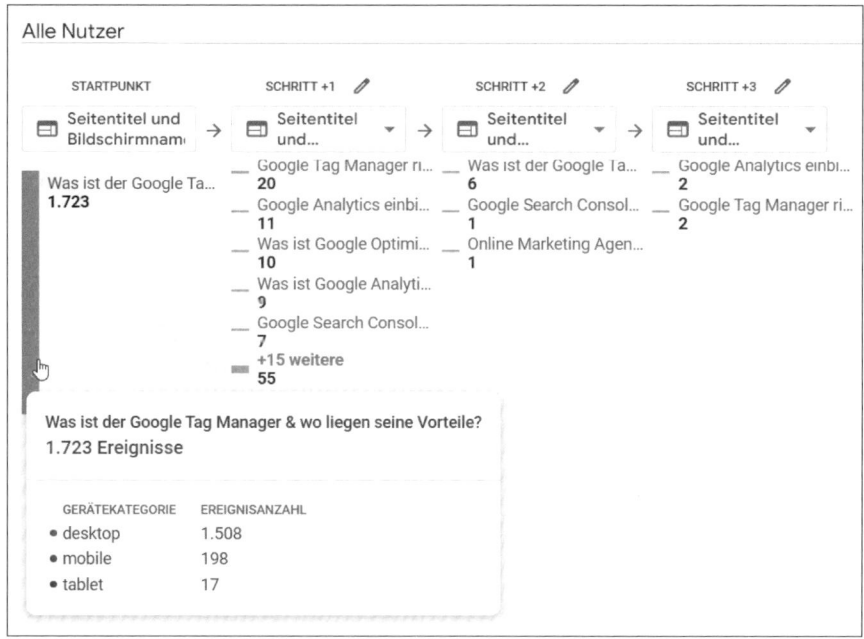

Abbildung 7.52 Wie bewegen sich Nutzer durch das Angebot?

Auf SEITENTITEL konfiguriert, zeigt die Pfadanalyse, wie sich Nutzer von einer Seite
(in diesem Fall waren es Blog-Artikel) zur nächsten geklickt haben (Abbildung 7.52).
Mit dem BEARBEITEN-Icon neben SCHRITT +1, SCHRITT +2 usw. lässt sich einstellen,
welche Zeilen in diesem Schritt dargestellt werden und was unter dem Punkte WEITE-
RE zusammengefasst wird.

Als AUFSCHLÜSSELUNG wurde im Beispiel die Gerätekategorie verwendet. Beim Positionieren der Maus auf einem Knoten sehen Sie die einzelnen Werte der aufgeschlüs-
selten Dimension.

Die Pfadanalyse kann Ihnen helfen, bestimmte Wege in Ihrem Angebot zu entdecken
und zu prüfen, die Nutzer immer wieder nehmen. Leider ist die Analyseform nur für

die Knotentypen EREIGNISNAME sowie SEITENTITEL UND BILDSCHIRMNAME/KLASSE verfügbar. Andere Inhaltsdimensionen wie CONTENT-GRUPPEN lassen sich damit nicht betrachten.

Nutzer-Explorer

Im *Nutzer-Explorer* werden alle Nutzer einzeln aufgelistet, die im gewählten Zeitraum auf Ihrem Angebot waren. Jede Zeile entspricht einem Nutzer. Dazu können Sie mehrere Messwerte legen, wie SITZUNGEN, AUFRUFE oder EREIGNISANZAHL (siehe Abbildung 7.53). Die Auswahl der Nutzer können Sie mit Filtern und Segmenten eingrenzen und so z. B. nur Nutzer betrachten, die über Google zu Ihnen gekommen sind.

App-Instanz-ID	Stream-Name	↓ Sitzungen	Aufrufe	Ereignisanzahl
Gesamt		16.071 100 % der Gesamtsumme	51.963 100 % der Gesamtsumme	78.517 100 % der Gesamtsumme
1 162015124...	luna-park.de	21	59	83
2 195786809...	luna-park.de	19	160	200
3 134032837...	luna-park.de	14	31	54
4 189802401...	luna-park.de	14	30	63
5 503772017...	luna-park.de	14	122	248
6 517547762...	luna-park.de	12	46	57
7 2499634.1...	luna-park.de	10	32	62
8 125040394...	luna-park.de	9	37	50
9 173315900...	luna-park.de	9	35	67
10 496032127...	luna-park.de	9	22	35

Abbildung 7.53 Liste einzelner Nutzer

Den Explorer für eine bestimmte Nutzergruppe können Sie auch aus vielen Berichten heraus aufrufen. Klicken Sie dazu mit der rechten Maustaste auf eine Zelle oder ein Element eines Diagramms. Im erscheinenden Kontextmenü klicken Sie auf NUTZER ANZEIGEN. Dadurch erstellt GA4 ein Segment mit diesen Parametern und legt es in Ihrer Liste ab. Anschließend wird es in einem der Nutzer-Explorer geöffnet, in dem automatisch das neu erstellte Segment angewendet wird.

Ein Klick auf einen Eintrag im Nutzer-Explorer öffnet einen neuen Reiter und führt Sie zur Übersicht der NUTZERAKTIVITÄTEN. In dieser Ansicht werden für den ausgewählten Nutzer alle gemessenen Aktivitäten auf Ihrem Angebot ausgewiesen (siehe Abbildung 7.54). Dazu zählen alle Ereignisse, die protokolliert wurden, aber auch etwa die Umsätze und Transaktionen für E-Commerce oder die Gesamtverweildauer auf dem Angebot.

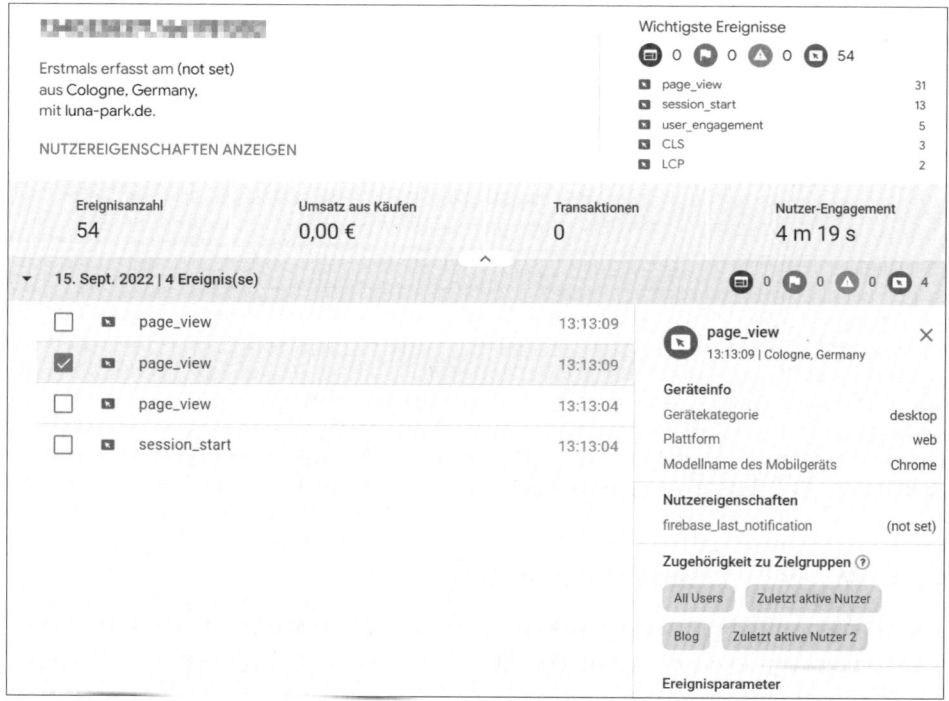

Abbildung 7.54 Ereignisse eines Nutzers in der Aktivitätsübersicht

Mit der AKTIVITÄTSÜBERSICHT können Sie die einzelnen Schritte eines Nutzers auf Ihrem Angebot nachverfolgen. Auch für kleinere Gruppen kann diese Betrachtung noch Erkenntnisse bringen. Ab einer gewissen Gruppengröße können aber andere Berichtsformate Zusammenhänge der Daten besser visualisieren.

Nutzer-Lifetime-Wert

Die Analyse zum *Nutzer-Lifetime-Wert* ist für eine spezielle Betrachtung vorgesehen. Sie zeigt für Ihre Nutzer die Werte für *Transaktionen*, *Engagement* und *Umsatz* in der gesamten Zeit (der *Lifetime*), die GA4 diesen Nutzer kennt (siehe Abbildung 7.55).

Dieser Bericht lässt nur bestimmte Dimensionen und Messwerte zu, die er beim Anlegen Ihren Listen hinzufügt. Als Messwerte stehen Ihnen neben AKTIVE NUTZER und NUTZER INSGESAMT auch der LTV, die ENGAGEMENT-DAUER IN LIFETIME und die TRANSAKTIONEN IN LIFETIME zur Auswahl.

Die Werte können Sie nach den Dimensionen KAMPAGNE, QUELLE oder MEDIUM des ersten Nutzerbesuchs aufschlüsseln lassen sowie nach der LETZTEN ZIELGRUPPE und dem DATUM DES ERSTEN BESUCHS.

Diese Werte über die gesamte »Lebensdauer« eines Nutzers zu betrachten ist grundsätzlich ein guter Ansatz. Allerdings sollten Sie mit der Bewertung dieser Analyse vorsichtig vorgehen, denn bei solchen längeren Betrachtungen steigt die Gefahr, dass aufgrund technischer Beschränkungen Nutzer nicht korrekt wiedererkannt werden.

Erste Nutzerinteraktion – Medium	↓Nutzer insgesamt	LTV: Durchschnittswert	Transaktionen in Lifetime: Durchschnittswert
Gesamt	115.684 100 % der Gesamtsumme	994,09 € 100 % der Gesamtsumme	0,77 100 % der Gesamtsumme
1 (none)	76.627	1.425,39 €	1,1
2 cpc	23.473	157,03 €	0,09
3 organic	11.038	139,86 €	0,12
4 email	3.419	138,14 €	0,05
5 referral	471	41,05 €	0,08

Abbildung 7.55 Lifetime-Werte pro Kanal

7.2.4 Vorlagen und Beispiele für Datenanalysen

Beim ersten Aufruf des Navigationspunkts EXPL. DATENANALYSE haben Sie schon einige Vorlagen gesehen, die neben einer leeren Analyse als Startpunkt angeboten werden. Oberhalb der Einträge befindet sich der Link zur VORLAGENGALERIE, in der Sie einige weitere Beispiele und Analysen zum Anpassen entdecken können.

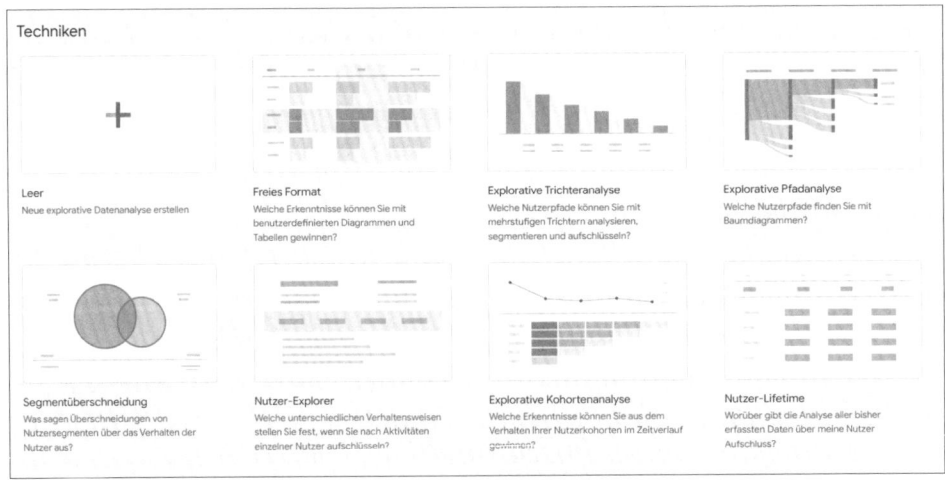

Abbildung 7.56 Die Vorlagen sind leider wenig hilfreich.

In der ersten Gruppe, TECHNIKEN, sind noch einmal die Analyse-Typen gelistet, die Sie auch innerhalb eines Berichts anwählen können (siehe Abbildung 7.56). Darunter folgen Vorlagen zu bestimmten Anwendungsfällen, die aber leider alle für Websites nicht wirklich funktionsfähig sind, da sie ursprünglich für Apps entwickelt wurden.

Kapitel 8
BigQuery und Data Studio

GA4 bietet viele Verknüpfungen zu anderen Google-Tools. Zwei
erweitern Ihre Möglichkeiten bei der Analyse und der Visualisierung
von Daten besonders: BigQuery und Data Studio.

Wenn Ihnen die Analyse- oder Visualisierungsmöglichkeiten von GA4 nicht mehr
ausreichen, etwa weil Sie die Daten mit Informationen aus anderen Tools mischen
wollen, erhalten Sie mit den Verknüpfungen zu BigQuery und Data Studio zwei Werk-
zeuge, die Ihre Optionen massiv erweitern. Manche Aufgabenstellungen lassen sich
besser oder überhaupt nur in einem dieser beiden Tools lösen. Daher soll Ihnen in
dieses Kapitel einen Einblick in Features und Anwendungsfälle geben.

8.1 Rohdaten mit BigQuery analysieren

Eine GA4-Property lässt sich mit *BigQuery* (kurz: *BQ*) verknüpfen. Google stellt diesen
Umstand als besonderes Feature heraus. In der Vergangenheit war diese Verknüpfung nur der kostenpflichtigen *Google Analytics 360*-Version vorbehalten und ein
wichtiger Kaufgrund für viele Kunden.

Was ist BigQuery und warum sollte ich es nutzen?

Bei *BigQuery* handelt es sich um ein *Data Warehouse*, das von Google im Rahmen der
Cloud-Services angeboten wird. Ein Data Warehouse ist eine auf Abfragen optimierte
Datenbank, mit der Sie in Sekundenbruchteilen Milliarden von Datensätzen analysieren können. Die Datentabellen fragen Sie mit SQL ab, der Abfragesprache für viele Da-
tenbanksysteme.

BigQuery ist zunächst ein neutraler Dienst, in dem Sie sich mit einem Google-Cloud-
Konto eine Instanz einrichten können, in die Sie dann Daten hochladen. Verknüpfen
Sie eine BigQuery-Instanz mit GA4, so werden die gesamten gesammelten Daten des
Trackings in eine BigQuery-Tabelle exportiert. Dort können Sie die Daten abfragen
oder auch vollständig exportieren. Das Besondere dabei ist, dass es sich hier um die
kompletten Rohdaten der Analytics-Property handelt, also um alle einzelnen Ereignisse mit allen Parametern in einer riesigen Tabelle.

Mit dem Zugriff auf die Reportdaten durch BigQuery können Sie komplexe Analysen programmieren, aus eigenem Programmcode auf Nutzerdaten zugreifen und die kompletten GA4-Informationen in andere Datenspeicher kopieren.

8.1.1 Die BigQuery-Verknüpfung aktivieren

Um die Verknüpfung mit BigQuery einzurichten, klicken Sie in der Verwaltung auf den entsprechenden Link und auf Produktverknüpfungen. Dort erscheint beim ersten Aufruf eine leere Liste, in der Sie den Vorgang mit dem Button Verknüpfen starten. In dem Fenster, das nun erscheint, werden Sie aufgefordert, ein BigQuery-Projekt auszuwählen (siehe Abbildung 8.1).

Abbildung 8.1 GA4 mit einem BigQuery-Projekt verknüpfen

Wenn Sie bzw. Ihr Google-Account bereits über Zugriff auf ein Google-Cloud-Projekt verfügt, können Sie hier direkt eine Auswahl treffen. Das ist z. B. der Fall, wenn Sie einen App-Datenstream angelegt haben, für den im Hintergrund ein Firebase-Konto angelegt wurde. In diesem Fall können Sie direkt zum Abschnitt »Verknüpfen und Einstellungen« springen.

Firebase ist wie BigQuery ein Service, der ein Google-Cloud-Projekt benötigt. In einem solchen Projekt können mehrere Services genutzt werden. Wenn die Liste bei Ihnen leer bleibt, müssen Sie zunächst ein Cloud-Projekt einrichten.

Ein Google-Cloud-Projekt anlegen

Gehen Sie zum Einrichten auf *https://console.cloud.google.com/*. Sie müssen entweder mit dem Nutzer eingeloggt sein, mit dem Sie Zugriff auf Ihr GA4-Konto haben, oder sonst dessen Login-Daten verwenden. Die Startseite (siehe Abbildung 8.2) sieht im ersten Moment vielleicht etwas einschüchternd aus, lassen Sie sich aber nicht erschrecken: Sie müssen von hier aus nicht viele Schritte durchführen.

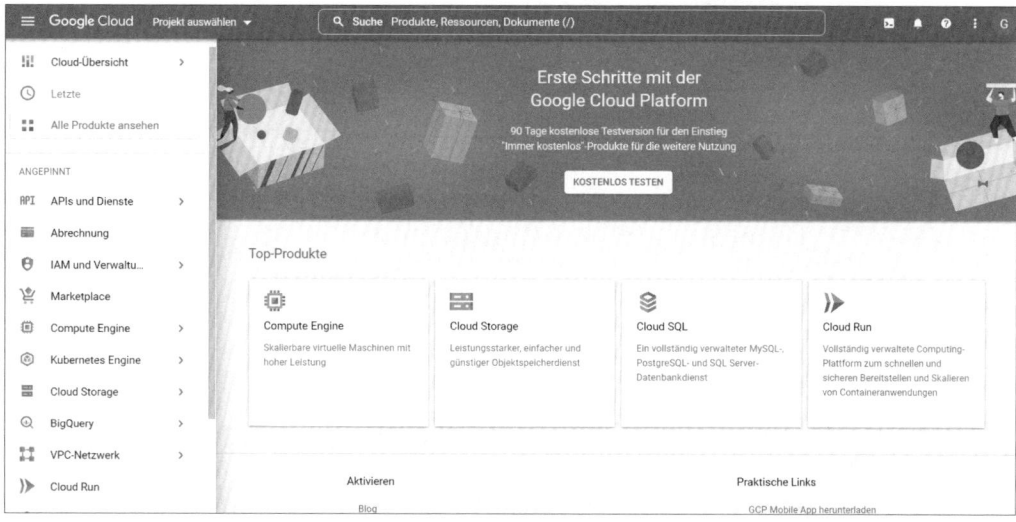

Abbildung 8.2 Die Startseite der »Google Cloud«

Klicken Sie in der Titelleiste auf PROJEKT AUSWÄHLEN. Wahrscheinlich sind hier noch keine weiteren Projekte zu sehen (siehe Abbildung 8.3), sonst wären Ihnen diese bereits in GA4 angezeigt worden. Klicken Sie auf NEUES PROJEKT.

Abbildung 8.3 Ist die Projektübersicht leer, erstellen Sie ein neues Projekt.

Im nächsten Fenster (siehe Abbildung 8.4) vergeben Sie einen PROJEKTNAMEN und optional eine PROJECT ID. Machen Sie bei der ID keine eigene Angabe, generiert Google die ID aus dem Namen, indem es Leerzeichen durch Minuszeichen ersetzt und einige weitere Anpassungen vornimmt. Im Normalfall sollte der Name genügen. Den SPEICHERORT können Sie ebenfalls ignorieren (dieser bezieht sich auf eine Organisation, nicht auf den geografischen Ort). Klicken Sie zum Abschluss auf den Button ERSTELLEN.

Abbildung 8.4 Für ein neues Projekt genügt zunächst ein Name.

Damit haben Sie erfolgreich ein Google-Cloud-Projekt angelegt. Der BigQuery-Service, den Sie im Projekt nutzen wollen, ist bereits automatisch aktiviert. Somit sind Sie bereit zur Rückkehr nach Analytics.

Verknüpfen und Einstellungen

Kehren Sie nun zum BigQuery-Bildschirm in der GA4-Verwaltung zurück, und starten Sie den Prozess erneut. Dieses Mal wird Ihnen das gerade angelegte Projekt zur Verknüpfung angeboten (siehe Abbildung 8.5). Markieren Sie es, und klicken Sie auf den Button BESTÄTIGEN in der Titelleiste.

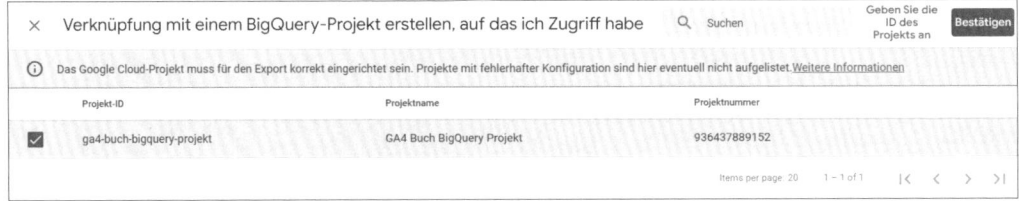

Abbildung 8.5 Wählen Sie das gerade erstellte BigQuery-Projekt aus.

Sie gelangen wieder zurück auf den vorherigen Bildschirm. Dort folgt nun eine wichtige Einstellung, um Ihre GA4-Installation möglichst datenschutzkonform zu gestalten: Definieren Sie den Speicherort des Datenpools. In der Voreinstellung wird dieser in die USA gelegt, was Sie auf die EUROPÄISCHE UNION (EU) ändern sollten (siehe Abbildung 8.6). Dieser Schritt ist zwar keine Garantie für ein bedenkenloses Setup, trägt aber zum Datenschutz bei.

Abbildung 8.6 Wo soll der Datenpool angelegt werden?

Im zweiten Abschnitt des Einrichtungsfensters konfigurieren Sie Rahmenbedingungen für den Export genauer (siehe Abbildung 8.7). Sie sehen zunächst die Menge an Datensätzen, die voraussichtlich exportiert werden. Für den Export aus GA4-Properties gibt es ein Limit von 1 Million Ereignissen (also Zeilen) pro Tag. Überschreiten Sie diese Grenze, stoppt der Export, bis Sie wieder unter diese Grenze kommen.

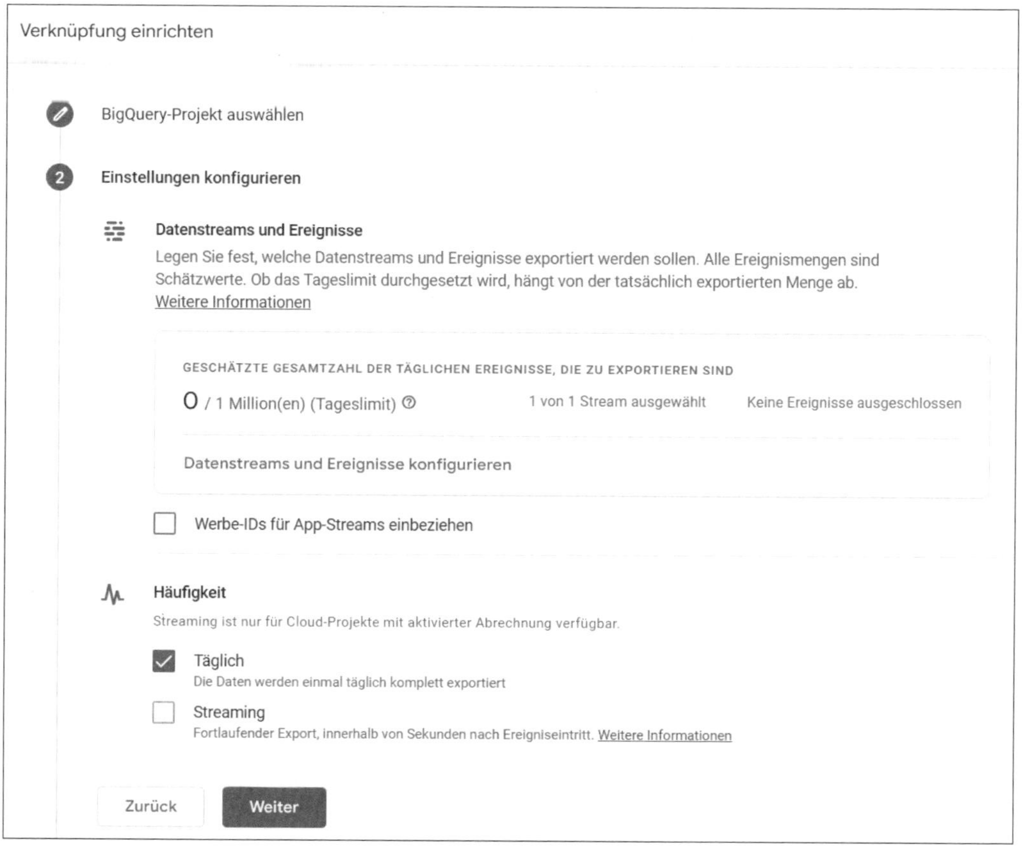

Verknüpfung einrichten

    BigQuery-Projekt auswählen

2   Einstellungen konfigurieren

      Datenstreams und Ereignisse
Legen Sie fest, welche Datenstreams und Ereignisse exportiert werden sollen. Alle Ereignismengen sind Schätzwerte. Ob das Tageslimit durchgesetzt wird, hängt von der tatsächlich exportierten Menge ab. Weitere Informationen

GESCHÄTZTE GESAMTZAHL DER TÄGLICHEN EREIGNISSE, DIE ZU EXPORTIEREN SIND

0 / 1 Million(en) (Tageslimit) ⑦   1 von 1 Stream ausgewählt   Keine Ereignisse ausgeschlossen

Datenstreams und Ereignisse konfigurieren

☐ Werbe-IDs für App-Streams einbeziehen

Häufigkeit
Streaming ist nur für Cloud-Projekte mit aktivierter Abrechnung verfügbar.

☑ Täglich
Die Daten werden einmal täglich komplett exportiert

☐ Streaming
Fortlaufender Export, innerhalb von Sekunden nach Ereigniseintritt. Weitere Informationen

Zurück   Weiter

Abbildung 8.7 Einstellungen für Ihre BigQuery-Verknüpfung

Um das Limit nicht zu überschreiten und sich vielleicht die Arbeit mit den exportierten Daten etwas übersichtlicher zu gestalten, können Sie den Export begrenzen. Unter dem Link Datenstreams und Ereignisse konfigurieren haben Sie zwei Optionen, um die Anzahl der Ereignisse zu reduzieren (siehe Abbildung 8.8):

▶ Export nur von ausgewählten Datenstreams

▶ Filterung und Ausschluss von Ereignissen während des Exports

Die Auswahl von Datenstreams ist nur relevant, wenn Sie eine Property mit mehreren Streams verknüpfen wollen. Jede App verfügt pro Plattform (Android und iOS)
über einen eigenen Stream. Manchmal kommen noch weitere Streams für Entwick-
lerversionen hinzu, die Sie hiermit ausschließen können. Die Webdaten kommen
normalerweise alle über einen einzelnen Stream, sodass es dort keine auszuschließenden Streams gibt.

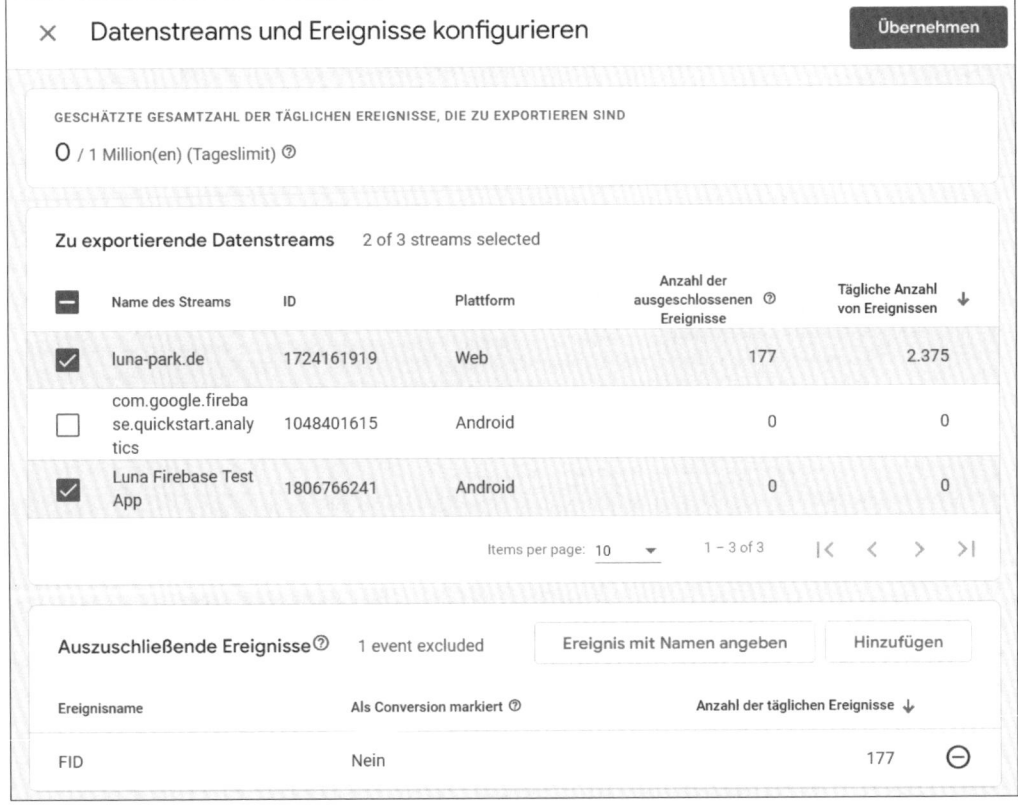

Abbildung 8.8 Wählen Sie aus, welcher Datenstream exportiert wird.

Etwas individueller können Sie mit der zweiten Option vorgehen: dem Ausschluss
von bestimmten Ereignissen. Wenn Sie auf den Button Ereignis mit Namen ange-

BEN klicken, erscheint ein Eingabefeld, in dem Sie den Namen eines zu filternden Ereignisses angeben können. Klicken Sie auf HINZUFÜGEN, erscheint eine Liste der Ereignisse aus Ihrer GA4-Property und Sie können Einträge einfach markieren (siehe Abbildung 8.9). Praktischerweise wird Ihnen auch gezeigt, ob ein Ereignis als Conversion markiert ist. Conversion-Ereignisse sollten Sie nie vom Export ausschließen, da Sie sonst im BQ später Ihre eigenen Conversions nicht nachvollziehen können.

In beiden Fällen werden diese Ereignisse vom Export ausgeschlossen. Somit ist die Zahl der exportierten Ereignisse entsprechend kleiner. Wie groß diese Ersparnis ist, sehen Sie in den Spalten ANZAHL DER AUSGESCHLOSSENEN EREIGNISSE und TÄGLICHE ANZAHL DER EREIGNISSE.

✕ Ereignisse zum Ausschließen auswählen	Q Suchen	Hinzufügen
Ereignisname	**Als Conversion markiert** ⑦	**Tägliche Ereignisse – Volumen (streambasiert)** ↓
☐ page_view	Nein	961
☐ session_start	Nein	353
☑ CLS	Nein	242
☐ user_engagement	Nein	231
☐ first_visit	Nein	227
☑ FID	Nein	177
☑ LCP	Nein	118
☑ scroll	Nein	53
☐ click	Nein	15

Abbildung 8.9 Wählen Sie aus, was in den Export gehört und was nicht.

Nachdem Sie die Datenstreams und Ereignisse konfiguriert haben, können Sie den Export von Werbe-IDs bei App-Streams deaktivieren. Je nachdem, wie oder für was Sie die Daten zu BigQuery übertragen wollen, kann es vor allem aus Datenschutzgründen sinnvoll sein, die Werbe-IDs nicht zu inkludieren.

Daran schließt sich die Entscheidung über die Häufigkeit der Datenexporte an. Es gibt die Optionen TÄGLICH und STREAMING.

Beim *täglichen* Export werden die Daten als komplettes 24-Stunden-Paket zu BigQuery geschoben. Das hat den Vorteil, dass Sie so auch Aufrufe im Export erhalten, die verzögert zu Analytics gelangt sind.

> **Wie kommt es zu zeitlichen Lücken in GA4-Daten?**
>
> Bei Apps kann Firebase den Versand von Trackingaufrufen eine gewisse Zeit verzö-
> gern, etwa weil die Netzanbindung schlecht ist oder gerade die Auslastung hoch ist.
> In so einem Fall kommen die Aufrufe mit einem zeitlichen Abstand an und werden
> nachträglich von GA4 wieder an der richtigen zeitlichen Stelle eingebaut.

Beim *Streaming*-Export werden die Aufrufe kontinuierlich an BigQuery weitergegeben.
Sie haben also nahezu Realtime-Daten. Allerdings können aus den oben genannten
Gründen Lücken in den Sitzungen vorhanden sein. Außerdem erfordert das Streaming
mindestens die Basis-Lizenz von BigQuery. Das heißt, die Sandbox-Version von Big-
Query genügt nicht, wobei das nicht automatisch bedeutet, dass Ihnen beim Einsatz
Kosten entstehen. Sie müssen für ein Upgrade mindestens ein Rechnungskonto im
Google-Cloud-Projekt hinterlegen, wo Google bei Überschreiten der kostenfreien Funk-
tionen Gebühren abbuchen kann. Ob Sie die Limits erreichen bzw. überschreiten,
hängt davon ab, wie Sie BigQuery einsetzen wollen.

Für viele Anwendungen dürfte der tägliche Export bereits genügen. Wenn BigQuery
für Sie eine neue Anwendung ist oder Sie noch nicht genau wissen, wofür Sie den Export einsetzen möchten, starten Sie mit der täglichen Variante.

Haben Sie alle Auswahlen getroffen und die Einstellungen bestätigt, sollte eine posi-
tive Meldung über die erstellte Verknüpfung erscheinen wie in Abbildung 8.10.

Abbildung 8.10 Die Verknüpfung wurde erfolgreich eingerichtet.

Prüfen in BigQuery

Um zu sehen, ob die Verknüpfung tatsächlich funktioniert, wechseln Sie in der Cloud-
Konsole zu BigQuery. Das können Sie entweder über das Menü der Produkte tun –
BigQuery hat einen eigenen Navigationspunkt. Gehen Sie zu BigQuery • SQL-Arbeitsbereich. Oder rufen Sie die Adresse *https://console.cloud.google.com/bigquery*
auf, wodurch Sie direkt zum Arbeitsbereich kommen (siehe Abbildung 8.11).

In der Seitenleiste Explorer sollten Sie einen Eintrag mit dem Namen des Projekts
sehen, das Sie bei der Verknüpfung mit GA4 ausgewählt haben. Klicken Sie diesen
und den darunterliegenden Eintrag an, bis Sie zu einer Tabelle namens *events_* gelangen. Dies ist der Datenexport aus GA4. Klicken Sie den EVENTS-Eintrag an, und das
rechte Fenster sollte etwa so aussehen wie in Abbildung 8.12.

Abbildung 8.11 Der SQL-Arbeitsbereich für die Abfrage von BigQuery

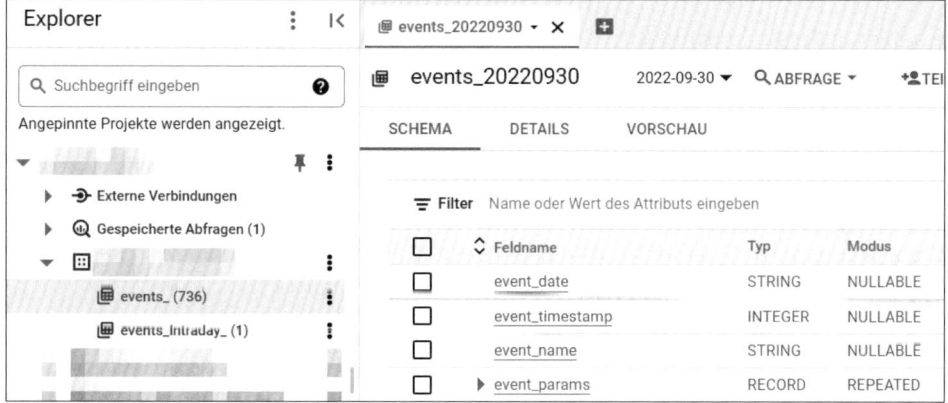

Abbildung 8.12 Aufbau der Events-Datentabelle

Sie sehen die unterschiedlichen Feldnamen der Tabelle, der Export läuft also. Klicken Sie nun auf den Reiter Vorschau, um einen ersten Blick in GA4 zu werfen (siehe Abbildung 8.13).

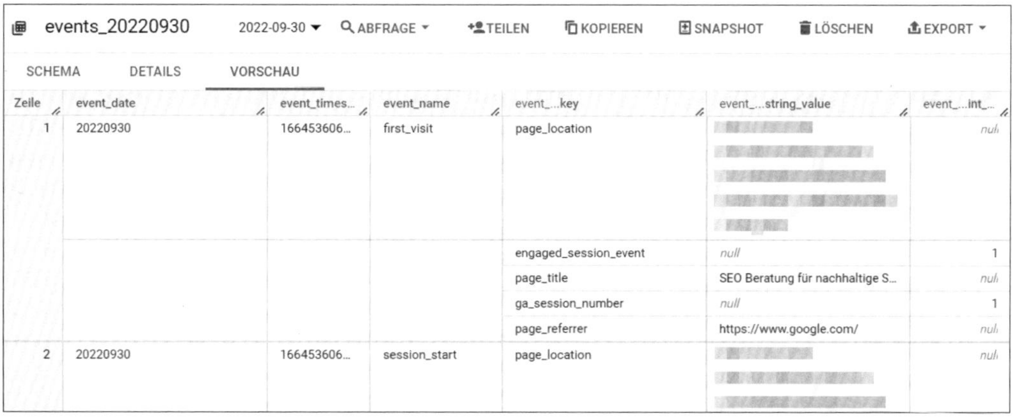

Zeile	event_date	event_times...	event_name	event..._key	event..._string_value	event..._int_...
1	20220930	166453606...	first_visit	page_location		null
				engaged_session_event	null	1
				page_title	SEO Beratung für nachhaltige S...	null
				ga_session_number	null	1
				page_referrer	https://www.google.com/	null
2	20220930	166453606...	session_start	page_location		null

Abbildung 8.13 Die Vorschau zeigt die Tabelleninhalte des Datasets.

In der Vorschau werden je nach Umfang nicht alle Zeilen der Tabelle ausgegeben, Sie werden aber auf den ersten Blick Begriffe und Dimensionen aus GA4 wiederfinden, z. B. *first_visit* oder *page_referrer*.

Ihre BigQuery-Lizenz upgraden

Wenn Sie für Ihren GA4-Export ein neues Cloud-Projekt angelegt und verknüpft haben, so nutzen Sie zunächst eine *BigQuery Sandbox*-Lizenz. Diese ist für Sie kostenlos, hat aber einige Einschränkungen:

▶ 10 GByte aktiver Speicher

▶ 1 TByte Abfragedaten

▶ Ablaufzeit: standardmäßig 60 Tage. Das heißt, nach dieser Zeit werden die exportierten Daten gelöscht. Sie haben immer die letzten 60 Tage ab heute vorliegen.

▶ kein Streaming (s.o.)

▶ kein Data-Transfer-Service, um die BigQuery-Daten automatisiert in einen anderen Speicher zu verschieben bzw. zu kopieren

Mehr zur *BigQuery Sandbox* finden Sie unter *https://cloud.google.com/bigquery/ docs/sandbox*.

Für einen ersten Test oder zum Kennenlernen genügen diese Voraussetzungen, für einen dauerhaften Einsatz ist aber vor allem die Einschränkung der Datenaufbewahrung hinderlich. Dann sollten Sie die Lizenz auf die *Basis*-Variante ändern.

Ob BigQuery in Ihrem Projekt auf einer Sandbox-Lizenz läuft, sehen Sie im SQL-Arbeitsbereich oberhalb des Eingabefensters. Dort erscheint ein Hinweis (siehe Abbildung 8.14), wie Sie zum Upgrade gelangen.

Abbildung 8.14 Noch führen Sie BigQuery-Anfragen in der Sandbox aus.

Bevor Sie das Upgrade durchführen können, müssen Sie für Ihr Cloud-Projekt ein Rechnungskonto erstellen (falls Sie nicht schon über ein solches Konto verfügen). Rufen Sie dazu das Navigationsmenü des Cloud-Projekts über die drei Striche oben links auf. Dann klicken Sie auf den Punkt ABRECHNUNG.

Abbildung 8.15 Ohne Rechnungskonto gibt es keinen Vollzugriff.

Wenn Sie noch kein Rechnungskonto besitzen (siehe Abbildung 8.15), klicken Sie auf Rechnungskonto verwalten und auf dem nächsten Bildschirm auf Rechnungskonto hinzufügen (oder Konto erstellen falls Sie bereits für einen anderen Dienst einmal Kontodaten hinterlegt haben). Bestätigen Sie die Nutzungsbedingungen, und geben Sie anschließend die Abrechnungs- und Zahlungsinformationen an, wie die Kosten eingezogen werden sollen. Zur Zahlung können Sie eine Kreditkarte, ein Bankkonto oder auch PayPal verwenden.

Sollten Sie bereits über ein Zahlungsprofil für andere Google-Dienste verfügen, etwa YouTube oder den Play Store, so können Sie dieses Profil verwenden. Auch wenn es in Ihrem Nutzerkonto schon Zahlungsinformationen für andere Cloud-Projekte gibt, können Sie diese verwenden.

Bestätigen Sie zum Schluss die Auswahl mit Senden und Abrechnung aktivieren.

Rechnungskonto und Zahlungsprofil

Google verwaltet das *Rechnungskonto* und das *Zahlungsprofil* getrennt. Im Rechnungskonto können Sie die aufgelaufenen Kosten für Services sowie die Nutzungszeiten einsehen und können für diese Aufwände eine Einzelabrechnung erhalten. Das Zahlungsprofil verwaltet die Informationen zu Ihrem Konto, von dem die Kosten tatsächlich abgebucht werden.

Sie können ein Rechnungskonto pro Projekt oder für mehrere Projekte verwenden. Das Zahlungsprofil lässt sich ebenso für mehrere Rechnungskonten nutzen.

Beide Kontotypen haben eigene Nutzerrechte. So können Sie einem Anwender Zugriff auf das Rechnungskonto und so die Übersicht über die Verwendung verschiedener Services geben, ihm gleichzeitig aber keine Berechtigung auf die Bankdaten gewähren. Andererseits kann ein Anwender nur Zugriff auf die Bankdaten und die damit verbundenen Abbuchungen erhalten und diese z. B. per Mail zugeschickt bekommen. Gerade in größeren Setups oder Unternehmen ist diese Trennung hilfreich: Der Projektverantwortliche erhält Zugriff auf die Ressourcen, und ein Mitarbeiter aus der Buchhaltung bekommt die Mails zu den Abbuchungen.

Wenn Sie unterschiedliche Projekte angelegt haben, z. B. von verschiedenen Kunden oder Abteilungen, verwenden Sie getrennte Rechnungskonten, um jedem Teilnehmer eine individuelle Kostenaufstellung geben zu können.

8.1.2 Der Aufbau von BigQuery-Tabellen

Beim Prüfen des Exports waren Sie bereits im SQL-Arbeitsbereich von BigQuery. Im Explorer der Seitenleiste sehen Sie Ihr Cloud-Projekt und nach dem Aufklappen des Eintrags ein *Dataset* mit dem Namen *analytics_*, gefolgt von einer Nummer (siehe Abbildung 8.16). Bei der Nummer handelt es sich um die Property-ID Ihrer GA4-Property.

Innerhalb des Datasets liegt die Tabelle *events*. In ihr sind die Ereignisse aus dem täglichen Export der GA4-Property enthalten. Die Tabelle ist *partitioniert*. Das bedeutet in BigQuery, dass sie in Abschnitte von jeweils einem Tag unterteilt ist. Die Zahl in Klammern hinter dem Tabellennamen zeigt, wie viele Partitionen vorhanden sind.

Haben Sie auch Streaming-Daten aktiviert, so finden Sie eine weitere Tabelle *events_intraday*. Diese ist identisch zur *events*-Tabelle aufgebaut, enthält aber nur eine Partition mit den Daten des laufenden Tages.

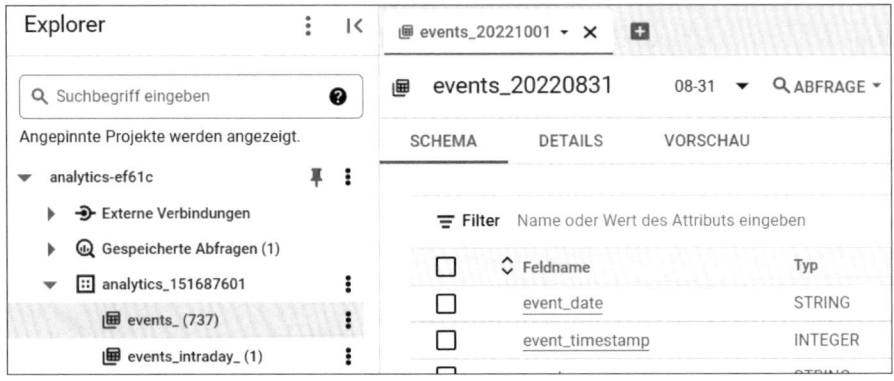

Abbildung 8.16 Tages- und Streamingdaten aus GA4

Klicken Sie die Tabelle *events_* an, erscheinen im rechten Fenster die weiteren Informationen zur Tabelle. Beim ersten Aufruf ist die neueste Partition ausgewählt. Neben dem Partitionsnamen können Sie in einem Aufklappmenü zu einer früheren Partition wechseln.

Auf dem Reiter SCHEMA wird der Aufbau der Tabelle gezeigt, also welche Spalten vorhanden sind und von welchem Typ die enthaltenen Daten sind. Grob vereinfacht wird zwischen Text und Zahlen unterschieden.

Unter DETAILS finden Sie einige Informationen über die Tabelle bzw. Partition. Wichtig ist vor allem das Feld TABELLENABLAUF. Für Sandbox-Projekte ist dieser Ablauf auf 60 Tage in der Zukunft gesetzt, ausgehend vom jeweiligen Exportdatum.

Den Reiter VORSCHAU haben Sie bereits für die Prüfung der Verknüpfung kennengelernt. Hier sehen Sie einen Ausschnitt der Tabellendaten.

Aufbau der Tabellen und Spalten

Unter dem Reiter SCHEMA sehen Sie die Spalten der *events_*-Tabelle (siehe Abbildung 8.17). Viele Namen dürften Ihnen bekannt vorkommen: event_name enthält den Namen des Ereignisses, `stream_id` die Kennung des Datenstreams aus der Property und `user_id` die eventuell übergebene User-Kennung. Viele Spalten entsprechen einer Dimension oder einem Messwert in GA4.

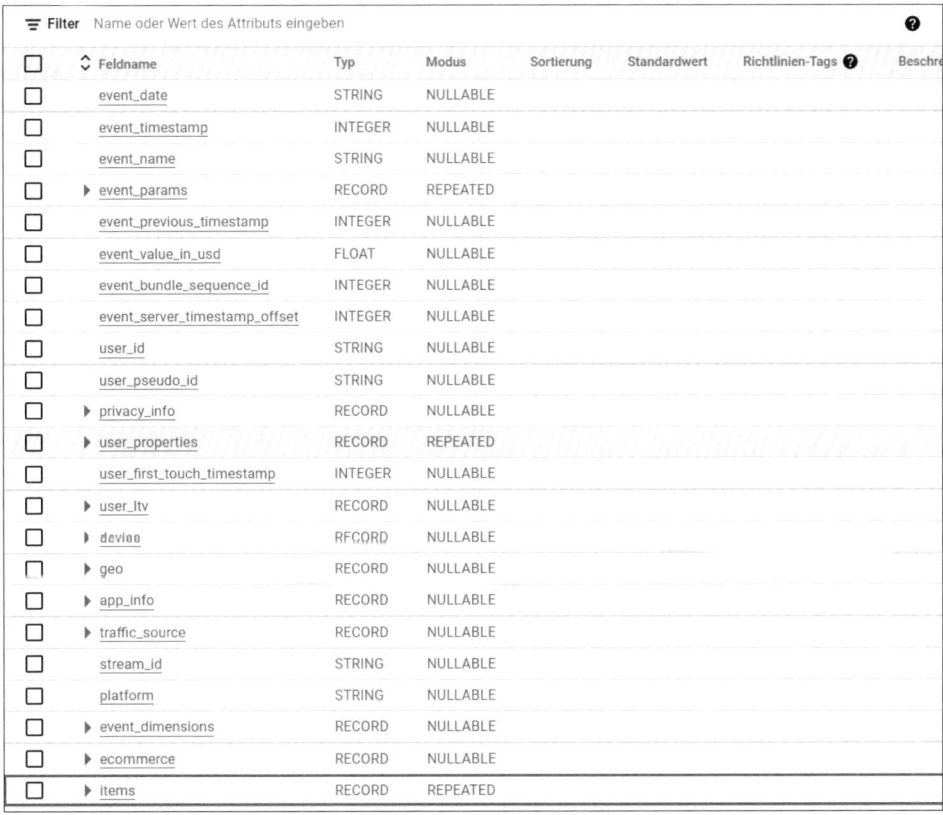

	Feldname	Typ	Modus	Sortierung	Standardwert	Richtlinien-Tags ❓	Beschre
☐	event_date	STRING	NULLABLE				
☐	event_timestamp	INTEGER	NULLABLE				
☐	event_name	STRING	NULLABLE				
☐	▶ event_params	RECORD	REPEATED				
☐	event_previous_timestamp	INTEGER	NULLABLE				
☐	event_value_in_usd	FLOAT	NULLABLE				
☐	event_bundle_sequence_id	INTEGER	NULLABLE				
☐	event_server_timestamp_offset	INTEGER	NULLABLE				
☐	user_id	STRING	NULLABLE				
☐	user_pseudo_id	STRING	NULLABLE				
☐	▶ privacy_info	RECORD	NULLABLE				
☐	▶ user_properties	RECORD	REPEATED				
☐	user_first_touch_timestamp	INTEGER	NULLABLE				
☐	▶ user_ltv	RECORD	NULLABLE				
☐	▶ device	RECORD	NULLABLE				
☐	▶ geo	RECORD	NULLABLE				
☐	▶ app_info	RECORD	NULLABLE				
☐	▶ traffic_source	RECORD	NULLABLE				
☐	stream_id	STRING	NULLABLE				
☐	platform	STRING	NULLABLE				
☐	▶ event_dimensions	RECORD	NULLABLE				
☐	▶ ecommerce	RECORD	NULLABLE				
☐	▶ items	RECORD	REPEATED				

Abbildung 8.17 Die Tabellenstruktur der GA4-Daten

Einige Dimensionen sind gruppiert, so sind z. B. die Spalten mit geografischen Informationen unter der Zeile geo zusammengefasst (siehe Abbildung 8.18). Mit dem Pfeil können Sie die Zeile aufklappen und die Untereinträge sehen. Auch für die Geräteinformationen oder E-Commerce sind die Spalten derart gruppiert.

		Typ	Modus
☐	▼ geo	RECORD	NULLABLE
☐	continent	STRING	NULLABLE
☐	country	STRING	NULLABLE
☐	region	STRING	NULLABLE
☐	city	STRING	NULLABLE
☐	sub_continent	STRING	NULLABLE
☐	metro	STRING	NULLABLE

Abbildung 8.18 Weitere Felder mit geografischen Daten

Die Parameter für Ereignisse und Nutzer sind in den Gruppen `event_params` und `user_properties` enthalten. Dort gibt es jeweils eine Spalte für den `key`, z. B. *page_location*, und eine Spalte `value` für den Wert. Die Parameter haben also nicht jeder eine eigene Spalte. So können theoretisch beliebig viele Key-Value-Paare und somit Parameter abgespeichert werden. Auch benutzerdefinierte Dimensionen werden in diesen Spalten abgelegt.

Dieser Aufbau führt zu einigen Besonderheiten beim Abfragen dieser Daten, wie Sie noch lesen werden.

8.1.3   Eine Events-Tabelle abfragen

Um die Daten einer BigQuery-Tabelle abzufragen, können Sie im SQL-Arbeitsbereich direkt im Browser eine Eingabemaske aufrufen. Klicken Sie auf den Button ABFRAGE in der Überschriftzeile. Alternativ können Sie im Explorer im Menü der *events*-Tabelle (das sind die drei Punkte am Ende der Zeile) eine Abfrage starten.

In dem Eingabefenster, das nun erscheint, ergänzen Sie den vorgeschlagenen Befehl um einen Stern * zwischen SELECT und FROM und lassen die Abfrage laufen. Der fertige Befehl sollte etwa so aussehen:

```
SELECT * FROM `an-ef6.analytics_1516876.events_20220930` LIMIT 1000
```

Damit fragen Sie alle Spalten der ersten 1000 Zeilen der Analytics-Daten für den 30. September 2022 an. Nach dem Durchlauf erscheint unter ABFRAGEERGEBNISSE die gewünschte Tabelle (siehe Abbildung 8.19). Mit ERGEBNISSE SPEICHERN oder DATEN AUSWERTEN können Sie BigQuery-Ergebnisse sichern oder herunterladen und in anderen Tools weiterverarbeiten.

Im Beispiel fragen Sie nur die Daten vom 30. September ab. Möchten Sie Daten über einen längeren Zeitraum abfragen, verwenden Sie wieder den Stern als Platzhalter. So fragt die Angabe `events_202209*` die Tabelle für den gesamten September ab und `events_2022*` ist eine Abfrage für das gesamte Jahr 2022.

Für die erste Abfrage ist die Ergebnismenge durch den Befehl LIMIT 1000 auf 1000 Zeilen beschränkt. Für mehr Zeilen können Sie diesen Wert entweder erhöhen oder die Anweisung komplett weglassen. Je größer der Umfang an Daten ist, die Sie durchsuchen und als Ergebnis zurückerhalten, umso länger dauert die Abfrage und umso mehr Daten zählen auf Ihr Abfragekontingent. Allerdings müssen Sie sich über dieses Kontingent erst Gedanken machen, wenn Sie täglich Millionen von Datensätzen durchsuchen.

Mit SELECT, FROM und LIMIT haben Sie bereits drei wichtige Anweisungen aus SQL eingesetzt. Im Folgenden lernen Sie einige weitere Anweisungen kennen, um eine Basis für den Einsatz von BigQuery zu haben. Eine umfassende Einführung würde allerdings den Rahmen dieses Buches sprengen. Wenn Sie mehr über BigQuery lernen möchten, ist die Google-Dokumentation ein guter Einstiegspunkt.

Abbildung 8.19 Das Abfrageergebnis als Tabelle im Arbeitsbereich

---

Wie lerne ich SQL für den Einsatz mit BigQuery?

Die Abfragen in BigQuery werden in SQL geschrieben, der Standardsprache für Datenbankabfragen. Wenn Sie noch kein SQL können, es aber gerne lernen möchten, finden Sie unzählige – auch kostenlose – Kurse und Anleitungen online. Da SQL ein Standard ist, der seit Jahrzehnten etabliert ist, sind die Grundlagen und Konzepte unabhängig vom Datenbanksystem. Sie müssen also nicht zwingend einen SQL-Kurs für BigQuery finden, eine generische Anleitung, etwa am Beispiel der Datenbank MySQL, vermittelt ebenso das nötige Grundwissen.

Tabellen mit WHERE filtern

Die Anweisung `WHERE` filtert nur die Zeilen für das Ergebnis heraus, die eine bestimmte Bedingung erfüllen. Dazu geben Sie die Spalte an und den Wert, nach dem gefiltert werden soll. Die `WHERE`-Anweisung wird nach dem `FROM`-Befehl eingesetzt. Möchten Sie beispielsweise nur Einträge von mobilen Nutzern haben, filtern Sie auf die Spalte `device.category` und den Wert `mobile`:

```
SELECT *
FROM `analytics-ef61c.analytics_151687601.events_20220930`
WHERE device.category = 'mobile'
```

Listing 8.1 SQL-Abfrage mit WHERE-Einschränkung

Die Anweisungen können Sie über mehrere Zeilen aufteilen, denn SQL ignoriert Zeilenumbrüche bei der Ausführung. Als Ergebnis erhalten Sie eine Liste mit allen Ereigniseinträgen von Nutzern mit mobilen Endgeräten. Wenn Sie nach zwei Eigenschaften abfragen möchten, ergänzen Sie das zweite Feld mit einem AND. Im zweiten Beispiel wird nach Nutzern mit einem Mobilgerät gefiltert, auf dem Android läuft:

```
SELECT *
FROM `analytics-ef61c.analytics_151687601.events_20220930`
WHERE device.category = 'mobile'
AND device.operating_system = 'Android'
```

Listing 8.2 Mehrere WHERE-Anweisungen werden mit AND kombiniert.

Vergleichsoperatoren in SQL

In SQL gibt es eine Reihe von Operatoren, mit denen Sie die Inhalte von Zellen vergleichen können. Dabei wird zwischen numerischen und textlichen Inhalten unterschieden. Beim Vergleich versteht BigQuery die Operatoren aus Tabelle 8.1.

Operator	Anwendung
=	Das Feld ist gleich dem folgenden Wert. Kann mit Zahlen und Texten verwendet werden. Die Seiten müssen genau übereinstimmen.
< und <=	Das linke Feld des Vergleichs muss kleiner oder kleiner/gleich sein als die rechte. Bsp. value <= 5
> und >=	Das linke Feld des Vergleichs muss größer oder größer/gleich sein als die rechte. Bsp. value >= 50
!=	Das linke Feld ist nicht gleich dem rechten. Die Abfrage medium != 'organic' findet alle Felder, die *nicht* organic enthalten.

Tabelle 8.1 Vergleichsoperatoren in BigQuery-SQL-Abfragen

Operator	Anwendung
LIKE	Für den Vergleich von Text. Der Text nach LIKE muss im Feld enthalten sein. Mit dem %-Zeichen geben Sie an, wo weitere beliebige Zeichen enthalten sein dürfen. ▶ %google% bedeutet »Text enthält google«. ▶ %google bedeutet »Text endet mit google«. ▶ google% bedeutet »Text beginnt mit google«.
BETWEEN .. AND	Dient zur Angabe eines Zahlenraums »von bis«. Mit BETWEEN 5 AND 10 wird auf Felder gefiltert, deren Werte zwischen 5 und 10 liegen.
IN	Der Feldwert muss auf der folgenden Liste zu finden sein. Die Abfrage IN ('Deutschland', 'Österreich', 'Schweiz') ist erfolgreich, wenn der Feldwert Deutschland, Österreich oder Schweiz ist.
NOT	Mit einem vorangestellten NOT lassen sich die letzten drei Operatoren negieren. NOT IN ... liefert also die Zeilen, für die der Feldwert *nicht* auf der folgenden Liste steht.

Tabelle 8.1 Vergleichsoperatoren in BigQuery-SQL-Abfragen (Forts.)

Mit REGEXP_CONTAINS können Sie außerdem reguläre Ausdrücke für einen Vergleich nutzen. Allerdings wird dafür eine Funktion genutzt, sodass die Anwendung etwas anders geschieht als mit den übrigen Operatoren. Mehr dazu finden Sie in der Online-Dokumentation von BigQuery unter *https://cloud.google.com/bigquery/docs/*.

Zeilen gruppieren mit GROUP BY und Zählen mit COUNT

Die Anweisung GROUP BY fasst Ergebnisse nach einem bestimmten Kriterium zusammen. Liefert Ihre Abfrage mehrere Zeilen mit dem gleichen Inhalt zurück, macht das GROUP BY-Statement daraus im Ergebnis eine einzige Gruppe. Mit dem Befehl COUNT werden die Zeilen einer Liste gezählt und zusammen mit GROUP BY werden die Einträge jeder Gruppe gezählt.

Im folgenden Beispiel wird die Zahl der Zeilen (also der Ereignisse) gezählt, die mit unterschiedlichen Betriebssystemen abgegeben wurden. Statt des Sterns * für alle Spalten werden diesmal im Ergebnis nur eine Spalte mit dem (gruppierten) Betriebssystem und eine Spalte mit den Einträgen pro Gruppe zurückgegeben:

```
SELECT
  device.operating_system,
  COUNT(*)
FROM `analytics-ef61c.analytics_151687601.events_20220930`
GROUP BY device.operating_system
```

Listing 8.3 Zählen von Ergebniszeilen mit COUNT

Als Ergebnis erhalten Sie folgende Tabelle. Für Android wurden 171 Ereignisse (Zeilen) gefunden, für Linux 11 usw.

operating_system	f0_
Android	171
Linux	11
Windows	1052
Macintosh	451
iOS	89

Tabelle 8.2 Ergebnis der SELECT-Abfrage aus Listing 8.3

Unterschiedliche Einträge mit DISTINCT ermitteln

Manchmal möchten Sie wissen, wie viele unterschiedliche Werte in einer Spalte vorkommen. Zum Beispiel könnten Sie ermitteln wollen, wie viele unterschiedliche Ereignisnamen verwendet werden. Dazu dient der Befehl DISTINCT. Setzen Sie diesen vor den Namen der Spalte, die Sie vereinheitlichen wollen:

```
SELECT
  DISTINCT event_name
FROM `analytics-ef61c.analytics_151687601.events_20220930`
```

Der Befehl liefert Ihnen eine Tabelle mit allen unterschiedlichen Ereignisnamen, die an diesem Datum protokolliert wurden. Spannend wird es dadurch, dass Sie die DISTINCT-Anweisung zusammen mit COUNT verwenden können, etwa so:

```
SELECT
  COUNT(DISTINCT event_name)
FROM `analytics-ef61c.analytics_151687601.events_20220930`
```

Als Ergebnis erhalten Sie eine einzelne Zahl, nämlich die Anzahl unterschiedlicher Ereignisnamen im Zeitraum. Kehren Sie nun noch einmal z. B. aus dem letzten Abschnitt zurück: Die Ergebnistabelle gibt Ihnen die Anzahl unterschiedlicher Ereignisse pro Betriebssystem aus. Die Zahl der Nutzer erhalten Sie, wenn Sie die unterschiedlichen Einträge in der Spalte `user_pseudo_id` zählen (oder der Spalte `user_id`, falls Sie Ihre eigene Nutzerkennung im Tracking-Code übergeben).

```
SELECT
  device.operating_system AS Betriebssystem,
  COUNT(*) AS Ereignisse,
  COUNT(DISTINCT user_pseudo_id) AS Nutzer
FROM `analytics-ef61c.analytics_151687601.events_20220930`
GROUP BY device.operating_system
```

Listing 8.4 Die Betriebssysteme mit Zahl der Aufrufe und Nutzer

Als kleine Erweiterung finden Sie in der Anweisung den Ausdruck `AS`. Mit diesem geben Sie einer Spalte der Ergebnistabelle einen Namen. Diese Abfrage liefert die Angaben aus Tabelle 8.3.

Betriebssystem	Ereignisse	Nutzer
Android	171	16
Linux	11	2
Windows	1052	151
Macintosh	451	69
iOS	89	21

Tabelle 8.3 Ergebnis der Abfrage aus Listing 8.4

Ausgabewerte vorbestimmen mit CASE

Die `SELECT`-Anweisung gibt den Inhalt zurück, der in den gewählten Feldern zu finden ist. Zahlenwerte können Sie mit `COUNT` oder `SUM` gruppieren oder direkt umrechnen, z. B. mit Divisionen oder Multiplikationen. Was tun Sie aber, wenn Sie einen bestimmten Text ausgeben wollen, der vom gewählten Feld abhängt? Die `CASE`-Anweisung ermöglicht Ihnen genau das.

Nach einem `CASE`-Befehl geben Sie zunächst einen Vergleich an und anschließend den gewünschten Ausgabewert. Dieser Wert steht später in der Ergebnistabelle. Sie können damit beispielsweise Texte übersetzen oder korrigieren:

```
SELECT
  CASE
    WHEN geo.country = 'Germany' THEN 'Deutschland'
    WHEN geo.country = 'Austria' THEN 'Österreich'
```

```
      WHEN geo.country = 'Switzerland' THEN 'Schweiz'
      ELSE geo.country
   END AS Land
FROM `analytics-ef61c.analytics_151687601.events_20220930`
GROUP BY 1
```

Listing 8.5 Landesnamen mit einer CASE-Abfrage übersetzen

Im Skript aus Listing 8.5 werden die Länder abgefragt, aus denen die Aufrufe stammen. Diese sind in BigQuery mit ihren englischen Namen hinterlegt. Mit der CASE-Anweisung werden beim Auftreten der englischen Namen *Germany*, *Austria*, *Switzerland* die entsprechenden deutschen Namen ausgegeben. In allen anderen Fällen (die ELSE-Zeile) wird der Wert aus der Tabellenspalte geo.country zurückgegeben. Wichtig bei CASE ist die abschließende END-Anweisung.

Die Übersetzung muss aber nicht eins-zu-eins erfolgen, Sie können auch mehrere Zeilen aus der Eingangstabelle zusammenfassen. Ändern Sie dazu die CASE-Anweisung wie in Listing 8.6:

```
CASE
   WHEN geo.country = 'Germany' THEN 'DACH'
   WHEN geo.country = 'Austria' THEN 'DACH'
   WHEN geo.country = 'Switzerland' THEN 'DACH'
   ELSE geo.country
END AS Land
```

Listing 8.6 Unterschiedliche Werte zusammenfassen

Im Ergebnis werden die Einträge für Deutschland, Österreich und die Schweiz nun als eine Zeile *DACH* zusammengefasst.

In den WHEN-Anweisungen lassen sich auch numerische Vergleiche machen, also etwa WHEN revenue_in_usd > 10 THEN 'über 10 Euro'.

Filtern auf berechnete Spalten mit HAVING

Nehmen Sie an, Sie möchten in der Tabelle aus dem letzten Abschnitt nur Betriebssysteme zeigen, die mindestens von 20 Nutzern eingesetzt werden. Das Filtern mit WHERE haben Sie bereits kennengelernt, allerdings führt die Verwendung hier zu einer Fehlermeldung. Mit WHERE lassen sich nur die Werte der Ausgangstabelle filtern, also die Werte, die zum Zeitpunkt der Abfrage bereits in den Zellen stehen.

Auf berechnete Werte der Ergebnisausgabe lässt sich WHERE nicht anwenden, sondern Sie müssen hierfür die Anweisung HAVING nutzen. Für den Vergleich nutzen Sie den Namen der Ausgabespalte:

```
SELECT
  device.operating_system AS Betriebssystem,
  COUNT(*) AS Ereignisse,
  COUNT(DISTINCT user_pseudo_id) AS Nutzer
FROM `analytics-ef61c.analytics_151687601.events_20220930`
GROUP BY device.operating_system
HAVING Nutzer > 20
```

Listing 8.7 Nur Einträge mit mehr als 20 Nutzern auswählen

Sortieren mit ORDER BY

Die Reihenfolge der Ausgabetabelle ergibt sich aus der Reihenfolge der Ausgangstabelle. Vor allem wenn Sie Berechnungen mit COUNT oder SUM durchführen, möchten Sie das Ergebnis eher nach diesen Werten sortiert haben, um so direkt die am häufigsten aufgerufenen oder genutzten Inhalte zu sehen. Dafür gibt es in SQL die Anweisung ORDER BY. Auf sie folgt der Name oder die Nummer der Spalte der Ausgabetabelle – ähnlich wie bei GROUP BY. Numerische Spalten werden nach dem Zahlenwert sortiert, Textspalten alphabetisch. Abschließend können Sie noch die Richtung der Sortierung angeben: Mit ASC wird aufsteigend sortiert, mit DESC absteigend.

```
SELECT
  device.operating_system AS Betriebssystem,
  COUNT(*) AS Ereignisse
FROM `analytics-ef61c.analytics_151687601.events_20220930`
GROUP BY device.operating_system
ORDER BY 2 DESC
```

Listing 8.8 Sortieren der Ergebnistabelle

Das Skript aus Listing 8.8 sortiert die Betriebssysteme absteigend nach der Summe der Ereignisse. ORDER BY folgt in einem SQL-Skript übrigens nach einer eventuell vorhandenen HAVING-Anweisung.

Verschachtelte Felder mit UNNEST und CROSS JOIN auflösen

Die Nutzerdaten zu Standort oder Browser sind in eigenen Spalten abgelegt, die sich mit WHERE abfragen lassen. Für einige Werte nutzt Analytics im Export einen besonderen Spaltentyp, nämlich *verschachtelte Spalten* (engl. *Nested Fields*). Dabei werden alle Parameter, die für ein Ereignis mitgetrackt wurden, als Attribut-Wert-Paare in einem einzigen Feld abgelegt. In BigQuery-Ergebnissen (oder der Vorschau) zeigt sich dieser Typ dadurch, dass es zwar mehrere Einträge für die Parameter gibt (source, page_title usw.), aber das Ganze eine einzige Zeile ist, wie Sie in der ersten Spalte von Abbildung 8.20 erkennen können.

Zeile	event_date	event_times...	event_name	event_...key	event_...string_value
10	20220930	166452014...	page_view	source	google
				page_title	Direct Traffic in Google Analytics: Was ist das und woher kommt es?
				campaign	(organic)
				engaged_session_event	*null*
				content_group	Blog
				page_location	https://www.luna-park.de/blog/10008-direct-traffic-google-analytics/

Abbildung 8.20 Verschachtelte Spalten im Abfrageergebnis

Es gibt im Schema zwar die Spalten *event_params.key* und *event_params.value*, Sie können die Felder aber nicht so einfach in einer Abfrage verwenden. Der Aufruf einer Seite wird in GA4 durch den Ereignisnamen *page_view* gekennzeichnet, und der Ereignisparameter *page_location* enthält die URL der aufgerufenen Seite. Der Parameter lässt sich aber nicht so einfach per WHERE-Anweisung abfragen. Die folgende Abfrage liefert eine Fehlermeldung:

```
// Abfrage führt zu einem Fehler!
SELECT  *
FROM `analytics-ef61c.analytics_151687601.events_20220930`
WHERE event_params.key = 'page_location'
AND event_params.value = 'https://www.luna-park.de/blog/'
```

Listing 8.9 So können Sie Daten zu einer bestimmten Seite nicht abfragen.

Um auf einen bestimmten Ereignisparameter abzufragen, müssen Sie zunächst die verschalteten Felder auflösen. Das tun Sie mit den Anweisungen UNNEST und CROSS JOIN. Mit der folgenden Anweisung erhalten Sie eine Tabelle der Ereignisparameter mit Werten (siehe Abbildung 8.21):

```
SELECT
  event_params
FROM `analytics-ef61c.analytics_151687601.events_20220930` AS t
  CROSS JOIN  UNNEST (t.event_params) AS event_params
```

Listing 8.10 Verschachtelte Felder auflösen

Die erste Spalte enthält die Parameternamen, die übrigen Spalten enthalten die übertragenen Werte in unterschiedlichen Typen. Es gibt eine Spalte für Textwerte, eine für Nummern usw. Für Filter oder die Ausgabe müssen Sie den richtigen Typ mit angeben.

Zeile	event_...key	event_...string_value	event_...int_...	event_...floa...	event_...dou...
91	page_location	https://www.luna-park.de/ressourcen/seo-ratgeber/suchmaschinen-in-deutschland/	*null*	*null*	*null*
92	engaged_session_event	*null*	1	*null*	*null*
93	ga_session_number	*null*	1	*null*	*null*
94	page_title	Suchmaschinen in Deutschlan...	*null*	*null*	*null*
95	session_engaged	*null*	1	*null*	*null*

Abbildung 8.21 Verschachtelte Spalte, aufgelöst in einzelne Zeilen

Auf diese Spalten können Sie nun eine WHERE-Abfrage ergänzen und so z. B. nach einer bestimmten URL filtern. Damit nur Seitenaufrufe und keine anderen Ereignisse berücksichtigt werden, wurde im nächsten SQL-Beispiel ein Filter auf den Ereignisnamen hinzugefügt:

```
SELECT
  event_params.value.string_value AS Seite,
  COUNT(*) AS Aufrufe,
  COUNT(DISTINCT user_pseudo_id) AS Nutzer
FROM `analytics-ef61c.analytics_151687601.events_20220930` AS t
  CROSS JOIN UNNEST (t.event_params) AS event_params
WHERE
  event_name = 'page_view'
  AND event_params.key = 'page_location'
  AND event_params.value.string_value LIKE 'https://www.luna-park.de/blog/%'
GROUP BY 1
ORDER BY 2 DESC
LIMIT 25
```

Listing 8.11 Abfrage nach bestimmten Seiten auf verschachtelten Feldern

Ein paar ergänzende Erklärungen zur Anweisung:

▶ Die page_location wird mit LIKE statt mit = verglichen. In SQL prüft LIKE, ob der folgende Text im Feld enthalten ist. Das % markiert den Teil, der beliebig gefüllt sein darf. Es wird also nach Einträgen gesucht, die mit https://www.luna-park.de/blog/ beginnen.

▶ Die 1 in der GROUP BY-Anweisung bezieht sich auf die erste Spalte der Ausgabe. Alternativ könnten Sie auch Seite schreiben.

▶ Die Anweisung ORDER BY sortiert das Ergebnis nach der Spalte 2. Alternativ könnten Sie auch Aufrufe schreiben.

▶ DESC steht für *Descending*, was auf Englisch *absteigend* bedeutet.

▶ Mit LIMIT 25 wird das Ergebnis auf die ersten 25 Zeilen beschränkt.

Das Ergebnis kommt einem Bericht in der GA4-Oberfläche schon recht nahe: In der ersten Spalte ist die Seite aufgeführt, gefolgt von den Aufrufen und den Nutzern auf der Seite (siehe Abbildung 8.22).

Zeile	Seite	Aufrufe	Nutzer
1	https://www.luna-park.de/blog/29148-google-tag-manager/	27	16
2	https://www.luna-park.de/blog/5046-seo-strategie-die-basis-jeder-suchmaschinenoptimierung/	18	5
3	https://www.luna-park.de/blog/29329-keywordanalyse/	17	8
4	https://www.luna-park.de/blog/36826-google-analytics/	17	9
5	https://www.luna-park.de/blog/30734-google-tag-manager-konto-einrichten/	15	12
6	https://www.luna-park.de/blog/29464-google-search-console-einrichten/	14	10
7	https://www.luna-park.de/blog/35752-was-ist-seo/	14	4
8	https://www.luna-park.de/blog/29231-google-analytics-einbinden/	12	8

Abbildung 8.22 Top-Seiten im Abfrageergebnis

Verschachtelte Spalten kommen auch für Nutzereigenschaften (`user_properties`) und die Produkte bei E-Commerce-Aufrufen (`items`) zum Einsatz. Das Verfahren, um diese aufzulösen, funktioniert genauso wie für Ereignisparameter (`event_params`).

Die Anweisung `CROSS JOIN` können Sie übrigens durch ein einfaches Komma (,) ersetzen und sich so ein wenig Schreibarbeit sparen.

8.1.4   SQL-Abfragen für BigQuery aus der Praxis

Mit den einzelnen Bausteinen der SQL-Sprache können Sie nun eigene Abfragen bauen. Je nach Aufgabe können diese Abfragen schnell komplex werden und viele Techniken aus den letzten Abschnitten kombinieren. Um Ihnen einen Ausgangspunkt für eigene Entwicklungen zu geben, finden Sie im Folgenden einige Beispielabfragen. Nutzen Sie diese direkt für Ihre Daten oder passen Sie sie nach Ihren Bedürfnissen an.

Alle vorkommenden Ereignisse mit ihren Parametern ausgeben

Die Parameter eines Ereignisses werden alle in einem verschachtelten Feld gesammelt, sowohl systemeigene Parameter als auch von Ihnen angelegte benutzerdefinierte. Bei größeren oder unbekannten Setups kann es schwierig werden, immer den Überblick zu behalten, welche Ereignisnamen und Parameter eigentlich verwendet werden.

Mit dem folgenden Skript werden die Ereignisparameter ausgelesen und für jeden Ereignisnamen aufgelistet. Zusätzlich gibt das Skript aus, in welchen Feldtyp der Parameter seine Daten ablegt. So erhalten Sie mit einem Aufruf eine komplette Übersicht, welche Ereignisse mit welchen Parametern in einer GA4-Property eingelaufen sind und somit im Tracking-Code verwendet wurden. Als Dokumentation und zur Prüfung der einlaufenden Daten ist so eine Tabelle durchaus hilfreich.

```
SELECT
  event_name,
  params.key AS event_parameter_key,
  CASE WHEN params.value.string_value IS NOT NULL THEN 'string'
      WHEN params.value.int_value IS NOT NULL THEN 'int'
      WHEN params.value.double_value IS NOT NULL THEN 'double'
      WHEN params.value.float_value IS NOT NULL THEN 'float'
      ELSE NULL END AS event_parameter_value
FROM
  `analytics-ef61c.analytics_151687601.events_202209*` AS t,
  UNNEST(event_params) AS params
GROUP BY
  1, 2, 3
ORDER BY
  1, 2
```

Listing 8.12 Eine Liste aller Ereignisse, Parameter und Parametertypen erhalten

Suchen Sie nur die Parameter für ein bestimmtes Ereignis, können Sie dieses mit einer WHERE-Anweisung angeben. Der Umfang der erzeugten Tabelle hängt natürlich von der untersuchten Property ab.

Zeile	event_name	event_parameter_key	event_parameter_value
1	page_view	analytics_storage	String
2	page_view	campaign	String
3	page_view	content	String
4	page_view	content_group	String
5	page_view	debug_mode	Int
6	page_view	engaged_session_event	Int
7	page_view	engagement_time_msec	Int

Tabelle 8.4 Ergebnistabelle zu Listing 8.12

Ergänzen Sie als zusätzliche Spalte einen COUNT-Befehl, bekommen Sie noch die Häufigkeit der Parameter:

```
...
    ELSE NULL END AS event_parameter_value,
    COUNT(*)
FROM
...
```

Abschlüsse und Umsatz einer Woche ermitteln

Das Skript in Listing 8.13 fragt für den Zeitraum einer Woche vom 19.9. bis 25.9. die Ereignisse für die E-Commerce-Abschlüsse *purchase* und *in_app_purchase* ab. Pro Tag werden die Anzahl der Abschlüsse und der Umsatz ausgegeben. Der Umsatz wird mit ROUND auf zwei Nachkommastellen gerundet.

Um eine Woche als Zeitraum auszuwählen, wird der gesamte September in der FROM-Anweisung gewählt und dann in der WHERE-Anweisung auf Start- und Enddatum verwiesen. Für längere Zeiträume passen Sie diese beiden Stellen entsprechend an. Sie können auch auf die komplette *events*-Tabelle abfragen und ein Datum angeben, dadurch werden nur die Datenmenge und Laufzeit entsprechend größer.

```
SELECT
  event_date AS Datum,
  COUNT(DISTINCT user_pseudo_id) AS Abschluesse,
  ROUND(SUM(event_value_in_usd),2) AS Umsatz
FROM
  `analytics-ef61c.analytics_151687601.events_202209*`
WHERE
  event_name IN ('in_app_purchase', 'purchase')
  AND event_date BETWEEN '20220919' AND '20220925'
GROUP BY 1
```

Listing 8.13 Abschlüsse und Umsatz einer Woche

Der Filter auf den Ereignisnamen nutzt eine Listenabfrage: Der event_name der Zelle muss einem der Werte in der Liste entsprechen, die mit IN verglichen wird.

Die Anweisung BETWEEN .. AND gibt einen Zahlenraum »von bis« an und ist vor allem mit Datumsangaben nützlich.

Als Ergebnis erhalten Sie eine Tabelle mit den Tageswerten.

Zeile	Datum	Abschluesse	Umsatz
1	20220924	54	4430.34
2	20220923	67	8778.83

Tabelle 8.5 Ergebnistabelle zu Listing 8.13

Zeile	Datum	Abschluesse		Umsatz
3	20220921	84		4215.16
4	20220920	84		4553.02
5	20220919	96		8214.93
6	20220925	80		9097.81
7	20220922	73		0037.43

Tabelle 8.5 Ergebnistabelle zu Listing 8.13 (Forts.)

Aktive Nutzer der letzten 20 Tage ermitteln

Manchmal möchten Sie die Nutzer betrachten, die in einem bestimmten Zeitraum auf Ihrem Angebot unterwegs waren. BigQuery kann Zeiträume absolut abfragen, Sie können aber auch einen Zeitraum in der Abfrage berechnen. Die folgende Anweisung sucht nach Nutzern, die in den letzten 20 Tagen auf Ihrem Angebot im Blogbereich waren:

```
SELECT
  COUNT(DISTINCT user_pseudo_id) AS Blog_Nutzer
FROM `analytics-ef61c.analytics_151687601.events_202209*` AS t
  CROSS JOIN UNNEST (t.event_params) AS event_params
WHERE
  event_name = 'page_view'
  AND event_params.key = 'page_location'
  AND event_params.value.string_value LIKE '%/blog/%'
  AND event_timestamp >
    UNIX_MICROS(TIMESTAMP_SUB(CURRENT_TIMESTAMP, INTERVAL 20 DAY))
```

Listing 8.14 Aktive Nutzer der letzten 20 Tage

Die letzte Zeile des Skripts aus Listing 8.14 vergleicht den Timestamp jeder Zeile, also den genauen Zeitpunkt mit Datum und Uhrzeit, wann dieser stattgefunden hat. Der Vergleichswert wird ausgehend von der Zeit der Abfrage (CURRENT_TIMESTAMP) berechnet und blickt 20 Tage in die Vergangenheit (INTERVAL 20 DAY).

Top-Produkte im Zeitraum

Die Produkte von E-Commerce-Bestellungen sind in der verschachtelten Spalte *items* abgelegt. Um Zugriff auf die Produkte zu erhalten, müssen Sie die Spalte zunächst mit UNNEST auflösen.

Das SQL-Skript aus Listing 8.15 gibt eine Tabelle der meistverkauften Produkte zurück, mit:

▶ der Anzahl der Bestellungen, in denen dieses Produkt verkauft wurde

▶ dem Umsatz, der dadurch erzielt wurde

▶ der Menge, wie oft ein Produkt insgesamt verkauft wurde

Die HAVING-Anweisung bewirkt, dass ein Produkt in mindestens 50 Bestellungen enthalten gewesen sein muss, um im Ergebnis ausgegeben zu werden.

```
SELECT
  items.item_name AS Produkt,
  COUNT(DISTINCT ecommerce.transaction_id) AS Bestellungen,
  SUM(items.item_revenue) AS Umsatz,
  SUM(items.quantity) AS Menge
FROM
  ` analytics-ef61c.analytics_151687601.events_202209*` AS t,
  UNNEST(items) AS items
WHERE
  event_name = 'purchase'
GROUP BY
  1
HAVING Bestellungen >= 50
ORDER BY Bestellungen DESC
```

Listing 8.15 Top-Produkte im Zeitraum

Tabelle 8.6 zeigt das Ergebnis der Abfrage.

Zeile	Produkt	Bestellungen	Umsatz	Menge
1	50er Paket	310	1550.0	453
2	Produkt B Größe S	133	1596.0	287
3	Produkt B Größe M	125	2750.0	425
4	Produkt B Größe L	72	2160.0	144
5	Karton M	70	1540.0	96
6	Produkt A (2. Gen)	69	0.0	103
7	Flex-Paket	50	600.0	77

Tabelle 8.6 Ergebnistabelle zu Listing 8.15

8.1.5   Das BigQuery-Demokonto mit seinem Beispiel-Dataset

Nun möchten Sie sicher die Abfragen auf GA4-Daten in BigQuery ausprobieren. Auch wenn Sie die Verknüpfung mit BigQuery kostenlos aktivieren können, bietet Ihre Website vielleicht nicht alle Felder und Datenfelder.

Wie schon für die GA4-Oberfläche bietet Google ein öffentliches Datenset, das Sie für Experimente verwenden können. Wie beim Demokonto für E-Commerce, das Sie in Kapitel 5, »Shops bewerten«, gesehen haben, handelt es sich um ausgewählte Daten des Google-Merchandise-Shops. Alles, was Sie für den Zugriff brauchen, ist ein Google-Nutzer mit Zugriff auf ein Google-Cloud-Projekt. Wie Sie ein solches Projekt einrichten, haben Sie im Abschnitt »Ein Google-Cloud-Projekt anlegen« gesehen.

Um Zugriff auf das Dataset zu erhalten, gehen Sie auf *https://developers.google.com/ analytics/bigquery/web-ecommerce-demo-dataset*, oder suchen Sie alternativ in Google nach »*ga4 bigquery sample dataset*«.

8.2   Looker Studio (ehemals Data Studio) und GA4 zusammenführen

Google Data Studio (kurz: *DS*) ist ein Tool zur Visualisierung von Daten aus unterschiedlichen Quellen. Ein Data-Studio-Bericht kann Daten in verschiedenen Formen präsentieren sowie Steuerelemente zur Auswahl und Filterung anbieten (siehe Abbildung 8.23). Im Bericht können Sie Daten filtern und mehrere Quellen zusammenführen. Data Studio ist sowohl für Berichte als auch für den Editor komplett browserbasiert und wird kostenlos von Google zur Verfügung gestellt.

Namensänderung zu Looker Studio

Im Oktober 2022 hat Google den Namen von Data Studio geändert, es heißt nun offiziell *Looker Studio*. Der Funktionsumfang wurde eins-zu-eins übernommen. Zu dem Zeitpunkt, als dieses Buch geschrieben wurde, waren bereits das Logo und die Website erneuert, allerdings waren alle bisher verfügbaren Ressourcen im Web mit dem Namen *Data Studio* zu finden, und selbst Google hatte noch nicht alle Dokumentationen geändert. Daher ist in diesem Kapitel weiterhin von *Data Studio* die Rede.

Unter *https://datastudio.google.com* erreichen Sie die Startseite von Data Studio, wo sich eigene Berichte erstellen lassen. Dabei können Sie mit einem leeren Bericht starten oder auf eine Vorlage aus dem Google-Katalog zurückgreifen.

Data Studio ist ein mächtiges Tool und bietet über die Verbindung mit GA4 hinaus unzählige Features und Optionen, deren Vorstellung den Rahmen dieses Kapitels sprengen würde. Im Folgenden soll es vor allem darum gehen, in welchen Fällen Data

Studio im Einsatz mit GA4 einen Mehrwert bietet und warum sich die Einarbeitung in ein weiteres Tool lohnt.

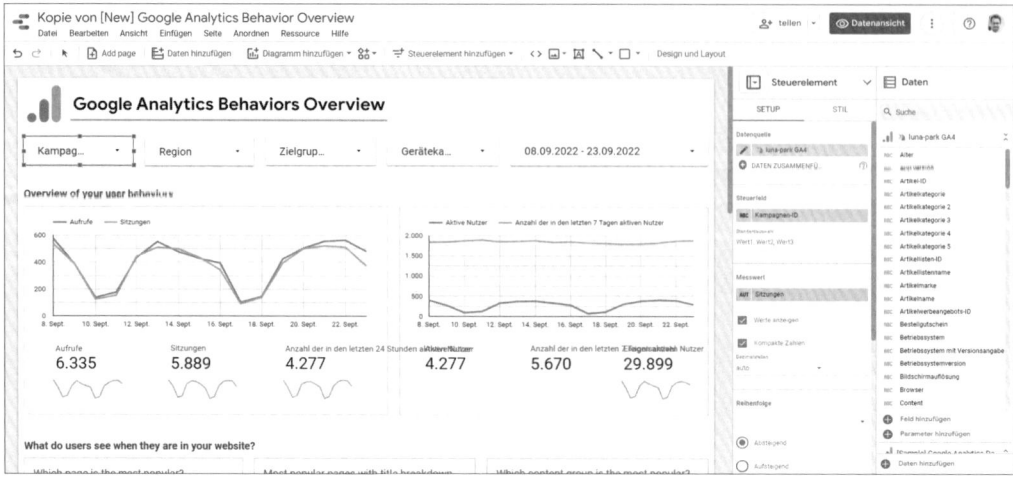

Abbildung 8.23 Datenvisualisierung mit Data Studio

8.2.1 Zugriff auf GA4-Daten

Den Zugriff auf Datenquellen realisiert Data Studio durch sogenannte *Connectoren*. Jedes System, auf dessen Daten Sie in einem Bericht zugreifen möchten, benötigt einen Connector. Für die meisten eigenen Dienste bietet Google selbst diese Schnittstellen an, unter anderem für Google Analytics, Ads, Search Console und BigQuery (siehe Abbildung 8.24).

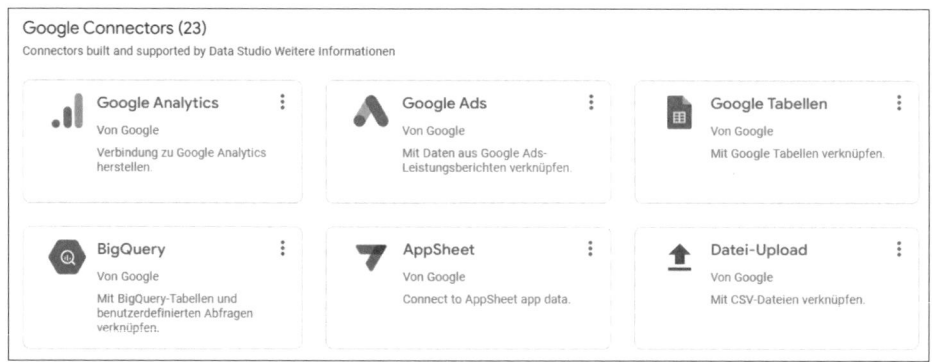

Abbildung 8.24 Daten aus unterschiedlichen Quellen zusammenbringen

Beim Erstellen eines neuen Berichts werden Sie als Erstes aufgefordert, eine Datenquelle auszuwählen, die die Grundlage des Berichts bildet. Für die Verbindung zu einer GA4-Property wählen Sie den Google Analytics-Connector aus. Dieser erkennt automatisch, ob Sie auf Universal Analytics oder auf GA4 zugreifen wollen.

Anschließend wählen Sie aus einer Liste aller Analytics-Properties, auf die Ihr Google-Nutzer Zugriff hat, die gewünschte Property aus (siehe Abbildung 8.25). Wie gesagt erkennt Data Studio automatisch, ob es sich um Universal Analytics oder GA4 handelt.

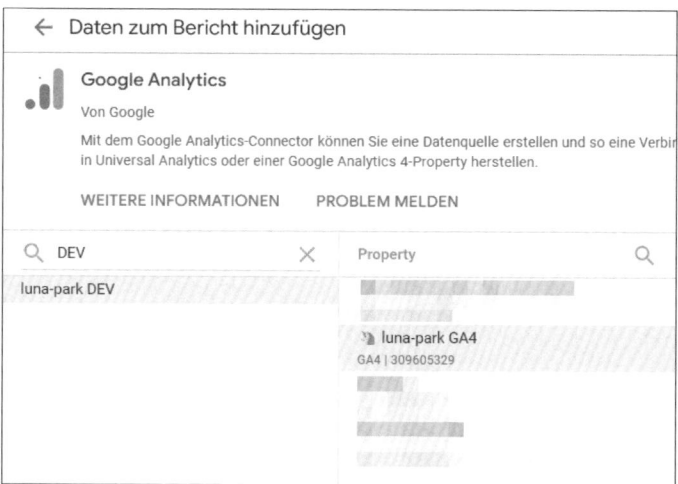

Abbildung 8.25 Analytics-Daten im Connector auswählen

Das führt Sie anschließend auf die Berichtsseite, wo zur Demonstration ein erstes Element angelegt und ausgewählt wurde.

In den rechten Seitenleisten befindet sich die Konfiguration des Tabellenelements. In der Spalte DIAGRAMM sehen Sie die Einstellungen des Elements: Welche Datenquelle wird verwendet? Welche Dimensionen und Messwerte sollen angezeigt werden? In der Spalte DATEN werden alle Dimensionen und Messwerte aufgelistet, die Ihnen vom Connector (also in diesem Fall GA4) zur Verfügung gestellt werden (siehe Abbildung 8.26).

Die Funktionsweise ist ähnlich wie bei den *Explorativen Datenanalysen*: Sie ziehen die gewünschten Dimensionen aus der Datenspalte auf das Feld DIMENSION HINZU-FÜGEN in der Diagrammspalte (oder klicken auf das HINZUFÜGEN-Feld und wählen sie aus). Ebenso verfahren Sie mit den Messwerten.

Die Einträge in der Datenliste kennen Sie bereits aus GA4: Es sind dieselben Dimensionen und Messwerte, die Sie von den Datenanalysen her kennen. Allerdings werden nicht alle Werte in Data Studio angeboten. Über den Connector können Sie 86 Dimensionen und 40 Messwerte auswählen plus die benutzerdefinierten Einträge. (Bei Universal Analytics waren es noch über 200 Dimensionen und mehr als 300 Messwerte.)

Etwas weiter unten in der Spalte können Sie einen oder mehrere FILTER auf die Daten einrichten. Anders als in einer Datenanalyse lässt Sie Data Studio auf alle Felder filtern, die von GA4 angeboten werden.

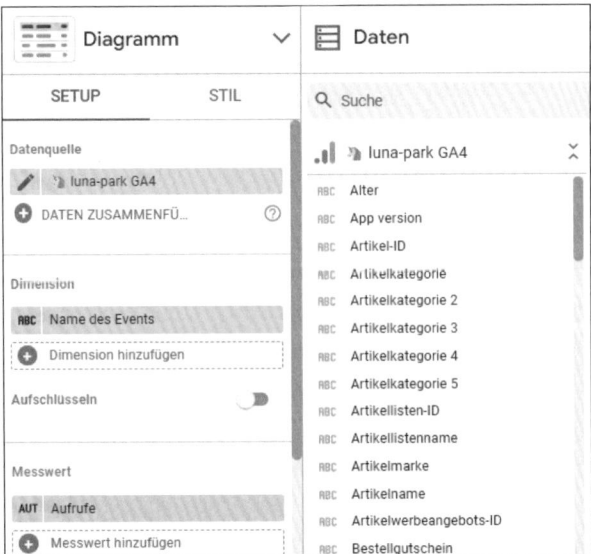

Abbildung 8.26 Konfigurieren eines Elements in Data Studio

Die Funktionsweise der Diagrammelemente und Tabellen ähnelt wie gesagt den explorativen Datenanalysen in GA4. Sie werden viele Optionen und Einstellungen wiederfinden. Die eingerichtete GA4-Datenquelle wird automatisch für neue Diagramme und Elemente übernommen. Wenn Sie also ein weiteres Element aus dem Menü Diagramm hinzufügen auswählen, wird es direkt mit Daten aus Ihrer GA4-Property gefüllt und Sie können Anpassungen vornehmen.

Möchten Sie nun Nutzerdaten einer weiteren Property im Bericht verwenden (GA4 oder Univeral), benötigen Sie eine weitere Datenquelle. Diese erreichen Sie mit dem Button Daten hinzufügen aus der Menüleiste. Klicken Sie erneut auf Google Analytics, und wählen Sie anschließend die Property/Datenansicht, von der Sie ebenfalls Daten im Bericht zeigen wollen (siehe Abbildung 8.27). Haben Sie den Vorgang abgeschlossen, sieht der Bericht zunächst unverändert aus. Auch beim Hinzufügen neuer Elemente ist die erste Datenquelle eingestellt.

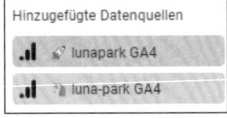

Abbildung 8.27 Wählen Sie aus mehreren GA4-Datenquellen

Beim Klick auf Datenquelle haben Sie nun in jedem Diagramm oder jeder Tabelle die Wahl zwischen den beiden Quellen. Sie müssen also ein Element hinzufügen und ändern dann die Quelle. So können Sie die Daten aus unterschiedlichen Properties gemeinsam verwenden (siehe Abbildung 8.28).

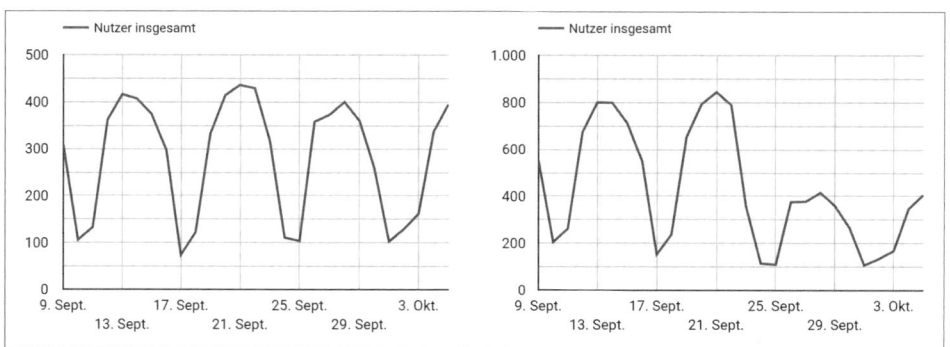

Abbildung 8.28 Hier werden Daten aus zwei GA4-Properties gegenübergestellt.

8.2.2   Die Datenquelle um eigene Felder erweitern

Der Connector verbindet die Felder aus Data Studio mit Dimensionen und Metriken aus GA4. Sie können in Data Studio nun weitere Felder anlegen und hinzufügen, um zusätzliche Werte zu berechnen.

Sehen wir uns hierzu ein Beispiel an: Rufen Sie die Feldliste der GA4-Verbindung auf. Dazu klicken Sie auf ein vorhandenes Diagramm und dann auf das Bearbeiten-Symbol des Datenquelleneintrags (das ist der kleine Stift vor dem Namen). Das führt Sie zur Liste aller Felder der Verbindung (siehe Abbildung 8.29).

Abbildung 8.29 Die Feldliste der ausgewählten Datenquelle (hier GA4)

Suchen Sie nun die Dimension für SEITENPFAD, und rufen Sie das Menü des Eintrags mit den drei Punkten auf, und wählen Sie ANZAHL aus. Dadurch erzeugen Sie einen neuen Messwert, der die unterschiedlichen Seitenpfade zählt (siehe Abbildung 8.30). Am Symbol FX erkennen Sie, dass dieser Wert nicht direkt aus GA4 importiert wird, sondern berechnet wird.

Abbildung 8.30 Dieser Messwert berechnet sich aus anderen Werten.

Der neue Messwert erscheint nun für alle Diagramme in der Datenspalte, und Sie können ihn in Diagrammen oder anderen Elementen verwenden wie jeden anderen Wert auch.

Sie haben gerade ein *berechnetes Feld* zu Ihrer Datenquelle hinzugefügt. Um sich das im Detail anzuschauen, klicken Sie noch einmal auf die Feldliste der Datenquelle und diesmal auf das FX-Symbol. Es erscheint ein Editorfeld mit den Einstellungen des Felds (siehe Abbildung 8.31).

Abbildung 8.31 Eine eigene Funktion für ein Feld in der Datenquelle anlegen

Im Eingabefeld sehen Sie die Funktion, die zur Berechnung verwendet wird:

```
COUNT(Seitenpfad)
```

Durch das Hinzufügen von Feldern können Sie also Berechnungen oder auch Textoperationen auf Dimensionen und Messwerte durchführen. Das Ergebnis wird als neues Feld für die Verwendung in Ihrem Bericht ausgegeben. Es gibt eine ganze Reihe von Funktionen, die Sie auf Daten anwenden können. Ein paar Beispiele sind:

▶ Einträge zählen

▶ Kommazahlen runden

▶ den Durchschnitt berechnen, z. B. Umsatz pro Warenkorb

▶ Zeichen aus Texten entfernen

▶ Zeichen in Texten ersetzen

▶ abfragen, ob ein Feld einen bestimmten Wert enthält

Die Aufrufe orientieren sich stark an den Funktionen aus *Google Sheets*. Eine komplette Auflistung finden Sie unter *https://support.google.com/datastudio/table/6379764*.

In Universal Analytics gab es die Option, berechnete Messwerte in der jeweiligen Datenansicht zu hinterlegen. Das Ergebnis war Bestandteil der Messwerte-Liste. In GA4 gibt es dieses Feature nicht, Sie können also keine eigenen Berechnungen abbilden. Mit berechneten Feldern stellt Data Studio diese Funktion nicht nur zur Verfügung, sondern bietet darüber hinaus gehende Möglichkeiten wie etwa Text-Manipulationen.

Funktionen und berechnete Felder ohne Änderung der Datenquelle

Ein berechnetes Feld in der Datenquelle ist eine Variante, wie Sie Eingabedaten bearbeiten können. Die Funktionen lassen sich auch direkt in einem Datenelement anwenden, also innerhalb einer Tabelle oder eines Diagramms. Dann ist diese Berechnung nur in diesem Element verfügbar.

Ein Feld in der Datenquelle ist für alle Elemente verfügbar, die Sie im Bericht anlegen. Allerdings benötigen Sie dazu Zugriff auf die Einstellungen der verwendeten Datenquelle, was nicht immer der Fall ist.

Welche Vorgehensweise die »bessere« ist, hängt von Ihrem jeweiligen Anwendungsfall ab.

8.2.3   In Data Studio von Universal Analytics zu GA4 umziehen

Wenn Sie bereits Data Studio (DS) für Berichte Ihrer Nutzerdaten einsetzen und diese auf Basis von Univeral-Analytics-Datenansichten laufen, steht mit einem Upgrade auf GA4 auch ein Upgrade der DS-Berichte an. Wie bereits beschrieben, bleibt der Connector für beide Versionen von Google Analytics identisch. Sie müssen lediglich die verknüpfte Ansicht/Property anpassen.

Das tun Sie, indem Sie die bestehende Datenquelle bearbeiten und in der Feldübersicht auf den Link zu VERBINDUNG BEARBEITEN klicken. Dadurch gelangen Sie erneut zur Auswahl der GA-Konten und -Properties. Wählen Sie nun die neue GA4-Property aus, und klicken Sie auf ERNEUT VERBINDEN. Sie werden eine Meldung ähnlich wie die in Abbildung 8.32 erhalten.

Der Connector ist zwar derselbe, der Aufbau der angebundenen Quelle ist es aber nicht. Data Studio führt keinen Abgleich von Universal-Dimensionen mit GA4-Dimensionen durch. Alle Felder, die in Diagrammen oder Tabellen aus der Datenspalte zugeordnet waren, werden ungültig. Im Bericht zeigt sich das durch eine Meldung der einzelnen Elemente. In der Konfiguration der Elemente sehen Sie überall rote Einträge mit UNGÜLTIGE DIMENSION und UNGÜLTIGER MESSWERT (siehe Abbildung 8.33).

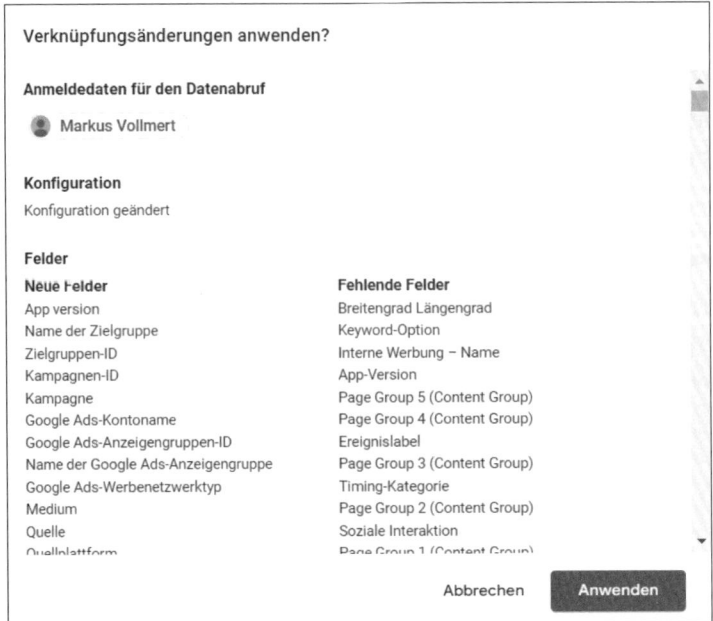

Abbildung 8.32 Wenn Sie die Datenquelle von Universal zu GA4 ändern, erhalten Sie eine Meldung wie diese.

Abbildung 8.33 Unvollständige Diagrammkonfiguration

Den Fehler beheben Sie, indem Sie die Dimensionen und Messwerte neu zuordnen, entweder durch Ziehen aus der Datenspalte oder per Klick auf das ungültige Feld und Auswahl der passenden Werte. Je mehr Elemente ein Bericht enthält, umso aufwendiger ist die erneute Zuordnung. Die sonstigen Einstellungen, wie Aussehen, Position usw., bleiben aber erhalten.

Bei der Umstellung der Datenquelle werden die bisherigen Universal-Felder nicht nur ungültig, sondern verlieren auch die Information, welches Feld in der bisherigen Konfiguration ausgewählt war. Sie können also nicht mehr nachvollziehen, ob ein Diagramm Aufrufe, Sitzungen oder Nutzer gezeigt hat. Gleiches gilt für eventuell vorhandene berechnete Felder.

Notieren Sie daher vor einer Umstellung der Datenquelle von Universal Analytics auf GA4 unbedingt die verwendeten Dimensionen und Messwerte der einzelnen Elemente! Alternativ erstellen Sie eine Kopie des bisherigen Berichts und bearbeiten nur in dieser die Datenquelle. So können Sie später die Einstellungen im alten Bericht nachschlagen und entsprechend übernehmen.

8.2.4   Data Studio als Frontend für BigQuery

Neben den Connectoren zu Analytics und diversen anderen Google-Diensten bietet Data Studio auch einen Connector für den Direktzugriff auf BigQuery. Wählen Sie diesen an, können Sie aus allen Cloud-Projekten wählen, in denen Sie Zugriff auf BigQuery-Datasets haben. Verbinden Sie ein Dataset direkt, werden die Spalten als Felder in der DS-Datenquelle importiert und lassen sich in den Berichten nutzen. In dieser Form nutzen Sie die BigQuery-Datenquelle genauso wie z. B. GA4 oder eine Google-Sheet-Datei.

Abbildung 8.34 SQL-Abfrage als Datenquelle mit dem BigQuery-Connector

Zum Analysewerkzeug wird die Anbindung mit der Option BENUTZERDEFINIERTE ABFRAGE. Dabei wählen Sie wieder ein BigQuery-Dataset aus, können nun aber eine individuelle SQL-Abfrage eingeben. Die Spalten der Ergebnistabelle werden zu den Feldern der Datenquelle, mit der Sie im DS-Bericht weiterarbeiten können.

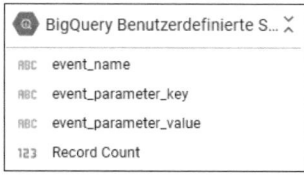

Abbildung 8.35 Spalten des BigQuery-Abfrageergebnisses dienen als Datenquelle.

In Abbildung 8.34 sehen Sie das SQL-Beispiel zur *Ausgabe aller vorkommenden Ereignisse* aus Abschnitt 8.1.4, »SQL-Abfragen für BigQuery aus der Praxis«, als benutzerdefinierte Abfrage. Die SQL-Anweisungen werden genauso eingegeben, wie Sie es im SQL-Arbeitsbereich in BigQuery tun würden. Mit den Einstellungen unter dem Editorfeld lassen sich zusätzlich Parameter aus Steuerelementen des Berichts in die Abfrage übernehmen, was für allem für die Zeitraumauswahl nützlich ist.

Abbildung 8.35 zeigt die Felder aus dem Ergebnis der BQ-Abfrage in der Datenspalte. Von da aus lassen sie sich in Tabellen oder Diagrammen verwenden, z. B. so wie in Abbildung 8.36.

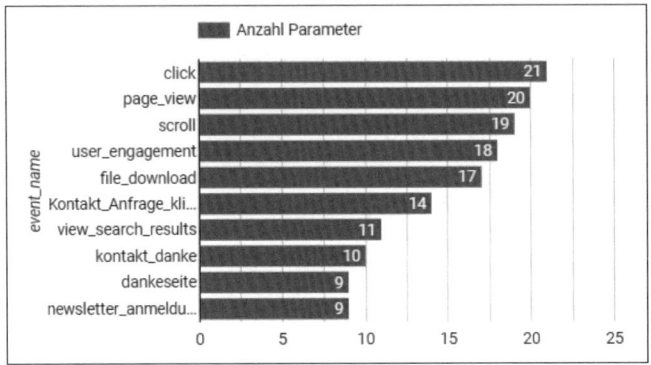

Abbildung 8.36 SQL-Abfrage-Daten, als Diagramm verarbeitet

Häufigkeit der BigQuery-Abfrage

Die Häufigkeit der Abfrage stellen Sie in der Datenquelle ein (siehe Abbildung 8.37). Die Voreinstellung bei neuen Datenquellen beträgt 12 STUNDEN. In diesem Zeitraum wird die Abfrage einmal ausgeführt und die Ergebnistabelle für die Darstellung in DS zwischengespeichert. Das Intervall können Sie auf bis zu 1 Minute verkürzen. Sie können BigQuery-Daten also nahezu live ausgeben.

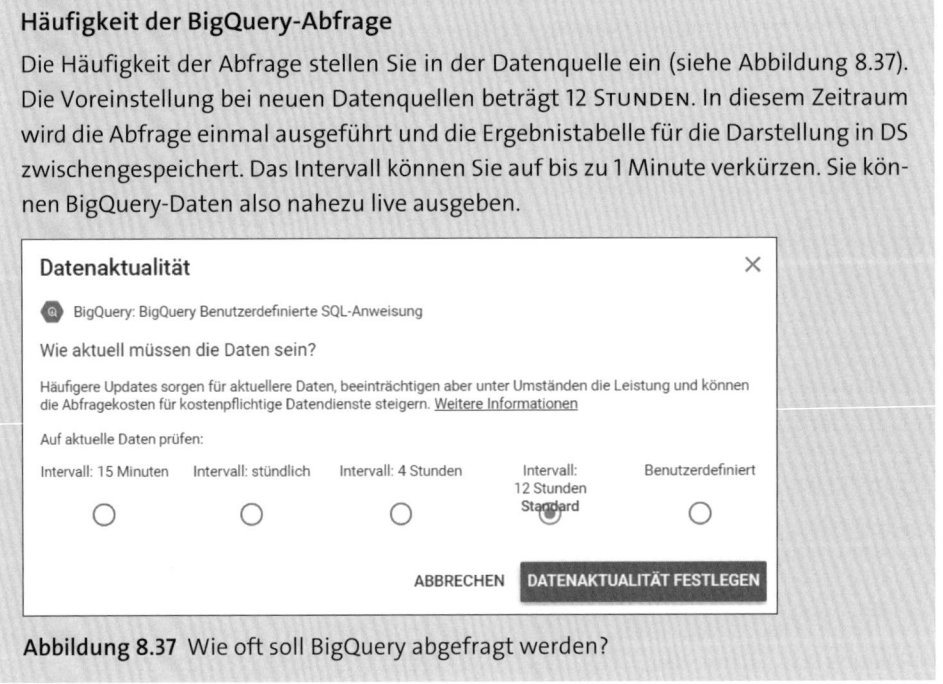

Abbildung 8.37 Wie oft soll BigQuery abgefragt werden?

> Bedenken Sie dabei, dass die BigQuery-Abfrage unabhängig vom Aufruf des Berichts ausgeführt wird. Beim Abstand von 1 Minute sind das 60 Abfragen in der Stunde und 1440 Abfragen pro Tag. Je nach Größe der Abfrage gelangen Sie damit schnell in den kostenpflichtigen Bereich von BigQuery.
>
> Bei der Abfrage von GA4-Daten sollten Sie außerdem berücksichtigen, ob Sie eine Tabelle mit täglich exportierten Daten oder eine Streaming-Tabelle verwenden. Ein kürzeres Intervall ist nur beim Streaming sinnvoll, da nur dort neue Daten »nachgeladen« werden.

In Data Studio können Sie die Ergebnisse von BigQuery-Abfragen nicht nur als Tabelle ausgeben, sondern direkt als Diagramm visualisieren. So werden Daten, die Sie über BigQuery erheben, auch für Anwender ohne SQL-Erfahrung oder Zugriff auf Datasets nutzbar.

8.2.5   Beispiele und Vorlagen für Data Studio

Die Features von Data Studio zur Verknüpfung und Gestaltung von Berichten bringen sehr viele Freiheiten beim Erstellen von Berichten. Gleichzeitig kann der Aufbau eines Reports eine Menge Zeit verschlingen, bis alles so eingestellt ist, wie Sie es sich vorstellen. Wenn die Arbeit mit Data Studio neu für Sie ist, können die zahlreichen Einstellungsmöglichkeiten auch verwirren und so den Start erschweren.

Praktischerweise bietet Data Studio die Option, bestehende Berichte zu kopieren und so als Vorlage für Ihren Bericht zu verwenden. Sie tauschen lediglich die Datenquelle aus; verfügt Ihre Quelle über dieselben Felder wie die Ursprungsvorlage, füllen sich die Elemente anschließend mit Ihren Daten.

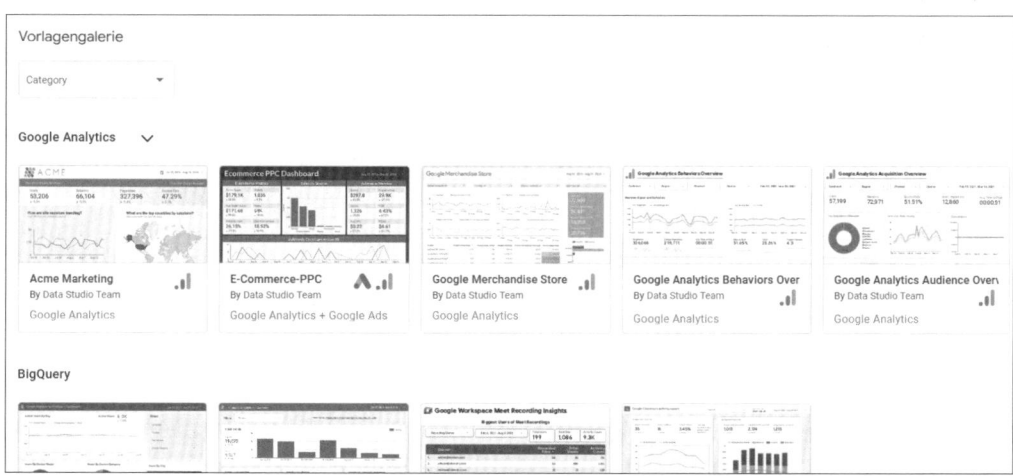

Abbildung 8.38 Data Studio-Berichte aus der Vorlagengalerie

Auf der Startseite von Data Studio finden Sie einen Link zur VORLAGENGALERIE (siehe Abbildung 8.38). Beim Aufruf sind diese Berichte zunächst mit Google-eigenen Daten gefüllt. Sie haben dann zwei Buttons zur Verfügung (siehe auch Abbildung 8.39):

▶ EIGENE DATEN VERWENDEN, um Ihre eigene Datenquelle mit dem Bericht zu verwenden

▶ BEARBEITEN UND FREIGEBEN, um den Bericht anzupassen und mit weiteren Nutzern zu teilen

Abbildung 8.39 Mit eigenen Daten befüllen oder bearbeiten

Durch das Bearbeiten können Sie die Einstellungen der einzelnen Elemente betrachten, für Ihre Berichte übernehmen oder als Inspirationen nutzen. Data-Studio-Elemente lassen sich mit Copy-and-paste zwischen verschiedenen Berichten kopieren.

Darüber hinaus gibt es eine Vielzahl an Vorlagen und Beispielberichten, die von Blogs oder Toolanbietern zur Verfügung gestellt werden. Eine Google-Suche kann Ihnen daher einige Arbeit beim Bau eines Berichts sparen.

8.2.6   Data Studio als Erweiterung von GA4

Data Studio bietet einige Pluspunkte gegenüber den normalen GA4-Berichten und auch gegenüber den explorativen Analysen. In diesem Abschnitt finden Sie eine Zusammenstellung von Faktoren, die Data Studio zu einer sinnvollen Ergänzung zu GA4 machen.

Individualisierung der Farben, Schriften und Größen

In einem DS-Bericht lassen sich alle Farben, Schriften und Größen der Elemente nach Ihren Wünschen anpassen. Als eigene Elemente können Bilder jeder Art eingefügt werden, z. B. für Logos. So lassen sich die Daten ganz in Ihrem Look-and-feel aufbereiten, was einerseits die Akzeptanz bei Kollegen oder Kunden erhöhen kann, andererseits lassen sich Elemente leichter für Präsentationen oder weitere Darstellungen übernehmen.

Mehr Diagrammtypen und Elemente

Im Vergleich zu GA4 bietet Data Studio mehr Darstellungsvarianten für Diagramme und Tabellen. Auch lassen sich durch die freie Anordnung einzelner Elemente Abläufe und Prozesse darstellen, was in GA4 nicht möglich ist.

Eine auf den ersten Blick simple, aber gleichzeitig sehr hilfreiche Funktion ist das Einfügen von freien Textfeldern. Damit lassen sich etwa Erklärtexte, Hinweise oder Anmerkungen direkt im Bericht unterbringen.

Gemeinsame Darstellung verschiedener Elemente und Datenquellen

Die Übersicht-Berichte in GA4 bringen Karten aus verschiedenen Berichten zusammen und schaffen so einen Überblick. Allerdings sind Sie bei der Auswahl und Gestaltung an gewisse Raster gebunden.

Mit Data Studio lassen sich die Elemente frei auswählen und auf einer Seite zusammenstellen. Diese Elemente können unterschiedliche Datenquellen darstellen, sowohl von verschiedenen Diensten wie Ads und Search Console als auch von mehreren GA4-Properties. GA4-Berichte betrachten hingegen immer nur eine Property.

Anbindung von manuell eingegebenen Daten

Data Studio erlaubt die Anbindung von Dateiformaten wie Google Sheets oder CSV. Dadurch gewinnen Sie die Möglichkeit, Daten in Ihre Berichte einfließen zu lassen, die Sie händisch eingeben oder importieren.

GA4 bietet zwar auch eine Importmöglichkeit, aber nur für Daten, die sich direkt mit einer GA4-Dimension verbinden lassen.

Ausgewählte Steuerelemente

In einem DS-Bericht können Sie Steuerelemente einfügen, die eine Auswahl und Filterung der gezeigten Daten ermöglichen. Diese Steuerelemente kann jeder Nutzer des Berichts verwenden. Darüber hinaus kann er aber ohne die entsprechenden Rechte keine Veränderung an den Daten vornehmen.

Das erhöht die Sicherheit vor Fehlbedienungen und Fehlinterpretationen. In GA4 ist eine so selektive Freigabe von Steuerelementen für einen Bericht nicht realisierbar.

Getrennte Rechteverwaltung

Data-Studio-Berichte erhalten ihre Ansicht- und Bearbeiten-Rechte unabhängig von der gezeigten Datenquelle. Das heißt, Sie können einen DS-Bericht mit GA4-Daten für Nutzer freigeben, die keinen eigenen Zugriff auf die zugrunde liegende GA4-Property haben.

Gerade für Anwender mit weniger Erfahrung oder sehr spezifischen Fragestellungen ist ein DS-Bericht mitunter leichter zu verwenden als ein »Vollzugriff« auf die Daten mit einem GA4-Zugang.

E-Mail-Versand

Sie können DS-Berichte nicht nur freigeben, sondern auch per E-Mail an Nutzer schicken lassen. In der Mail erhalten die Anwender eine Bildschirmkopie des Berichts mit den voreingestellten Auswahlen der Steuerelemente. Damit sind die Mails nutzerfreundlicher als frühere E-Mails von Universal Analytics, die einen PDF-Bericht enthielten. Der E-Mail-Versand funktioniert für Anwender, die weder Zugriff auf GA4 noch auf den DS-Bericht selbst haben.

In GA4 gibt es die Option des E-Mail-Versands nicht mehr, die Lösung über einen DS-Bericht bietet aber einen Workaround.

Kapitel 9
Fehler analysieren und Qualität sichern

Sie haben alles konfiguriert und eingerichtet – aber es kommen keine Daten in Google Analytics an? Oder gehen zwar Daten ein, aber Ihr Bericht scheint nicht plausibel? Dann stehen Fehleranalyse und Qualitätssicherung auf Ihrer To-do-Liste!

Was tun Sie, wenn keine Zugriffe im Bericht ankommen oder die Daten unplausibel erscheinen? Wie kommen Sie einem Fehler auf die Schliche? Ein Auswertungssystem, dessen Daten Sie nicht vertrauen können, ist quasi wertlos. Den gesamten Vorgang der Erfassung von Daten können Sie in mehreren Phasen betrachten, sobald ein Nutzer Ihr Angebot besucht:

1. Auf dem Angebot ist das Analytics-Tagging eingebunden.
2. Das Analytics-Tag schickt allgemeine Daten, bei speziellen Aktionen werden zusätzliche Aufrufe gesendet.
3. Die Aufrufe enthalten Parameter mit allen nötigen Informationen.
4. Die Aufrufe kommen in der GA4-Property an.
5. Die Daten landen im GA4-Bericht.

In jeder dieser Phasen kann etwas schiefgehen. Mal enthalten Parameter falsche Werte, sodass die Google-Server die Aufrufe nicht akzeptieren, mal werden die Daten gar nicht erst zu den Google-Servern geschickt. In diesem Kapitel geht es darum, wie Sie die einzelnen Phasen prüfen und Fehler entdecken können.

Richtig prüfen mit »frischem« Browser

Wenn Sie prüfen wollen, ob auf Ihrem Angebot alles so gezählt wird, wie es sollte, dann führen Sie den Test am besten im *Inkognito-Modus* des Browsers durch, der manchmal auch als *anonymes Surfen* bezeichnet wird (siehe Abbildung 9.1). In diesem Modus öffnet der Browser ein gesondertes Fenster, das mit leerem Browser-Cache, leeren Cookies und sonstigen Einstellungen gestartet wird. So sehen Sie die Website so, wie ein neuer Nutzer sie beim ersten Aufruf sieht. Das Tracking verläuft damit wie bei einer »frischen« Sitzung. Dadurch sehen Sie auch die nötigen Schritte vor dem

> Tracking, also etwa die Consent-Bestätigung. Vor allem zum Testen von Kampagnen-parametern sollten Sie mindestens einmal diesen Modus verwenden.
>
>
>
> **Abbildung 9.1** Der Inkognitomodus ist durch ein Icon kenntlich gemacht.
>
> Die großen Browser bieten alle eine entsprechende Funktion an, die Sie entweder per Menü oder Tastenkürzel erreichen. So starten Sie etwa bei Google Chrome mit `Strg`+`⬆`+`N` eine solche Sitzung.

9.1   Ist ein Analytics-Tag auf der Seite vorhanden?

Ihre erste Anlaufstelle bei der Prüfung ist der HTML-Quelltext der Seite, die gezählt werden soll. Der JavaScript-Tracking-Code von Google Analytics muss im Quelltext enthalten sein, damit überhaupt eine Zählung stattfinden kann. Fehlt er, werden weder die Aufrufe der jeweiligen Seite noch weitere Ereignisse gezählt.

Wichtig ist die Prüfung des Quelltextes immer dann, wenn Sie Inhalte auf einem anderen System oder mit neuen Templates erstellen. Auch Microsites oder Landing-pages für Kampagnen sollten immer geprüft werden, da das Kampagnen-Tracking bei einem Fehlen des Tracking-Codes nicht funktioniert.

9.1.1   Prüfung im Seitenquelltext

Unter Windows gelangen Sie in den gängigen Browsern Firefox, Microsoft Edge und Google Chrome mit der Tastenkombination `Strg`+`U` zur Quelltextansicht (siehe Abbildung 9.2).

Alternativ erreichen Sie den Quelltext über das Browser-Menü oder das Kontextmenü der Seite. Ein Klick auf die Seite mit der rechten Maustaste führt Sie ebenfalls zum entsprechenden Eintrag SEITENQUELLTEXT.

Das Analytics-Tag kann theoretisch überall in der Seite stehen: am Anfang, am Ende oder irgendwo dazwischen. Am schnellsten finden Sie es, indem Sie die Suchfunktion nutzen. Sie erreichen sie entweder mit der Tastenkombination `Strg`+`F` oder wieder über das Menü. Suchen Sie nun nach *gtag.js*. Diese Datei wird für das Tracking von den Google-Servern geladen. Wenn Sie den Google Tag Manager verwenden, suchen Sie stattdessen nach *gtm.js*. Fehlt der Befehl zum Laden der Seite, wird auch der restliche Tracking-Code fehlen oder zumindest nicht funktionieren.

Der Tracking-Code muss auf jeder Seite enthalten sein, die gezählt werden soll. Eigentlich müssten Sie also den Quelltext jeder HTML-Seite Ihres Auftritts prüfen, was in der Praxis häufig unrealistisch ist. Normalerweise reicht es, einige ausgewählte Seiten zu prüfen. Auf jeden Fall sollten Sie immer die Homepage und eine oder zwei weitere Seiten unter die Lupe nehmen.

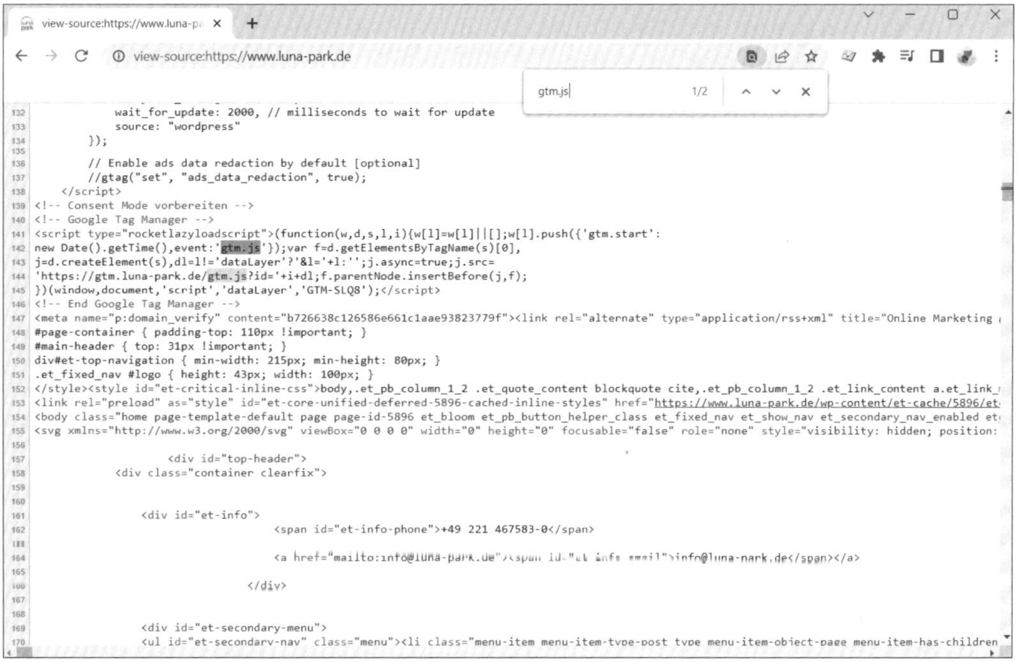

Abbildung 9.2 Der Quelltext von »www.luna-park.de«

Haben Sie den Tracking-Code im Quelltext gefunden, prüfen Sie, ob die eingesetzte Mess-ID mit der ID aus Ihrem Konto übereinstimmt. Falls nicht, wird der Tracking-Code zwar ausgeführt, die Zugriffe kommen aber nicht dort an, wo Sie sie erwarten.

9.1.2   Die Tag-Abdeckung in GA4 oder GTM prüfen

Es ist schwierig, die Prüfung im Seitenquelltext für mehrere Seiten durchzuführen. Wenn Sie für Ihr Angebot aber häufiger Seiten aus unterschiedlichen Systemen bereitstellen (z. B. CMS, Shop, Blog, Landingpages etc.), kann es durchaus passieren, dass der Tracking-Code vergessen wird oder einen Fehler enthält.

Abbildung 9.3 Die Tag-Abdeckung in der Google-Tag-Administration

Um diese Prüfung zu erleichtern, bietet Google die Funktion *Tag-Abdeckung* an, die Sie sowohl für das Analytics-Tag in GA4 als auch für das GTM-Tag im Google Tag Manager erreichen können. In GA4 gehen Sie dazu in der VERWALTUNG in Ihren Web-Datenstream zum Punkt TAG-EINSTELLUNGEN BEARBEITEN. Im neuen Fenster zum Google Tag klicken Sie auf den Reiter ADMIN und dort auf den letzten Punkt TAG-AB-DECKUNG (siehe Abbildung 9.3). Das Fenster, das nun erscheint, wird in etwa so aussehen wie in Abbildung 9.4.

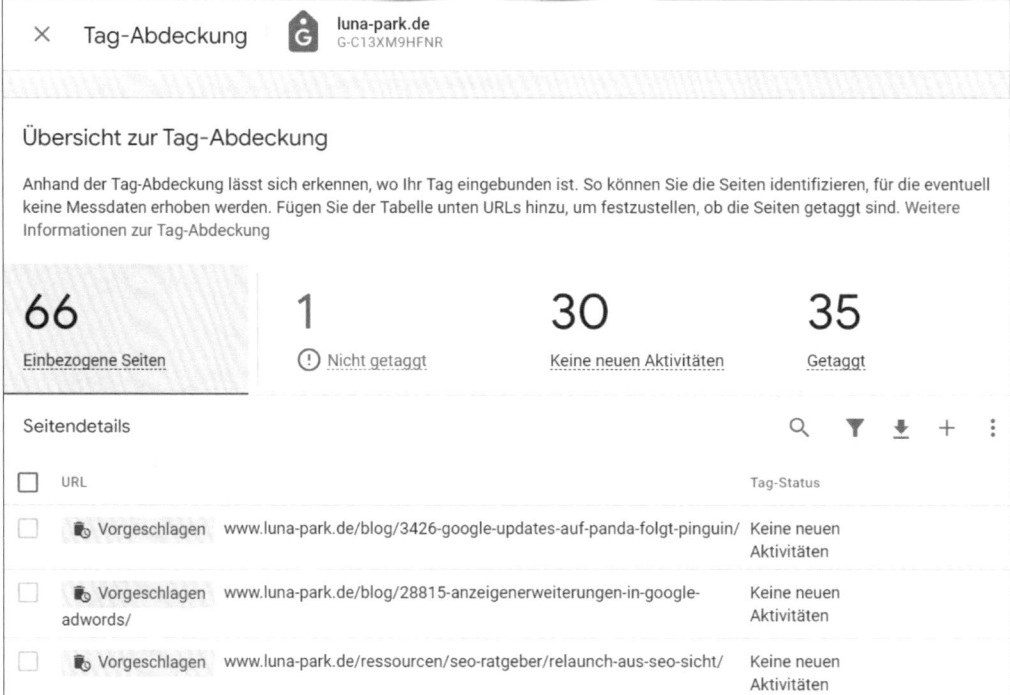

Abbildung 9.4 Tag-Abdeckung für die aktuelle Website

Google zeigt Ihnen mehrere Listen mit URLs. Für diese URLs wurde geprüft, ob Seitenaufrufe erkannt wurden. Es werden vier Reiter angeboten:

▶ EINBEZOGENE SEITEN – Alle URLs, die für die Tag-Abdeckung geprüft wurden

▶ NICHT GETAGGT – URLs, für die keine Aufrufe entdeckt wurden

▶ KEINE NEUEN AKTIVITÄTEN – URLs, für die es schon Aufrufe in der Vergangenheit gab, aber nicht innerhalb der letzten 30 Tage

▶ GETAGGT – URLs mit gemessenen Aufrufen in den letzten 30 Tagen

Beim ersten Aufruf gibt es nur URLs mit dem Zusatz VORGESCHLAGEN in den Listen. Diese hat Google selbst aus den GA4-Daten der letzten 60 Tage ausgewählt. Mit den Checkboxen vor den Einträgen lassen sich diese URLs markieren und für die dauerhafte Prüfung übernehmen. Ansonsten werden sie nach 60 Tagen wieder entfernt (können aber erneut auf die Liste gelangen). In den Einstellungen für Vorschläge im Menü (den drei senkrechten Punkten) können Sie aktivieren, dass einmal vorgeschlagene Einträge für die Prüfung dauerhaft übernommen werden (siehe Abbildung 9.5).

Vorschläge behalten?

Vorgeschlagene Seiten werden in Ihre Zusammenfassung aufgenommen, weil dort Ihr Tag geladen wurde. Sie werden nach 60 Tagen Inaktivität entfernt, sofern Sie nicht festlegen, dass Sie sie behalten möchten. Learn more about suggestions

    Vorschläge behalten

                                                            Fertig

---

Abbildung 9.5 Vorschläge für die Tag-Abdeckung übernehmen

Die Vorschläge werden aus den bestehenden GA4-Daten generiert, daher werden automatisch entweder aktuelle oder ehemalige Aufrufe gefunden werden. Interessant ist die Möglichkeit, eigene Einträge zur Prüfung hinzuzufügen. Dazu klicken Sie auf das Plus-Symbol in der Zeile über der Liste. Sie können nur URLs angeben oder eine CSV-Datei hochladen. Für die neu angegebenen URLs sucht Google nun ebenfalls nach Aufrufen und meldet, falls nichts gefunden wurde (siehe Abbildung 9.6). Geben Sie der Prüfung bis zu 24 Stunden Zeit.

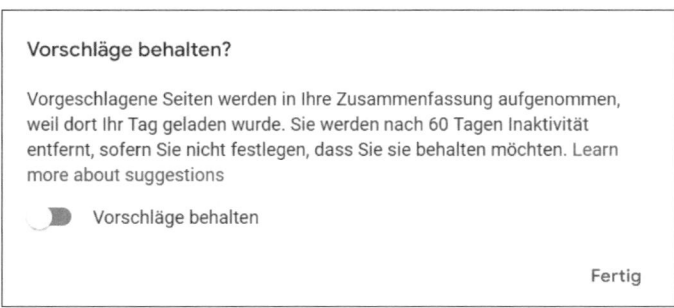

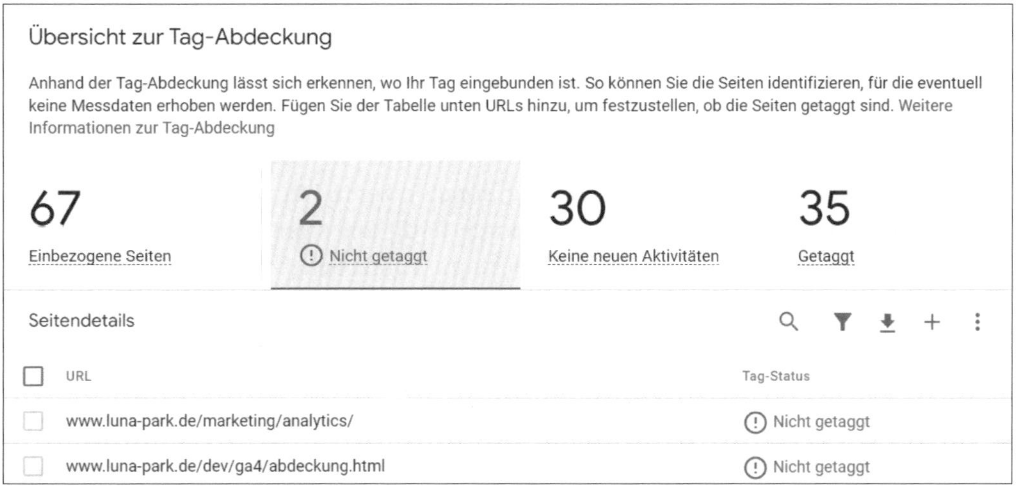

Abbildung 9.6 Nicht getaggte Seiten in der Übersicht zur Abdeckung

Die CSV-Dateien ermöglichen den Upload größerer Umfänge (mehrere Tausend) zur Prüfung. Dabei können Sie auswählen, ob Sie bestehende Einträge beibehalten oder überschreiben wollen. Somit können Sie die Prüfung beim Upload quasi auf null zurücksetzen.

Die Tag-Abdeckung im Google Tag Manager prüfen

Im GTM gibt es ebenfalls die Funktion *Tag-Abdeckung* in der Verwaltung des Containers. Aufbau und Funktionsweise sind identisch, allerdings mit einem Unterschied bei der Prüfung: In GA4 werden die Aufrufe des gtag geprüft, egal ob direkt oder per GTM in die Seite eingebunden. Im GTM werden die Aufrufe des *GTM-Container-Snippets* aufgerufen.

Der GTM-Container kann erfolgreich auf Seiten geladen werden, aber das enthaltene gtag für GA4 nicht korrekt feuern. In diesem Fall ist in der GTM-Prüfung alles in Ordnung, in GA4 finden Sie jedoch eine Fehlermeldung.

Die Prüfung durch die Tag-Abdeckung ist ein nützlicher Baustein. Da sie auf Basis der einlaufenden GA4-Daten arbeitet, hilft sie vor allem beim Auffinden von gelöschten oder geänderten URLs – also von URLs, die entweder schon einmal erfolgreich getaggt waren oder von denen Sie erwarten, Zugriffe zu erhalten. Komplett neu erstellte Seiten, die kein Tag enthalten, finden Sie nur, wenn Sie die URLs explizit einspielen.

9.1.3   Der Website-Crawler »SEO Spider« von Screaming Frog

Heute bestehen Online-Auftritte leicht aus mehreren Tausend Seiten. Die Einbindung eines Tracking-Codes auf jeder einzelnen dieser Seiten im Quelltext zu prüfen, wäre ein hoffnungsloses Unterfangen, das viel zu viel Zeit in Anspruch nähme. Was tun Sie aber, wenn Sie genau das tun müssen – also für eine große Website mit Tausenden Dokumenten prüfen, ob überall ein Tracking-Code eingebaut ist?

Solch große Websites laufen normalerweise auf einem Content-Management-System (CMS) oder einer Shopping-Plattform. Der Tracking-Code wird also nicht auf allen Seiten einzeln von Hand eingebaut, sondern zentral in Templates. Aber auch in diesem Fall kann eine Prüfung aller Seiten nötig und sinnvoll sein. Fehler können immer passieren, und wenn Sie das Tracking auf einer Seite vergessen oder falsch implementiert haben, sind diese Zugriffe verloren.

Zur Prüfung von vielen Seiten können Sie eine Crawler-Software nutzen, die auf der Startseite der Website beginnt und von da aus alle Links auf Unterseiten verfolgt, um diese zu prüfen und weitere Links zu entdecken. Im Idealfall durchsucht ein Crawler auf diese Weise die gesamte Webseite (so arbeiten übrigens auch Suchmaschinen wie Google, um an ihre Inhalte zu kommen).

Eine solche Software ist z. B. der unter *https://www.screamingfrog.co.uk* abrufbare *SEO Spider* von Screaming Frog Ltd. (siehe Abbildung 9.7). Wie der Name vermuten lässt, handelt es sich primär um ein Tool aus dem SEO-Bereich, mit dem man Links sowie *Title* und *Description* von Seiten crawlen kann. Der SEO Spider bietet aber auch eine praktische Funktion, mit der Sie sich einen Google-Analytics-Prüf-Crawler bauen können. Das Programm erlaubt es nämlich, auf jeder Seite nach einer frei definierbaren Zeichenfolge zu suchen. Ein kleiner Wermutstropfen sind die Kosten: Um beliebige Zeichenfolgen auf den Seiten prüfen zu können, müssen Sie eine Lizenz erwerben. Dafür können Sie dann aber auch mehr als 500 URLs crawlen. Außerdem prüft der Crawler eine Reihe technischer und SEO-relevanter Faktoren ab. Die Investition lohnt sich also für mehrere Themen.

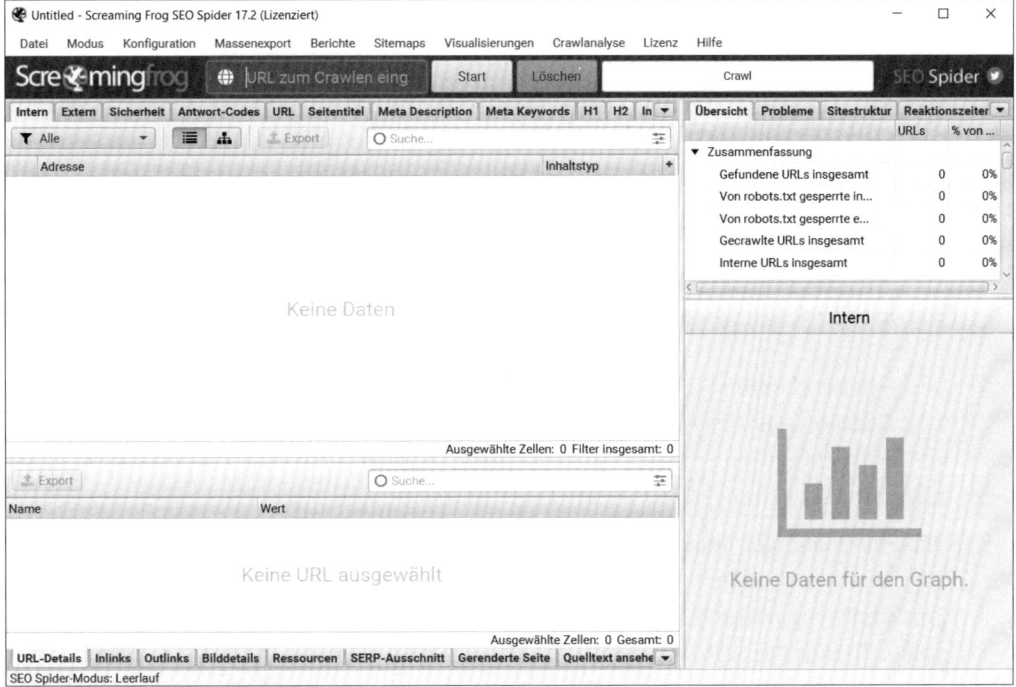

Abbildung 9.7 Der »SEO Spider« von Screaming Frog

Über das Menü KONFIGURATION • BENUTZERDEFINIERT gelangen Sie zur SUCHE. Hier können Sie bis zu zehn Zeichenfolgen angeben, die entweder in den Seiten enthalten sein sollen oder aber nicht vorkommen dürfen. Sie brauchen nun eine Zeichenkette, die in jedem Tracking-Code auf jeder Seite vorkommen muss. Dafür bietet sich die Mess-ID an, denn mit Ihrer Prüfung schlagen Sie gleich zwei Fliegen mit einer Klappe: Einerseits prüfen Sie, ob die Seite überhaupt einen Tracking-Code enthält, andererseits sehen Sie so, ob im Code auch die korrekte ID eingetragen ist und nicht aus Versehen in einer anderen Property gezählt wird.

Sie richten nun zwei Filter ein: einmal für Seiten, die die ID enthalten, und einmal für Seiten ohne ID (siehe Abbildung 9.8). Somit können Sie später leichter nachvollziehen, welche Seiten der Crawler tatsächlich abgerufen hat und ob es noch »weiße Flecken« auf der Website gibt.

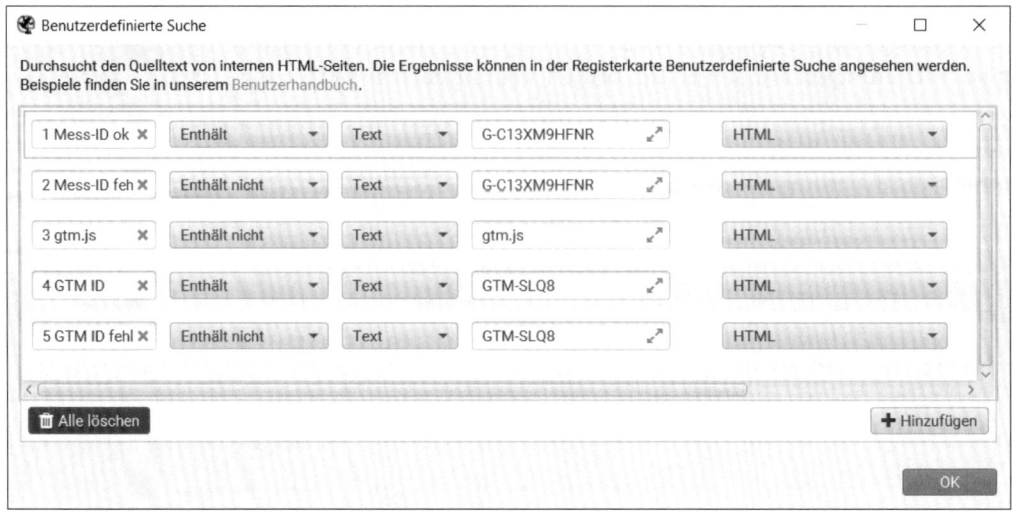

Abbildung 9.8 Alle Custom-Filter bereit zur Prüfung

Abschließend fügen Sie noch einen dritten Filter hinzu, der nach der JavaScript-Datei von Google Analytics Ausschau hält. Fehlt sie, bringt der Eintrag der Mess-ID nichts, da der Tracking-Code nicht feuert. Für GA4 suchen Sie nach *gtag*, für den Tag Manager nach *gtm.js*.

Möchten Sie nicht auf eine bestimmte Mess-ID hin überprüfen, sondern generell sehen, welche ID eingebaut ist, nutzen Sie den Extraktion-Filter. Damit können Sie mit einem regulären Ausdruck den Wert einer Mess-ID (oder einer Tag-Manager-Container-ID) aus der Seite auslesen. Gerade nach einem Relaunch kann ein solcher Suchvorgang sinnvoll sein, um alte Tracking-Codes zu entdecken (siehe Abbildung 9.9).

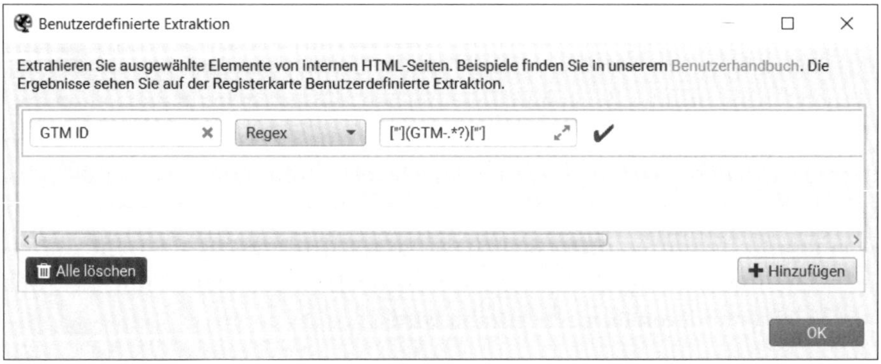

Abbildung 9.9 Mit »Benutzerdefinierte Extraktion« die verwendete ID auslesen

Crawling und der Google Tag Manager

Nutzen Sie den Google Tag Manager auf Ihrer Seite, können Sie nach der Container-ID suchen. Der SEO Spider kann sogar die enthaltenen Tags untersuchen, da das Programm JavaScript-Code ausführt. Wählen Sie dazu in Konfiguration • SEO Spider unter Rendering die Option JavaScript (siehe Abbildung 9.10).

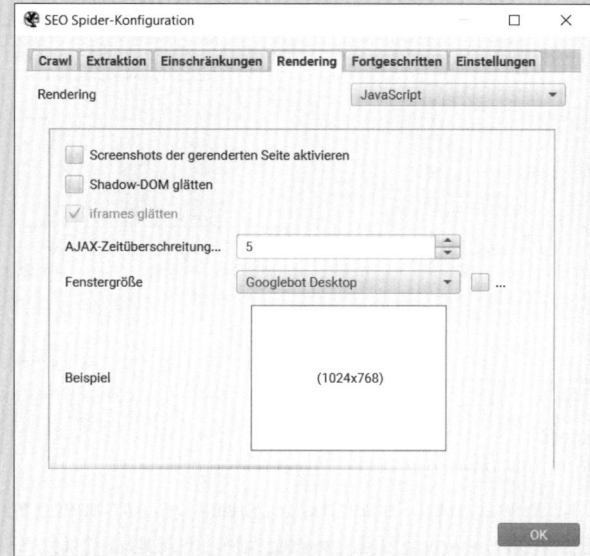

Abbildung 9.10 JavaScript-Tags ausführen und prüfen

Falls der Tracking-Code noch Anpassungen enthalten soll, etwa benutzerdefinierte Parameter, können Sie dies hier ebenfalls mit angeben.

Als Nächstes müssen Sie im Feld direkt unter dem Menü die URL eingeben, die gecrawlt werden soll (URL zum Crawlen eingeben). Klicken Sie danach einfach auf Start, und das Programm beginnt, die Website zu durchsuchen. Je nach Umfang der Website und der Geschwindigkeit Ihrer Internetleitung kann dieser Vorgang zwischen einigen Sekunden und mehreren Stunden dauern. Es sollte sich während des gesamten Zeitraums immer etwas auf dem Bildschirm tun – in der Statuszeile unten rechts sehen Sie die Anzahl der noch verbleibenden Dokumente.

Ist der Durchlauf abgeschlossen, wechseln Sie auf den Reiter Benutzerdefinierte Suche. Mit der Auswahlbox oben links können Sie nun die Ergebnislisten der einzelnen Filter aufrufen (siehe Abbildung 9.11). In der Tabelle für Filter mit Enthält sollten alle URLs des Webauftritts enthalten sein. Für die weiteren Filter mit Enthält nicht gibt es im Idealfall keine Einträge: Dann ist alles korrekt eingebunden. Gibt es dort allerdings Einträge, gehen Sie nun im Browser auf die jeweilige URL und schauen dort mit den Entwicklertools oder dem *Tag Assistant* nach dem Rechten.

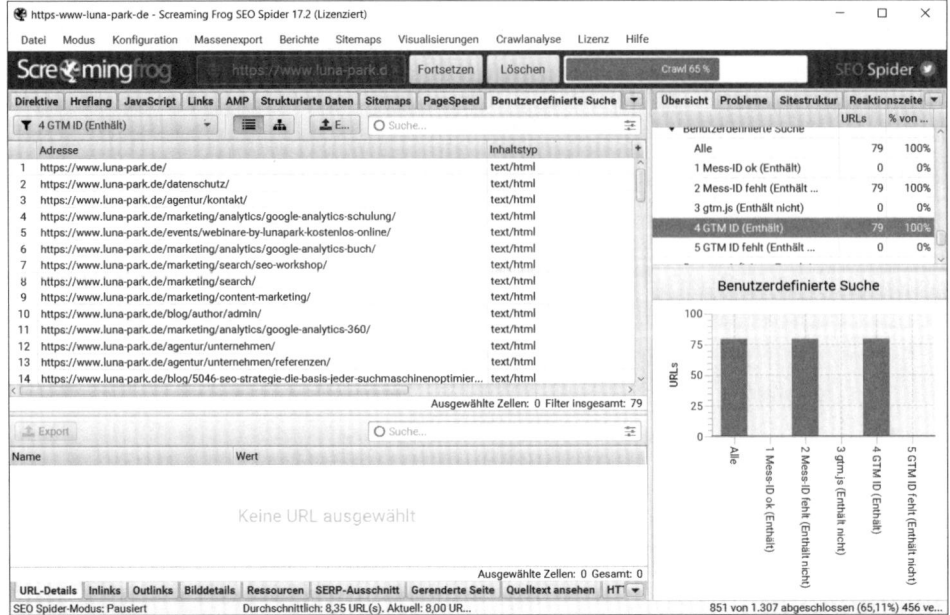

Abbildung 9.11 Ergebnis des Crawlers

Die Extractions finden Sie in einem weiteren Reiter namens BENUTZERDEFINIERTE EXTRAKTION. In Abbildung 9.12 sehen Sie sowohl die verwendete GA ID auf den Seiten als auch die verwendete GTM ID. Bei großen Online-Auftritten, die aus mehreren Bestandteilen bestehen, ist es gut möglich, dass Sie zwar eine Analytics-Property verwenden, die Tracking-Codes aber auf mehrere Tag Manager verteilt sind. Bei Umstellungen oder Relaunches kann es daher durchaus sinnvoll sein, die Website daraufhin zu prüfen, ob auch überall die richtigen Codes geladen werden.

Die Ergebnisse im Screenshot zeigen eine weitere praktische Eigenschaft des SEO Spiders: Sollte die hinterlegte Regel mehrfach passen, erhalten Sie für jedes Vorkommen eine eigene Spalte. Im Beispiel wird eine andere GTM ID gezeigt, als wir etwa bei den Search-Filtern angegeben haben. Beim Scrollen der Liste nach rechts findet sich eine weitere Spalte mit der erwarteten GTM ID. Ist hier ein zweiter Tag Manager installiert? Die Lösung liefert hier *Google Optimize*. Für das Testing-Tool nutzt Google einen eigenen Tag-Manager-Container als Basis. Wenn Sie Optimize auf Ihrer Website einbauen, haben Sie dadurch faktisch zwei Container auf der Seite.

Sollte es mehrere URLs geben, die geprüft werden müssen, oder sollten Sie diese Information nur weitergeben wollen, können Sie über den Button EXPORT auch eine CSV-Liste für die Weiterverarbeitung in Excel speichern.

Im Laufe der Zeit werden Sie Ihre Website sicherlich weiterentwickeln und neue Inhalte und Seiten hinzufügen. Sie sollten daher sowohl nach jeder größeren Anpassung als auch in regelmäßigen Abständen die Tracking-Codes überprüfen. Fehlende Tracking-Codes auf einzelnen Seiten oder in bestimmten Verzeichnissen sind schwer zu entdecken, solange Sie die Aufrufe genau dieser Seiten nicht explizit analysieren möchten. Fällt Ihnen ein solcher Fehler erst auf, wenn Sie die Daten brauchen, ist es häufig schon zu spät, und die Nutzerdaten dieser Seiten sind verloren.

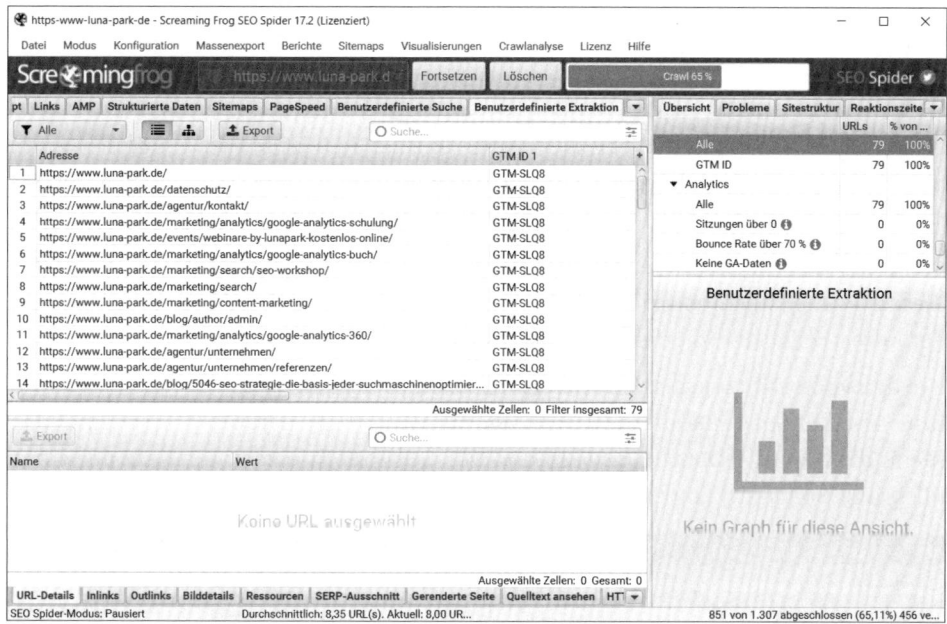

Abbildung 9.12 Tag-Manager-Container-IDs für jede URL

9.2   Prüfung in Browser-Entwicklertools

Jeder Browser verfügt über eingebaute oder kostenlos herunterladbare Entwicklertools, mit deren Hilfe Sie genau verfolgen können, welche Dateien der Browser von welchem Server lädt und welche Daten er lokal speichert. Die Entwicklertools eignen sich daher gut dafür, das Tracking von Google Analytics genauer unter die Lupe zu nehmen. Die folgenden Beispiele verwenden die eingebauten Entwicklertools in Chrome. Die gezeigten Schritte können Sie aber ebenfalls mit Firefox oder Safari durchführen. Dort unterscheiden sich die Tastenkürzel, und an bestimmten Stellen variiert auch der Aufbau – Sie finden aber alle Elemente auch dort wieder.

Als Erstes rufen Sie in der Adressleiste die gewünschte URL auf. Dort angekommen, schalten Sie mit ⌜Strg⌟+⌜⇧⌟+⌜I⌟ die Entwicklerkonsole ein. Alternativ erreichen Sie die Tools über das Menü Tools • Entwicklertools.

Das Fenster des Browsers unterteilt sich in zwei Bereiche. Im oberen sehen Sie weiterhin die geladene Website. Im unteren Teil werden die Informationen darüber angezeigt, was der Browser hinter den Kulissen herunterlädt, ausführt und speichert. Er ist in acht Reiter gegliedert, wichtig für die Analyse Ihres Trackings sind zwei bis drei.

9.2.1   Der Reiter »Network« – collect-Aufrufe prüfen

Der Reiter Network listet alle vom Browser geladenen Dateien auf, und zwar in der Reihenfolge ihres zeitlichen Abrufs. Zuerst wird immer der HTML-Quelltext geladen, der die Anweisungen für das Laden weiterer Elemente enthält. Meist folgen als Nächstes CSS- und JavaScript-Dateien, bevor eingebundene Inhalte der Seite folgen, z. B. Grafiken oder Videos. Wenn die JavaScript-Dateien Inhalte von weiteren Servern abrufen, wie z. B. einen Consent-Manager oder eben Analytics-Tools, erscheinen diese ebenfalls in der Liste.

Wenn Sie noch nicht alle Netzwerkanfragen der aktuellen Seite sehen, müssen Sie diese eventuell nochmals laden, entweder über das Icon Seite aktualisieren neben der Adresszeile oder mit dem Tastenkürzel Strg + R.

Um den vollen Nutzen aus der Übersicht zu ziehen, klicken Sie mit der rechten Maustaste auf die Spaltenköpfe der Liste und aktivieren im daraufhin erscheinenden Menü die Punkte Domain, Cookie und Set-Cookie. Nun zeigt die Liste auf einen Blick, was woher aus dem Netz geladen wird (siehe Abbildung 9.13).

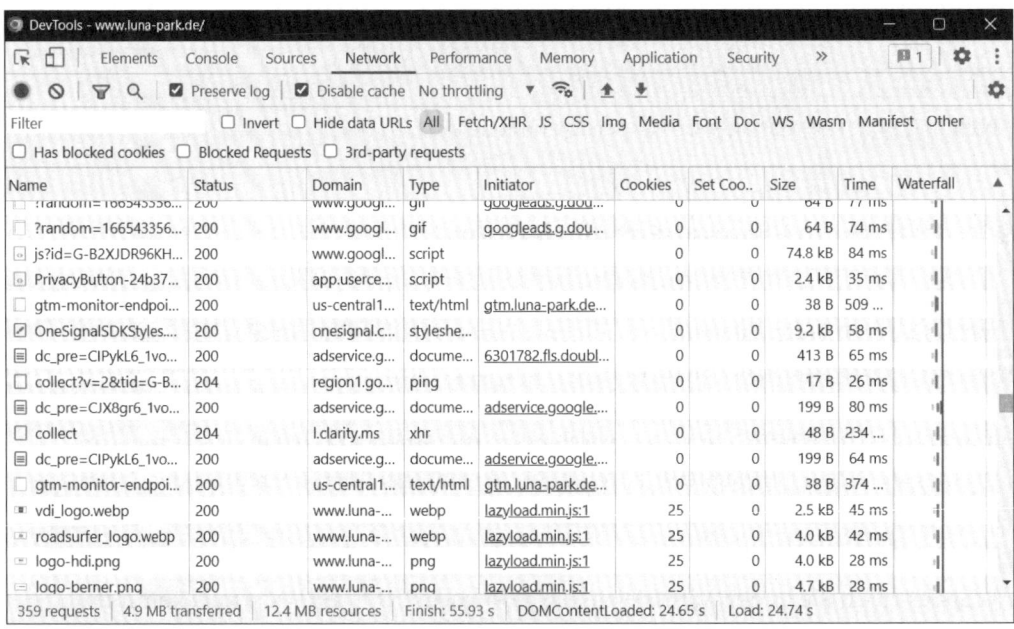

Abbildung 9.13 Network-Liste mit allen geladenen Seitenelementen

Mit dem Filter-Icon über der Tabelle aktivieren Sie ein Eingabefeld, mit dem Sie die Liste durchsuchen können. Enthält die von Ihnen aufgerufene Seite den Google-Analytics-Tracking-Code, ruft dieser die Datei *collect* auf, die vom Server *region1.google-analytics.com* oder *region1.analytics.google.com* geladen wird (siehe Abbildung 9.14). Suchen Sie mit dem Filter nach *collect?v=2*, um die Einträge zu entdecken.

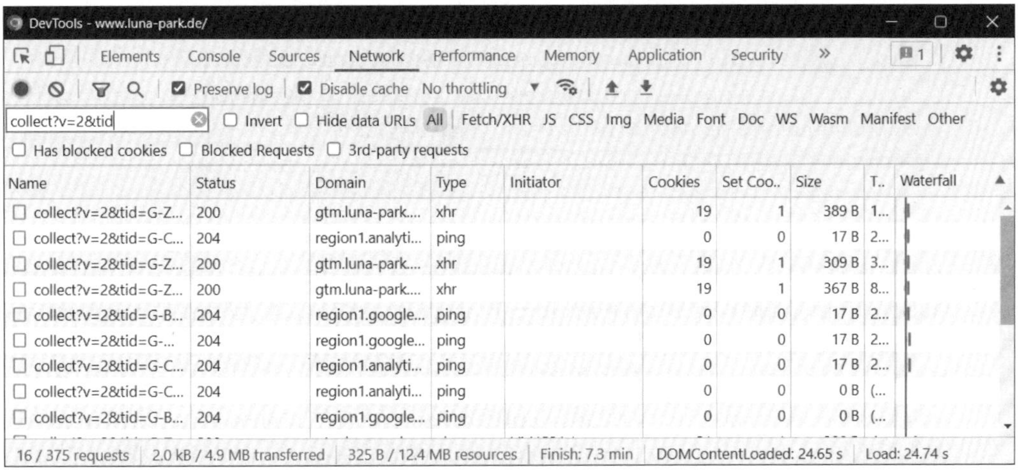

Abbildung 9.14 Tracking-Dateien beim Einsatz von GA4

»collect« für GA4 und Universal Analytics

GA4 nutzt denselben Namen wie schon Universal Analytics für die Netzwerkaufrufe, nämlich *collect*. Haben Sie beide Versionen in einer Seite integriert, werden Sie für jeweils beide Tools Aufrufe sehen. Sie können diese Aufrufe anhand des Parameters v unterscheiden, der direkt als erster angehängt ist. Haben Sie außerdem noch LinkedIn-Pixel auf Ihrem Angebot verbaut, hängen Sie den Parameter tid an, um nur GA4-Aufrufe zu filtern.

Suchen Sie daher nach:

▶ `collect?v=2&tid` für GA4-Aufrufe
▶ `collect?v=1` für Aufrufe von Universal Analytics

Die Network-Liste wird live aktualisiert. Sie zeigt auch an, wenn Elemente erst nach bestimmten Aktionen auf der Seite geladen werden, etwa durch einen Mausklick. Enthält die Seite Tracking-Events auf bestimmten Elementen, können Sie mit der Liste leicht prüfen, ob die Zählungen auch tatsächlich ausgelöst werden.

Wieso sehe ich mehrere »collect«-Aufrufe bei Seitenaufrufen oder Ereignissen?

Wenn Sie *Google Signals* aktiviert haben, leitet Google die *collect*-Aufrufe zusätzlich an die DoubleClick-Server weiter, wo ebenfalls ein Tracking-Pixel liegt. Dadurch kann Google erkennen, ob der Besucher auch auf anderen Seiten im Werbenetzwerk unterwegs war und weitere Informationen vorliegen. Dieser zweite Aufruf lädt seine Dateien von *stats.g.doubleclick.net* und enthält nur die wichtigsten Parameter. Sie können ihn in der Dateiliste am Eintrag in der Domainspalte erkennen, außerdem überträgt der Aufruf deutlich weniger Parameter und z. B. keinen Ereignisnamen.

Dieser zweite Aufruf wird normalerweise nur beim ersten Laden der Seite ausgeführt, um den Nutzer einmalig zu markieren bzw. zu erkennen. Kommen Sie später noch einmal auf die Seite, wird er nicht mehr geladen. Daher kann es sein, dass Sie meistens einen, aber manchmal zwei Aufrufe in der Network-Liste entdecken.

Die Datei *collect* wird geladen, wenn Daten zum Google-Server übertragen werden. Für jeden gezählten Seitenaufruf, jedes gefeuerte Ereignis und auch jede erfasste Transaktion können Sie dort einen einzelnen Eintrag finden. In GA4 können Ereignisse *gebatcht* werden, das bedeutet, dass mehrere Ereignisse zunächst im Browser gesammelt werden und dann zusammen in einem Aufruf an die Analytics-Server geschickt werden. Sie sehen also nicht zwangsläufig bei einem gezählten Klick sofort einen *collect*-Aufruf in der Netzwerkliste. In bestimmten Situationen wird das Batching deaktiviert und jeder Aufruf einzeln übertragen:

► wenn das Ereignis als Conversion markiert ist

► wenn sich der GTM-Container oder Tracking-Code im Debugging-Modus befindet

► wenn der Nutzer die Seite verlässt und es noch nicht verschickte Ereignisse gibt

► wenn der Browser nicht die nötigen technischen Voraussetzungen für einen Batch-Versand erfüllt

Die Aufrufe unterscheiden sich durch die mitgegebenen Parameter. Um sie zu sehen, klicken Sie auf die Zeile des Aufrufs. Daraufhin erscheinen im rechten Bereich ein Fenster und vier neue Reiter. Klicken Sie nun auf den Reiter PAYLOAD, um eine Liste der Parameter zu sehen, die mit dem Aufruf übermittelt werden (siehe Abbildung 9.15).

Sie finden immer den Bereich QUERY STRING PARAMETERS, die angehängt an die URL übertragen werden. Gebatchte Aufrufe haben darunter eine zusätzliche Sektion REQUEST PAYLOAD, in der die gesammelten Ereignisse mit Parametern gelistet sind. Diese werden beim Aufruf als POST-Daten übertragen (siehe Abbildung 9.16).

Die Übertragung mehrerer Ereignisse als Gruppe bringt den Nachteil mit sich, dass die Parameter alle in einer Zeile angehängt werden. Das Lesen der einzelnen Einträge ist damit nicht so einfach. Für einen Einblick, was tatsächlich technisch auf der Seite passiert, ist es dennoch hilfreich.

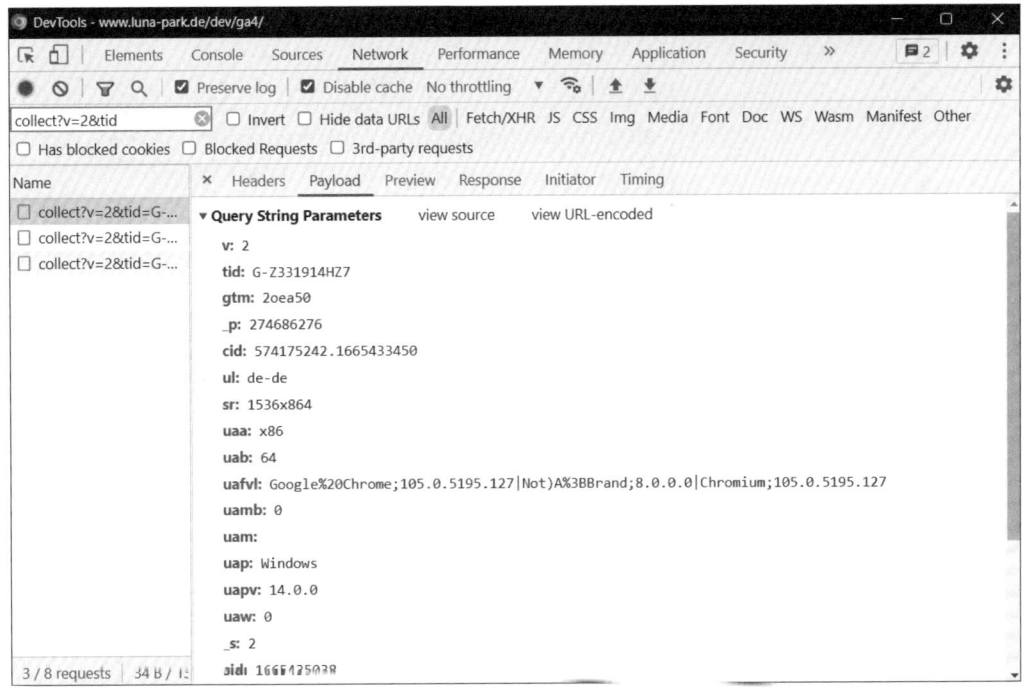

Abbildung 9.15 Tracking-Parameter beim Aufruf der »collect«-Adresse

> ▼ **Request Payload**
>
> en=page_view&ep.gtm_version=382&ep.aktiver_markt=Greifswald&up.nutzer_lokalisierung=Greif
>
> en=view_item&pr1=id1501704~nmAkku-Schlagbohrschrauber%20Set%20'18V%2F3%2C0%20AH-DHP453RFE
>
> hrmaschinen%20%26%20Schrauber%20%2F%20Bohrmaschinen%20%26%20Schlagbohrmaschinen~c2CR~c3ve
>
> gbar~k2dimension15~v2verf%C3%BCgbar~k3dimension16~v3CR~k4dimension41~v45~k5dimension42~v5
>
> lltyp=CR&_et=3&cu=EUR

Abbildung 9.16 Mehrere Ereignisse werden mit einem Aufruf übertragen.

Jeder Parameter überträgt eine Dimension oder einen Messwert an GA4, das diese dann für die Berichte verarbeitet. Eine Übersicht der wichtigsten Parameter finden Sie in Tabelle 9.1.

collect-Parameter	Beschreibung
v	Version des Analytics-Tags; GA4 ist Version 2.
tid	Mess-ID der GA4-Property
cid	Eindeutige Browser-Kennung; wird in GA4 zur *Nutzer-kennung*.

Tabelle 9.1 Parameter beim Aufruf von »collect«

collect-Parameter	Beschreibung
ul	Eingestellte Sprache des Browsers
sr	Bildschirmauflösung bzw. Fenstergröße des Browsers in Pixeln
uaa	Prozessor-Architektur des Browsers (auf PC normalerweise x86)
uab	Bit-Anzahl des Browsercodes (meistens 64bit)
uafvl	User-Agent-String, also die vollständige Kennung, mit der sich der Browser beim Server meldet
uap	Plattform bzw. Betriebssystem, etwa Windows
uapv	Version des Betriebssystems
sid	Sitzungs-ID, mit der die laufende Sitzung bezeichnet wird und zusammengehörende Aufrufe einer Sitzung zugeordnet werden
dl	URL der aufgerufenen Seite
dr	Referrer; enthält die verweisende Seite, über die ein Nutzer per Link zu Ihrem Angebot gelangte.
dt	HTML-Titel der Seite
en	Ereignisname, z. B. page_view
epn.<<NAME>>	Ereignisparameter mit dem Namen im Parameter, etwa epn.percent_scrolled
epn.value	Wert des Ereignisses für die Umsatzberechnung bei Conversions
_et	Zeit seit dem letzten Ereignis auf dieser Seite zur Berechnung der *Engagement Time*
_ee	Ereignis enthält E-Commerce-Parameter.
pr1	Erstes Produkt für das E-Commerce-Tracking. Weitere Produkte bekommen entsprechen pr2, pr3 usw.
cu	Währung für die Umsatzberechnung des Ereigniswerts

Tabelle 9.1 Parameter beim Aufruf von »collect« (Forts.)

Wenn Sie die Parameter des Aufrufs prüfen, sehen Sie, was tatsächlich zu den Google-Servern geschickt wird. Nur diese Daten können in den Analytics-Berichten auftauchen. Fehlt ein Feld oder enthält es einen anderen Wert, als Sie erwarten, liegt das Problem bei der Einbindung des Tracking-Codes und nicht in der Konfiguration Ihrer Konten.

Die Mess-ID (`tid`), auf die der Zugriff gezählt wird, sollten Sie zumindest beim ersten Aufruf prüfen. Hier schleicht sich leicht ein Fehler ein, etwa beim Kopieren aus einer Vorlage oder einer anderen Website. Stimmt die Mess-ID nicht, werden zwar Zugriffe von der Seite gemeldet, kommen aber nicht da an, wo Sie gerade danach suchen.

Als Nächstes sollten Sie den Namen des übertragenen Ereignisses (`en`) in Augenschein nehmen, um alle Ereignisse zu finden, die Sie erwarten. Bei einem `page_view` wird die URL für den Seitenbericht aus dem Parameter `dl` extrahiert. Die weiteren Parameter zum Ereignis beginnen alle mit dem Präfix `epn`, danach folgt nach einem Punkt der Name. Der Wert für die Umsatzbereichnung von Conversions wird also mit `epn.value` übergeben, der Wert für ein Scroll-Ereignis wird etwa mit `epn.percent_scrolled` übergeben. Für E-Commerce-Ereignisse wie `view_item` werden die Parameter im Feld `pr1` übergeben, allerdings alle zusammengefasst in einer Liste.

Einige Parameter liefern Informationen über Ihren verwendeten Browser, etwa die Bildschirmauflösung oder das verwendete Betriebssystem. Diese Parameter werden bei jedem Ihrer Aufrufe gleichbleiben, solange Sie mit demselben Browser surfen. Bei gebatchten Aufrufen sind diese Parameter für alle Ereignisse identisch und müssen daher nur einmal übergeben werden.

Die `cid` enthält die Nutzerkennung, mit der Sie diese Aufrufe später im Nutzerexplorer wiederfinden können. In `dr` wird der Wert des Seiten-Referrers übergeben. Dieses Feld zeigt die Quelle an, die zur aktuellen Seite geführt hat, also etwa, ob Sie über einen Link zur Seite gekommen sind. Aus technischer Sicht ist es an dieser Stelle egal, ob Sie von einer Google-Ergebnisseite, einem Link in einem Blog oder über ein Banner zur Seite gelangt sind – im Feld ist immer genau die Seite abgelegt, von der aus Sie mit einem Link zur aktuellen Seite gekommen sind.

> **In der GA4-Konfiguration erstellte oder geänderte Ereignisse**
>
> Sie können in der GA4-Konfiguration zusätzliche Ereignisse definieren oder die Parameter einlaufender Ereignisse verändern. Außerdem gibt es Ereignisse, die GA4 erst innerhalb der Property erzeugt, beispielsweise `session_start`. Sie können nicht alle diese Aufrufe im Netzwerk-Reiter nachvollziehen. Mehr zum Thema »Ereignisse erstellen« finden Sie in Kapitel 2, »Google Analytics 4 einrichten«.

9.2.2 Der Reiter »Console« und der »Adswerve Data Layer Inspector+«

Der Reiter CONSOLE der Entwicklertools ist so etwas wie die Kommandozeile des Browsers. Hier können Sie direkt (JavaScript-)Befehle an den Browser eingeben, vor allem aber zeigt Ihnen der Browser hier Informationen über erfolgreiche oder fehlgeschlagene Aktionen und Probleme auf der Seite.

Zu einem wertvollen Tool in der Analyse Ihres Analytics-Setups wird die Console mit der Chrome-Erweiterung *Adswerve Data Layer Inspector+*, die die aufgerufene Seite auf Tracking-Codes und zugehörige Aufrufe überwacht. Für ihre Ausgabe nutzt die Erweiterung die Browser-Console. Dort meldet sie:

▶ Events für den `dataLayer` (wie sie im Tag Manager oder einigen *gtag.js*-Funktionen verwendet werden) plus dessen Inhalt

▶ Seitenaufrufe für die unterschiedlichen Analytics-Versionen inklusive Parameter

▶ Ereignisse für Analytics inklusive Parameter

▶ Conversion- und Remarketing-Tags für Google Ads

▶ Hinweise zu bestimmten Fehlern oder fehlenden Einstellungen in den Tags

Sie finden das Plugin im *Chrome Web Store* mit einer Suche nach *Adswerve* (siehe Abbildung 9.17).

Abbildung 9.17 Der »Data Layer Inspector+« ist eine praktische Ergänzung.

Der Data Layer Inspector+ steht nach der Installation und Aktivierung auf allen Websites zur Verfügung. Durch die Ausgabe in der Console bietet er außerdem den Vorteil, dass Tag-Informationen bei einem Seitenwechsel erhalten bleiben (mit der entsprechenden Einstellung der Ausgabe in der Console).

Jeder *collect*-Aufruf erzeugt eine neue Ausgabezeile in der Console, unabhängig von der Analytics-Version des Codes (siehe Abbildung 9.18). Dabei wird immer die verwendete Mess-ID mit ausgegeben. Für jeden Aufruf können Sie außerdem alle übertragenen Parameter einsehen, so wie bei den *collect*-Aufrufen im NETWORK-Reiter (siehe Abbildung 9.19). Dazu erweitern Sie mit dem kleinen Pfeil vor der Zeile die Ansicht.

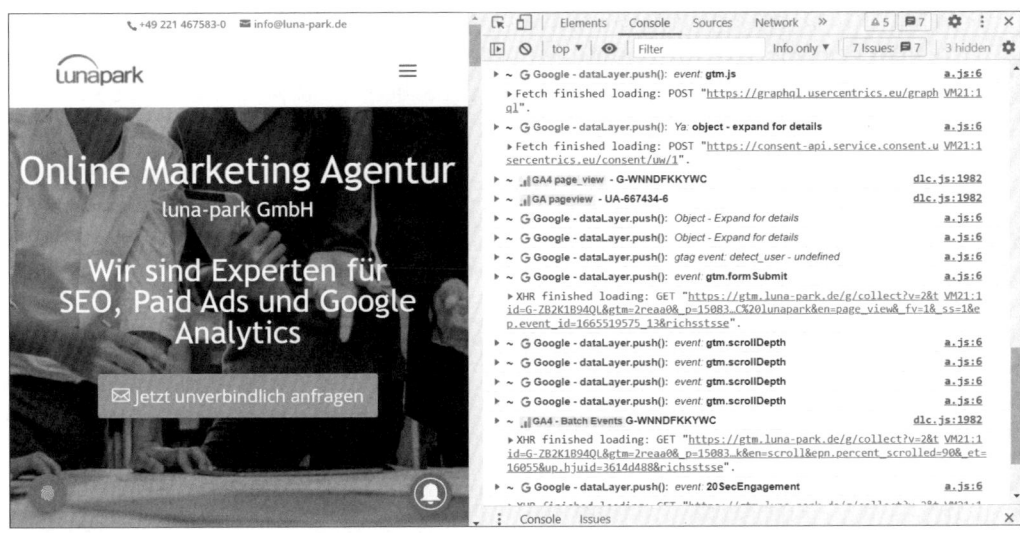

Abbildung 9.18 Liste der Tags und »dataLayer«-Events beim Seitenaufruf

```
▼ ~ .ıl GA4 page_view - G-WNNDFKKYWC
   ~ Data: {
        v: "2",
        tid: "G-WNNDFKKYWC",
        gtm: "2oaaa0",
        _p: "1508332808",
        gcs: "G111",
        cid: "1543054397.1665471027",
        ul: "de-de",
        sr: "1536x864",
        uaa: "x86",
        uab: "64",
        uafvl: "Google Chrome;105.0.5195.127|Not)A;Brand;8.0.0.0|Chromium;105.0.5195.127",
        uamb: "0",
        uam: "",
        uap: "Windows",
```

Abbildung 9.19 Parameter eines »page_view«-Aufrufs

Vor allem für gebatchte und E-Commerce-Ereignisse hat diese Ansicht Vorteile gegenüber den *collect*-Aufrufen: Sie werden entsprechend markiert, und die zusammengefassten Listen aus der Payload-Übersicht werden hier in einzelne Felder heruntergebrochen (siehe Abbildung 9.20).

```
▼ ~ .ıl GA4 - Batch Events G-
   ~ Data: {
        events: [
          {
              en: "view_item",
              pr1: {
                  id: "1501704",
                  nm: "Akku-Schlagbohrschrauber Set '18V/3,0 AH-DHP453RFE' blau-schwarz",
                  br: "Makita",
                  ca: "Werkstatt & Maschinen / Elektrowerkzeuge / Bohrmaschinen & Schraube
Schlagbohrmaschinen",
                  c2: "CR",
                  c3: "verfügbar",
                  c4: "verfügbar",
```

Abbildung 9.20 Zusammengefasste Ereignisse sind einfacher zu lesen.

Zusätzlich zu den eigentlichen Analytics-Aufrufen gibt Ihnen das Plugin auch eine Meldung über jeden dataLayer-Aufruf in der Console aus (siehe Abbildung 9.21). Verwenden Sie also den GTM und nutzen Sie dabei den dataLayer zur Übergabe von Informationen, erleichtert Ihnen der Inspector eindeutig die Prüfung. Denn Sie können den dataLayer beim ganz normalen Surfen auf einem Angebot verfolgen und sind nicht auf den Vorschaumodus des GTM angewiesen.

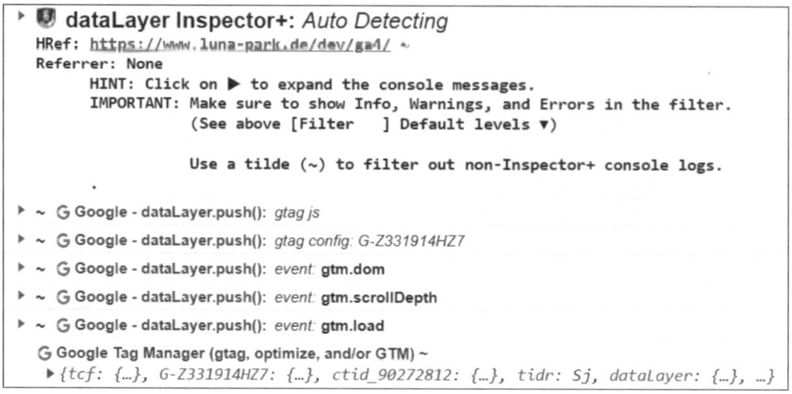

```
▸  🔲 dataLayer Inspector+: Auto Detecting
   HRef: https://www.luna-park.de/dev/ga4/ ⤴
   Referrer: None
         HINT: Click on ▶ to expand the console messages.
         IMPORTANT: Make sure to show Info, Warnings, and Errors in the filter.
                    (See above [Filter   ] Default levels ▾)

                    Use a tilde (~) to filter out non-Inspector+ console logs.

▸  ~  G Google - dataLayer.push(): gtag js
▸  ~  G Google - dataLayer.push(): gtag config: G-Z331914HZ7
▸  ~  G Google - dataLayer.push(): event: gtm.dom
▸  ~  G Google - dataLayer.push(): event: gtm.scrollDepth
▸  ~  G Google - dataLayer.push(): event: gtm.load
   G Google Tag Manager (gtag, optimize, and/or GTM) ~
      ▸ {tcf: {…}, G-Z331914HZ7: {…}, ctid_90272812: {…}, tidr: Sj, dataLayer: {…}, …}
```

Abbildung 9.21 »dataLayer«-Aufrufe in der Console

Der Data Layer Inspector+ bringt noch eine ganze Reihe weiterer nützlicher und sinnvoller Funktionen mit sich, die Sie bei der Entwicklung von Analytics-Setups gebrauchen können, z. B. die Überwachung von Google-Ads- und Facebook-Tags. Er erlaubt Ihnen die Analyse von Tracking-Setups, auch ohne Zugriff auf alle Systeme zu haben, und ist damit eine gute Ergänzung in Ihrem Werkzeugkasten.

9.2.3   Der Reiter »Elements« – der Quelltext nach allen Anpassungen

ELEMENTS zeigt den HTML-Quelltext der aufgerufenen Seite, allerdings ist es diesmal der Code der Seite, *nachdem* alle JavaScript-Bestandteile abgearbeitet sind. Im Seitenquelltext, wie Sie ihn weiter oben aufgerufen haben, sehen Sie den Code so, wie er vom Webserver ausgeliefert wird. Dann werden im Browser die JavaScripte ausgeführt, die den Quellcode verändern können. Das Ergebnis sehen Sie in diesem Reiter.

Damit ist der Reiter ELEMENTS eine Ergänzung zum Seitenquelltext aus dem vorherigen Abschnitt. Diese Ansicht kann helfen, wenn Sie über den Tag Manager eigene Skripte ausspielen oder im GTM auf bestimmte Elemente des HTML-Dokuments zugreifen möchten.

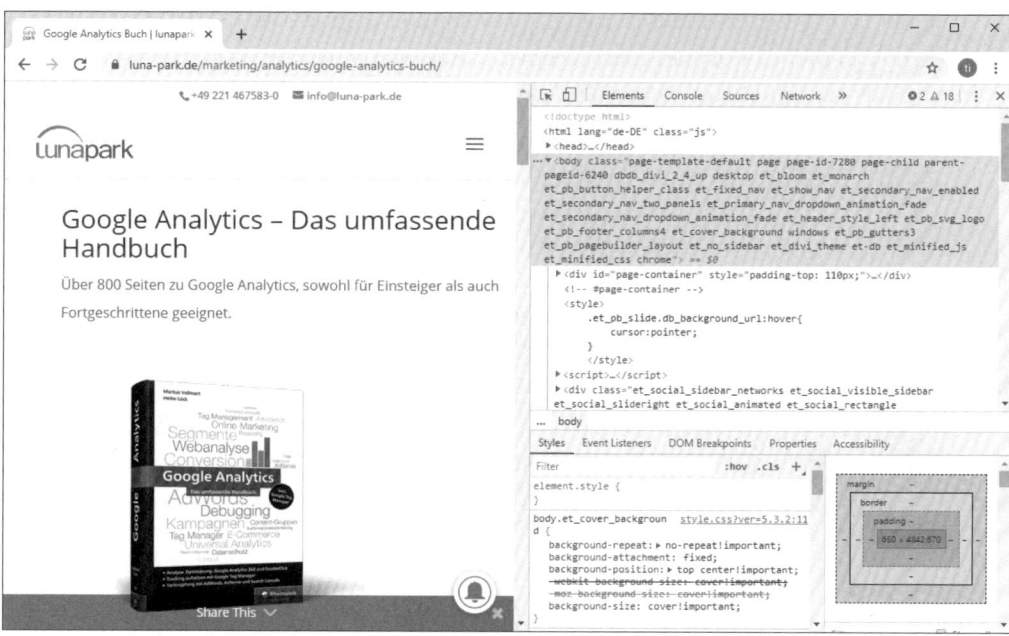

Abbildung 9.22 Google-Chrome-Entwicklertools auf »luna-park.de«

9.3   Trigger und Ereignisse im Tag Assistant

Der *Tag Assistant* unterstützt Sie beim Debugging von Websites mit GA4- oder GTM-Taggings. Es handelt sich bei ihm um einen Webservice, der durch ein Chrome-Plugin unterstützt werden kann. Sie erreichen ihn unter *https://tagassistant.google.com/* (siehe Abbildung 9.23). Der Assistant protokolliert `gtag`- und `dataLayer`-Aufrufe für eine Website mit, während Sie auf dieser surfen.

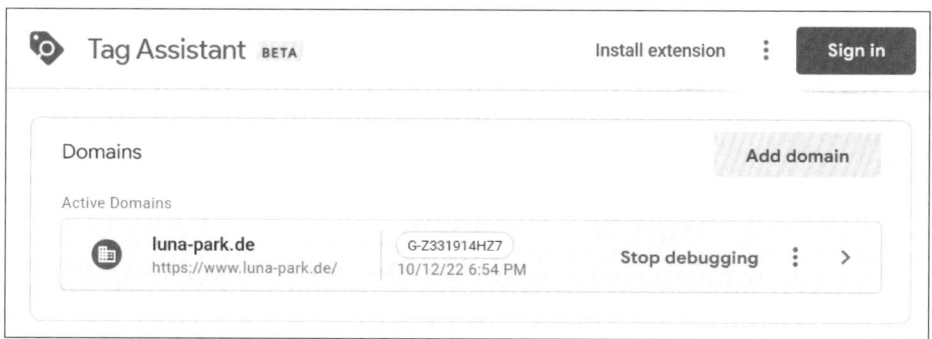

Abbildung 9.23 Der Tag Assistant ist ein eigener Webservice zum Debugging.

Gerade bei Verwendung des Tag Managers ist der Tag Assistant ein unverzichtbares Werkzeug zur Prüfung Ihres Tracking-Setups. Für eine reine Betrachtung von GA4-

Ereignissen ist er ebenfalls hilfreich, da er den Debugging-Modus des Trackings aktiviert. Viel mehr Informationen als ein Chrome-Plugin wie der Data Layer Inspector+ von Adswerve bietet er nicht, allerdings sind Aufrufe und Trigger etwas leichter nachzuvollziehen.

> **Das Zusammenspiel von Tag Assistant und Google Tag Manager**
>
> Wenn Sie mit dem Tag Manager arbeiten, sind Sie dem Tag Assistant wahrscheinlich schon oft begegnet. Er wird nämlich automatisch gestartet, wenn Sie einen Container im Vorschau-Modus starten (der zum Debugging der Einstellungen dient). Um Informationen zum GTM im Tag Assistant zu erhalten, müssen Sie Zugriff auf den GTM-Container haben und ihn im Debug-Modus gestartet haben.
>
> Die aktuellen Einstellungen der GA4-*collect*-Aufrufe benötigen keinen Zugriff auf Container, die GA4-Property oder sonstige Administrationsbereiche. Sie können den Tag Assistant ohne zusätzliche Rechte für eine beliebige Website starten.

9.3.1   Das Debugging für eine Domain starten

Auf der Startseite des Tag Assistants fügen Sie ein Angebot mit dem ADD DOMAIN-Button hinzu (siehe Abbildung 9.24). Für diese Website werden nun in diesem Browser die Trackings mitgeschrieben. Im ersten Browserfenster startet die Debugging-Ansicht, in einem weiteren Fenster öffnet sich die Webadresse, die Sie eingegeben haben. Ein eingeblendetes Popup informiert Sie darüber, dass der Traffic dieses Fensters mitgeschrieben wird (siehe Abbildung 9.25).

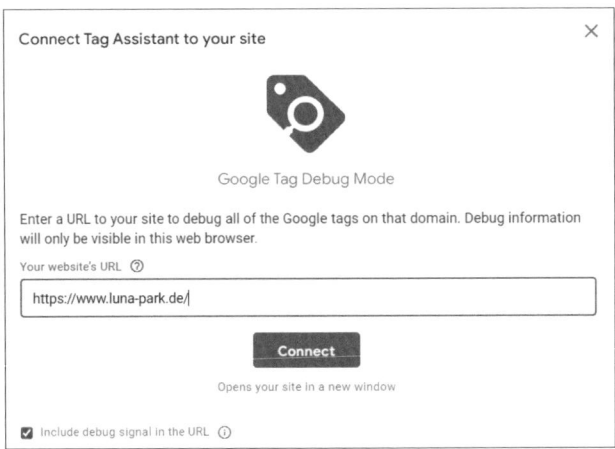

Abbildung 9.24 Das Debugging für Ihre Website starten

Sie bewegen sich nun wie ein normaler Nutzer im Angebot und führen die Aktionen aus, die Sie prüfen wollen. Im Assistenten-Fenster sehen Sie Informationen über den oder die gefundenen Tags (in der Kopfleiste) sowie über die einzelnen Aktionen, die Tags oder der dataLayer empfangen haben (in der Seitenleiste links). Im rechten Fenster werden die Tags und Ereignisse aufgelistet, die gefeuert wurden (siehe Abbildung 9.26). Verwendet die Seite einen GTM-Container, um GA4-Tags zu laden, werden Sie in der Kopfzeile zwei Einträge sehen. Sie können dann zwischen diesen umschalten. Für einen GTM-Container erhalten Sie nur Einträge, wenn sich dieser im Debugmodus befindet.

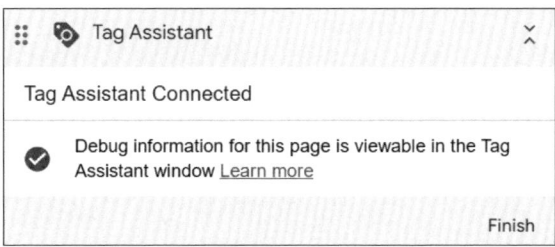

Abbildung 9.25 Ein Popup informiert Sie über das laufende Debugging.

Beim ersten Aufruf ist die SUMMARY ausgewählt, die Ihnen alle Tags und Ereignisse auflistet, die seit Aufruf der Seite gefeuert wurden. In der Liste darunter sehen Sie bereits einige Einträge für den bisherigen Seitenaufbau. Jeder Eintrag entspricht einem *Trigger*, der eine bestimmte Aktionen widerspiegelt und der Ereignisse auslösen kann.

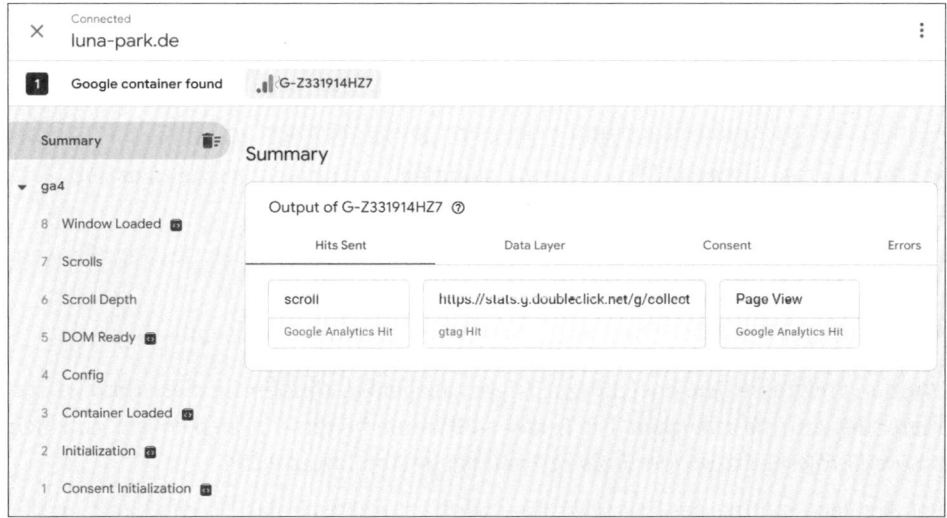

Abbildung 9.26 Assistant-Ansicht zur laufenden Debugging-Session

Die mit einem Symbol versehenen Einträge sind *Built-In Trigger*. Diese werden automatisch vom gtag oder GTM ausgelöst und können innerhalb eines GTM-Containers genutzt werden. Die anderen Trigger werden von weiteren Skripten gefeuert. So ist das Ereignis SCROLLS auf die optimierte Analyse in GA4 zurückzuführen.

Klicken Sie einen Eintrag in der Trigger-Liste an, so werden im rechten Fenster die Tags und weiteren Parameter aufgeführt, die mit diesem Ereignis geschickt wurden. In Abbildung 9.27 ist beispielsweise das Ereignis FILE DOWNLOAD gewählt.

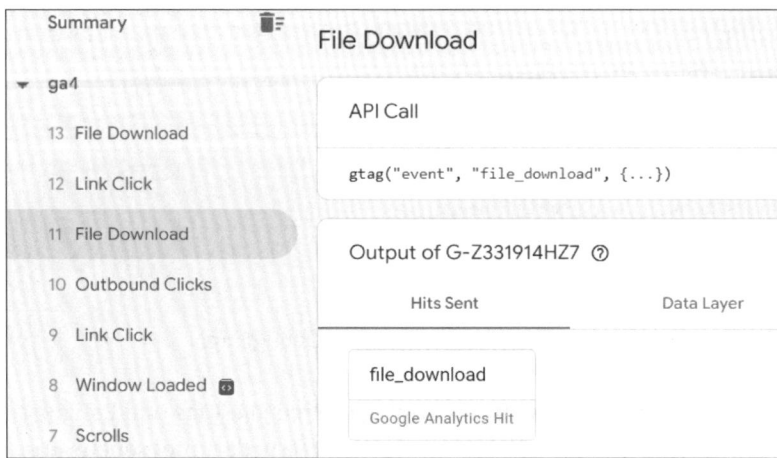

Abbildung 9.27 Ein »file_download«-Ereignis wurde an Analytics gesendet.

Im rechten Fenster können Sie nun weitere Infos einsehen:

▸ In API CALL steht der auslösende gtag- oder dataLayer-Aufruf. Durch Aufklappen können Sie den Bereich vergrößern und so auch weitere Parameter des Aufrufs sichtbar machen.

▸ In HITS SENT sehen Sie, ob und welche Ereignisse geschickt wurden.

▸ Unter DATA LAYER wird Ihnen der vollständige Data Layer der Seite zu diesem Zeitpunkt gezeigt.

▸ CONSENT enthält Daten, wenn Sie den Consent-Mode des Analytics-Tags verwenden, um so den Einsatz von Cookies zu steuern.

▸ ERRORS gibt Fehlermeldungen aus, wenn es Probleme bei diesem Aufruf gab.

Wurden Ereignisse (*Hits*) bei diesem Trigger ausgelöst, können Sie diese für die Parameter des Aufrufs anklicken. Die Felder sind Ihnen bereits von den *collect*-Aufrufen aus den Browser-Entwicklertools vertraut (siehe Abbildung 9.28).

Bei der Verwendung des Tag Assistants wird automatisch das Debug-Signal an das Analytics-Tag mitgesendet. Damit können Sie Ihre Sitzung im DebugView in GA4 finden und verfolgen. Außerdem gelangen Aufrufe, die Sie in diesem Modus ausführen, nicht in die normalen GA4-Berichte. Das Debug-Signal können Sie beim Start einer Assistant-Session deaktivieren (siehe Abbildung 9.24).

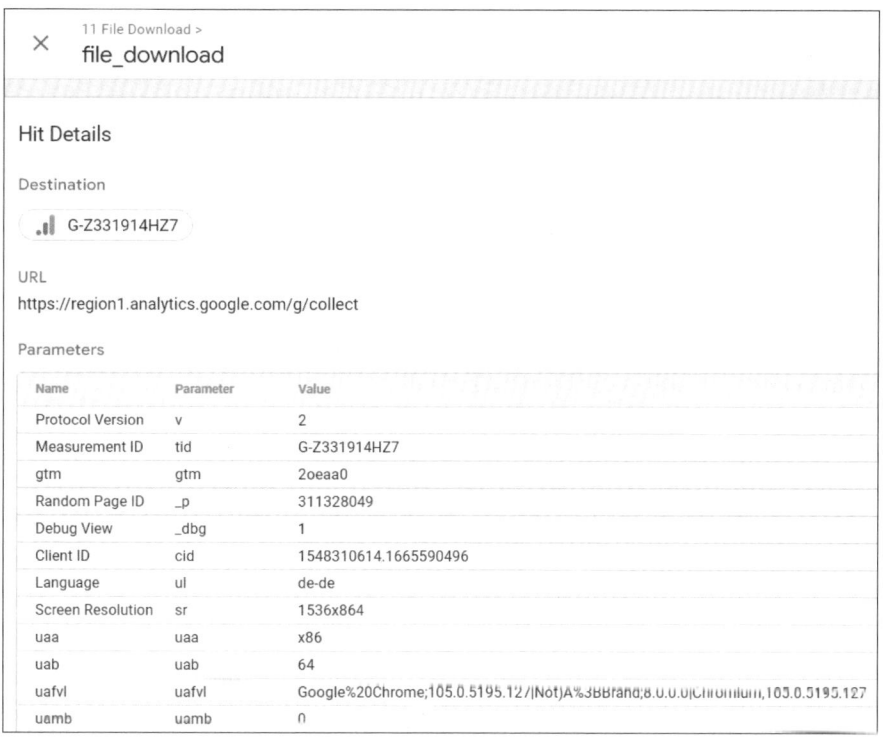

Abbildung 9.28 Die Parameter des »file_download«-Aufrufs

Möchten Sie das Debugging beenden, schließen Sie das Assistant-Fenster mit dem ×
oben links im Fenster. Im folgenden Dialogfenster stoppen Sie nun das Debugging.
Wenn Sie das Fenster oder den Tab des Assistants über die Browsersteuerung schließen, läuft die Debugging-Sitzung weiter für Ihren nächsten Aufruf der Website. Auf
der Startseite des Tag Assistants wird die Sitzung weiterhin als aktiv ausgewiesen (siehe Abbildung 9.29).

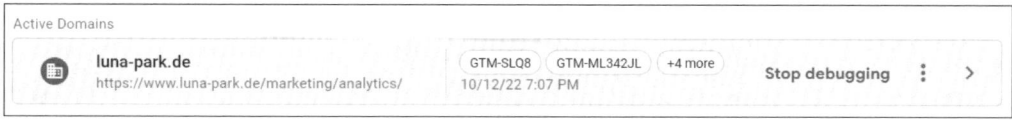

Abbildung 9.29 Die Debugging-Session läuft, bis Sie sie explizit stoppen.

Die Aufrufe, die Sie bisher getätigt und im Debugging erfasst haben, werden allerdings nicht abgespeichert. Führen Sie diese Sitzung nun weiter mit einem Klick auf
den Eintrag, werden Assistant und Website erneut geöffnet und die Aktivitäten neu
mitgeschrieben. Daher sollten Sie immer überlegen, bevor Sie eine laufende Sitzung
wirklich beenden, ob Sie die Einträge vielleicht noch benötigen. Je nach Nutzerweg,
den Sie gegangen sind, kann ein erneutes Nachstellen aufwendig sein.

9.3.2   Das »Tag Assistant Companion«-Plugin

Im Chrome Web Store bietet Google das zusätzliche Plugin *Tag Assistant Companion* an. Dieses bietet einige zusätzliche Features bei der Verwendung des Tag Assistants:

▶ Der Assistant funktioniert auch für Fenster oder Tabs, die von Ihrem Angebot aus neu geöffnet werden.

▶ Der Assistant erkennt und verfolgt mehrere Fenster gleichzeigt, die vom Angebot geöffnet werden.

▶ Die Website zum Debugging wird in einem neuen Tab statt in einem neuen Fenster geöffnet. Somit können Sie die URL in der Adressleiste bearbeiten, was Sie bei der »einfachen« Fenster-Ansicht nicht können.

▶ Der Assistant erkennt Google-Tags, die in *iframes* eingebunden sind.

Grundsätzlich funktioniert der Tag Assistant auch ohne das Plugin. Wenn Sie keine der obenstehenden Funktionen benötigen, können Sie auf den Einsatz verzichten.

9.3.3   Tag Assistant mit Google Tag Manager

Wie Sie oben schon gelesen haben, erkennt der Tag Assistant neben den gtag-Aufrufen auch die Konfigurationen des Google Tag Managers. Um diese zu sehen, müssen Sie allerdings mit einem Google-Konto eingeloggt sein, das Zugriff auf den GTM-Container hat. Sie sehen dann nicht nur die Daten der gtag-Aufrufe, sondern auch zu allen anderen Tags, die im GTM-Container enthalten sind. Im Beispiel aus Abbildung 9.30 sind das neben GA4 und Universal Analytics auch Facebook, LinkedIn und Hotjar.

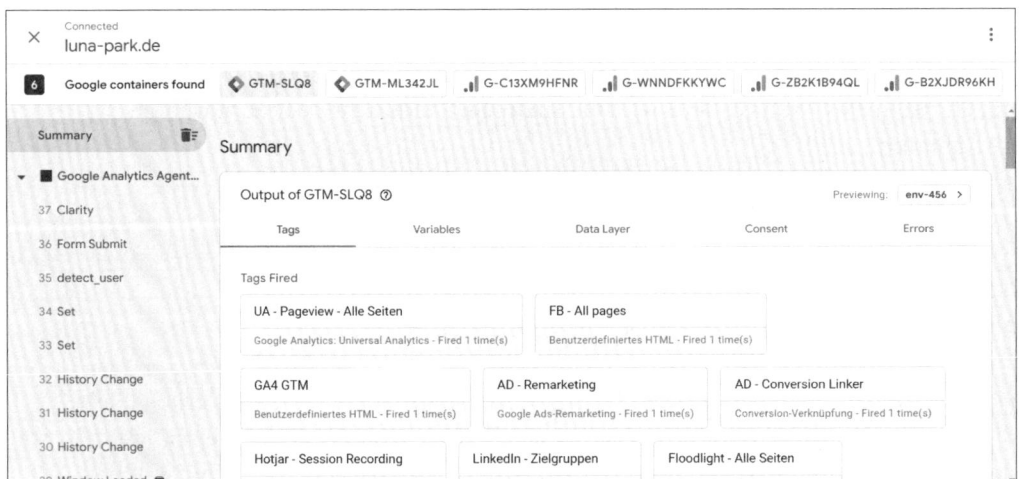

Abbildung 9.30 Das GTM-Debugging zeigt alle Tags aus dem Container.

Haben Sie keinen Zugriff auf den verwendeten GTM-Container, so erscheint eine entsprechende Meldung (siehe Abbildung 9.31). Werden im Container gtags geladen, können sie deren Informationen einsehen, aber nicht die Informationen von sonstigen Diensten, die eingebunden sind.

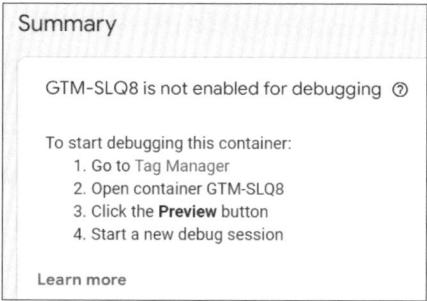

Abbildung 9.31 Das GTM-Debugging erfordert Zugriff auf den Container.

In der GTM-Vorschau sehen Sie zusätzlich die Inhalte aller Variablen zum Zeitpunkt des ausgewählten Triggers und können nachvollziehen, warum bestimmte Tags ausgelöst wurden oder eben nicht.

9.3.4   Die »Tag Assistant Legacy«-Chrome-Erweiterung

Sollten Sie bereits in der Vergangenheit Analytics- und Tag-Manager-Installationen geprüft haben, ist Ihnen vielleicht eine frühere Version des Tag Assistants bekannt. Diese wurde als Chrome-Erweiterung zur Verfügung gestellt und stellte die eingebundenen Tags einer Seite auf Knopfdruck dar. Diese Version ist immer noch im Chrome Web Store verfügbar, und zwar unter dem Namen *Google Tag Assistant Legacy* (siehe Abbildung 9.32).

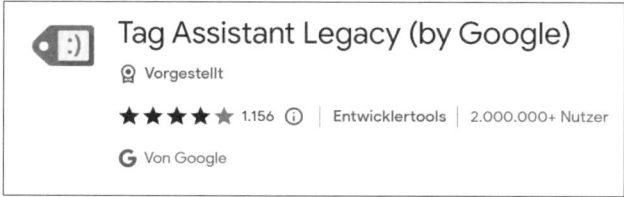

Abbildung 9.32 Nicht mehr aktuelles »Tag Assistant«-Chrome-Plugin

Dieses Plugin erfüllt zwar weiter einige seiner Aufgaben, allerdings ist der webbasierte Service die aktuellere und somit zu bevorzugende Variante. Sollten Sie also noch diese Variante in Ihrem Chrome-Profil verwenden, können Sie sie bedenkenlos deinstallieren und bei Bedarf den *Tag Assistant Companion* (siehe Abschnitt 9.3.2) installieren.

9.4   Eintreffende Ereignisse im GA4-DebugView

Beim Debugging von App-Datenstreams ist Ihnen der *DebugView* aus GA4 bereits kurz begegnet (schlagen Sie für das Debugging in Apps in Kapitel 6, »Apps analysieren«, nach). Dabei handelt es sich um eine eigene Ansicht innerhalb von GA4, mit der Sie die eintreffenden Aufrufe von einem bestimmten Gerät nachverfolgen können. Für Apps ist diese Debugging-Funktion nahezu unerlässlich, da es sonst kaum möglich ist, den Datenverkehr zwischen App und GA4-Property zu verfolgen. Bei Websites haben Sie bisher bereits einige Prüfoptionen gesehen, aber auch für Browser lässt sich der DebugView nutzen (siehe Abbildung 9.33). Mit ihm können Sie Ereignisse und Parameter eines ausgewählten Browsers betrachten.

Abbildung 9.33 Der DebugView zeigt alle Ereignisse von Testgeräten an.

Sie finden den DebugView in der Navigation Ihrer GA4-Property unter dem Punkt KONFIGURIEREN • DEBUGVIEW. Beim ersten Aufruf wird sich der Bildschirm wahrscheinlich ähnlich zu Abbildung 9.33 präsentieren. Im Menü der linken oberen Ecke bestätigt die Meldung KEINE GERÄTE VERFÜGBAR, dass derzeit keine Geräte bzw. Browser zum Debugging aktiviert sind.

9.4.1   Den Debug-Modus für GA4 aktivieren

Damit ein Browser in diesem Menü erscheint, muss er beim Aufruf der Seite ein Debugging-Signal an das Analytics-Tag übergeben. Das können Sie über mehrere Verfahren erreichen:

▶ Sie nutzen den Tag Assistant auf der Seite, wie im letzten Abschnitt beschrieben.

▶ Der GTM-Container befindet sich im Vorschaumodus. Im Endeffekt handelt es sich hierbei auch um die Verwendung des Tag Assistants, allerdings für den GTM.

▶ Sie übermitteln den Parameter debug_mode mit den gtag-Aufrufen:

```
gtag('config', 'G-12345ABCDE',{ 'debug_mode':true });
```

▶ Sie setzen das Feld debug_mode in dem GA4-Aufruf im GTM-Container (siehe Abbildung 9.34).

Abbildung 9.34 »debug_mode« als zusätzliches Feld im GTM

▶ In Ihrem Browser läuft der *Google Analytics Debugger*, ein Chrome-Plugin (siehe Abbildung 9.35), das nach Aktivierung die Analytics-Aufrufe in der Browser-Console protokolliert und außerdem den debug_mode-Parameter setzt.

Abbildung 9.35 Das Chrome-Plugin aktiviert den GA4-»debug_mode«

Entscheidend ist der Parameter debug_mode, der bei Aufrufen mitgesendet wird.

9.4.2   Ereignisse verfolgen

Sobald Sie eine Debug-Session gestartet haben und auf der Website unterwegs sind, wird Ihr Browser im Gerätemenü des DebugViews erscheinen. Leider wird nur der Browserhersteller als Name verwendet, wodurch mehrere Sitzungen mit demselben Browsertyp nicht immer leicht zu unterscheiden sind. Im Beispiel aus Abbildung 9.36 sehen Sie zwei laufende Debug-Sitzungen von *Google Chrome*-Browsern und eine mit *Microsoft Edge*.

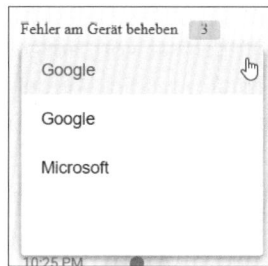

Abbildung 9.36 Wählen Sie einen Testbrowser zum Debuggen der Sitzung.

Wählen Sie den Browser aus, mit dem Sie gerade im Angebot unterwegs sind. Dadurch füllen sich die Kacheln des Berichts (siehe Abbildung 9.37). Auf der linken Seite finden Sie den *Minutenstream*. In ihm werden die einlaufenden Ereignisse von diesem Browser pro Minute der letzten halben Stunde gezeigt. Zahlen pro Minute zeigen, wie viele Ereignisse GA4 von diesem Gerät empfangen hat.

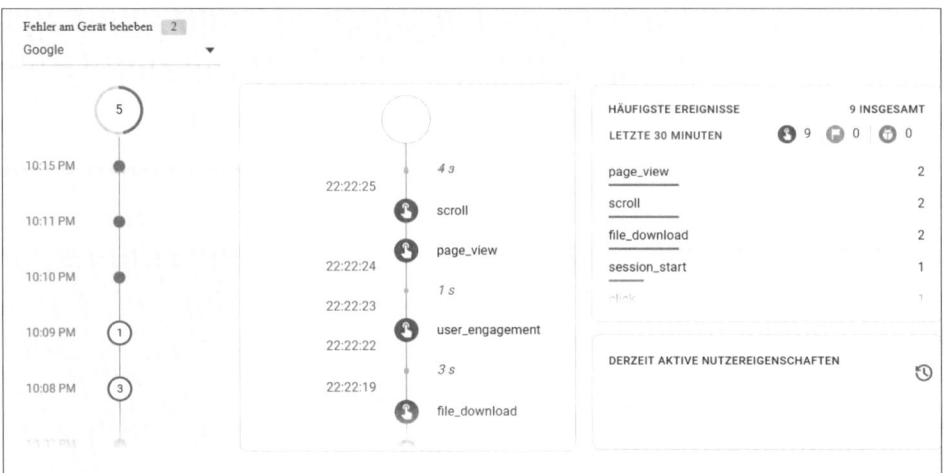

Abbildung 9.37 GA4-Ereignisse im DebugView

In der mittleren Kachel befindet sich der *Sekundenstream*. Hier werden Ereignisse mit Namen zum genauen Zeitpunkt dargestellt, an dem sie einliefen. Der Stream läuft mit fortschreitender Zeit weiter, Sie können ihn aber mit einem Klick jederzeit pausieren und zu früheren Zeiten scrollen.

Ein Klick auf ein Ereignis öffnet in der Kachel eine Auflistung der eingelaufenen Parameter. Darin finden Sie die Kennung des Nutzers, die aufgerufene Seite oder die erfasste Kampagne. Übermittelte NUTZEREIGENSCHAFTEN können Sie ebenfalls in einem eigenen Tab einsehen. Der DebugView zeigt alle Parameter, die mit dem Ereignis einlaufen, unabhängig davon, ob Sie diese als *Benutzerdefinierte Dimension* konfiguriert haben (siehe Abbildung 9.38). Somit sehen Sie, was von Ihrem Angebot ankommt und nicht erst das, was GA4 in Berichten daraus macht.

In der rechten Kachel, HÄUFIGSTE EREIGNISSE, sehen Sie alle Ereignisse vom ausgewählten Gerät, nach dem Ereignisnamen zusammengefasst. Mit einem Klick werden in der mittleren Kachel die Parameter für alle Aufrufe in einer Liste dargestellt. Diese Übersicht erleichtert es Ihnen, bestimmte Ereignisse zu prüfen, etwa alle Ereignisse vom Typ page_view. Die Kachel DERZEIT AKTIVE NUTZEREIGENSCHAFTEN rundet mit Dimensionen auf Nutzerebene das Gesamtbild ab.

Der DebugView lässt Sie für eine einzelne Sitzung nachverfolgen, welche Daten in GA4 einlaufen. So können Sie Ereignisse und Parameter prüfen und mit Ihren Aktionen auf der Website abgleichen und verfolgen, ob gesendete Daten auch in der Property richtig ankommen.

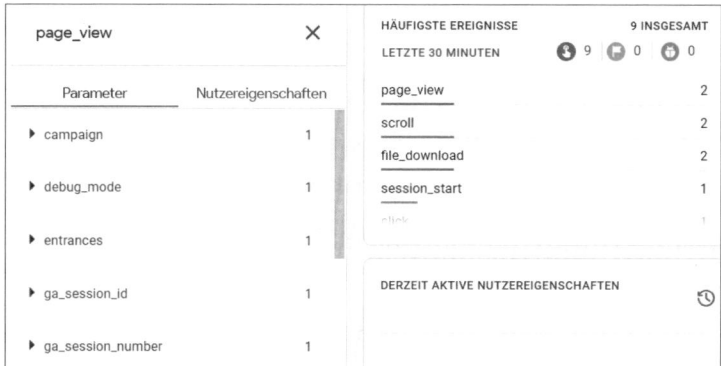

Abbildung 9.38 Parameter des Ereignisses

9.5   Qualität der Daten in GA4 überwachen

Ihre einlaufenden Daten in GA4 werden sich immer wieder verändern. Kleinere und größere Updates einer Website können genauso Einfluss auf die Nutzerdaten haben wie Veränderungen in Browsern oder Endgeräten. Daher sollten Sie Ihre Daten regelmäßig im Blick behalten und auf Einbrüche, Spitzen und ausbleibende Werte prüfen.

Je größer das Onlineangebot ist und je mehr Auftritte, Kanäle und Mitarbeiter involviert sind, umso schwerer wird es, alle Aktionen im Blick zu behalten. Startet eine neue Kampagne, wird der Traffic steigen. Erfahrungsgemäß sinkt dadurch die durchschnittliche (Gesamt)-Verweildauer auf der Seite. Stoppt die Kampagne wiederum, sinkt der Traffic.

Solche Zusammenhänge sind nicht immer sofort für jeden ersichtlich. In GA4 sehen Sie zunächst nur einen Rückgang der Nutzerzahlen. Ob dieser Rückgang nun auf eine Kampagne, auf eine technische Änderung oder einen Fehler zurückzuführen ist, zeigt sich erst bei genauerer Analyse.

In diesen Fällen ist es immer vorteilhaft, wenn Sie

▶ den Rückgang als Erster oder zumindest frühzeitig bemerken und nicht erst beim monatlichen Statusmeeting und

▶ mögliche Ursachen und Fehlerquellen möglichst schnell abklären können.

Zwei Herangehensweisen lernen Sie im Folgenden kennen.

9.5.1   Individuelle Data-Studio-Dashboards

In *Data Studio* können Sie individuelle Dashboards mit Daten aus verschiedenen Dimensionen und Messwerten erstellen. So lassen sich die wichtigsten Datentöpfe auf einen Blick prüfen, z. B.:

- die Nutzerzahlen insgesamt
- Top-Kampagnen
- Top-Ereignisse und -Seiten
- der Anteil der Nutzer, die über bestimmte Quellen kamen
- von Ihnen ausgewählte benutzerdefinierte Dimensionen

Mit Filtern lassen sich einzelne Tabellen und Diagramme auf die wichtigen Werte eingrenzen.

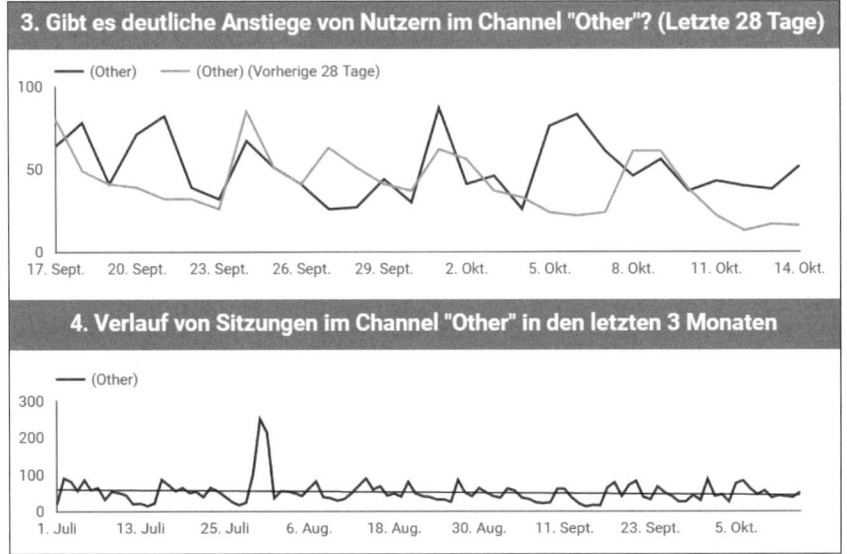

Abbildung 9.39 Diagramme zur Prüfung der zeitlichen Entwicklung

Ein weiterer Vorteil von Data Studio gegenüber den GA4-Berichten ist die Möglichkeit, Diagrammen unterschiedliche Zeiträume zuzuweisen. So lassen sich kurz-, mittel- und langfristige Entwicklungen auf einen Blick gegenüberstellen und auch »schleichende« Trends erkennen (siehe Abbildung 9.39).

Arbeiten Sie in einem Team an den Zahlen, bietet das Dashboard die Option, Fragestellungen und Arbeitsanweisungen direkt im Bericht abzulegen (siehe Abbildung 9.40). So können auch unterschiedliche Kollegen mit dem Bericht arbeiten, die nicht ständig in GA4 unterwegs sind.

In der Arbeit mit Data Studio sind Ihnen wenige Grenzen gesetzt. Sie können sich ein Dashboard anlegen, das genau Ihre Fragestellungen abdeckt. Arbeiten Sie oft mit neuen Versionen von Apps, nehmen Sie eine Tabelle dazu auf. Sind Kampagnen potenzielle Fehlerquellen, betrachten Sie diese gesondert. Ein solches Qualitätsdashboard stellt eine konsistente und regelmäßige Betrachtung der Daten sicher. (Mehr zu Data Studio lesen Sie in Kapitel 8, »BigQuery und Data Studio«.)

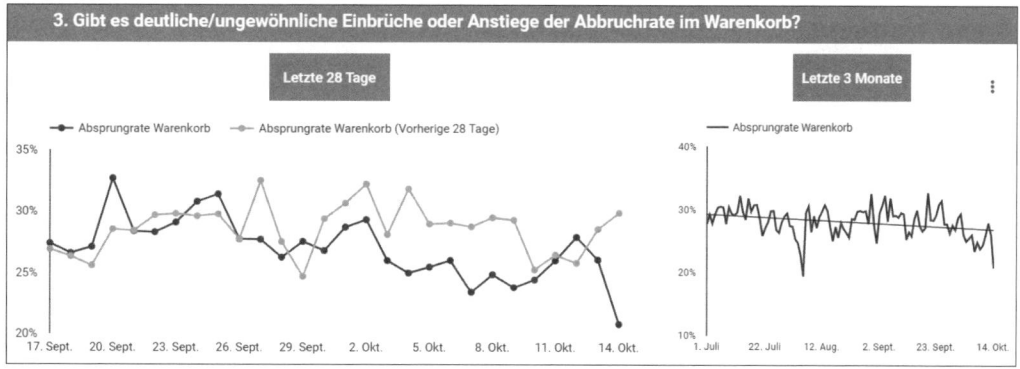

Abbildung 9.40 Unterschiedliche Zeiträume mit Prüfanweisung

9.5.2 Insights

Die *Insights* sind eine Erweiterung der Statistiken & Empfehlungen-Karten, die Ihnen in einigen Übersichten von GA4 gezeigt werden. Diese Karten haben Sie bereits in Kapitel 3, »Websites auswerten«, kennengelernt. Sie weisen Sie unter anderem auf das Ausbleiben bestimmter Vorhersagen hin, wie etwa in Abbildung 9.41. Im Beispiel war die Anzahl der Nutzer aus der Schweiz geringer, als von GA4 erwartet.

Abbildung 9.41 Analytics hat eine Auffälligkeit erkannt.

Die Statistik-Karten können Sie also bereits auf größere Veränderungen in Ihren Nutzerdaten hinweisen. Darüber hinaus können Sie eigene Prüfungen hinterlegen.

> **Insights und Benachrichtigungen**
>
> In Universal Analytics gab es diese Funktion von *Insights* bereits unter dem Namen *Benutzerdefinierte Benachrichtigungen*.

Gehen Sie dazu in der Navigation auf die Startseite Ihres GA4-Berichts. Scrollen Sie nun zum Abschnitt Statistiken & Empfehlungen, und klicken Sie auf Alle Statistiken ansehen. Das führt Sie zum Bereich Insights, in dem Sie die bisherigen

Infokarten finden. Für Sie interessant sind nun die Buttons VERWALTEN und ERSTEL-
LEN. Klicken Sie auf Letzteren, um mit der Konfiguration zu beginnen. Falls noch keine Karten vorhanden sind, sehen Sie eine entsprechende Meldung wie in Abbildung
9.42. Klicken Sie in diesem Fall auf VORGESCHLAGENE STATISTIKEN ANSEHEN.

Demnächst sehen Sie hier Ihre Statistiken.

In der Zwischenzeit können Sie benutzerdefinierte Statistiken erstellen, um Ihre wichtigsten Messwerte im Blick zu behalten. Weitere Informationen

Vorgeschlagene Statistiken ansehen

Abbildung 9.42 Gibt es noch keine Statistik, können Sie Vorschläge ansehen.

In dem Fenster, das nun erscheint, können Sie aus einer Liste Benachrichtigungen
auswählen. Wird eine dieser Angaben in Ihren Daten erkannt, erhalten Sie eine Warnung in Form einer Empfehlungskarte sowie eine E-Mail. Als Vorlage stehen zur Auswahl:

▸ Anomalie bei der Anzahl der täglichen Ereignisse

▸ Anomalie bei den Nutzern pro Tag

▸ Anomalie bei den Aufrufen pro Tag

▸ Anomalie bei den Conversions pro Tag

▸ Anomalie beim Umsatz pro Tag

Wenn Sie eine oder alle dieser Benachrichtigungen auswählen, gelangen Sie zum
Konfigurationsfenster, in dem Sie die Einstellungen übernehmen oder anpassen
können. Zum gleichen Fenster ohne vorausgefüllte Felder gelangen Sie, wenn Sie auf
der ersten Auswahlseite statt einer Vorlage den Button NEU ERSTELLEN anklicken.

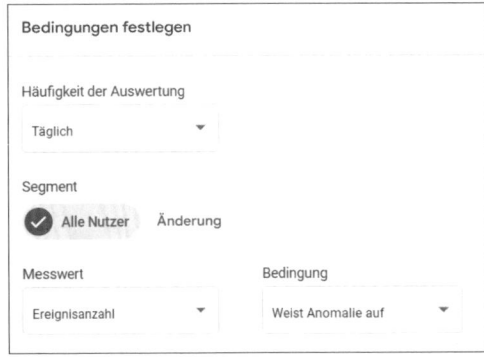

Abbildung 9.43 Was soll wie oft geprüft werden?

Im Konfigurationsfenster legen Sie zunächst fest, wie oft was geprüft werden soll (siehe Abbildung 9.43). Die HÄUFIGKEIT DER AUSWERTUNG ist von MONATLICH bis auf STÜNDLICH einstellbar.

Mit SEGMENT legen Sie die Nutzergruppe fest, die betrachtet werden soll. Diese kann ALLE NUTZER umfassen, das Segment lässt sich aber auch nach bestimmten Kriterien einschränken, wie Kampagne, Geräte oder Zielgruppe. Die Optionen sind ähnlich zu Filtern auf GA4-Standardberichten (die in Kapitel 7, »Eigene Reports anpassen und erstellen«, beschrieben wurden). Sie können also auch nur sehr spezielle Gruppen betrachten.

Im Menü MESSWERT stehen Ihnen Kennzahlen zu Nutzern, Aufrufen, Interaktionen, Umsatz und Transaktionen zur Verfügung. Mit der BEDINGUNG geben Sie an, mit welchem Standardwert Analytics die Daten vergleichen soll. Dabei lässt sich ein fixer Wert angeben, etwa ANSTIEG IN % MEHR ALS, bei dem Sie selbst den Referenzwert angeben. Oder Sie nutzen die automatische Erkennung mit der Auswahl WEIST ANOMALIE AUF. Dabei bestimmt Analytics, ab wann ein Schwellenwert erreicht ist.

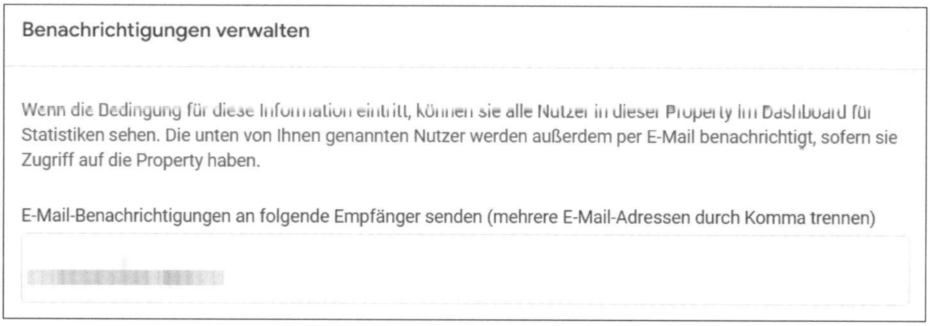

Abbildung 9.44   Senden Sie Benachrichtigungen per E-Mail.

Nach einer optionalen Beschreibung für die Prüfung finden Sie ein Feld zur Eingabe von einer oder mehreren E-Mail-Adressen (siehe Abbildung 9.44). Diese Adressen erhalten eine Benachrichtigung, sobald die Prüfung zutrifft. Die Nutzer, deren Adresse Sie angaben, müssen selbst Zugriff auf die Property haben. Sie können aber Benachrichtigungen für andere Empfänger einrichten und den E-Mail-Empfang für sich selbst deaktivieren.

Bei größeren Angeboten können Sie nicht ständig alle Daten im Überblick behalten. Mit den Benachrichtigungen unter Insights können Sie sich und andere Anwender über größere Veränderungen in den Nutzerdaten informieren lassen.

9.6   Cookies und Browser-Privacy

Das Thema »Datenschutz und der Schutz vor dem ›Ausspähen‹ durch Tracking« gibt es im Grunde schon lange. Durch den Einsatz von Consent-Abfragen auf Grundlage der DSGVO ist für Nutzer die Steuerung ihrer Datenfreigaben zwar einfacher geworden. Diese basieren aber meistens auf der Unterscheidung »erlaubt gegen abgelehnt«. Stimmt ein Nutzer einem Dienst zu, darf dieser alles erfassen, was er vorher bekannt gegeben hat.

9.6.1   Die Zukunft von Cookies

Cookies sind insgesamt eine aussterbende Technologie. Sowohl rechtlich als auch in Software wird ihre Verwendung immer mehr eingeschränkt und wird in nächster Zeit ganz unterbunden werden. Allerdings beziehen sich viele Einschränkungen und Diskussionen auf *Ad-Cookies* bzw. *Third-Party-Cookies*, also solche, die von Werbenetzwerken verwendet werden, um Nutzer von Anzeigen über verschiedene Angebote zu verfolgen. Die Unterstützung dieser Cookies ist bei einigen Browsern bereits beendet oder das Auslaufen ist angekündigt.

Für Analytics kommen zunächst First-Party-Cookies zum Einsatz, die nicht generell geblockt werden, da sie auch für viele Funktionen auf Websites benötigt werden. Durch Consent-Abfragen und Browsertechnologie ist aber auch deren Verwendung eingeschränkt. Werbe- und Analytics-Anbieter wie Google integrieren immer mehr alternative Funktionen, um Cookie-Restriktionen aufzufangen, etwa *User-ID Tracking*, *Google Signale* oder *Server-Side Tagging*.

9.6.2   Maßnahmen der Browser

Gerade für Marketing-Tools kam schon vor einiger Zeit die Frage auf, wie lange Nutzer erkannt und vor allem wiedererkannt werden sollen. Nutzer können diverse Browser-Erweiterungen installieren, um Werbetracking und auch Werbeeinblendungen zu unterbinden. Die Nachfrage nach solchen Produkten ist in jedem Fall da und Browserhersteller haben Privacy-Themen als Mehrwert für ihre Anwender und als Alleinstellungsmerkmal für ihre Produkte entdeckt.

Apple hat in Safari bereits vor einiger Zeit ein Verfahren eingeführt, um das Tracking von Aktivitäten einzuschränken: *Intelligent Tracking Prevention* (ITP). Primäres Ziel sind Marketingdienste, die Nutzer über unterschiedliche Websites und längere Zeiträume verfolgen und wiedererkennen. Dazu nimmt Safari die Cookies und ihre Verwendung in den Fokus.

Die anderen großen Browser – Firefox, Edge und Chrome – haben inzwischen ebenfalls Maßnahmen zum Schutz der Nutzer-Privacy eingeführt. Die Maßnahmen und ihre Auswirkungen sind von Browser zu Browser unterschiedlich, ebenso die Optionen, die man zur Verbesserung der Akzeptanz hat.

Da inzwischen auch die Analytics-Daten (ob von Google oder anderen Herstellern) von diesen Maßnahmen betroffen sind, finden Sie im Folgenden einen Überblick der wichtigsten Informationen.

Safari

Apple nennt sein System zur Vermeidung der Nutzerverfolgung *Intelligent Tracking Prevention*, kurz *ITP*. Das System wird bereits seit 2016 ausgerollt und kontinuierlich weiterentwickelt. In der aktuellen Version für Safari 15 wirkt sich das wie folgt aus:

▶ Third-Party-Cookies werden komplett geblockt. Das betrifft vor allem Marketingtools, wie Adserver und Affiliate-Verwaltungstools. Analytics verwendet First-Party-Cookies, daher gibt es hier keine Einschränkung.

▶ First-Party-JavaScript-Cookies erhalten eine maximale Lebensdauer von 7 Tagen, egal was im `cookie`-Befehl angegeben wird. Das betrifft auch Analytics-Cookies, da sie eben von einem Skript gesetzt werden.

▶ Findet Safari Tracking-Parameter an der URL (etwa UTM-Parameter), erhält ein Cookie eine maximale Lebensdauer von 1 Tag. Das ist ebenfalls für Analytics relevant.

▶ Server-Cookies, die von einer Domain mit CNAME-Eintrag geschrieben werden, erhalten eine Lebensdauer von maximal 7 Tagen.

▶ Techniken zum Umgehen dieser Einschränkungen werden ebenfalls beschränkt, etwa `localStorage` oder Parameter an Referrer.

Safari geht also inzwischen sehr rigoros zu Werke und beschränkt dadurch die gesammelten Daten. Allerdings greifen die Regeln »nur« in die Lebensdauer von Cookies ein, nicht jedoch in eine Datensammlung an sich. Hat ein Nutzer der Datenerfassung zugestimmt, werden Seitenaufrufe, Kampagnen und Sitzungen gezählt. Das Wiedererkennen eines Nutzers wird allerdings erschwert.

Firefox

Firefox versucht ebenfalls, seine Nutzer vor Trackern zu schützen. Dort wurde das erdachte System *Enhanced Tracking Prevention* (kurz: *ETP*) getauft. Die Lösungsansätze sind allerdings andere als bei Apple:

▶ Domains von Tracking-Diensten werden anhand einer Filterliste von *disconnect.me* erkannt. Nur für sie gelten Einschränkungen.

▶ Auf diesen Seiten werden Third-Party-Cookies geblockt. First-Party-JavaScript-Cookies sind nicht betroffen. Damit gibt es keine Einschränkung für Analytics.

▶ Firefox bietet Einstellungen, die Cookies und sogar Skripts von externen Servern einschränken oder ganz blockieren. Von so einer Einstellung sind wiederum die Analytics-Dateien betroffen.

Firefox ist also bei Weitem noch nicht so einschränkend unterwegs wie Safari, bietet gleichzeitig aber mehr Optionen zu weiterem Blockieren. Hier kann es in neueren Versionen leicht zu strengeren Regeln kommen, sollte Firefox dadurch neue Nutzer gewinnen können. Aktuell wirbt Firefox intensiv mit seinen Privacy-Features, sieht darin also einen Mehrwert und somit einen Grund für Nutzer, von anderen Programmen zu Firefox zu wechseln.

Firefox hat derzeit nur auf dem Desktop eine relevante Nutzerbasis. Je nach Thema Ihrer Website kann diese eine signifikante Größe haben, Sie sollten sie daher im Auge behalten.

Chrome

Google hält sich bei Chrome bisher mit Anpassungen eher zurück. Als einer der größten Werbeplatzanbieter hat Google eher ein Interesse an funktionierenden Trackings – sollten aber Nutzer verstärkt zu anderen Browsern wechseln, kann es auch hier weitere Anpassungen geben.

Google setzt als Privacy-Features auf die bessere Markierung von Cookies: So sollen diese von Tools und Websites mit `SameSite` entsprechend markiert werden. Außerdem gibt es Überlegungen, Cookies nur noch über HTTPS-verschlüsselte Verbindungen zu übertragen.

Microsoft Edge

Microsoft hat die Entwicklung seiner eigenen Browser-Engine eingestellt und verwendet zukünftig das Chromium-Projekt (also die gleiche Basis wie Google Chrome). Der Edge-Browser wird aber um eine Option zur *Tracking-Verhinderung* ergänzt. Wie bei Firefox kann diese Verhinderung von keinem Effekt bis hin zu kompletter Vermeidung reichen:

▶ Edge nutzt ebenfalls die Filterliste von *disconnect.me*.

▶ Skripts und Zugriffe von dort gelisteten Domains werden eingeschränkt. Das kann das Blockieren des Skripts bedeuten oder eine Einschränkung des Cookie-Zugriffs.

▶ Die Verwendung von `localStorage` und `IndexedDB` werden eingeschränkt.

In der Voreinstellung (die die meisten Nutzer erfahrungsgemäß unangetastet beibehalten) werden noch keine Skripts blockiert, und Analytics ist von keinen Einschränkungen betroffen. Allerdings werden die DoubleClick-Cookies des Google-Adservers gekürzt.

9.6.3   Eingesetzte Cookies im Browser prüfen

In den Browser-Entwicklertools können Sie den Einsatz von Cookies und alternativen Techologien wie *LocalStorage* und *SessionStorage* prüfen. Unter dem Reiter APPLICATION listet z. B. Chrome alle Einzelteile auf, die der Browser für diese Seite im Speicher abgelegt hat. Dazu gehören die eigentlichen Seiten sowie die Grafiken und Skripte. Außerdem zeigt der Reiter die Daten, die von der Seite auf Ihrem Rechner in Form von Cookies oder lokalen Datenbanken abgelegt wurden. Für uns sind besonders die Cookies interessant.

Für das Tracking von GA sollten Sie ein bis zwei Cookies für Analytics sehen, die immer mit *_ga* beginnen (siehe Abbildung 9.45). Dieses Cookie enthält eine Nutzer-ID, anhand derer GA4 die eintreffenden Aufrufe zu Sitzungen und Nutzerprofilen zusammensetzt. Alle weiteren Informationen des Nutzers werden auf den Google-Analytics-Servern abgelegt bzw. zwischengespeichert.

Das Feld EXPIRES/MAX-AGE zeigt an, wie lange das Cookie im Browser bestehen bleibt, also wie lange Google Analytics diesen Besucher maximal wiedererkennen kann. Falls Sie eine kürzere Laufzeit vorgegeben haben – z. B. aus Datenschutzgründen –, können Sie hier überprüfen, ob die Einstellung tatsächlich gegriffen hat.

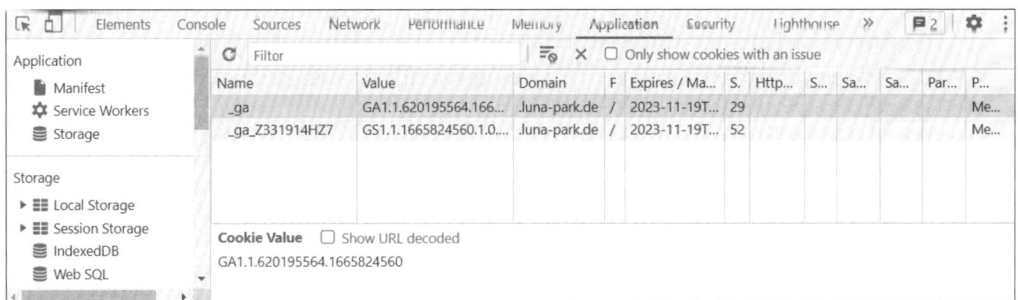

Abbildung 9.45 Tracking-Cookie von GA4

Die Spalten HTTPONLY, SECURE und SAMESITE beziehen sich auf weitere Eigenschaften des Cookies:

▶ HTTPONLY: Das Cookie wird nur über HTTP-Aufrufe an den jeweiligen Server geschickt, ist aber nicht per JavaScript auszulesen.

▶ SECURE: Das Cookie darf nur über HTTPS-verschlüsselte Verbindungen geschickt werden (in Kombination mit HTTPONLY).

▶ SAMESITE: Legt fest, bei welchen Aufrufen Cookie-Informationen mitgesendet werden.

Diese Eigenschaften werden vor allem im Rahmen der Privacy-Maßnahmen der großen Browser Safari, Firefox und Chrome wichtig. Allerdings ist die Einstellung bisher vor allem für Cookies von externen Seiten relevant, wie sie z. B. vom Facebook-Conversion-Tracking verwendet werden. Analytics nutzt bisher keines dieser Felder für seine Cookies, da sie über den JavaScript-Tracking-Code nicht angepasst werden können.

Durch den Einsatz von Server-Side Tagging lassen sich diese Felder ansprechen und beeinflussen. Einige technische Einschränkungen von Browsern lassen sich damit mildern, meist jedoch nicht vollständig aufheben. Mehr zu Server-Side Tagging finden Sie in Kapitel 10, »Administration und Technologie«.

9.7   Häufige Aufgabenstellungen in GA4

Bei der Implementierung und Arbeit mit Google Analytics werden Sie früher oder später auf ein Problem stoßen oder sich eine Frage stellen, die Sie nicht direkt lösen können. Manchmal liegt das an der Programmierung Ihrer Website, oft sind die Probleme aber davon unabhängig. Im Folgenden finden Sie die häufigsten Probleme und ihre Ursachen aufgelistet und erfahren, welche Lösungsmöglichkeiten bestehen.

9.7.1   JavaScript-Tücken

Der Analytics-Tracking-Code ist in JavaScript geschrieben. Als Programmiersprache hat JavaScript bestimmte Regeln für die Verwendung von Zeichen und Befehlen. Solange Sie den Tracking-Code vollständig aus der Property-Verwaltung kopieren, können sich keine Fehler einschleichen. Sobald Sie aber Anpassungen vornehmen, sollten Sie auf einige Dinge achten.

Die Parameter der Analytics-Aufrufe müssen normalerweise mit Anführungszeichen oder Hochkommata umgeben werden. Hier ist ein Beispiel für einen Seitenaufruf:

```
gtag('event','page_view');
```

Sowohl event als auch page_view sind von einfachen Anführungszeichen umgeben. Alternativ funktionieren auch doppelte Anführungszeichen. Sie können beide Varianten verwenden, aber immer nur paarweise: Sie können also nicht mit einem einfachen Anführungszeichen beginnen und mit einem doppelten enden.

Sollten Sie die Aufrufe in ein Dokument als Anleitung einfügen (z. B. in eine PDF- oder Word-Datei), müssen Sie darauf achten, dass die Anführungszeichen nicht durch ihre typografische Variante ersetzt werden, beispielsweise so:

```
gtag("event","page_view");
```

Word nimmt diese Ersetzung beim Schreiben automatisch vor, daher ist die Gefahr groß, wenn Sie Befehle in einer Word-Datei aufgeschrieben haben.

Achten Sie bei allen Klammern darauf, dass es für jede öffnende Klammer auch eine schließende geben muss. Außerdem sind die unterschiedlichen Arten von Klammern nicht austauschbar, anders als die Anführungszeichen. Wenn der Befehl eine geschweifte Klammer { erwartet, dürfen Sie auch nur eine solche verwenden. Es gibt drei Arten von Klammern in den Tracking-Codes, die unterschiedliche Funktionen haben (siehe Tabelle 9.2).

Name	Beispiel	Tastenkombination
runde Klammer	( )	⇧ + 8 und 9
eckige Klammer	[ ]	Alt Gr + 8 und 9
geschweifte Klammer	{ }	Alt Gr + 7 und 0

Tabelle 9.2 Die verschiedenen Klammerarten in JavaScript

Wenn Sie einen Fehler in JavaScript haben, wird in den meisten Fällen eine Fehlermeldung auf der CONSOLE der Entwicklertools ausgegeben. Läuft das Tracking nicht so, wie Sie es erwarten, kann daher ein Blick in die CONSOLE helfen.

9.7.2 Keine Daten im Bericht

Ihre Berichte zeigen keine Nutzer, so als hätte sich niemand auf Ihre Website verirrt. Gehen Sie zur Fehlersuche in der Reihenfolge vor:

1. Ist das Analytics-Tag (oder der GTM-Code) auf den Seiten eingebaut?
2. Feuert das Analytics-Tag?
3. Stimmen die übermittelten Parameter, vor allem die Mess-ID?
4. Kommen die Aufrufe in der richtigen Property an?
5. Verhindern Filter die Aufnahme dieser Daten in die normalen Berichte?

Die einzelnen Prüfschritte haben Sie im bisherigen Kapitel kennengelernt.

9.7.3 Nur wenige Daten im Bericht

Kniffliger wird die Situation, wenn Sie nur wenige Aufrufe im Bericht finden. In dem Fall funktioniert das Tracking anscheinend, aber nicht überall auf der Website.

Prüfen Sie als Erstes den eingebauten Tracking-Code und die Mess-ID. Vielleicht sehen Sie im Bericht Daten von einem anderen Code, z. B. auf einer Entwicklungsseite. Ist an dieser Stelle alles in Ordnung, schauen Sie in die Filter, um auch diese Ursache auszuschließen.

Rufen Sie unterschiedliche Seiten auf, und prüfen Sie dabei in einem zweiten Fenster die Echtzeitberichte. Kommen dort alle Seitenaufrufe an, die Sie ausführen?

Wenn Sie im Bericht weniger Aufrufe finden als erwartet, kann das auch an der Ladezeit der Seiten liegen. Wenn Sie den Tracking-Code am Ende der Seite eingebaut haben und die Seite sehr lange braucht, um komplett zu laden, hat der Besucher bereits auf den nächsten Link geklickt, bevor der Tracking-Code ausgeführt wird.

Um diese Ursache zu überprüfen, verschieben Sie den Tracking-Code im Quelltext Ihrer Seiten so weit nach oben wie möglich, am besten in den `<head>`-Bereich der HTML-Seite. Bringt das eine Verbesserung, sollten Sie die Geschwindigkeit Ihrer Website insgesamt überprüfen, denn der Tracking-Code lädt jetzt zwar schneller, aber die Website bleibt für den Besucher weiterhin langsam.

Bleiben die Werte weiterhin niedrig, analysieren Sie die Zugriffe nach Browser und Betriebssystem. Hat ein Browser auffallend niedrige Werte? Wenn auf Ihrer Website z. B. nur 2 % der Besucher mit Firefox unterwegs sind, hat der Firefox-Browser anscheinend Probleme mit Ihrer Programmierung oder bestimmten Skripten. Denken Sie dabei auch immer an die Prüfung mit Browsern auf Smartphones.

9.7.4   Einzelne Seite oder Verzeichnisse fehlen

Eigentlich sieht in Ihren Berichten alles normal aus, aber eine bestimmte Seite ist nicht zu finden.

Beginnen Sie wieder mit der Prüfung des eingebauten Tracking-Codes und der Aufrufe der Pixelgrafik. Bleibt der Aufruf aus, blockiert vielleicht ein anderes JavaScript die Ausführung des Tracking-Codes.

Wird der Aufruf normal abgesetzt, prüfen Sie die übermittelten Parameter. Ist als Seiten-URL die tatsächliche URL aus dem Browser-Fenster enthalten? Vielleicht wird die URL explizit umgeschrieben, und Sie suchen im Bericht schlicht nach der falschen Seiten-URL. Ist das nicht der Fall, prüfen Sie die Einstellungen in EREIGNIS ÄNDERN.

9.7.5   Eintrag »(not set)« erscheint im Bericht

Der Eintrag (NOT SET) taucht mitunter in einigen Berichten auf, z. B. in der Liste der CONTENTGRUPPEN (siehe Abbildung 9.46). Das (NOT SET) zeigt allgemein an, dass GA4 für eine Dimension keinen Wert erhalten hat, die im aktuellen Bericht erwartet wird.

Die Dimension CONTENTGRUPPE kann für einen Seiten- oder Bildschirmaufruf optional übergeben werden. Wird sie für einen Aufruf nicht ausgefüllt, so verbucht GA4 diesen als (NOT SET).

Contentgruppe ▾ +	↓ Aufrufe	Nutzer
	4.400	2.005
	100 % der Gesamtsumme	100 % der Gesamtsumme
1 Blog	3.120	1.567
2 (not set)	616	2.000
3 Home	249	109

Abbildung 9.46 Ein Beispiel für »(not set)« in der Liste der Contentgruppen

Auch bei explorativen Datenanalysen wird Ihnen der Eintrag immer wieder auffallen (siehe Abbildung 9.47). Vor allem bei der Arbeit mit benutzerdefinierten Dimensionen ist der Eintrag für alle Einträge zu sehen, die keinen Wert übergeben bekommen haben. Stört Sie der Eintrag in einer Datenanalyse, legen Sie einen Filter auf diesen Bericht, um ihn zu entfernen.

Gesamt		14.513
		100,0 % der Gesamtsumme
1 (not set)		10.791
2 CLS		1.653

Abbildung 9.47 »(not set)« in einer Datenanalyse

Der Eintrag (NOT SET) weist immer darauf hin, dass bei Tracking-Aufrufen nicht alle Daten übergeben wurden, die eigentlich möglich wären. Falls für ein bestimmtes Feld Werte vorhanden sein sollten, prüfen Sie die Aufrufe mit der Entwicklerkonsole: Werden tatsächlich Daten übergeben? Wahrscheinlich wird der Wert nicht ordnungsgemäß gesetzt oder übertragen.

9.7.6   Zusammengefasste Ziele als »(other)«-Einträge

Taucht der Eintrag (OTHER) in Ihrem Bericht auf, so hat Analytics für diesen Bericht von Ihrer Website mehrere Einträge zusammengefasst. Wann das genau geschieht, hängt von den verwendeten Dimensionen und Messwerten ab. Hat eine Dimension viele unterschiedliche Werte pro Tag, etwa viele unterschiedliche Seiten, so fasst GA4 die Einträge in einer Zeile zusammen (siehe Abbildung 9.48). Die Aufrufe und Nutzer werden zwar weiterhin erfasst, Ihre Gesamt-Messwerte stimmen also – die verschiedenen Seitennamen allerdings nicht.

Wenn Ihre Website nicht so viele unterschiedliche URLs hat, überlegen Sie, woher die unzähligen Einträge kommen. Hat Ihr Angebot tatsächlich so viele Seiten (Produkte,

Kampagnen usw.)? Bei der Untersuchung helfen Ihnen die Möglichkeiten der explorativen Datenanalyse.

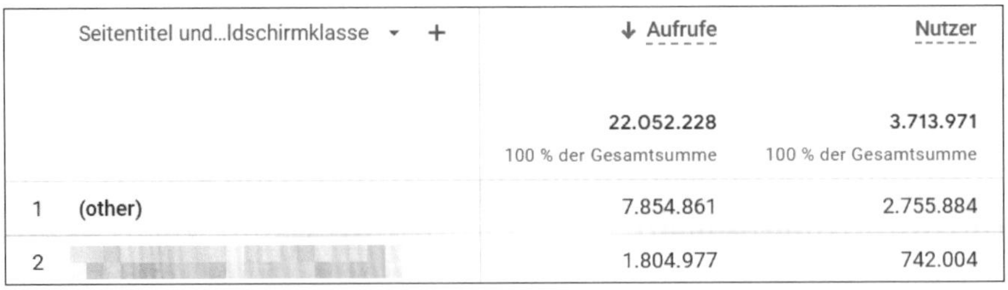

Seitentitel und...ldschirmklasse ▾ +	↓ Aufrufe	Nutzer
	22.052.228	3.713.971
	100 % der Gesamtsumme	100 % der Gesamtsumme
1 (other)	7.854.861	2.755.884
2 ▓▓▓▓▓▓▓	1.804.977	742.004

Abbildung 9.48 Hier ist »(other)« der Eintrag mit den meisten Aufrufen.

Sie können mit den Ergebnissen versuchen, die Menge unterschiedlicher Einträge zu reduzieren, indem Sie mit *Ereignisse bearbeiten*-Filtern z. B. verschiedene Seitenpfade zusammenfassen.

Wann genau (OTHER)-Einträge gezeigt werden, hängt von mehreren Faktoren ab. Bei mehr als 50.000 unterschiedlichen Einträgen einer Dimension pro Tag gelangen Sie an das Limit der GA4-Datentabellen, was das Auftreten sehr wahrscheinlich macht. Kombiniert mit weiteren Faktoren, kann diese Zeile bereits früher auftreten.

9.7.7   Unterschiedliche Daten im Rückblick

Sie haben über mehrere Wochen eine Kampagne mit Analytics ausgewertet und wöchentlich die Daten in eine Tabelle übernommen. Nachdem die Kampagne abgeschlossen ist, vergleichen Sie die Nutzerzahlen für den Gesamtzeitraum mit den einzelnen Wocheneinträgen und kommen zu unterschiedlichen Ergebnissen.

Dazu kommt es bei Nutzerzahlen, da diese immer für einen ausgewählten Zeitraum berechnet werden. Kommt ein Nutzer *X* jede Woche einmal auf Ihre Seite, so wird er bei einer wöchentlichen Datenerhebung jedes Mal neu gezählt. Bei einer Betrachtung des gesamten Zeitraums wird dieser eindeutige Nutzer nur einmal gezählt.

	Zählung pro Woche	Zählung gesamter Monat
Woche 1	1	1
Woche 2	1	
Woche 3	1	
Woche 4	1	
Summe	4	1

Tabelle 9.3 Zählung von Nutzern je nach Betrachtungszeitraum

Beachten Sie daher bei Auswertungen immer den gewählten Zeitraum und die Art der Erhebung.

9.7.8   Fehlende Kampagnen

Im letzten Monat lief eine große Kampagne mit unterschiedlichen Werbemitteln für Ihre Website. Nun möchten Sie die Besucherdaten in Analytics analysieren, finden aber keine Kampagnenbesucher (oder die Zahlen kommen Ihnen nicht plausibel vor).

Fehlende Parameter

Damit Analytics Besucher einer Kampagne zuordnet, muss der Link, der zu Ihrer Seite führt, mit Kampagnenparametern versehen sein (siehe Kapitel 4, »Kampagnen steuern«).

Der Link zu Ihrer Homepage lautet also nicht

```
http://www.foo.de/
```

sondern:

```
http://www.foo.de/?utm_campaign=Neu&utm_medium=banner...
```

Alle Links, die im Rahmen einer Kampagne zu Ihrer Website führen, müssen diese Parameter enthalten. Diese *Kampagnen-URL* buchen Sie also für Banner, in Newslettern usw. Die einzige Ausnahme sind Werbemittel in Google Ads: In der Konfiguration von Ads können Sie das automatische Tagging der Links aktivieren.

Weiterleitungen

Es genügt nicht, dass der Link zu Ihrer Website die Kampagnenparameter enthält, sie müssen auch beim Tracking Ihrer Website ankommen. Der häufigste Fehler im Kampagnen-Tracking ist die Verlinkung auf Weiterleitungen. Hier sehen Sie ein Beispiel für eine Weiterleitung: Sie rufen die URL in Ihrem Browser auf (siehe Abbildung 9.49).

Abbildung 9.49 URL ohne Kampagnenparameter

Nach dem Laden der Seite steht in Ihrer Browser-Adressleiste aber eine andere URL (siehe Abbildung 9.50).

Abbildung 9.50 URL mit Kampagnenparametern

Die erste Adresse wurde also weitergeleitet. Das Problem ist nun, dass die meisten Weiterleitungen so konfiguriert sind, dass sie Ihre Kampagnenparameter abschneiden. Aus

```
http://www.foo.de/?utm_campaign=Neu&utm_medium=banner...
```

wird:

```
http://www.foo.de/de/index.php
```

Die Parameter fehlen beim zweiten Aufruf. Analytics erkennt eine Kampagne erst auf der Seite, in der der Tracking-Code enthalten ist. Da die Weiterleitung die Parameter entfernt hat, kann der Tracking-Code sie nicht mehr erkennen. Der Besucher wird daher keiner Kampagne zugeordnet. Das gleiche Problem besteht, wenn Sie Weiterleitungs-URLs in Google-Ads-Anzeigen verwenden. Werden dabei Parameter abgeschnitten, kann Analytics keinen Abgleich mehr mit Ads herstellen.

Adserver und Referrer

Vielleicht haben Sie nur auf einigen ausgesuchten Seiten Bannerplätze gebucht und planen, die spätere Auswertung anhand der Verweise zu erstellen. Bedenken Sie, dass viele Ad- oder Bannerserver den Referrer abschneiden und diese Besucher auf Ihrer Website somit als DIREKT ausgewiesen werden. Verwenden Sie Kampagnen-URLs, haben Sie dieses Problem nicht.

Testen Sie daher alle Ihre Kampagnen-URLs, bevor Sie sie in Werbemitteln verwenden. Kommen die Parameter auch tatsächlich auf der Zielseite an? Falls nicht, können Sie mit Ihrer Agentur oder IT-Abteilung sprechen, ob sie die Weiterleitung so konfigurieren kann, dass die Analytics-Parameter mit übernommen werden. Das heißt, dass die Weiterleitung die Parameter erkennt und sie automatisch wieder an die Zielseite der Weiterleitung anhängt. Aus

```
http://www.foo.de/?utm_campaign=Neu&utm_medium=banner...
```

wird also:

```
http://www.foo.de/de/index.php?utm_campaign=Neu&utm_medium=...
```

Fehlende Google-Ads-Verknüpfung oder automatisches Tagging

Sie haben eine Ads-Kampagne für Ihre Website gestartet und möchten sie in Analytics auswerten. Die Ads-Berichte zeigen aber keine Daten. Prüfen Sie in diesem Fall zwei Punkte:

1. Ist im Ads-Konto in den Einstellungen das automatische Tagging der Anzeigen aktiviert?

2. Ist das Ads-Konto mit Analytics verknüpft?

Nur wenn Sie beide Schritte durchgeführt haben, werden Sie in Analytics sowohl die verwendeten Suchbegriffe als auch die Anzeigen und Kostendaten sehen. Wie Sie Ihre GA4-Property mit einem Ads-Konto verknüpfen, lesen Sie in Kapitel 4, »Kampagnen steuern«.

9.7.9 Relaunch oder Umzug

Bei einem Relaunch Ihrer Website haben Sie eine Menge um die Ohren: Ein neues Design bedeutet auch eine neue Programmierung der HTML- und CSS-Elemente. Häufig kommt eine neue oder zumindest veränderte Navigationsstruktur dazu. Vielleicht wechseln Sie auch gleich die technische Plattform auf ein neues CMS oder Shop-System? Egal ob für Ihren Relaunch nur einzelne Punkte zutreffen oder alle, es sind viele Baustellen, auf denen jeweils Fehler passieren können.

Die Webanalyse verschwindet dabei leicht aus dem Blickfeld, denn bis zur Veröffentlichung der neuen Seite fragt meist niemand nach Zahlen oder Auswertungsmöglichkeiten. Ist die neue Website aber erst einmal online, ist das genaue Gegenteil der Fall: Nun sind Informationen über Besucher und Website gefragter denn je. Darum sollten Sie dem Tracking die nötige Aufmerksamkeit widmen, damit Sie nach dem Umschalten nicht plötzlich im Blindflug unterwegs sind

Bereits im Vorfeld können Sie einige wichtige Fragen zum Tracking klären, die wir uns in den folgenden Abschnitten genauer ansehen.

Neues Konto anlegen oder altes fortführen?

Wenn Sie bereits auf der alten Website mit Google Analytics gearbeitet haben, stellt sich beim Relaunch die Frage, ob Sie die alte Property weiterführen möchten oder eine neue Property aufsetzen.

Indem Sie die alte Property weiterverwenden, bleiben die Einstellungen in Verwaltung und Frontend sowie Ihre Datenanalysen erhalten, und Sie können sie je nach Bedarf anpassen. Außerdem können Sie die Gesamtzahlen der alten und neuen Website im selben Bericht vergleichen. Allerdings sollten Sie sich alle Einstellungen notieren, bevor Sie sie ändern, z. B. welche URL für ein Conversion-Ereignis hinterlegt war. Sonst können Sie unter Umständen nicht mehr nachvollziehen, was vor einigen Monaten noch als Conversion galt.

Eine neue Property kann sinnvoll sein, wenn Sie die alte Website unter einer anderen Domain weiterbestehen lassen, weil beispielsweise nicht alle Features sofort auf die neue Website umziehen. Außerdem spielt der Umfang der Veränderungen eine Rolle. Je mehr Anpassungen Sie an Einstellungen und Berichten für die neue Website vornehmen müssen, desto geringer ist der Aufwand, ein neues Konto aufzusetzen.

Neue URLs

Dabei geht es nicht darum, ob alle Seiten so bestehen bleiben wie bisher, sondern um den Aufbau der URLs. Gibt es z. B. weiterhin einen Bereich */de/leistungen/*? Falls Sie neue URLs bekommen, sollten Sie sich eine Zuordnungstabelle anlegen, in der Sie aufzeichnen, welcher Inhalt nach dem Relaunch wo zu finden ist. So können Sie später die alte und die neue Website auch inhaltlich miteinander vergleichen.

Neue URLs bedeuten außerdem, dass Sie alle Zielvorhaben kontrollieren müssen, die auf eine bestimmte URL eingerichtet sind, ebenso Filter im Konto oder Dashboards.

Neues Design und Templates

Wenn Sie das Design oder die Templates der Website neu erstellen, müssen Sie prüfen, ob Sie für Ihr Tracking JavaScript verwenden, um bestimmte Links oder Elemente wie Download-Links automatisch zu kennzeichnen. Am besten erstellen Sie vor dem Relaunch eine Liste aller Tracking-Zusätze Ihrer alten Website, damit sie bei der Programmierung nicht vergessen werden.

Neue Formulare

Besonders bei Formularen müssen Sie auf die Programmierung und die URLs achten. Denn wenn sich die Technologie für ein Formular ändert, müssen Sie vielleicht auch das Tracking des Formulars ändern, um es in Zielvorhaben berücksichtigen zu können.

Testkonto

Erstellen Sie vor dem Relaunch ein Analytics-Testkonto, in dem Sie alle Neuerungen ausprobieren und durchspielen können.

Wenn Sie ein altes Konto fortführen, ist es wichtig, dass Sie zum Start die Conversions und Ereignisänderungen an die neue Website angepasst haben, denn diese können Sie nicht mehr rückwirkend ändern.

Datenanalysen und Übersichten können Sie dagegen auch später anpassen, da sich diese Änderungen auf zurückliegende Daten anwenden lassen.

Kapitel 10
Administration und Technologie

*GA4 bietet Ihnen nicht nur Berichte zu den Aktivitäten Ihrer Nutzer,
sondern erlaubt auch eine Steuerung des Zugriffs auf diese Daten. Der
Zugriff vieler Anwender auf Google-Dienste lässt sich mit einer GMP-
Organisation leichter steuern.*

Google Analytics sammelt und bietet die Daten, die viele verschiedene Personen im Unternehmen benötigen. Marketing, Vertrieb, Redaktion, Presse, HR – alle interessieren sich für die Berichte zu »Ihren« Nutzern. Wer erhält Zugriff? Die Abteilungen bleiben gleich, die Mitarbeiter ändern sich aber immer wieder. Und nicht jeder Anwender soll die Einstellungen in GA4 vornehmen oder verändern können.

Welche Einstellungen Ihnen bei der Administration helfen, wie Sie mit unterschiedlichen Anwendern umgehen und ihnen Rollen zuweisen, lesen Sie in diesem Kapitel.

10.1 Nutzerrechte mit der Google Marketing Platform einrichten

Die *Google Marketing Platform* (GMP) vereint Google-Dienste zu Analyse, Kampagnen und Personalisierung unter einem gemeinsamen Namen. Außerdem bringt sie eine Oberfläche mit sich, die das Anlegen und Verwalten von Nutzerzugriffen für die unterschiedlichen Tools zentral zusammenführt.

Solange Sie der einzige Nutzer von Google Analytics sind, brauchen Sie sich über die Verteilung von Rechten oder Logins keine Gedanken zu machen: Sie haben die volle Kontrolle über alle Einstellungen und Berichte. Sobald jedoch mehrere Personen mit den Berichten in Analytics arbeiten, werden Sie sich mit der Strukturierung der Dienste und mit unterschiedlichen Zugriffsrechten beschäftigen müssen. Mit *Organisationen* bietet die GMP eine neue Verwaltungsstufe über Google-(Analytics-)Konten und für weitere Dienste.

Sie gelangen zur Startseite der GMP entweder über die URL *https://marketingplatform.google.com* oder über einen Link im Google-Analytics-Konto- oder -Nutzer-Menü. Dort finden Sie Links zum Verknüpfen unterschiedlicher Dienste und zum Verwalten von Nutzern. Wählen Sie zunächst den Punkt VERWALTEN.

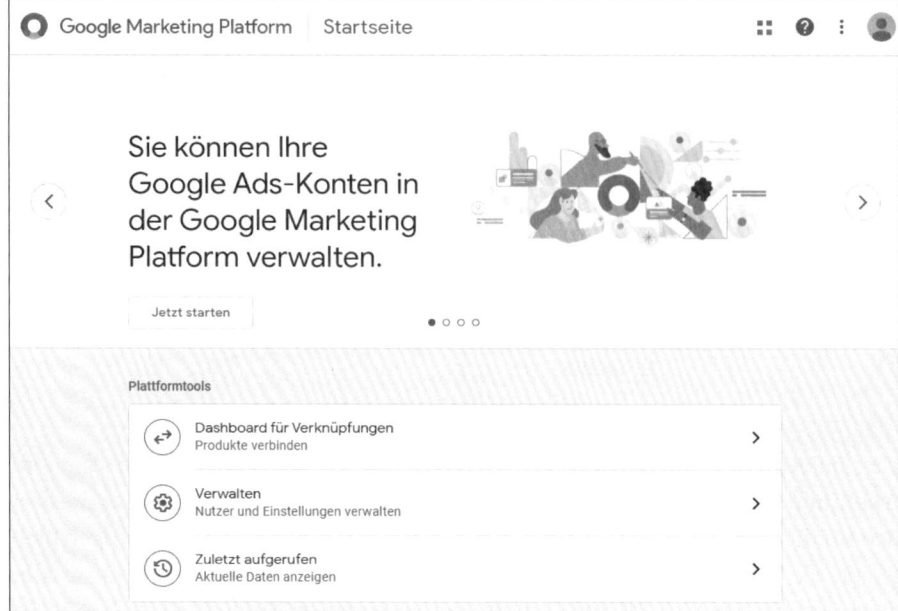

Abbildung 10.1 Die Startseite der Google Marketing Platform

10.1.1   Eine Organisation anlegen

Wenn Ihr Nutzer oder Ihre Konten noch keiner Organisation zugeordnet sind, wird Ihnen beim ersten Aufruf des Links eine leere Liste unter ORGANISATIONEN angezeigt (siehe Abbildung 10.2). Sie können Mitglied in mehreren Organisationen sein, dann werden diese hier aufgelistet.

Abbildung 10.2 Es ist noch keine Organisation vorhanden.

Auch wenn Sie bzw. Ihr Google-Account Zugriff auf mehrere Organisationen hat, sind diese untereinander vollkommen getrennt. Es werden keine Daten ausgetauscht oder vermischt.

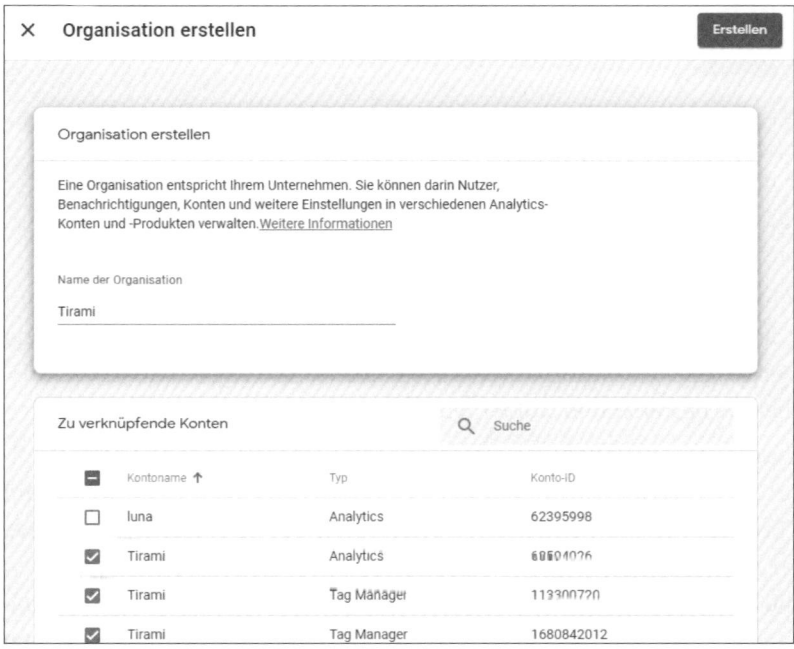

Abbildung 10.3 Organisation erstellen und Konten verknüpfen

Mit ORGANISATION ERSTELLEN gelangen Sie zu einer Eingabemaske, auf der Sie den Namen der Organisation festlegen können (siehe Abbildung 10.3). Dieser Name erscheint später im Menü zur Auswahl des aktuellen Reports. Am besten wählen Sie den Namen Ihres Unternehmens oder einer entsprechenden Gruppe. Unter dem Eingabefeld folgt eine Liste aller Konten, auf die Ihr Account zugreifen kann und die aktuell mit GMP-Organisationen verknüpft werden können. Dazu zählen Konten von *Analytics*, *Tag Manager*, *Google Ads* und *Optimize*. Wählen Sie hier die gewünschten Konten aus. Ein Produkt-Konto wie von Analytics kann immer nur zu einer Organisation gehören.

Damit erstellen Sie die Organisation, die anschließend in der Auflistung angezeigt wird. Klicken Sie nun auf den neuen Eintrag, und Sie gelangen zu den Einstellungen, wo Sie Details wie die *Organisation-ID* einsehen können.

10.1.2   Nutzer und Zugriffsrechte verwalten

In den Organisationseinstellungen finden Sie am Ende der Seite Links zum Anlegen und Verwalten von Nutzern, Admins, Gruppen und Richtlinien.

	Name ↑	E-Mail	Produktzugriff ⓘ	
☐	ti rami	tirami@econtrolling.de		
☐	–	h.lueck@luna-park.de		
☐	–	m.vollmert@luna-park.de		
☐	–	m.vollmert@gmail.com		

Abbildung 10.4 Alle Nutzer der aktuellen Organisation

Nutzer

Unter dem ersten Punkt, ALLE NUTZER, sehen Sie alle Accounts, die bereits Zugriff auf ein Produkt-Konto haben, das Ihrer Organisation zugeordnet ist (siehe Abbildung 10.4). Die Nutzer werden also automatisch Ihrer Organisation zugerechnet; Sie müssen nicht alle bereits bestehenden Nutzer neu hinzufügen.

Ein Klick auf einen bestehenden Eintrag führt Sie zu den Nutzerdetails (siehe Abbildung 10.5). Dort sehen Sie die Berechtigungen des Nutzers für die Organisation und die einzelnen Produkte sowie die Gruppenmitgliedschaften im Detail. Praktisch ist, dass Sie in den Nutzerdetails einen freien Hinweistext eintragen können. In größeren Setups kann die Nutzerliste durchaus Hunderte Einträge umfassen, neben »echten« Anwendern auch z. B. Servicekonten für den Zugriff über eine API. Mit Hinweisen können Sie zumindest einige Stichwörter hinterlegen, um auch später noch nachzuvollziehen, warum und wofür die Berechtigung gewährt wurde.

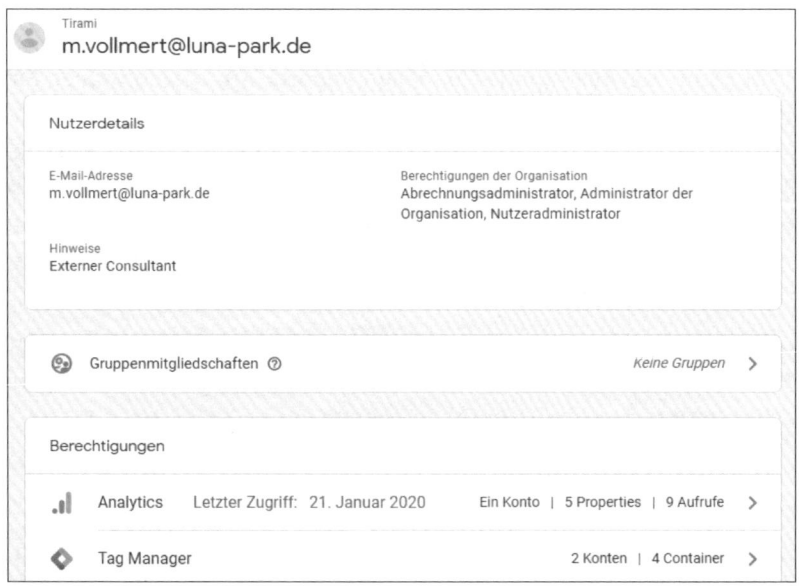

Abbildung 10.5 Details eines Nutzers

Für die unterschiedlichen Dienste wie z. B. Optimize sehen Sie, auf wie viele Einträge der Nutzer Berechtigungen hat. Für Analytics sehen Sie außerdem, wann dieser Nutzer das letzte Mal zugegriffen hat. Damit können Sie feststellen, ob der Nutzer bzw. diese Berechtigung überhaupt verwendet wird oder eventuell entfernt werden kann.

Nutzer löschen Sie aus einer Organisation indem Sie entweder einen oder mehrere Einträge markieren und oben rechts auf Entfernen klicken oder im Menü am Ende eines Eintrags Nutzer entfernen wählen. Im folgenden Bildschirm können Sie die Rechte sowohl für einzelne Produkte aufheben als auch den Nutzer aus der gesamten Organisation nehmen (siehe Abbildung 10.6).

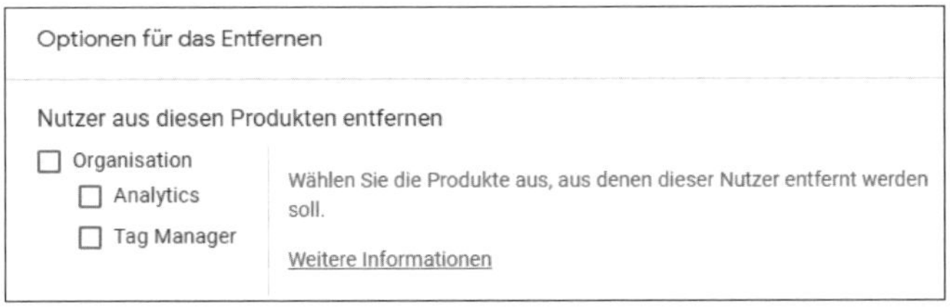

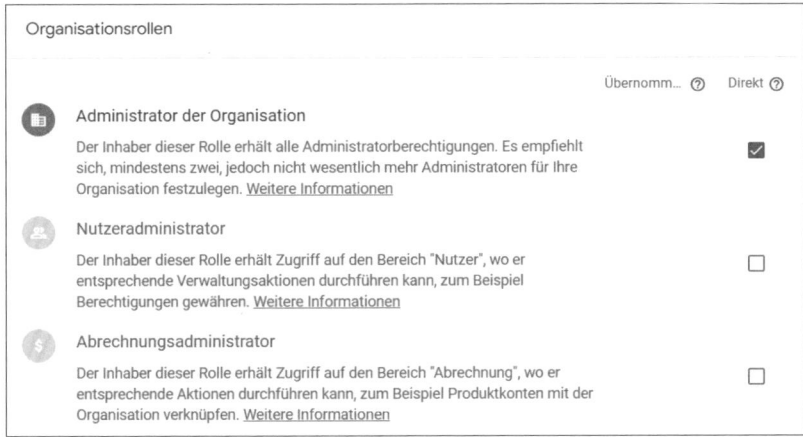

Abbildung 10.6 Nutzer aus einzelnen Produkten oder der Organisation entfernen

Administratoren der Organisation

Die Administratoren der Organisation sind so etwas wie die Super-User aller Ihrer Konten, die Sie verknüpft haben. Der Ersteller der Organisation erhält automatisch diese Rolle, ansonsten wird kein Nutzer aus einem verknüpften Produkt zum Administrator aufgewertet. Sie müssen diese Rolle also explizit zuweisen.

Abbildung 10.7 Typen von Administratoren in einer Organisation

Sie können einem Nutzer drei Rollen zuweisen (siehe Abbildung 10.7):

▶ Der *Administrator der Organisation* ist ein Super-User, der Produkte verknüpfen, Nutzer verwalten und Abrechnungen bearbeiten kann. Er kann zu jedem Produkt

Nutzer hinzufügen oder entfernen und sie ebenfalls zum Organisationsadministrator ernennen. Dadurch können sich diese Admins auch selbst Zugriff auf jedes verknüpfte Produkt geben! Daher sollten Sie diese Berechtigung nur wohlüberlegt zuweisen, mindestens jedoch an zwei Personen, damit es immer eine Ausweichlösung bei vergessenem Passwort oder bei Krankheit, Urlaub usw. gibt. Ein Organisationsadministrator erhält immer auch die beiden weiteren möglichen Rechte.

▶ Ein *Nutzeradministrator* gewährt anderen Zugriff auf die unterschiedlichen Konten, kann jedoch keine weiteren Konten mit der Organisation verknüpfen. Er erhält automatisch das Recht *Nutzer verwalten* in Google-Analytics-Konten, kann aber keine anderen Nutzer oder sich selbst zum Organisation-Administrator machen. Das Recht *Nutzeradministrator* kann gemeinsam mit den anderen Rechten oder exklusiv vergeben werden.

▶ Ein *Abrechnungsadministrator* verwaltet die Informationen zu Lizenzabrechnungen. Diese Funktion benötigen Sie nur, wenn Sie kostenpflichtige Tools der *Marketing Platform* einsetzen, also etwa GA360 oder DV360. Das Recht *Abrechnungsadministrator* kann gemeinsam mit den anderen Rechten oder exklusiv vergeben werden.

Administratoren können die Rechte aller anderen Administratoren entfernen. Sie können für Ihren eigenen Account auch selbst die Rechte entfernen, allerdings gelingt das nur, wenn danach noch ein weiterer Admin verbleibt. Sind Sie der einzige Administrator, schlägt das Entfernen fehl.

Sie können auch Nutzergruppen Administrationsrollen zuweisen. Ein Nutzer erbt in diesem Fall die Einstellungen seiner Gruppe. Sie können dem Nutzer individuell zusätzliche Berechtigungen geben, allerdings können Sie pro Nutzer ein geerbtes Gruppenrecht nicht verbieten.

Nutzergruppen

Mit NUTZERGRUPPEN können Sie unterschiedliche Nutzer zusammenfassen und diesen Gruppen dann Rechte an Produkten oder zur Administration verleihen. Müssen Sie einen Nutzer aus der Gruppe entfernen oder einen neuen aufnehmen, brauchen Sie nicht in jedem Produktkonto Änderungen vorzunehmen, sondern nur zentral in der Plattform-Verwaltung.

Beim Anlegen einer Gruppe vergeben Sie einen Namen und optional eine Beschreibung (siehe Abbildung 10.8). Außerdem können neue Nutzer über das Hinzufügen per E-Mail benachrichtigt werden. Als Ersteller sind Sie automatisch *Inhaber* der Gruppe, d. h., Sie können der Gruppe Nutzer hinzufügen oder Nutzer aus ihr entfernen. Die neu hinzugefügten Nutzer sind zunächst *Mitglied* und haben keine Verwaltungsrechte in der Gruppe. Eine Gruppe kann mehrere Inhaber haben.

Abbildung 10.8 Gruppe in der Organisation anlegen

Fügen Sie einem Tool eine Nutzergruppe hinzu, erhalten alle Mitglieder der Gruppe die entsprechenden Rechte. In der Rechtevergabe von Analytics (oder der anderen Tools) verhalten sich Gruppen wie ein einzelner Nutzer-Account, Sie können die gleichen Rechte vergeben oder vorenthalten. Innerhalb des Tools wird jeder Account aus der Gruppe einzeln geführt, hat also seine persönlichen Einstellungen, Berichte und Segmente. Eine Gruppe kann auch Administratoren-Rechte für die Organisation erhalten.

Gruppen können selbst Mitglied in einer anderen Gruppe sein. Damit können Sie in großen Setups auch komplexe Organigramme abbilden. Generell lohnt sich der Einsatz von Gruppen bereits bei wenigen Nutzern und beim Zugriff auf einzelne Tools. Bei einer Veränderung in einem Team oder einer Abteilung ist es leichter, einen Nutzer aus einer Gruppe zu entfernen, also für diesen Nutzer einzeln die Rechte anzupassen. Nur bei einem kompletten Ausscheiden können Sie den (einfachen) Weg über das Entfernen aus der Organisation gehen.

> **Individuelle Rechte bei Neustrukturierungen bestehender Konten**
>
> Ein Hinzufügen von Nutzern zu einer Gruppe und eine Vergabe von Rechten an diese Gruppe entfernt nicht automatisch individuelle Rechte dieses Nutzers aus einem Konto. Bedenken Sie also, wenn Sie etwa eine neue Gruppe für Analytics-Administratoren anlegen und ihr Nutzer zuordnen, dass diese Nutzer zunächst ihre individuellen Rechte auf ein Konto behalten. Sollte ein Admin ausscheiden und Sie entfernen ihn aus der Gruppe, hat er weiterhin Zugriffsrechte! Nach dem Aufsetzen und Zuordnen der Gruppen müssen Sie den einzelnen Nutzern individuelle Rechte entziehen.

Nᴜᴛᴢᴇʀʀɪᴄʜᴛʟɪɴɪᴇɴ erlauben es Ihnen, diejenigen Google-Accounts einzuschränken, die Zugriff auf die Produkte erhalten können, die mit der Organisation verbunden sind (siehe Abbildung 10.9). Es können dann nur noch Google-Accounts auf Daten zugreifen, deren E-Mail-Adresse der Richtlinie entspricht, z. B. nur Adressen, die auf *@luna-park.de* enden.

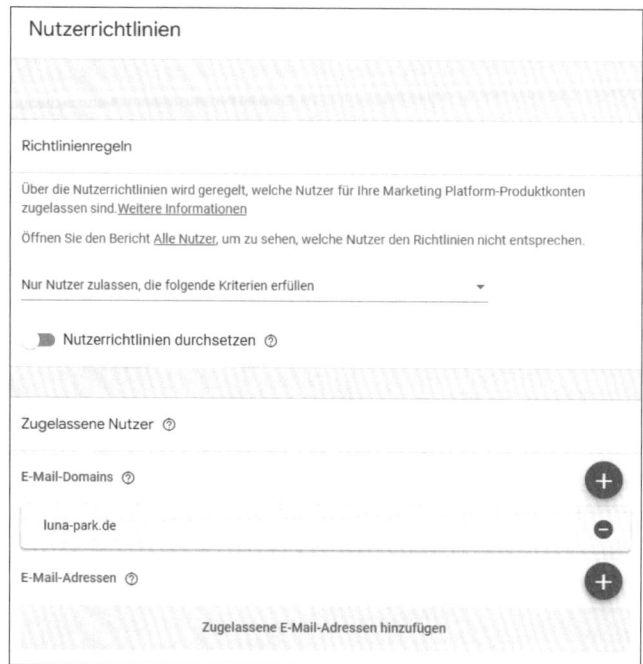

Abbildung 10.9 Nutzerrichtlinien für die Organisation definieren

Wenn Sie das Auswahlfeld bei Nᴜʀ Nᴜᴛᴢᴇʀ ᴢᴜʟᴀssᴇɴ, ᴅɪᴇ ꜰᴏʟɢᴇɴᴅᴇ Kʀɪᴛᴇʀɪᴇɴ ᴇʀ-ꜰüʟʟᴇɴ öffnen, bleibt zunächst alles wie gehabt. Mit den Eingabefeldern, die nun angezeigt werden, können Sie Folgendes tun:

▶ **Einzelne E-Mail-Domains zulassen:** Sobald Sie einen Eintrag vornehmen, werden alle anderen Domains, die nicht aufgeführt sind, gesperrt.

▶ **Einzelne E-Mail-Adresse zulassen:** Hier können Sie einzelne Google-Accounts freigeben, auch wenn die Domain der E-Mail nicht in der Domainliste steht.

▶ **Einzelne E-Mail-Adresse sperren:** Durch einen Eintrag wird dieser Account gesperrt, auch wenn er über die Domainliste oder die Einzelliste freigegeben wäre.

Anschließend wird Ihnen beim Versuch, einen Nutzer mit einer E-Mail-Adresse hinzuzufügen, die nicht den Richtlinien entspricht, eine entsprechende Warnung angezeigt (siehe Abbildung 10.10). In der Nutzerübersicht werden Einträge markiert, die nicht der Richtlinie entsprechen. In beiden Fällen hat der Verstoß noch keine Konsequenz.

Aktivieren Sie in den Richtlinien den Punkt NUTZERRICHTLINIEN DURCHSETZEN, verhindert Google das Hinzufügen von Adressen, die gegen Ihre Einstellungen verstoßen. Bereits vorhandenen Konten, die gegen die Richtlinien verstoßen, wird der Zugriff auf die Produkte der Organisation ab nun verwehrt. Damit können Sie bei »gewachsenen« Konten recht schnell generische Konten, z. B. solche mit *gmail.com*-Endung, ausschließen.

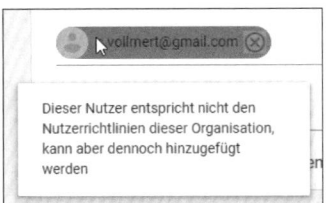

Abbildung 10.10 Ein Verstoß gegen die Nutzerrichtlinien wird direkt angezeigt.

Für die E-Mail-Adressen muss kein Google-Account vorhanden sein, Sie können also vor der Erstellung Adressen oder Domains freigeben.

Ist ein Google-Account vorhanden – ja oder nein?

Normalerweise prüft Google bei Nutzeroperationen in Echtzeit, ob es für die angegebene Adresse einen Google-Account gibt, und zeigt ansonsten eine Fehlermeldung wie in Abbildung 10.11.

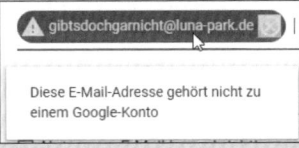

Abbildung 10.11 Die Prüfung, ob ein Google-Konto zur
E-Mail-Adresse vorhanden ist, erfolgt in Echtzeit.

Bei den Richtlinien ist diese Prüfung nicht aktiv.

Der Einsatz von Nutzerrichtlinien empfiehlt sich allein schon, um die immer noch allgegenwärtige Verwendung von Gmail-Adressen im Unternehmensumfeld einzudämmen. Solche Accounts sind nach einiger Zeit meist schwer zuzuordnen und sollten aus diversen Gründen nicht für den Zugriff auf Analytics oder den Tag Manager verwendet werden.

10.1.3   Weitere Konten mit der Organisation verbinden

Beim Anlegen der Organisation konnten Sie aus Ihren vorhandenen Produkten bereits auswählen, welche Sie mit dem Unternehmen verknüpfen wollen. Möchten Sie nun weitere Produkte mit der Organisation verbinden, können Sie dies an verschiedenen Stellen tun. Voraussetzung ist, dass Ihr aktueller Account Zugriff und Admin-Rechte auf das Produktkonto hat, Sie Admin-Rechte für die Organisation besitzen und das Produktkonto nicht schon einer anderen Organisation zugeordnet ist.

Nutzerverwaltung über die Marketing Platform

Noch nicht alle Tools ermöglichen die zentrale Nutzerverwaltung über die Marketing Platform. Aktuell können Sie folgende Produktkonten einbinden:

▶ Analytics

▶ Tag Manager

▶ Optimize

▶ Google Surveys

▶ Google Ads

Google Data Studio wird derzeit noch gesondert behandelt.

Gehen Sie von der Startseite der GMP auf VERWALTEN, und klicken Sie auf KONTEN VERKNÜPFEN. Im nächsten Bildschirm wählen Sie zunächst die Organisation aus, der Sie ein neues Konto hinzufügen möchten. Darunter folgt eine Liste aller Produktkonten, auf die Sie Zugriffsrechte haben und die noch mit keiner Organisation verbunden sind (siehe Abbildung 10.12). Wie bei der Erstellung wählen Sie nun die entsprechenden Einträge aus und bestätigen.

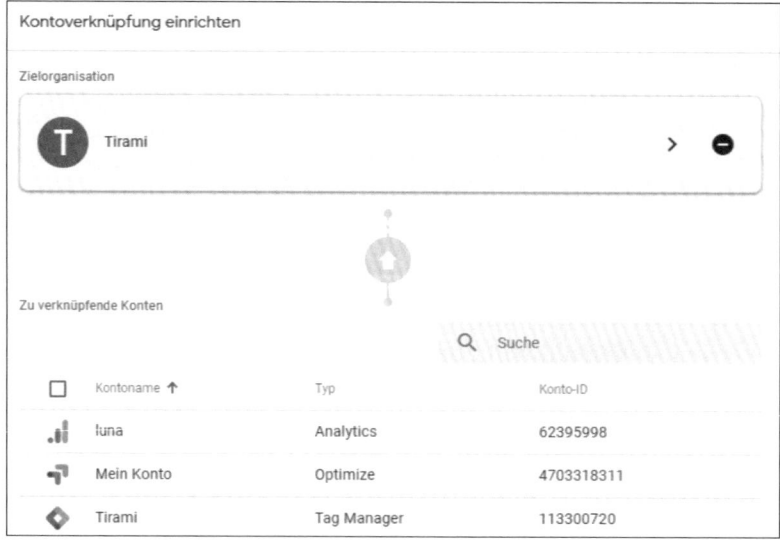

Abbildung 10.12 Weitere Produkte mit einer bereits bestehenden Organisation verknüpfen

10.1.4   Dashboard für Produktverknüpfungen

Im Dashboard können Sie Verknüpfungen zwischen unterschiedlichen Produkten herstellen. Dazu müssen die Produktkonten bereits mit der Organisation verbunden sein. Das Dashboard zeigt Ihnen alle bereits bestehenden Verknüpfungen zwischen zwei Diensten an, etwa Google Ads + Analytics oder Analytics + Optimize.

Dieser Bereich ist eine Zusammenfassung aller Einstellungen zu Verknüpfungen innerhalb der einzelnen Tools. Neben den freien Analytics-Tools können Sie auch das Zusammenspiel zwischen den Werbetools wie *Display & Video 360* oder dem *Campaign Manager* steuern. Alle Konfigurationen, die Sie hier vornehmen, können Sie auch innerhalb der jeweiligen Verwaltungen vornehmen.

In diesem Bereich werden Ihnen auch zentral Verknüpfungsanfragen gezeigt. Möchte jemand Produktkonten verknüpfen (z. B. Google Ads und Analytics), ohne die nötigen Admin-Rechte dafür zu haben, kann eine Anfrage gestellt werden. Als Administrator erhalten Sie diese Anfrage und können eine Freigabe erteilen.

> **Der Übersetzungsteufel steckt im Detail**
>
> In der Marketing-Platform-Verwaltung wurde aus den Begriffen *link account* im Deutschen *Konto verknüpfen*, aus *Add integration* wurde *Verknüpfung hinzufügen* — also leider etwas missverständlich.

10.2   Die Zugriffsverwaltung in GA4-Properties

Sobald mehrere Personen Zugriff auf Ihre Analytics-Daten haben, sollten Sie die Verwendung der Zugriffsverwaltung angehen. Nicht jeder Mitarbeiter, der Daten für seine Arbeit abruft, muss auch Zugriff auf Einstellungen und Konfigurationen haben. Mit Einschränkungen der Rechte können Sie bei manchem Anwender sogar die Akzeptanz erhöhen: Wenn man nichts »kaputt machen« kann, sinkt bei manchem die Hemmschwelle, einfach mal drauflos zu klicken.

Sie haben das Analytics-Konto mit einem Google-Benutzerkonto erstellt. Dieser Nutzer hat automatisch den Administrationszugriff, d. h., er kann alle Einstellungen bearbeiten und weiteren Nutzern Zugriff geben. Sie können Nutzern Rechte auf der Kontoebene zuweisen, dann gelten deren Rechte für alle im Konto enthaltenen Properties. Außerdem können Sie auf der Property-Ebene Rechte vergeben, die für alle enthaltenen Datenansichten gelten. Schließlich sind für jede Datenansicht individuelle Rechte möglich.

Zum Hinzufügen eines Nutzers finden Sie in der Nutzerverwaltung ein Formular (siehe Abbildung 10.13). Dort tragen Sie die E-Mail-Adresse des Nutzers ein, dem Sie eine Rolle geben möchten. Dabei können Sie zudem entscheiden, ob der Nutzer eine entsprechende Benachrichtigung per E-Mail erhalten soll.

Abbildung 10.13 Nutzerverwaltung auf Kontoebene

Voraussetzung Google-Konto

Der Nutzer, den Sie hinzufügen möchten, muss ebenfalls über ein Google-Konto verfügen und mindestens einmal bei Analytics eingeloggt gewesen sein. Die E-Mail-Adresse, die Sie in Analytics eintragen, muss diesem Konto zugeordnet sein. Sie können also nicht jede beliebige E-Mail-Adresse eintragen.

Gibt es zu einer E-Mail-Adresse kein Google-Konto, meldet Ihnen Google Analytics das beim Versuch, die Adresse hinzuzufügen.

Neben dem Eingabefeld können Sie die Berechtigungen für diesen Nutzer festlegen. Die Rechte gelten jeweils für die Ebene, auf der Sie sich gerade befinden: Wenn Sie in der NUTZERVERWALTUNG auf Kontoebene einen Nutzer hinzufügen, erhält er die eingestellten Rechte für das gesamte Konto und auf Property-Ebene entsprechend für die Property. Die einzelnen Rollen sehen Sie in Tabelle 10.1.

Eine Rolle enthält die Rechte niedrigerer Rollen. Wenn Sie also einem Nutzer die Berechtigung BEARBEITER geben, erhält er automatisch auch die Rechte ANALYST und BETRACHTER.

Rolle	Beschreibung
ADMINISTRATOR	Mit dieser Rolle haben Sie uneingeschränkte Rechte auf alle Einstellungen des Kontos oder der Property.
BEARBEITER	Sie können die Einstellungen der Property verändern, allerdings keine Nutzer verwalten.
MARKETINGEXPERTE	Sie können die Einstellungen unter KONFIGURIEREN in einer GA4-Property anpassen: Zielgruppen, Conversions, Ereignisse etc. Diese Rolle enthält außerdem die Rechte der Rolle *Analyst*.

Tabelle 10.1 Berechtigungsrollen

Rolle	Beschreibung
ANALYST	Sie dürfen Dashboards und Berichte anpassen. Diese Rolle umfasst außerdem die Rechte der Rolle *Betrachter*.
BETRACHTER	Es ist Ihnen möglich, die Berichte und Einstellungen einer Property aufzurufen.
KEINE	Keine Rechte. Damit können Sie Zugriff auf einzelne Properties ausschließen.

Tabelle 10.1 Berechtigungsrollen (Forts.)

Neben den Rollen können Sie für einen Nutzer zwei explizite Einschränkungen für die Arbeit mit GA4-Properties vornehmen:

▶ Mit KEINE KOSTENMESSWERTE verwehren Sie diesem Nutzer den Zugriff auf kostenbezogene Messwerte im Konto.

▶ Mit KEINE UMSATZMESSWERTE verhindern Sie den Zugriff auf umsatzbezogene Messwerte.

Für eine Bewertung einer Kampagne oder die Optimierung einer Landingpage reichen die reinen Nutzungszahlen unter Umständen bereits aus. Für solche Nutzer genügen Klicks, Aufrufe und Sitzungen; sie müssen aber nicht unbedingt Kosten- oder Umsatzwerte in den Berichten sehen.

Alle Rollen eines Nutzers

Auf Kontoebene erhalten Sie im Kasten PROPERTY- UND PROJEKTBERECHTIGUNGEN eine Übersicht aller vergebenen Rollen (siehe Abbildung 10.14). Dort können Sie die Rechte für einzelne Properties ändern.

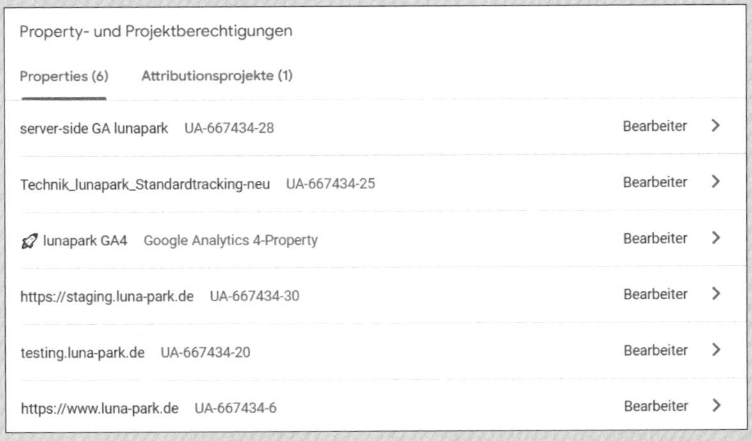

Property- und Projektberechtigungen		
Properties (6) Attributionsprojekte (1)		
server-side GA lunapark UA-667434-28	Bearbeiter	>
Technik_lunapark_Standardtracking-neu UA-667434-25	Bearbeiter	>
⚡ lunapark GA4 Google Analytics 4-Property	Bearbeiter	>
https://staging.luna-park.de UA-667434-30	Bearbeiter	>
testing.luna-park.de UA-667434-20	Bearbeiter	>
https://www.luna-park.de UA-667434-6	Bearbeiter	>

Abbildung 10.14 Berechtigungen eines Nutzers für Properties und Ansichten

Ein Google-Benutzerkonto kann Zugriff auf mehrere Analytics-Konten haben. In dem Fall müssen Sie dennoch die Berechtigungen für jedes Konto einzeln in der jeweiligen Nutzerverwaltung einstellen.

Sind Sie kein Admin des Kontos, können Sie sich in der Nutzerverwaltung nur selbst entfernen (siehe Abbildung 10.15). Haben Sie Administrationsrechte für ein Konto, können Sie alle Einstellungen verändern, sich aber selbst keine Nutzerrechte entziehen.

Kontodetails für Nutzer ansehen
Eigene Zugriffsrechte aufheben

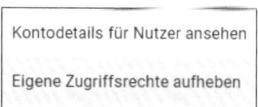

Abbildung 10.15 Sich ohne Admin-Rechte selbst aus einem Konto entfernen

10.3 Der Konto- und Property-Änderungsverlauf

Haben mehrere Nutzer Zugriff auf die Einstellungen von Analytics-Konto und -Properties, so können verschiedene Personen Änderungen an der Konfiguration vornehmen. Manchmal ist es hilfreich, nachvollziehen zu können, wer wann welche Einstellung verändert hat.

Diese Historie bietet der ÄNDERUNGSVERLAUF in der Verwaltung (siehe Abbildung 10.16).

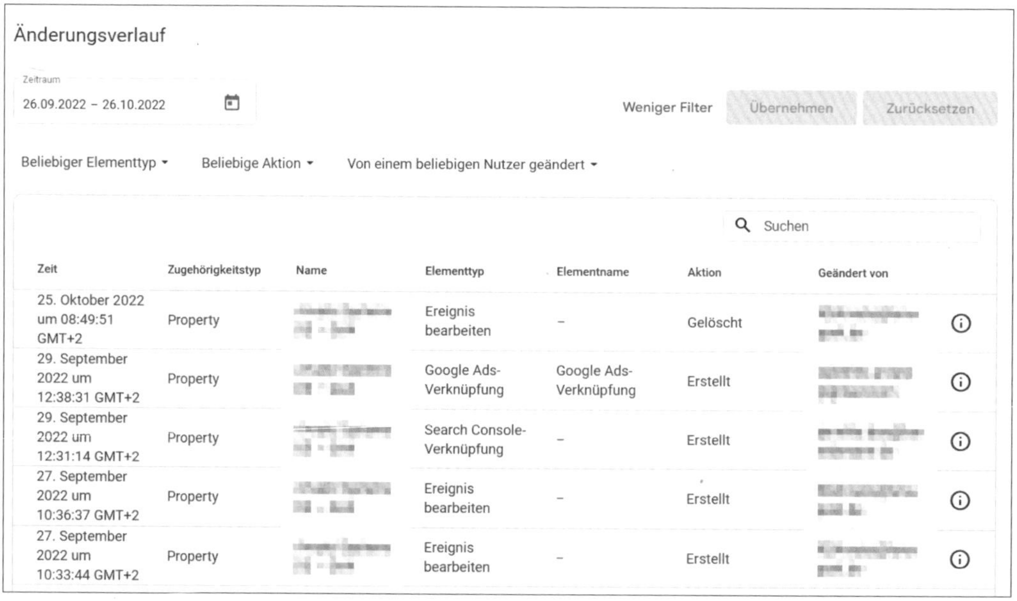

Änderungsverlauf
Zeitraum
26.09.2022 – 26.10.2022
Weniger Filter
Übernehmen
Zurücksetzen
Beliebiger Elementtyp
Beliebige Aktion
Von einem beliebigen Nutzer geändert
Suchen
Zeit
Zugehörigkeitstyp
Name
Elementtyp
Elementname
Aktion
Geändert von
25. Oktober 2022 um 08:49:51 GMT+2
Property
Ereignis bearbeiten
–
Gelöscht
29. September 2022 um 12:38:31 GMT+2
Property
Google Ads-Verknüpfung
Google Ads-Verknüpfung
Erstellt
29. September 2022 um 12:31:14 GMT+2
Property
Search Console-Verknüpfung
–
Erstellt
27. September 2022 um 10:36:37 GMT+2
Property
Ereignis bearbeiten
–
Erstellt
27. September 2022 um 10:33:44 GMT+2
Property
Ereignis bearbeiten
–
Erstellt

Abbildung 10.16 Anpassungen der Konfiguration im Änderungsverlauf

Dort sehen Sie Aktionen, mit denen Einstellungen im Konto oder in der Property erstellt, verändert oder gelöscht wurden. Außerdem sehen Sie, welche Einstellung betroffen war und welcher Nutzer die Anpassung vorgenommen hat. Mit Filtern können Sie die Einträge der Liste eingrenzen.

Den Änderungsverlauf gibt es in der Verwaltung für Konten und Properties, und zwar sowohl in Universal als auch in GA4.

10.4 Analytics-Daten löschen

Zunächst sammelt Ihre GA4-Property die Daten Ihrer Nutzer. Auf die eintreffenden Daten werden zwar noch einige Prüfungen angewandt, aber es kann dennoch passieren, dass Daten in eine Property einlaufen, in die sie eigentlich nicht gehören. So können Parameter versehentlich Daten enthalten, etwa als E-Mail-Adresse in einer Seiten-URL. Oder der Tracking-Code wurde versehentlich in einer anderen Domain eingebaut und nun sind Ereignisse in Ihren Berichten, die dort nicht hingehören.

10.4.1 Ereignisse oder Parameter löschen

Für diese Fälle haben Sie die Möglichkeit, Daten aus der GA-Property zu entfernen. In der Verwaltung klicken Sie dazu auf LÖSCHANFRAGEN FÜR DATEN. Auf der nächsten Seite klicken Sie auf ANFRAGE ZUM LÖSCHEN VON DATEN PLANEN (siehe Abbildung 10.17).

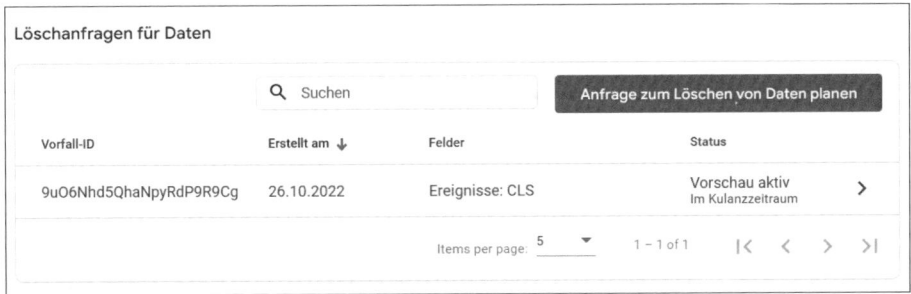

Abbildung 10.17 Die Liste laufender Löschanfragen

Im nächsten Bildschirm wählen Sie als Erstes den Löschtyp. Damit legen Sie fest, wie genau Sie die Daten auswählen wollen, die aus dem Bericht entfernt werden sollen. Zur Auswahl stehen:

▶ ALLE PARAMETER ALLER EREIGNISSE LÖSCHEN – Löschen Sie alle Ereignisse, also alle Daten in einem bestimmten Zeitraum.

▶ ALLE REGISTRIERTEN PARAMETER BESTIMMTER EREIGNISSE LÖSCHEN – Sie wählen die Ereignisse aus, für die alle Parameter gelöscht werden sollen. Für das Ereignis `page_view` wird damit z. B. die `page_location` gelöscht. Andere Ereignisse sind vom Löschvorgang nicht betroffen.

▶ BESTIMMTE PARAMETER ALLER EREIGNISSE LÖSCHEN – Diese Einstellung ist nütz-lich, wenn Sie Parameter löschen möchten, die in unterschiedlichen Ereignissen vorkommen. So werden etwa die E-Commerce-Parameter in verschiedenen Ereignissen genutzt. Sie können mit einer weiteren Eingabe nur Parameter löschen, die einen bestimmten Text enthalten.

▶ AUSGEWÄHLTE REGISTRIERTE PARAMETER BESTIMMTER EREIGNISSE LÖSCHEN – Schränken Sie noch genauer ein, welche Parameter von welchen Ereignissen ent-fernt werden. Auch hier können Sie zusätzlich noch die Parameterwerte spezifizieren.

▶ AUSGEWÄHLTE NUTZEREIGENSCHAFTEN LÖSCHEN – Löschen Sie Nutzereigen-schaften, die Sie über das Analytics-Tag befüllen. Auch hier lässt sich der Parame-terwert noch genauer eingrenzen.

Haben Sie den Löschtyp festgelegt, bestimmen Sie das Start- und Enddatum für den Zeitraum, in dem Sie die Daten löschen möchten, und wählen je nachdem Ereignisse und/oder Parameter aus (siehe Abbildung 10.18).

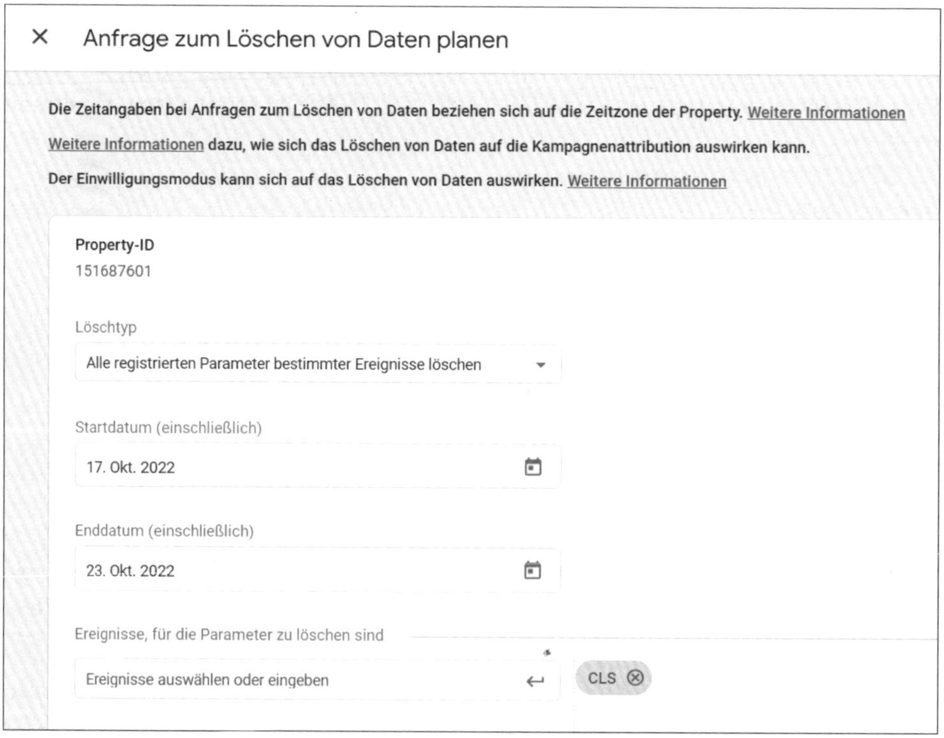

Abbildung 10.18 Alle Parameter eines Ereignisses löschen

Haben Sie alle Einstellungen vorgenommen, bestätigen Sie dies mit dem Button AN-FRAGE PLANEN. Bevor die Anfrage angenommen wird, sehen Sie erst noch einen Bestätigungsbildschirm, in dem Sie noch mal alle Angaben prüfen sollten (siehe Abbildung 10.19). Erst mit LÖSCHEN VON DATEN BESTÄTIGEN reichen Sie die Anfrage im System ein.

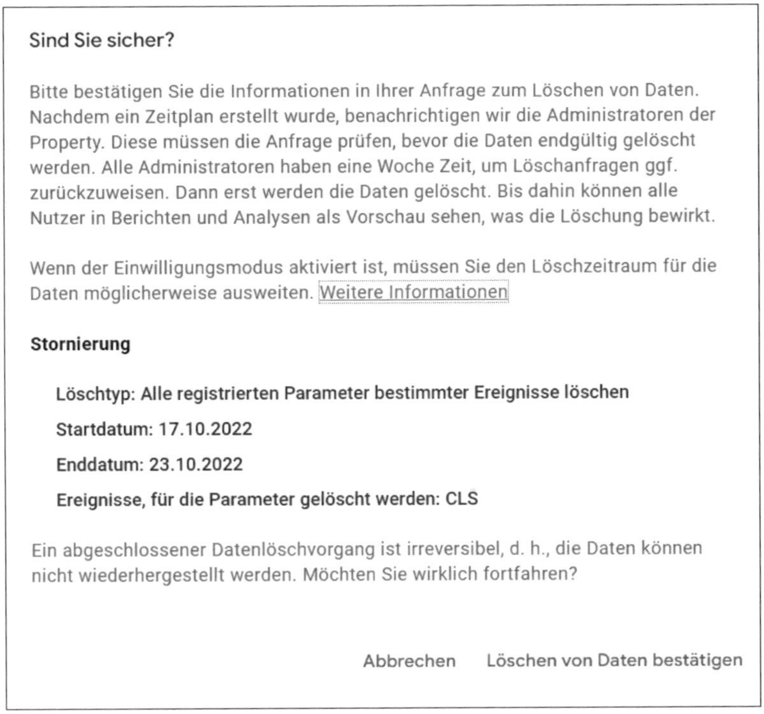

Sind Sie sicher?

Bitte bestätigen Sie die Informationen in Ihrer Anfrage zum Löschen von Daten. Nachdem ein Zeitplan erstellt wurde, benachrichtigen wir die Administratoren der Property. Diese müssen die Anfrage prüfen, bevor die Daten endgültig gelöscht werden. Alle Administratoren haben eine Woche Zeit, um Löschanfragen ggf. zurückzuweisen. Dann erst werden die Daten gelöscht. Bis dahin können alle Nutzer in Berichten und Analysen als Vorschau sehen, was die Löschung bewirkt.

Wenn der Einwilligungsmodus aktiviert ist, müssen Sie den Löschzeitraum für die Daten möglicherweise ausweiten. Weitere Informationen

Stornierung

Löschtyp: Alle registrierten Parameter bestimmter Ereignisse löschen

Startdatum: 17.10.2022

Enddatum: 23.10.2022

Ereignisse, für die Parameter gelöscht werden: CLS

Ein abgeschlossener Datenlöschvorgang ist irreversibel, d. h., die Daten können nicht wiederhergestellt werden. Möchten Sie wirklich fortfahren?

Abbrechen   Löschen von Daten bestätigen

Abbildung 10.19 Finale Abfrage vor dem Starten des Löschvorgangs

Nun ist die Anfrage eingegeben und Sie sehen sie in der Liste mit einer Vorfall-ID und dem Erstellungsdatum. Nun geht die Anfrage in eine 7-tägige Kulanzzeit. In dieser Phase liefert die Anfrage bei einem Klick eine Übersicht mit den Einstellungen (siehe Abbildung 10.20) sowie mit der Option, die Anfrage doch wieder zurückzunehmen bzw. abzubrechen. Dazu rufen Sie die Details auf und klicken auf den Button LÖSCHEN ABBRECHEN.

Nach den 7 Tagen wird die Anfrage ausgeführt und die Daten werden aus der GA4-Property unwiederbringlich entfernt. Das muss nicht sofort nach Ablauf dieser Frist geschehen, aber nach den 7 Tagen kann es jederzeit passieren.

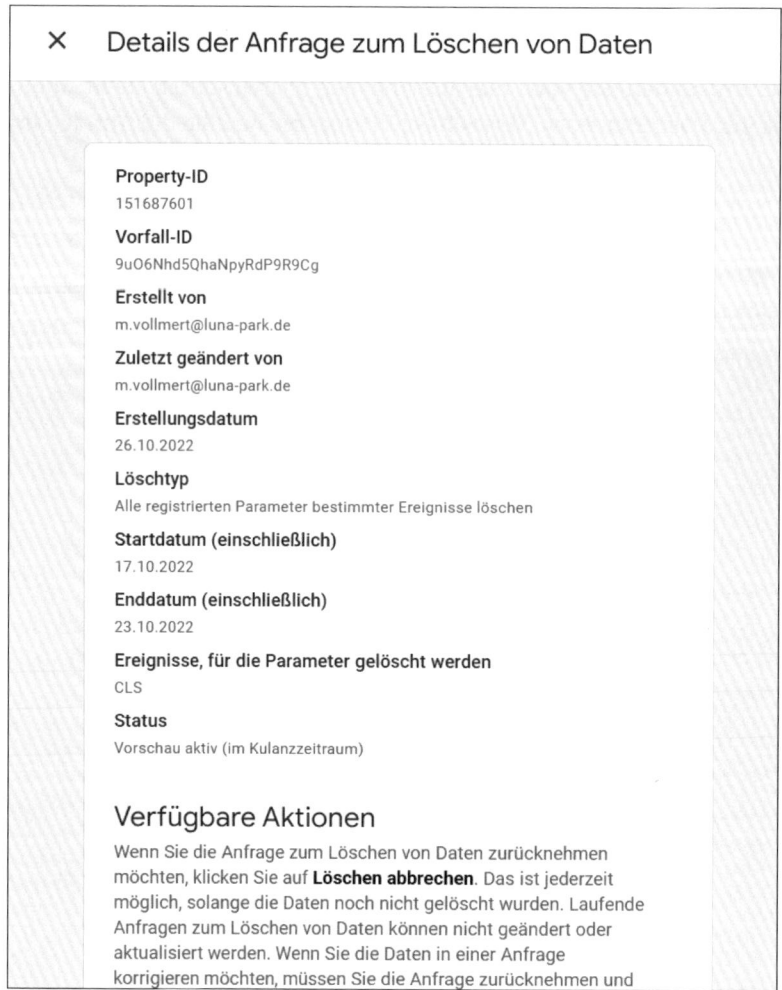

Abbildung 10.20 Detailansicht der Löschanfrage

10.4.2   Eine Property löschen

Wenn sich auch mit einer Löschanfrage nichts mehr machen lässt oder Sie eine Property nicht mehr benötigen, lässt sich diese löschen. Gehen Sie dazu in der Verwaltung zu den PROPERTY-EINSTELLUNGEN. In der Titelleiste finden Sie den passenden Button. Nach einem Klick müssen Sie noch einmal bestätigen, dass Sie die Property wirklich entfernen wollen.

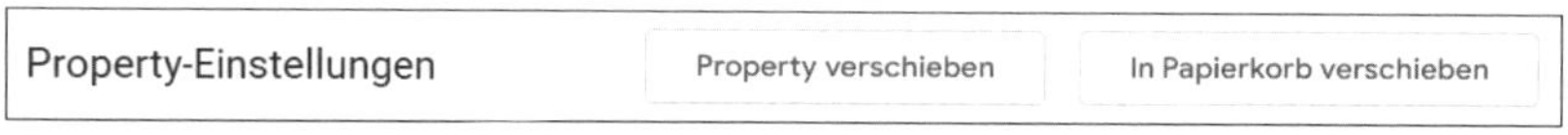

Abbildung 10.21 So löschen Sie eine komplette Property.

Anschließend wandert diese Property in den *Papierkorb*. Nach 35 Tagen wird sie endgültig gelöscht, aber bis dahin können Sie die Property wiederherstellen. Dazu wechseln Sie in der Verwaltung zu dem Konto, in dem sich die Property befunden hat. Unter dem Punkt PAPIERKORB markieren Sie den Eintrag und können mit EINBLENDEN den Löschvorgang abbrechen bzw. rückgängig machen.

10.5   Daten erheben und verbinden

Im Verwaltungspunkt DATENEINSTELLUNGEN sind verschiedene Optionen zur Nutzung und Verbindung Ihrer gesammelten Nutzerdaten in GA4 zu finden.

10.5.1   Datenerhebung

In der Datenerhebung lässt sich detailliert einstellen, welche Daten von Nutzern gesammelt werden dürfen (siehe Abbildung 10.22).

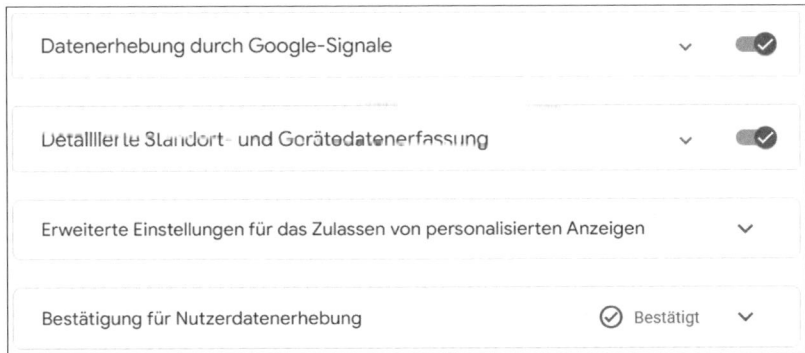

Abbildung 10.22 Einstellungen zur Datenerhebung

Mit dem ersten Punkt, DATENERHEBUNG DURCH GOOGLE-SIGNALE, erlauben Sie die Zusammenführung Ihrer Analytics-Daten mit den Nutzerdaten von Google. Verwenden Nutzer Ihrer Website den Chrome-Browser und sind sie dort mit ihrem Google-Konto angemeldet, so gleicht Analytics diese Daten miteinander ab. Anhand des Google-Kontos lassen sich Nutzer auch über unterschiedliche Geräte oder nach dem Löschen Ihrer Cookies erkennen. Damit verbessern die Google-Signale die Nutzererkennung innerhalb Ihrer Property. Ist die Funktion aktiviert, sollte die Anzahl an Nutzern geringer ausfallen, dafür aber die Erkennungsrate höher.

Die Daten zu Google-Konten der Nutzer stehen zur Verfügung, wenn diese einer solchen Verknüpfung zuvor zugestimmt haben, um personalisierte Werbung zu erhalten.

Die Einstellung DETAILLIERTE STANDORT- UND GERÄTEDATENERFASSUNG legt fest, ob für Ihre Nutzer der geografische Ort bis auf Stadtebene und für Geräte auch Details erhoben werden.

Die Option ERWEITERTE EINSTELLUNGEN FÜR DAS ZULASSEN VON PERSONALISIERTEN ANZEIGEN bestimmt, ob Sie den Austausch von Zielgruppen und Conversions mit Google Ads erlauben. Beides ist die Voraussetzung, um in Ihren Ads-Kampagnen personalisierte Werbung oder auch Remarketing anhand der Analytics-Daten zu betreiben.

Abbildung 10.23 Die Datenerhebung lässt sich für 306 Regionen einrichten.

Für alle drei Themen haben Sie weiterhin die Möglichkeit, die Erlaubnis auf bestimmte Länder zu beschränken (siehe Abbildung 10.23). Datenschutzvorgaben können sich von Land zu Land unterscheiden. Mit der Auswahl aus 306 Regionen können Sie auf jede regionale Änderung in der Zukunft reagieren.

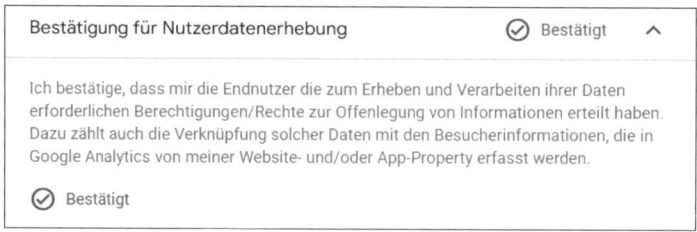

Abbildung 10.24 Bestätigen Sie die Einwilligung Ihrer Nutzer.

Als letzten Punkt finden Sie die Bestätigung zur Nutzerdatenerhebung. Mit dieser versichern Sie gegenüber Google, dass Sie alle nötigen Einwilligungen Ihrer Nutzer eingeholt haben, bevor Sie Daten erfassen oder mit weiteren Diensten verknüpfen (siehe Abbildung 10.24).

10.5.2 Datenaufbewahrung festlegen

Den Zeitraum, wie lange GA4 Nutzer- und Ereignisdaten aufbewahrt, stellen Sie im Menü DATENAUFBEWAHRUNG ein. Google Analytics unterscheidet bei der Aufbewahrung von Daten zwischen den kompletten *Sitzungsdaten* und den *aggregierten Berichtsdaten*. Die Sitzungsdaten Ihrer Nutzer umfassen alle Ereignisse, Parameter und Nutzereigenschaften sowie Kennungen wie Cookies, Nutzer- oder Werbe-IDs. Mit diesen lassen sich komplexe Abfragen auf verschiedene Kriterien durchführen, wie Sie es in explorativen Datenanalysen oder BigQuery umsetzen können.

Die aggregierten Daten sind das, was Sie in den meisten Berichten sehen: die aufgerufenen Seiten, die Quellen oder auch die verkauften Produkte Ihrer Angebote. Für viele Fragestellungen zu den Nutzeraktivitäten reichen bereits diese Daten aus. Sie sind aber nicht mehr mit einzelnen Sitzungen verknüpft, sodass Sie nicht mehr einzelne Nutzer einer bestimmten Aktion zuordnen und sie nach Eigenschaften segmentieren können.

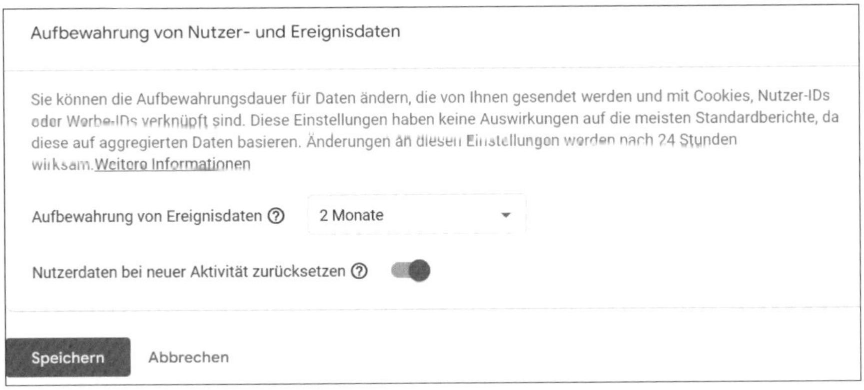

Abbildung 10.25 Wie lange sollen Einzeldaten aufbewahrt werden?

Für Sitzungsdaten legen Sie den Aufbewahrungsdauer fest (siehe Abbildung 10.25). Zur Auswahl stehen 2 oder 14 MONATE. Nach Ablauf dieser Zeit werden die Sitzungsdaten gelöscht, die aggregierten Daten in Berichten bleiben aber weiterhin erhalten. Sie haben weiterhin Zugriff auf alle gemessenen Nutzerzahlen, die aufgerufenen Seiten usw.

Für wiederkehrende Nutzer lässt sich der Aufbewahrungszeitraum verlängern, und zwar mit der Option NUTZERDATEN BEI NEUER AKTIVITÄT ZURÜCKSETZEN. Dadurch wird der Aufbewahrungszeitraum immer ab dem letzten protokollierten Ereignis gemessen. Ist die Option ausgeschaltet, gilt das erste Ereignis eines Nutzers als Maßstab.

Die Voreinstellung für neu angelegte Properties ist 2 MONATE. Diese Einstellung sollten Sie direkt auf 14 MONATE ändern, solange es keine rechtlichen Anforderungen gibt, die das Gegenteil verlangen.

10.6   Identität für die Berichterstellung

Analytics erfasst einzelne Aktionen auf Ihrem Angebot. Der Aufruf einer Seite, der Klick auf einen Button und das Absenden eines Formulars werden alle als Ereignisse erfasst. Zu jedem Ereignis werden IDs übertragen. Anhand dieser IDs setzt Analytics die einzelnen Aufrufe zu Sitzungen zusammen und bestimmt Nutzer, die Ihr Angebot wiederholt besuchen.

Unter dem Menüpunkt IDENTITÄT FÜR DIE BERICHTERSTELLUNG können Sie einsehen, welche ID-Daten in Ihrer Property zur Verfügung stehen, und einstellen, welche genutzt werden sollen (siehe Abbildung 10.26).

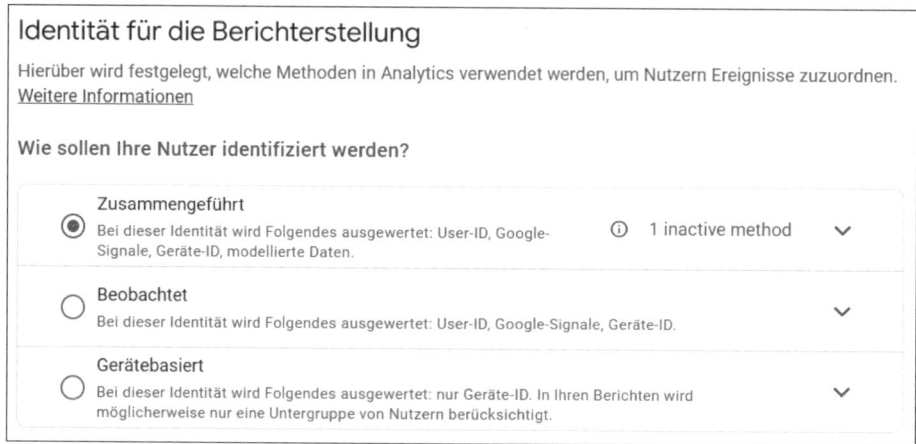

Abbildung 10.26 Legen Sie fest, welche Daten als Kennung genutzt werden.

10.6.1   Wie sollen Ihre Nutzer identifiziert werden?

Die Auswahlbox zeigt Ihnen drei Sets, die Analytics für die Nutzeridentifikation durchlaufen kann. Die Sets unterscheiden sich darin, an wie vielen Punkten GA4 nach Nutzerkennungen sucht. Aufgeführt sind:

▶ ZUSAMMENGEFÜHRT – wertet die User-ID, Google-Signale und die Geräte-ID aus. Ohne ID wendet Analytics Modellierungen an.

▶ BEOBACHTET – wertet die User-ID, Google-Signale und die Geräte-ID aus.

▶ GERÄTEBASIERT – nutzt lediglich die Geräte-ID.

Hinter jedem Eintrag sehen Sie unter Umständen den Text *X inactive methods*. Dieser weist darauf hin, wie viele der möglichen Methoden in Ihrer Property keine Daten erhalten und somit nicht angewendet werden können.

10.6.2   Varianten der Nutzeridentifizierung

Analytics unterscheidet vier Varianten, wie Nutzer identifiziert werden können. Die Varianten unterscheiden sich in der Qualität der Kennung: Je besser diese ist, umso verlässlicher ist die Identifizierung.

Die Variante »User-ID«

Liefern Sie in Ihren Angeboten (Website oder App) eine User-ID mit, verwendet GA4 diese als bestmögliche Nutzerkennung. Dabei kann es sich um einen Login-Namen, eine Kundennummer oder Ähnliches handeln. Wie Sie User-IDs an GA4 senden, lesen Sie in Kapitel 5, »Shops bewerten«, und in Kapitel 6, »Apps analysieren«.

Die Variante »Google-Signale«

Analytics führt die Daten Ihrer Website-Nutzer mit den Google-Logins zusammen, wenn diese z. B. im Chrome-Browser mit ihrem Google-Konto angemeldet sind. Google-Signale erlauben die Wiedererkennung von Nutzern über verschiedene Geräte hinweg oder auch nach dem Löschen der Analytics-Cookies. Wie Sie Google-Signale aktivieren, ist in Abschnitt 10.5.1 beschrieben.

Die Variante »Geräte-ID«

Jeder Browser und jede App bekommt beim ersten Aufruf eine eindeutige Kennung zugewiesen. Im Browser wird diese ID in einem Cookie gespeichert, für Apps nutzt Analytics eine App-Kennung, die bei der Installation generiert wurde.

Ein Browser-Cookie ist für die Erkennung von Sitzungen ausreichend. Für die eindeutige Identifikation von Nutzern auch über längere Zeiträume hinweg ist es jedoch nur noch bedingt verlässlich.

Die Variante »Modellierte Daten«

Beim Modellieren versucht Analytics, aus Ereignissen ohne Nutzerkennung die Zahl der Sitzungen und Nutzer zu berechnen. Dazu verwendet es Daten, die im sogenannten *Consent Mode* erfasst wurden. Dabei werden die Analytics-Aufrufe ohne die Verwendung von Cookies gefeuert und brauchen daher nach Einschätzung von Google keine Einwilligung des Nutzers zum Tracking. Mit Blick auf die DSGVO ist diese Vorgehensweise allerdings eine Grauzone, lesen Sie dazu den Kasten *Der Einsatz des Einwilligungsmodus ist kritisch für Ihren Datenschutz*.

10.6.3   Verhaltensmodellierung von Nutzern ohne Einwilligung

Sie holen vor der Erfassung von Nutzerdaten auf Ihrer Website oder in der App die Einwilligung der Nutzer ein. Dadurch erhalten Sie nicht von allen Nutzern Daten –

nämlich dann, wenn Nutzer den Consent ablehnen oder gar nicht erst eine Auswahl treffen. (Lesen Sie dazu in Kapitel 3, »Websites auswerten«, nach.)

Um dennoch Daten von diesen Nutzern zu verwenden, bietet GA4 den *Einwilligungsmodus* (engl. *Consent Mode*) für das Analytics-Tag. Das Tag wird ohne Einwilligung geladen, setzt aber keinen Cookie oder eine ähnliche Form der ID beim Nutzer. Es werden also einzelne, unzusammenhängende Aufrufe gesammelt. GA4 nennt diese *Pings*. Mittels Machine Learning berechnet bzw. modelliert. Analytics anhand der einzelnen Pings die Nutzer und Sitzungen. Diese Technologie verwendet Google ebenfalls für Ads- und *Floodlight*-Tags.

Der Einsatz des Einwilligungsmodus ist kritisch für Ihren Datenschutz

Für den Einwilligungsmodus verfolgt Google die Herangehensweise, dass Daten, die ohne den Einsatz von Cookies und IDs gesammelt werden, keine Zustimmung des Nutzers bedürfen. Betrachtet man die Einholung des Consents primär als Erlaubnis zum Setzen von Cookies, trifft dies zu. Ob Ihr Datenschutzbeauftragter oder die zuständigen Behörden das auch so sehen, ist allerdings noch nicht geklärt . Denn auch bei einem Cookie-freien Ping gehen Aufrufe an Google-Server, die so die IP-Adresse übertragen. Diese ist der Stein des Anstoßes in vielen Diskussionen. (Dazu haben Sie bereits in Kapitel 1, »Google Analytics 4«, etwas gelesen.)

Technologisch bietet GA4 mit dem Einwilligungsmodus eine mögliche Lösung für die »fehlenden« Nutzerdaten und unterscheidet sich damit von einigen anderen Analytics-Anbietern. Pings direkt von Ihrer Website an Analytics-Server zu senden ist aktuell allerdings kritisch zu betrachten. Sprechen Sie in jedem Fall mit Ihrem Datenschutzbeauftragen, bevor Sie eine Einbindung in Erwägung ziehen!

Damit die im Einwilligungsmodus gesammelten Daten verwendet werden, muss Ihre Property einige Voraussetzungen erfüllen:

- Auf allen Seiten muss der Tracking-Code im Einwilligungsmodus vor dem Erscheinen der Consent-Box geladen werden,
- Die Eigenschaft `analytics_storage` ist auf `denied` gesetzt.
- In der Property werden für mindestens 7 Tage über 1000 Ereignisse pro Tag gesammelt, bei denen `analytics_storage=denied` ist.
- Über mindestens 7 der letzten 28 Tage werden über 1000 Ereignisse gesammelt, bei denen `analytics_storage` auf `granted` gesetzt ist (also normale Analytics-Tag-Aufrufe).

Sind diese Voraussetzungen erfüllt, beginnt GA4, das Modell zur Nutzerberechnung zu trainieren. Je nach Qualität der eintreffenden Daten wird GA4 diese in die Berichte einpflegen. Es sind nicht alle Funktionen mit geschätzten Verhaltensdaten kompatibel: Zielgruppen, Segmente und Echtzeitdaten können die so gesammelten Daten nicht nutzen.

Details zur Implementierung des Einwilligungsmodus lesen Sie auf der Webseite *https://support.google.com/analytics/answer/9976101?hl=de*. Weitere Informationen zur genauen Funktionsweise finden Sie unter *https://support.google.com/analytics/answer/11161109?hl=de*.

Einige Consent-Manager wie *userCentrics* oder *Cookiebot* unterstützen die Übergabe der `analytics_storage`-Werte, sodass Sie die Auswahl der Nutzer im Tracking-Code verwerten können.

10.7   Server-Side Tagging

Die Messung von Nutzeraktivitäten in Browsern läuft normalerweise per JavaScript. Im Browser des Nutzers wird ein Code geladen, der die nötigen Informationen sammelt und an einen Tracking-Dienst schickt (schauen Sie dazu in Kapitel 2, »Google Analytics 4 einrichten«). Diese Technologie hat heute mit einigen Problemen und Einschränkungen zu kämpfen:

- Browser beschränken die Verwendung von Cookies.
- Adblocker unterbinden die Aufrufe von Marketing-Tools.
- Daten bleiben mangels Einwilligung aus.
- Die Datenübertragung an Server in den USA ist kritisch.
- Die Ladezeit der Seiten verzögert sich durch viel Code.

Ein Ansatz, um diesen Anforderungen zu begegnen, ist das *Server-Side Tagging*. Die Idee ist folgende: Anstatt die Nutzerdaten direkt vom Browser zum jeweiligen Marketing-Dienst zu schicken, betreiben Sie Ihren eigenen Tracking-Server. Dieser erhält die Daten der Nutzer, kann sie bearbeiten, löschen, anonymisieren und anschließend gezielt an Dienste weitergeben (siehe Abbildung 10.27).

Der Tracking-Server gehört Ihnen und wird da gehostet, wo Sie es möchten – für deutsche Unternehmen also innerhalb Deutschlands oder der EU. Wenn Sie nun alle GA4-Aufrufe zunächst über diesen Server leiten, können Sie die Weitergabe der IP-Adresse verhindern, die ein großes Problem im Rahmen der DSGVO darstellt.

Google bietet als Lösung für Server-Side Trackings den *Server-Side Tag Manager*. Dieser arbeitet Hand in Hand mit dem Web-GTM und garantiert eine einfache Datenübertragung. Durch die Kombination können Sie weiterhin auch mit JavaScript-Codes arbeiten. Denn ein Tracking-Server ersetzt nicht den bisherigen GTM, sondern ergänzt ihn vielmehr.

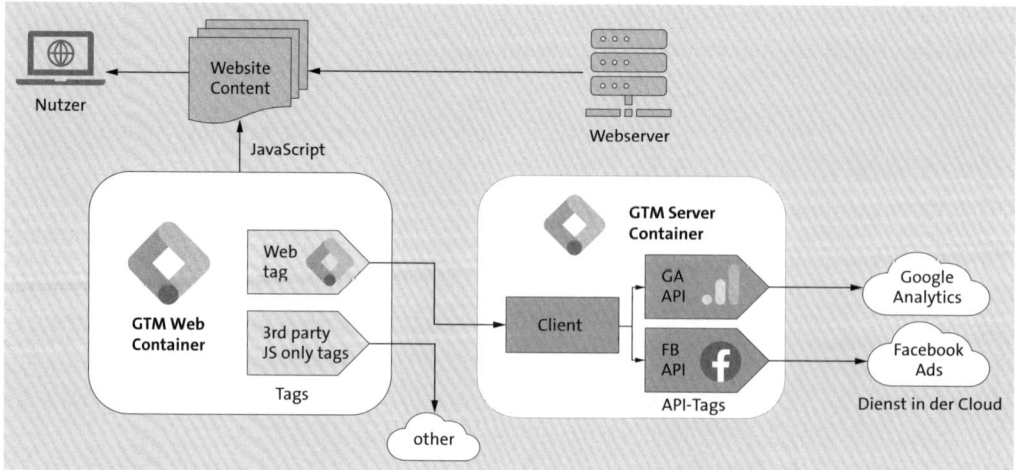

Abbildung 10.27 Beim Server-Side Tagging erweitern Sie den GTM.

Mit Ihrem eigenen Server-GTM

▶ können Sie Server-Cookies über HTTP setzen. Diese Cookies sind nicht im gleichen Maße von ITP betroffen wie Browser-Cookies.

▶ verwenden Sie Ihre eigene Domain für *collect*-Aufrufe. Dadurch werden diese nicht so leicht von Adblockern unterbunden.

▶ lassen sich leichter statistische Daten sammeln, da Sie für die Übertragung zu Ihrem eigenen Server zunächst keine Einwilligung der Nutzer brauchen (für die Weitergabe der Daten an einen Marketing-Dienst aber schon).

▶ Bei der Übertragung von Daten zum Marketing-Dienst kann die Übergabe der IP-Adresse des Nutzers verhindert werden. Gerade aus Datenschutzsicht ist das ein gewichtiges Argument.

▶ Tags, die der Tracking-Server feuert, beeinflussen nicht mehr die Ladezeit Ihrer Seite im Browser eines Nutzers. Sie entschlacken Ihren GTM, indem Sie Tags aus dem Browser auf die Serverseite verschieben.

Leider erhöht der Einsatz eines Server-Side GTMs die Komplexität Ihres Analytics-Setups, denn Sie benötigen ein eigenes Hosting, was auch mit Kosten verbunden ist. Installation und Administration erfordern Kenntnisse der Google Cloud (oder alternativer Angebote) sowie der HTTP-Technologie. Auch werden noch nicht alle Marketing-Dienste im gleichen Maße unterstützt wie mit JavaScript-Trackings.

Dennoch – oder vielleicht gerade deswegen – sollten Sie sich mit Server-Side-Lösungen beschäftigen und prüfen, ob diese helfen, einige Ihrer Anforderungen und Probleme zu lösen. Mit dem Server-Side Tagging kommt zu Ihrem Marketing-Tech-Stack ein neuer Bestandteil hinzu. Mehr Informationen zum Server-Side Tagging mit

Google-Produkten sowie Anleitungen für die ersten Schritte finden Sie unter *https:// developers.google.com/tag-platform/tag-manager/server-side.*

10.8   Google Analytics 360 für GA4

Google Analytics 360 ist die kostenpflichtige Variante von Analytics für Unternehmen. Mit GA4 gibt es auch hier Veränderungen in Features und am Vertragsmodell. Auch wenn Sie bereits über eine GA360-Lizenz für Universal-Properties verfügen, gilt diese nicht automatisch für GA4. Genauere Informationen zu den Vertragsbedingungen und Preisen der Enterprise-Lizenz erfahren Sie bei einem *GMP Sales Partner.*

Höhere Limits

Ein Vorteil der kostenpflichtigen Version gegenüber der freien GA4-Variante sind die höheren Limits für die Datensammlung und Verarbeitung. Eine Gegenüberstellung sehen Sie in Tabelle 10.2.

Funktion	GA4 frei	GA4 360
Parameter pro Ereignis	25	100
Benutzerdefinierte Dimensionen pro Property	50	125
Benutzerdefinierte Messwerte pro Property	50	125
Dimensionen auf Nutzerebene pro Property	25	100
Conversions pro Property	30	50
Zielgruppen pro Property	100	400
Explorative Datenanalysen pro Property	200 pro Nutzer erstellen Teilen von 500	200 pro Nutzer erstellen Teilen von 1000
Limit für Stichprobenerhebung pro Abfrage	10 Millionen Ereignisse	1 Milliarde Ereignisse
Explorative Gesamtdatenanalyse	Nicht verfügbar	Gesamtdatenanalyse von bis zu 50 Milliarden Ereignissen pro Tag und Property

Tabelle 10.2 Begrenzungen und Limits von GA4 als freie und 360-Property

Funktion	GA4 frei	GA4 360
API-Kontingente (Die meisten Anfragen benötigen weniger als 10 Tokens.)	25.000 Tokens pro Tag	250.000 Tokens pro Tag
Datenaufbewahrung	Bis zu 14 Monate	Bis zu 50 Monate
BigQuery Export täglich	1 Million Ereignisse	Milliarden von Ereignissen

Tabelle 10.2 Begrenzungen und Limits von GA4 als freie und 360-Property (Forts.)

Erweiterte Datasets

Hat eine Dimension besonders viele Einträge, fasst GA4 einige unter dem Sammeleintrag (OTHER) zusammen (siehe dazu Abschnitt 9.7.6, »Zusammengefasste Ziele als ›(other)‹-Einträge«). In einer Property mit 360-Lizenz wird für diesen Fall innerhalb von GA4 eine zusätzliche Datentabelle eröffnet, die die eigentlich zusammengefassten Einträge aufnimmt und so doch eine Aufschlüsselung vieler Einträge erlaubt.

Untergeordnete Properties

Mit einer *untergeordneten Property* (engl. *sub-property*) können Sie einen Teilbereich der Nutzerdaten einer GA4-Property betrachten. Dazu definieren Sie beim Anlegen der Property einen oder mehrere Filter, die Nutzer und Daten auswählen. Sie können auf Ereignisnamen und -parameter, Seitenpfade oder auch auf Sprache und Region filtern.

Sammel-Properties

Mit einer *Sammel-Property* (engl. *roll-up property*) können Sie die Daten aus bis zu 50 eigenständigen GA4-Properties zusammen betrachten. Dabei bleibt jede Property für sich genommen erhalten und die Daten werden zusätzlich in der Sammel-Property berücksichtigt.

Index

Das große SEO-Standardwerk